Schmetterlinge Europas und Nordwestafrikas

Schmetterlinge Europas und Nordwestafrikas

Alle Tagfalter
Über 2000 Arten

Tom Tolman
Richard Lewington

KOSMOS

Impressum

Titel der Originalausgabe »Field Guide Butterflies of Britain and Europe«,
erschienen bei Harper Collins Publishers Ltd.
unter der ISBN 978 0 00 727977 7 als Paperbackausgabe der Originalausgabe von 1997

Mit über 2000 Farbillustrationen Richard Lewington
und 429 Verbreitungskarten von Thomas Tolman

Umschlaggestaltung von eStudio Calamar unter Verwendung von
zwei Zeichnungen von Richard Lewington.
Sie zeigen: Vordergrundmotiv: Bläuling
Hintergrundmotiv: Schwalbenschwanz

Übersetzung von Matthias Nuß, aktualisiert und überarbeitet von Heidrun Melzer

2. Auflage 2012
Für die deutschsprachige Ausgabe:

ISBN 978-3-440-12868-8
Redaktion und Satz: Barbara Kiesewetter, München
Produktion: Markus Schärtlein
Printed in Hong Kong / Imprimé en Hongkong

Inhalt

Dieses Buch ist dem Gedenken von Dr. Lionel G. Higgins und Norman D. Riley gewidmet. Gleichzeitig ist es allen Entomologen, Amateuren wie Berufsentomologen in Vergangenheit und Gegenwart gewidmet, die zu dem reichen Wissen über die Tagfalterfauna der westlichen Paläarktis beitrugen.

Vorwort der Autoren

Seit dem Erscheinen des Buches »Die Tagfalter Europas und Nordwestafrikas« von Lionel G. Higgins und Norman D. Riley im Jahre 1971, auf dem der vorliegende Band beruht, hat sich vieles verändert. Das zunehmende Interesse an den Tagfaltern und die heute fast grenzenlosen Reisemöglichkeiten brachten viele neue Erkenntnisse. Dies gilt vor allem auch für die Ägäischen Inseln, deren Artenvielfalt hier besonders und detailliert berücksichtigt wird. Diese Inseln beherbergen mehrere Arten, die in keiner anderen Region Europas zu finden sind. Zusammen mit weiteren Nachträgen zur Liste der europäischen Tagfalterfauna ist nun eine Gesamtanzahl von 440 anerkannten und in diesem Buch beschriebenen Arten erreicht.

Die Exkursionsfauna von Lionel G. Higgins und Norman D. Riley war vor allem für die Bestimmung der Tagfalter im Feld vorgesehen. Der jetzige Feldführer erfüllt hoffentlich denselben grundlegenden Zweck, will aber zugleich zu weiterem und tieferem Interesse an den Tagfaltern anregen.

Es ist bekannt, dass ein Tagfalter aus einer Puppe hervorgeht, die wiederum von einer Raupe kommt. Diese drei Stadien der Entwicklung entsprechen also demselben Wesen. Und dies zeigt, dass ein noch so umfassendes Wissen über den ausgewachsenen Schmetterling ohne Kenntnis von seiner Lebensweise unvollständig bleibt. Mehr noch, die Vorteile, die sich aus einem größeren Verständnis der Biologie, Ökologie und des Verhaltens von Tagfaltern ergeben, erweitern jede theoretische Betrachtung bedeutend. Mit dem Lebensraum und den Raupennahrungspflanzen vertraut zu sein, ist ein erheblicher Vorteil beim Auffinden der Falter, besonders solcher, die eine sehr beschränkte oder ungewisse Verbreitung haben. Die Kenntnisse über die frühen Stadien der Tagfalter sind eine große Hilfe bei der Erforschung dieser Insekten, solange sie noch nicht fliegen. Die Suche nach Eiern oder Raupen hängt weniger von den Launen des Wetters ab und kann unter geringerem Zeitdruck geschehen als das Beobachten erwachsener Falter.

Das starke persönliche Engagement, keinen Aspekt der Wissenschaft von den Tagfaltern zu vernachlässigen, gab den Ausschlag dafür, den vorangegangenen Feldführer zu erweitern. Wenn dieses Buch den Leser anregt, zwischen Blättern und Blüten vorsichtig nach Eiern oder Raupen der Tagfalter zu spähen, dem Verhalten der Falter und der Ausprägung ihres Lebensraums größere Aufmerksamkeit zu schenken, sind die Mühen bei der Vorbereitung dieses Werks belohnt.

Dank

Ohne das Zusammenwirken vieler Personen ist ein solches Buch nicht möglich. Da der Inhalt wissenschaftlicher Zeitschriften die unentbehrliche Basis für diesen Band lieferte, bin ich all jenen zu Dank verpflichtet, die die Mühe der Publikation ihrer Beobachtungen auf sich nahmen. Für ihre direkte Hilfe, für fruchtbare Diskussionen und den Zugang zu privaten Tagfaltersammlungen danke ich daher folgenden Personen:

Dr. Stanislav Abadjiev, Institut für Zoologie, Bulgarische Akademie der Wissenschaften, Sofia, BU; Prof. Zolta Balint, Magyar Természettudományi Múzeum Állattára, Budapest, H; Dubi Benyamini, Santiago, Chile; Lubos Bieber, Lipuvka, CZ; Dr. Jean-Pierre Borie, Compiègne, F; Nils Brostrom, Hässelby, S; Dr. John Brown, Department of Physiology, University of Cambridge, GB; Dr. Clair Brunton, Department of Genetics, University of Cambridge, GB; Prof. Jarosław Buszko, Institut für Biologie, Kopernikus-Universität, Torun, PL; Paola Casini, Florenz, I; Sir Cyril Clarke, West Kirby, GB; John Coutsis, Athen, GR; Prof. Sir John Dacie, Wimbledon, GB; Charles Derry, Ironbridge, GB; Jos Dils, Hoevenen, B; Roland Essayan, Dijon, F; David Hall, Litchfield, GB; Hans Forslind, Kalmar, S; Jürgen Fuchs, Feucht, D; Nicos Ghavalas, Athen, GR; Yves Gonseth, Neuchâtel, CH; Dr. Jacques Hutsebaut, Brüssel, B; David Howell und seiner Frau, Broadstairs, GB; Hans Henrickson, Stenstrup, DK; David Jutzeler, Effretikon, CH; Ib Kreutzer, Arden, DK; Dr. Torben Larsen, London, GB; Ronnie Leestmans, Vilvoorde, B; Staf de Louker und seiner Frau, Bouwel, B; Dr. Marchi, Universitá degli studi di Cagliari, Sardinien, I; Francisco Martinex, Valencia, E; Prof. Steffen Oemig, Leverkusen, D; Alain Olivier, Antwerpen, B; Prof. Dennis Owen, Oxford Brookes University, GB; Jim Phelpstead, Southampton, GB; Tony Pittaway, Moulsford, GB; Dirk van der Poorten, Antwerpen, B; Willy de Prins, Antwerpen, B; Alex Riemis, Turnhout, B; Dr. Patrick Roche, Sant Julià de Lòria, Andorra; Dr. Klaus Schurian, Kelkheim-Fischbach, D; Prof. C. B. Stace, Department of Botany, Leicester University, GB; Per Tangen, Askim, N; Michel Tarrier, Málaga, E; Dr. George Thomson, Lochmaben, GB; Gerry Tremewan, Truro, GB; Rainer Ulrich, Wiesbach, D; Ken Wilmott, Leatherhead, GB; Joachim Wolf und seiner Frau, Neu-Isenburg, D.

Den Mitarbeitern der Abteilungen für Entomologie des Institut voor Taxonomische Zoologie, Amsterdam, NL, des Natural History Museum, London, GB, und des Oxford University Museum, Hope Department, GB, danke ich für die Möglichkeit, Tagfaltersammlungen und entomologische Bibliotheken zu nutzen. Für das Ausleihen von Tagfaltern sei Dr. Stephen Simpson und Dr. George McGavin vom Hope Department gedankt, ebenso den Mitgliedern der Vlaamse Vereniging voor Entomologie, Antwerpen, für das Ausleihen von Tagfaltern zum Zwecke der Illustration.

Gleichfalls danke ich Dr. Roberto Crnjar, Universitá degli studi di Cagliari, Sardinien, I, für die Überprüfung und Verbesserung der Korsika und Sardinien betreffenden Textteile. Martin Gascoigne-Pees, Stonesfield, GB, und Dr. Peter Russell, East Wittering, GB, sahen freundlicherweise den Hauptteil durch und lieferten viele nützliche Hinweise. Außerdem stellten sie leihweise Falter für die Illustrationen zur Verfügung. Dr. N. Savenkov, Latvijas Dabas Muzejs, LV, gilt mein Dank für detaillierte Verbreitungsangaben und historische Daten zu den Tagfaltern Lettlands. John Tennet, Fylingthorpe, GB, trug wesentliche Informationen zu den Tagfaltern von Marokko, Algerien und Tunesien bei.

Für die Unterstützung bei der Bestimmung von Raupennahrungspflanzen sei folgenden Personen gedankt: Dr. Brian Adams und Prof. Frank Bisby, Department of Botanical Taxonomy, University of Southampton, GB; Prof. K. Browicz, Poznan, PL; Thomas Cope und David Gardner, Royal Botanical Gardens, Kew, GB; Dr. D. Champluria und Prof. D. Fergusson, Rijksuniversitair Centrum Antwerpen, Antwerpen, B; Wolfram Hannig, Schladming, A; Dr. Alfred Hansen, Botanisches Museum, Kopenhagen, DK; Dr. Stephen Blackmore und Nick Turland, Botany Department, Natural History Museum, London, GB.

Dr. P. H. Boting, Antwerpen, B, führte die Bestimmung vieler Ameisenarten durch. Dr. Konrad Fiedler, Theodor-Boveri-Institut für Biowissenschaften der Universität Würzburg, D, sei für ähnliche, umfangreiche Hilfe und für viele hilfreiche Diskussionen über Tagfalter der Familie Lycaenidae gedankt. Bei der Bestimmung von Ameisen aus Griechenland assistierte ihm Dr. Donat Agosti, Zürich, CH – auch an ihn richtet sich mein Dank.

Und schließlich ist es mir ein besonderes Bedürfnis, meiner Frau Sally für ihre engagierte und unentbehrliche Hilfe bei der Feldarbeit, der Aufzucht der Raupen und bei Literaturrecherchen zu danken, vor allem aber für ihre Geduld und Toleranz.

Vorwort des Übersetzers

Die vorliegende Neubearbeitung des »Higgins & Riley« enthält sehr ausführliche und nützliche Ergänzungen zur Lebensweise und zum Lebensraum der Tagfalter. Vor allem sind hier die aufwendig zusammengetragenen Raupennahrungspflanzen (im Buch kurz »Nahrungspflanzen« genannt) zu erwähnen, die dazu beitragen, die Beziehungen der Schmetterlinge zu ihrer Umwelt besser zu verstehen. Die seit »Higgins & Riley« neu hinzugekommenen Arten wurden hier eingebracht, sodass dieses Werk nun das Bestimmen fast aller bekannten Tagfalter Europas und Nordwestafrikas ermöglicht. Es fehlen lediglich osteuropäische Arten sowie Arten, die in Europa nur auf Zypern vorkommen.

Dieses Buch ist besonders benutzerfreundlich gestaltet worden, indem Artbeschreibungen und Tafeln jeweils gemeinsam auf einer Doppelseite angeordnet sind. Bei der Bestimmung von Schmetterlingen helfen kurze Erläuterungstexte in den Tafeln.

Die Übersetzung hält sich im Wesentlichen an das englische Original. Anpassungen von britischen an allgemeine europäische Verhältnisse und an die derzeit gültige Systematik – die Systematik des englischen Originals orientiert sich an der des »Higgins & Riley« – erforderten jedoch einige Änderungen. Allgemein besteht das Bestreben, Arten in weniger Gruppen (Gattungen) zusammenzufassen, die wirkliche Verwandtschaftsverhältnisse widerspiegeln. Hier wurden aufgrund von Publikationen mit übereinstimmenden Aussagen in Bezug auf die Verwandtschaft sowie in weitgehender Anlehnung an die Online-Datenbank der Fauna Europaea (www.faunaeur.org) einige Adaptionen vorgenommen.

Die bei den Artbeschreibungen unter den Stichwörtern »Beschreibung« und »Variation« verwendeten Namen von Formen, Rassen, Variationen und Aberrationen sind nach dem Internationalen Code der Zoologischen Nomenklatur nicht als Namen der Artengruppe verfügbar. Eine Ausnahme hiervon bilden jene Namen für Variationen und Formen, die sich als Unterarten deuten lassen. Die Autoren verwenden alle diese (auch nicht verfügbare) Namen dennoch, um die Variationsbreite der Falter zu beschreiben und zu veranschaulichen. Bei der deutschen Bearbeitung wurden viele in den letzten Jahren erfolgten Synonymisierungen und Artaufspaltungen berücksichtigt.

Die Farbtafeln entsprechen in vollem Umfang der englischen Ausgabe und waren nicht Gegenstand der Bearbeitung. An Stellen, wo im Text Verbreitungsangaben aktualisiert und angepasst wurden, können Abweichungen gegenüber der jeweiligen Karte auftreten.

Die Darstellungsreihenfolge der einzelnen Unterfamilien und Arten entspricht im Großen und Ganzen der gültigen Systematik. Es gibt jedoch einige bedauerliche Ausnahmen, wie bei *Catopsilia florella* und *Issoria lathonica* sowie bei den Bläulingen, wo Unterfamilien und sogar Gattungen teilweise unzusammenhängend dargestellt sind (Gattungen *Aricia*, *Plebejus*, *Polyommatus*). Die Checkliste hinten im Buch bietet dem Leser jedoch einen systematischen Überblick.

Deutsche Falternamen sind nur bei Arten, die im deutschsprachigen Raum vorkommen, sowie bei besonders bekannten Arten angegeben.

Für die deutsche Übersetzung wurden die botanischen Namen der Raupennahrungspflanzen anhand von Rothmaler (1996) und Zander (2008) überprüft. Für Pflanzen aus Gebieten, die diese Bände nicht umfassen, wurden die Med-Checklist (herausgegeben von W. Greuter et al.) und schließlich weitere in der Literatur genannte Werke herangezogen.

Einleitung

Tagfalter (Rhopalocera) und Nachtfalter (Heterocera) umfassen zusammen die große Insektenordnung der Schmetterlinge. Ihr wissenschaftlicher Name, Lepidoptera, ist griechischen Ursprunges und bedeutet »Flügel mit Schuppen« (»lepis« = Schuppe, »pteron« = Flügel). Tagfalter können durch eines oder mehrere der folgenden Merkmale von den Nachtfaltern unterschieden werden:

1. Tagfalter haben keulenförmig verdickte Fühlerenden. Die Fühler der Nachtfalter sind gewöhnlich dünn und fadenförmig und bei beiden Geschlechtern oft deutlich verschieden.
2. Im Gegensatz zu Tagfaltern besitzen Nachtfalter einen Kopplungsmechanismus, der Vorder- und Hinterflügel im Flug zusammenhält.
3. In Ruhe stellen die Tagfalter ihre Flügel senkrecht, die Oberseiten eng aneinanderliegend. Nachtfalter ruhen mit dachförmig über den Hinterleib gelegten Flügeln; der vordere Flügel überdeckt dabei den hinteren.
4. Tagfalter fliegen bei Sonnenschein oder wenigstens im Hellen. Die meisten Nachtfalter fliegen nachts; solche, die am Tage fliegen, sind leicht an ihrem Fühlerbau oder ihrer Ruhestellung als »Nachtfalter« zu erkennen.

Der äußere Körperbau eines Tagfalters

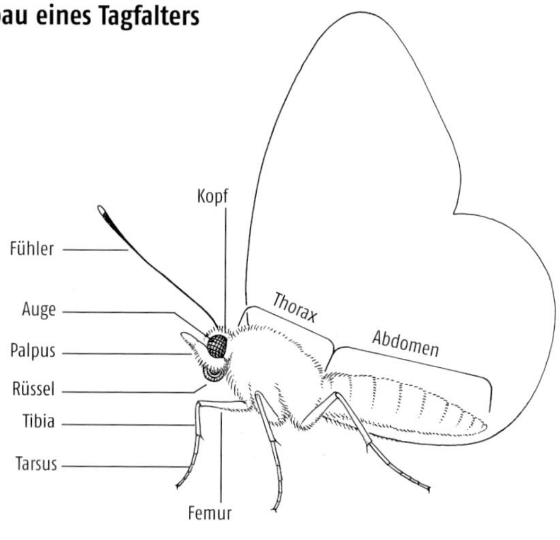

Bild 1: Äußerer Körperbau eines Tagfalters

Der Kopf (Caput), nur zu sehr eingeschränkten Bewegungen fähig, trägt 2 große zusammengesetzte Augen. Diese Komplexaugen ermöglichen zwar eine Rundumsicht, haben aber ein geringes Auflösungsvermögen. Auf Bewegungen reagieren sie jedoch sehr sensibel. Auf der Stirn (Frons), dem vorderen Teil des Kopfes zwischen den Augen, befindet sich oft ein Haarbüschel. Die Mundwerkzeuge der Tagfalter sind zu 2 Paar »Tastern« (Palpen) reduziert, den Lippentastern (Labialpalpen) und den Kiefertastern (Maxillarpalpen). Tagfalter besitzen einen ein- und ausrollbaren Rüssel, der sich aus 2 Rinnen zusammensetzt und so eine Röhre bildet. Durch dieses für die Schmetterlinge typische Organ saugen die Falter flüssige Nahrung auf. Die am Ende keulenförmig verdickten Fühler sind mit wichtigen Sinnesorganen versehen und sitzen oberhalb der Augen am Kopf.

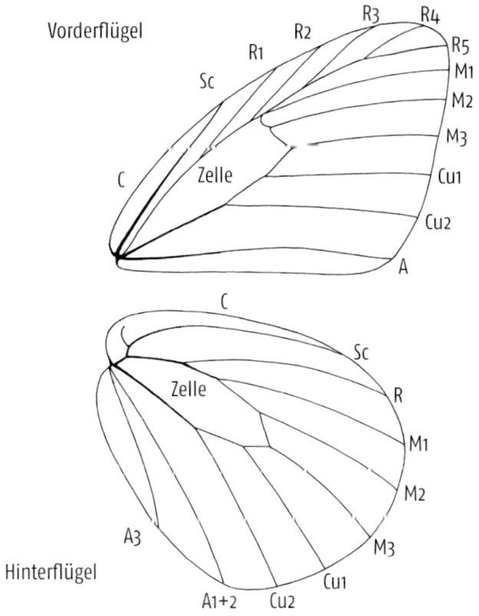

Bild 2: Flügelgeäder

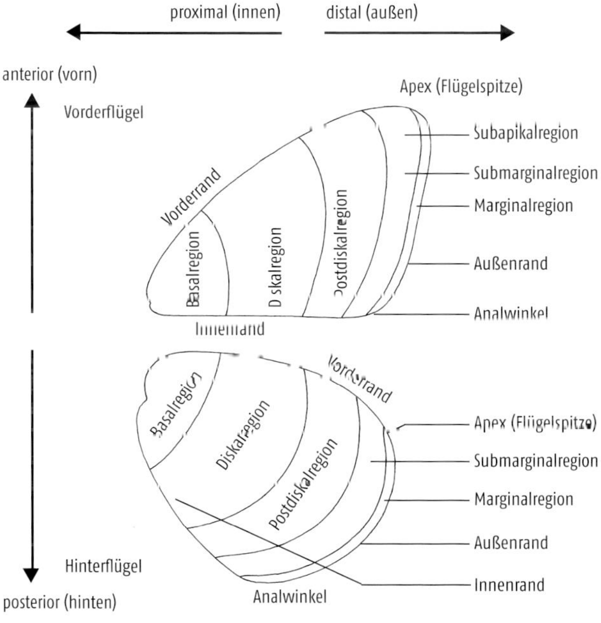

Bild 3: Bezeichnung der einzelnen Flügelabschnitte

An den Kopf schließt sich der Brustabschnitt (Thorax) an, der die beiden Flügelpaare und die 3 Beinpaare trägt. Bei einigen Gruppen ist das vordere Beinpaar stark reduziert. Ohne eingehende Untersuchung ist es kaum zu sehen, und die Falter können die Vorderbeine nicht zum Laufen nutzen. Alle funktionsfähigen Beine sind gegliedert und bestehen aus Schenkel (Femur), Schiene (Tibia) und Fuß (Tarsus). Die Struktur des Tarsus variiert, endet aber gewöhnlich in einem Paar Krallen. Auf den Fühlern, Palpen, am Kopf selbst, am Rüssel und an den Beinen sind Geruchssensoren vorhanden.

Im Vergleich zu Kopf und Brust ist der Hinterleib (Abdomen) etwas weicher und vor allem beweglicher. Er enthält die Organe für die Verdauung und für die Fortpflanzung. Der Hinterleib des Weibchens ist gewöhnlich dicker als der des Männchens, da er die Eier enthält. Die Strukturen des äußeren Genitalapparats sind zur Unterscheidung der Arten oft wesentlich. Da sich diese sehr komplexen Organe ohne bildliche Darstellung nicht angemessen beschreiben lassen, beschränken sich Erwähnungen hierzu auf solche Fälle, in denen äußere diagnostische Merkmale fehlen.

Zur Paarung finden Schmetterlinge vor allem mithilfe von Sexuallockstoffen zueinander. Weibchen und Männchen produzieren solche Stoffe und geben sie ab, um den Partner anzulocken und auf die Paarung einzustimmen. Bei den Männchen werden diese Lockstoffe (Pheromone) in Drüsenzellen produziert und/oder aufbewahrt. Diese Zellen liegen an der Basis von »Duftschuppen«, die für eine bessere Verteilung der Duftmoleküle sorgen. Duftschuppen unterscheiden sich in ihrer Form meist deutlich von den gewöhnlichen Schuppen und enden oft als pinselförmige Büschel. Sie können zwischen gewöhnlichen Schuppen verteilt oder zu deutlichen Flecken konzentriert sein (Duftschuppenflecke). Oft befinden sie sich auf der Oberseite der Vorderflügel, bei einigen Arten in einer Membranfalte am Vorderflügelrand.

Eine Flügelschuppe ist sehr klein, dünn und besteht aus einer chitinösen Platte, deren Basis zur Verankerung in der Flügelmembran spitz ausgezogen ist. Flügelschuppen sind pigmentiert, aber metallisch schillernde Farben, wie bei den Bläulingen und Feuerfaltern, entstehen durch die Brechung einfallenden Lichts an den Oberflächenstrukturen der Schuppen. Die Wahrnehmung dieser Farben hängt vom Blickwinkel ab. So ist etwa der violettblaue Schimmer des Großen Schillerfalters nur auf einem Flügelpaar sichtbar, während das andere Paar in glanzlosem Braun und Weiß erscheint. Die subtilen Variationen im Ton des grünen und messingfarbenen Schillers vieler Augenfalter lassen sich ähnlich erklären.

Die Benennung des Flügelgeäders (Bild 2) richtet sich nach dem internationalen Standard.

Vorderflügel: Die Kostalader (C) ist identisch mit dem Flügelvorderrand. Ihr folgt die Subkostalader (Sc), die an der Flügelbasis entspringt. Als dritte Ader folgt der Radiusstamm (R), er bildet den Vorderrand der Diskoidalzelle, auch nur »Zelle« genannt, und verzweigt sich zum Vorderrand und zur Flügelspitze (Apex) hin in 5 Seitenadern (R1–R5). Von der Zellquerader entspringen 3 Adern (M1–M3) zum Außenrand. Den Hinterrand der Zelle bildet der Cubitalstamm, er verzweigt sich in 2 Cubiti-anteriores-Äste (CuA1+CuA2); der Cubitus posterior ist bei den Vorfahren der Tagfalter verloren gegangen, sodass die Cubiti-anteriores-Äste im Folgenden einfach »Cu1« und »Cu2« genannt werden. Auch von den ursprünglich 2 Analadern ist nur noch eine erhalten. Sie ist aus der Verschmelzung von A1+2 hervorgegangen und wird hier der Einfachheit halber »A« genannt.

Das Hinterflügelgeäder folgt derselben Benennung, nur sind hier die Radiusadern bis auf eine reduziert, und außer A1+2 ist eine zweite Analader, A3, vorhanden.

Viele Adern sind bereits sichtbar, wenn man die Flügel im Gegenlicht betrachtet. Andernfalls kann man mit einem Pinsel den Flügel leicht mit Alkohol benetzen, damit er durchscheinend wird. Die Benennung der Adern dient dazu, die Lage von Elementen der Flügelzeichnung anzugeben. Darüber hinaus wurden die Flügelflächen in verschiedene Sektoren eingeteilt, deren Benennung ebenfalls einem allgemein gebräuchlichen Standard folgt (Bild 3).

Der Lebenszyklus eines Tagfalters

Ei (Ovum), Raupe (Larva), Puppe (Pupa) und erwachsenes Insekt oder Falter (Imago) sind die 4 verschiedenen Entwicklungsstadien im Lebenszyklus der Schmetterlinge. Dieser bemerkenswerte Entwicklungs- und Umwandlungsprozess ist als »Metamorphose« bekannt.

Die Eier werden gewöhnlich an Pflanzen abgelegt, an denen die Raupen nach dem Schlupf aus dem Ei fressen. Schmetterlingseier haben verschiedene Formen, sie sind z. B. flaschen-, teller-, kugel- oder kuppelförmig. Das Eistadium dauert nur wenige Tage oder Wochen, aber mehrere Monate, wenn es der Überwinterung dient. Die Raupenentwicklung vollzieht sich durch mehrere Häutungsstadien. Da die Haut nicht mitwächst, beim Wachsen also immer wieder zu eng wird, muss sie öfter durch eine neue, größere ersetzt werden. Die meisten europäischen Tagfalter überdauern den Winter als Raupe. Innerhalb der einzelnen Falterfamilien sind die äußere Gestalt wie Form, Farbe und Zeichnung, die Anpassung an die Umwelt und dazugehörigen Überlebensstrategien ähnlich. Die rätselhafte Umwandlung zum Falter erfolgt während des Puppenstadiums, oft auch als »Ruhestadium« bezeichnet, weil die Puppe relativ unbeweglich ist. Die »Puppenruhe« dauert gewöhnlich 14 Tage – wenn sie das Überwinterungsstadium darstellt, jedoch mehrere Monate.

Überlebensstrategien

Das Leben erfolgreich zu bestehen, hängt zu einem großen Teil vom Verhalten ab. Dies gilt auch für Schmetterlinge. Schon der Schlupfzeitpunkt eines Tagfalters im Frühjahr wird durch eine »innere Uhr« (Biorhythmik) gesteuert. So ist er in der Lage, auf jahreszeitlich bedingte Änderungen in der Tageslänge (Fotoperiodik) zu reagieren und dann zu schlüpfen, wenn Nahrungspflanzen verfügbar sind.

Betrachtet man die Tarnung als Überlebensstrategie, so stellt man fest, dass das Verhalten eines Tagfalters oft mit seinem Erscheinungsbild und dem Charakter seines Lebensraums in Beziehung steht. Eine gute Unterseitentarnung des Blauen Eichenzipfelfalters *(Favonius quercus)* verhindert beispielsweise, dass räuberische Vögel die auf Eichenblättern sitzenden Falter entdecken. Die silbergraue Färbung, die nicht das grüne Blatt, sondern die Reflexionen seiner glänzenden Oberfläche nachahmt (Mimese), und die weiße Diskallinie, die den hellen Reflexionen der Blattadern entspricht, stellen eine hervorragende Tarnung dar. Die Färbung der Flügelunterseite des Zitronenfalters *(Gonepteryx rhamni)*, des Tagpfauenauges *(Aglais io)* und des C-Falters *(Polygonia c-album)* – dreier Arten, die als Falter überwintern – korrespondiert stark mit dem Charakter des Winterquartiers.

Ebenfalls bekannt ist die Ausprägung spezieller Feinheiten in der Färbung einer Art, um sich einem besonderen Lebensraum anzupassen. Oft wurde versucht, die unterschiedliche Flügelzeichnung solcher Falter durch lokale Variation zu erklären.

So wurde z. B. bei Faltern der Gattung *Pseudochazara* eine lokale Variation in der Flügelfärbung und -zeichnung beobachtet, besonders häufig auf der Unterseite des Hinterflügels, was oft zur Aufteilung der Arten in Unterarten führte. Die Vorliebe dieser Falter, auf oder zwischen Felsen zu ruhen, variiert jedoch nicht. Äußerliche Unterschiede zwischen Populationen sind daher als Anpassung an lokale geologische oder andere Bedingungen zu sehen – es handelt sich also um eine gute Tarnung. Die Falter schlafen zwischen Steinen oder in Felsspalten versteckt. Solche Zufluchtsorte sind im Vergleich zur Umgebung konstant kühl. Räuberische Eidechsen, immer eine Gefahr für adulte *Pseudochazara*-Arten, können daher nicht auf die Falter aufmerksam werden. Aber ein Insekt verliert diese Sicherheit, wenn es nach dem Schlaf zum Licht kriecht, um die Wärme der Morgensonne zu suchen und die über Nacht abgesunkene Körpertemperatur auf etwa 27° C zu erhöhen. Dann wird es sichtbar und stellt, solange es noch träge ist, eine leichte Beute dar. In dieser Situation ist die Bedeutung der Unterseitentarnung besonders offensichtlich. Der Aufwärmprozess scheint immer auf dieselbe Weise abzulaufen, mit derselben akribischen Vorsicht. Der Schmetterling sitzt sehr nah an einem Stein oder berührt ihn sogar und stellt die Fläche der eng aneinanderliegenden, geschlossenen Flügel quer zur Sonne, um den Strahlungseinfall zu maximieren. Während dieser längeren Aufwärmphase nimmt der Falter immer wieder minimale Korrekturen im Hinblick auf die Bewegung der Sonne vor. Indem er beide Hinterflügel gleichzeitig aufwärmt – der Stein, gegen den der Falter lehnt, strahlt mittlerweile auch Wärme ab –, wird die Zeit der größten Gefahr möglichst kurz gehalten.

Ein ähnliches Beispiel für farbliche Anpassung zeigen Vertreter der Gattung *Hipparchia*. Die Farbvariationsbreite auf der Hinterflügelunterseite ist jedoch oft größer als angenommen; möglicherweise entspricht sie der Beschaffenheit der verschiedenen Oberflächen, auf denen die Falter ruhen oder schlafen. Die Borke einer Kiefer, bevorzugter Rastplatz dieser Falter, bietet durch ihre Oberflächenstruktur eine sehr komplexe Anordnung von Farben, Mustern und harten Schatten.

Eine interessante Überlebensstrategie einiger Arten ist die der Wanderung (Migration). Zu bestimmten Jahreszeiten werden solche Falter regelmäßig zu den »Nomaden« der Schmetterlingswelt. In erstaunlicher Anzahl breiten sie sich von den Gebieten, in denen sie dauerhaft ansässig sind, aus und ergreifen von mehr oder weniger geeigneten Plätzen entlang ihrer Wanderroute Besitz. So etablierte Populationen wandern erneut und bilden weitere Kolonien. Auf diese Weise breitet z. B. der Distelfalter *(Vanessa cardui)*, ein bekannter Wanderfalter, sein Areal vom zeitigen Frühjahr an über den gesamten Sommer von Nordafrika über Europa bis zum Polarkreis aus. Er ist einer der wenigen Wanderfalter, die Island erreichen. Der Prozess der Fortpflanzung und Ausbreitung setzt sich ständig fort, bis die Kälte einsetzt und in den Wintermonaten alle oder fast alle neuen Kolonien und Nachkommen vermutlich absterben. Der Verlust so vieler Falter ist allerdings von geringer Bedeutung, solange die Art erfolgreich bestehen bleibt. Allgemein wird das Wanderverhalten als Überlebensstrategie betrachtet. Denn bei Klimaänderungen, wie sie in geologischen Zeiträumen immer wieder auftreten, können einige Populationen gerade optimal platziert sein, um eine neue, dauerhafte Basis mit weiterer Wandermöglichkeit für zukünftige Generationen zu gründen. Typische Wanderarten nutzen sehr verschiedene Raupennahrungspflanzen oder solche, die sehr weit verbreitet sind.

Einige wenige Arten, wie der Schwalbenschwanz *(Papilio machaon)* und der Zürgelbaum-Schnauzenfalter *(Libythea celtis)*, scheinen sich mit saisonaler Regelmäßigkeit auszubreiten. Sie treten dann häufig an Orten auf, die von ihren eigentlichen Fortpflanzungsgebieten weit entfernt liegen, wo aber die Nahrungspflanzen für ihre Raupen gedeihen. Anders als bei typischen Wanderfaltern erfolgt die Ausbreitung jedoch größtenteils *innerhalb* des Gebiets, in dem sie dauerhaft ansässig sind.

Gliederung der Artbeschreibungen

Die Artbeschreibungen sind durch Stichwörter übersichtlich gegliedert. Zugleich sollen diese Stichwörter die wechselseitigen Beziehungen von Verhalten, Ökologie und Biologie und deren Bedeutung für die Bestimmung der Tagfalter und die Untersuchung ihrer taxonomischen Beziehungen veranschaulichen.

Gesamtverbreitung

Soweit nicht anders ausgewiesen, gibt die Gesamtverbreitung die globalen Grenzen des Vorkommens einer Art an.

Artname, Autor und Jahreszahl, Typenfundort, Synonyme

Dieser kurze, nicht durch ein Stichwort eingeführte Gliederungspunkt nennt den Anfangsbuchstaben des wissenschaftlichen Namens der Gattung, dahinter gegebenenfalls den Namen der Untergattung in Klammern, den wissenschaftlichen Namen der Art, ihren Erstbeschreiber und das Jahr der Beschreibung. Wenn eine Art heute in eine andere Gattung eingeordnet wird als die der ursprünglichen Beschreibung, so stehen Autor und Jahreszahl in Klammern. Der Herkunftsort des Individuums, anhand dessen die Art beschrieben wurde (Typus), ist der Typenfundort (TF). Wurde eine Art versehentlich mehrmals beschrieben, wird der jüngere Name zum Synonym (Syn.). Das betrifft auch beschriebene Unterarten, die einer Prüfung nicht standhalten konnten und deshalb synonymisiert wurden. Der wissenschaftliche Name kann als Binomen, z. B. *Cyaniris semiargus* (abgekürzt *C. semiargus*), oder als Trinomen, z. B. *Cyaniris semiargus helena* (abgekürzt *C. s. helena*), geschrieben werden. Der erste Name ist der Gattungsname, der zweite der Artname, der dritte bezeichnet eine Unterart. Bildet eine Art innerhalb ihres Verbreitungsgebiets einander geografisch ausschließende und klar unterscheidbare Populationen, so kann diese Art in Unterarten aufgeteilt werden. Sind Artname und Unterartname identisch wie im Fall von *Cyaniris semiargus semiargus*, so ist die Unterart aus dem Gebiet gemeint, in dem der Typenfundort der Art liegt; sie ist die »nominotypische Unterart« neben einer oder mehreren anderen Unterart(en) wie in diesem Fall *Cyaniris semiargus helena*.

Verbreitung

Das geografische Gebiet, das durch dieses Buch abgedeckt wird, ist in Bild 4 dargestellt. Es schließt ganz Europa westlich von Russland, Weißrussland und der Ukraine ein, und auch die Kanarischen Inseln, Madeira, die Azoren und die Ägäis gehören dazu. Die weiten Gebiete des europäischen Teils von Russland, Weißrussland und der Ukraine werden nicht behandelt. Zypern sowie die östlichen Mittelmeerinseln außerhalb der politischen Grenzen Europas sind ebenfalls von der Betrachtung ausgeschlossen. Nordwestafrika hingegen ist wegen der engen biogeografischen Beziehungen zu Europa in der Betrachtung berücksichtigt.

Bild 4: Karte des behandelten Gebiets (die Azoren, Madeira und die Kanarischen Inseln sind nicht dargestellt)

In der Karte, die zu fast jeder Art gezeigt wird, ist deren Verbreitung orange unterlegt. Aufgrund des kleinen Maßstabs kann die Information unvollständig sein, vor allem in einigen Ostgebieten ist manches noch unerforscht. Ebenso kommt eine Art nicht immer an allen Stellen im angegebenen Verbreitungsgebiet vor. Regionen zeitweiliger Besiedlung durch Wanderarten sind blassorange dargestellt. Die Grenze zwischen bodenständigem Vorkommen und Einwanderungsgebiet ist oftmals schwer festzulegen, weil Falter in manche Gebiete auch dauerhaft einwandern.

Das Vorkommen in bestimmten Höhenlagen zählt zur Verbreitung. Eine flüchtige Betrachtung der Karten lässt z. B. wiederkehrende Verbreitungsmuster erkennen, die eng mit höheren Gebirgen zusammenhängen. Dies deutet eine Beschränkung auf die Bedingungen in höheren Lagen an, vor allem auf tiefere Temperaturen. Auf diese Situation wird im Text hingewiesen. Tiefere Temperaturen herrschen auch in polnäheren Bereichen vor. Einige Arten, die in Mitteleuropa nur in Hochlagen vorkommen, finden sich in der arktischen Region Nordeuropas nahe dem Meeresniveau wieder. Solche und ähnliche unterbrochene (disjunkte) Verbreitungsbilder weisen auf ein kontinuierliches Vorkommen in der Vergangenheit hin, das durch klimatische Änderungen in geologisch jüngerer Zeit unzusammenhängend wurde. Die Wissenschaft von solchen und ähnlichen Ereignissen unter Berücksichtigung von Tieren und Pflanzen, die Paläobiogeografie, liefert oft wertvolle Anhaltspunkte zu Vorgängen der Evolution.

Die erwähnte untere Begrenzung der Höhenverbreitung nahe dem Meeresniveau wurde, soweit verfügbare Daten es erlaubten, präzisiert, und es wurde versucht, die verschiedenen, oft schnell wechselnden Lebensraumtypen zu berücksichtigen, die zwischen tiefer gelegenen Inlandsküstenbereichen und der eigentlichen Küstenlinie auftreten können.

Abschließend sei darauf hingewiesen, dass der Begriff »Balkan« hier die Länder Bulgarien, Slowenien, Kroatien, Bosnien-Herzegowina, Serbien, Mazedonien, Albanien sowie einen Teil Rumäniens umfasst. Griechenland und der europäische Teil der Türkei gehören zwar geografisch zur Balkanhalbinsel, werden hier jedoch separat genannt. Unter »Fennoskandinavien« werden Norwegen, Schweden und Finnland zusammengefasst. Der Begriff »Mazedonien« wird im Buch für die Republik Mazedonien verwendet. Lokalitäten im bulgarischen oder griechischen Teil Mazedoniens werden unter diesen Ländern erwähnt. Unsicherheiten, ob eine Art tatsächlich in dem gemeldeten Land oder Gebiet vorkommt, sind an einem vorangestellten Fragezeichen erkennbar. Beispiel: »(?) Frankreich« heißt, diese Angabe erfolgt ohne Gewähr und bedarf der Überprüfung.

Beschreibung

Von wenigen Ausnahmen abgesehen, beschränkt sich die Beschreibung auf wesentliche diagnostische Merkmale einer Art und solche Kennzeichen, die den Farbzeichnungen auf den Tafeln nicht zu entnehmen sind. Ist eine Verwechslung sehr ähnlicher Arten möglich, so enthält die Beschreibung Angaben zur Unterscheidung. Größenangaben zu den Tagfaltern entfallen, da diese auf den Tafeln in natürlicher Größe wiedergegeben werden.

Variation

Die äußere Erscheinung der Falter und auch der Raupen und Puppen einer Art kann aus verschiedenen Gründen deutlich variieren. Die große Anzahl möglicher Variationen wird einschließlich ihrer Ursachen im Text beschrieben. Neben den üblichen Unterschieden von einem Individuum zum anderen bedingen Umweltfaktoren unterschiedliche Färbungen. So sind Falter derselben Art in kalten Hochgebirgslagen oft dunkler gefärbt, um mehr Sonnenenergie absorbieren zu können. Andere passen sich in ihrer Färbung der Umwelt an, um sich vor Feinden zu tarnen (siehe »Überlebensstrategien«).

Flugzeit

Die Falter sind die auffälligste Erscheinung aller Entwicklungsstadien eines Schmetterlings. Sie schlüpfen zu einer bestimmten Zeit im Jahr aus der Puppe. Der Zeitraum vom Schlupf des Falters bis zum Lebensende gilt als »Flugzeit«. Manche Arten weisen während eines Jahres mehrere vollständige Entwicklungszyklen (Generationen) vom Ei bis zum Falter auf, sodass zu verschiedenen Zeiten des Jahres Falter zu sehen sind. Für viele geografisch weit verbreitete Arten kann die Anzahl der Generationen in einer Saison in Abhängigkeit von der geografischen Lage, der Höhe und den regionalen klimatischen Bedingungen variieren. Eine Art, die in kälteren (nördlicheren oder höher gelegenen) Gebieten nur eine Generation im Jahr hervorbringt (univoltin), mag im Tiefland oder in wärmeren Gebieten 2 (bivoltin) oder mehr (polyvoltin) Generationen hervorbringen. Von manchen polyvoltinen Arten sind etwa in Nordafrika oder den Küstengebieten des Mittelmeeres vom zeitigen Frühjahr bis zum Spätsommer oder Herbst Falter anzutreffen, auf den Kanarischen Inseln sogar das ganze Jahr hindurch. Im Allgemeinen schlüpfen die Falter in tieferen Lagen und in südlichen Regionen früher. Die jeweiligen Wetterbedingungen können die Schlupfdaten und den Generationsverlauf beeinflussen. Ein spät beginnender Frühling, dem ein kühler Sommer folgt, kann den Schlupf einiger Arten um mehr als einen Monat verzögern. In den südlichen Regionen Europas können lange Trockenperioden den Schlupf einiger wüstenbewohnender (eremischer) Falter über 1 oder 2 Jahre hinauszögern.

Lebensraum

Der Lebensraum eines Tagfalters ist die Umwelt, in der er seine Entwicklungsstadien durchlebt. Diese Umwelt muss bestimmte Faktoren enthalten, die den Ansprüchen der sie bewohnenden Organismen genügen. Der erkennbare Charakter des Lebensraums wird kurz beschrieben. Geologie und Bodenart sind von entscheidender Bedeutung für die Ausbildung der Vegetation, also auch für das Vorkommen von Raupennahrungspflanzen. Das Wissen über den Lebensraum einer Art ist nützlich, um die Tagfalter im Freiland zu finden, vor allem solche mit sehr speziellen Ansprüchen.

Lebensweise

Die wohl prägnanteste Bindung der Schmetterlinge an ihre Umwelt ist die der Raupen an ihre Nahrungspflanzen. Deren Auflistung nimmt hier daher einen bedeutenden Teil ein. Angaben zu den Nahrungspflanzen der Raupen wurden entweder persönlich überprüft oder aus glaubwürdigen Quellen übernommen. Unsicherheiten sind gekennzeichnet. So meint »(?)*Centaurea scabiosa*« eine korrekte Bestimmung der Pflanzenart, aber die Nutzung als Raupennahrungspflanze wird angezweifelt. »*Centaurea* (?)*scabiosa*« bedeutet hingegen, dass die Pflanze Raupennahrung, aber die Artdetermination innerhalb der genannten Gattung nicht sicher ist. »*Centaurea* sp.« nennt eine Raupennahrungspflanze dieser Gattung, aber die Art wurde nicht bestimmt. Mögliche Irrtümer bei Meldungen von Nahrungspflanzen sind manchmal auch durch den Verweis auf die nötige Überprüfung dieser Angaben angezeigt. Wurde die Zuverlässigkeit einer Datenquelle angezweifelt, so wurden die Daten ohne Kommentar ignoriert, also nicht aufgenommen. Bei Tagfalterarten, deren Raupen ein sehr breites Nahrungsspektrum nutzen, ließen sich nicht alle Pflanzen vollständig aufzählen.

Im Freiland wählen Raupen oft andere Pflanzen, als sie unter Zuchtbedingungen als Nahrung akzeptieren. Diese Unterscheidung und die Berücksichtigung der Tatsache, dass sich das Verhalten der Tiere den Umständen entsprechend ändern kann, sind sehr wichtig. Bei Raupen und bei Faltern kann man daher aus dem Verhalten unter Zuchtbedingungen nicht zwingend auf das natürliche Verhalten schließen. Eine Pflanze gilt nur dann als »Nahrungspflanze«, wenn sich Raupen in der Natur von ihr ernähren. Auf die Verwendung der früher üblichen Bezeichnung »Futterpflanze« wird deshalb in diesem Buch verzichtet. Nicht alle Falter legen ihre Eier an den Pflanzen ab, an denen die Raupen später fressen. Das ist bei Felduntersuchungen stets aufmerksam zu beachten.

Aus vielen Gründen sind Kenntnisse über die Raupennahrungspflanze(n) von großer Bedeutung. Ihre Verbreitung kann einiges über die Verbreitung des Schmetterlings selbst sagen; in einigen Fällen ist die Verbreitung des Falters eng mit der seiner Nahrungspflanze verbunden. Solche Informationen können ausreichen, um die Frühstadien eines Schmetterlings und das Überwinterungsstadium in seinem Lebensraum zu finden.

Neben den Ausführungen zu den Raupennahrungspflanzen erfolgen weitere Angaben zur Lebensweise der Schmetterlinge in ihren Frühstadien, etwa zum Ort der Eiablage oder bei Bläulingsraupen zur unerlässlichen Lebensgemeinschaft mit Ameisen. Außerdem wird beschrieben, wie die Tiere ungünstige Jahreszeiten überdauern.

Verhalten

Der Begriff »Verhalten« wird meist in einem sehr weiten Sinn gebraucht. In diesem Buch finden sich hierunter lediglich Angaben zum Verhalten der Falter, etwa das Aufsuchen bestimmter Pflanzenarten, deren Blüten eine wertvolle Nektarquelle sind. Andere Falter saugen bevorzugt an tierischen Exkrementen (eine begehrte Eiweißquelle) oder an feuchtem oder nassem Boden, um gelöste Salze aufzunehmen. Auch auffallende Erscheinungen wie das »Hilltopping«, das oft stundenlange gesellige Fliegen von Faltern am höchsten Punkt von Hügeln oder Bergen, sind erwähnt.

Naturschutz

Unter diesem Stichwort werden bei einigen Arten Ursachen für ihre Gefährdung genannt.

Vielerorts sind die Lebensräume der Tagfalter schon so klein geworden, dass ihr Fortbestand sehr unsicher ist. Bei gesunden Populationen ist die Fortpflanzungsrate normalerweise so hoch, dass ein Schmetterlingsnetz kaum Schaden anrichtet. Sinkt die Individuenzahl aber unter ein bestimmtes Minimum, so ist die Population zum Aussterben verurteilt. Natürliche Ereignisse, wie gefressen zu werden, der Befall von Raupen durch parasitierende Schlupfwespen oder Fliegen oder eine ungünstige Entwicklung in einem regenreichen Jahr können einer schon geschwächten Population die letzte Kraft nehmen. Schließlich sinkt die Anzahl der Tiere so sehr, dass ihre Chance, sich zur Fortpflanzung zu finden, äußerst gering ist. Ihr Aussterben ist unvermeidlich. Der Schutz der Schmetterlinge und ihrer Lebensräume muss daher rechtzeitig einsetzen.

Tagfalterbestimmung, Benutzerhinweise

Mit Ausnahme der Monarchfalter (Danainae, mit 2 Arten in Europa) zeigen die Übersichtstafeln auf den folgenden 4 Seiten Vertreter jeder europäischen Tagfalterfamilie. Ein Vergleich von wenigen Merkmalen wie Größe, Flügelform und Flügelzeichnung ermöglicht im Allgemeinen schon eine Zuordnung des gefundenen Falters zur richtigen Familie. Die Seitenzahlen hinter einem Familiennamen verweisen auf die Tafeln, auf denen die Arten dieser Familie abgebildet sind. Unter den einzelnen Abbildungen der Übersichtstafeln weist eine in Klammern stehende Seitenzahl den Weg zu der Textstelle, wo die dargestellte Art und ihre unmittelbaren Verwandten abgehandelt und auf Farbtafeln zu sehen sind. Der Bildvergleich, vor allem auch mit ähnlichen Arten, ermöglicht oft schon die Artbestimmung. Anhand der Beschreibung kann man die Bestimmung überprüfen und weitere Informationen zur Art nachlesen. Um eine Art sicher zu bestimmen, sollte neben dem Vergleich mit ähnlichen Arten auch geprüft werden, ob die Herkunft des Falters im bekannten geografischen Verbreitungsgebiet der Art liegt. Hierbei ist allerdings zu bedenken, dass die Verbreitung der europäischen Tagfalter nicht lückenlos bekannt ist. In besonders schwierigen Fällen kann es sich als hilfreich erweisen, zunächst alle infrage kommenden Arten aufzulisten und nach dem Ausschlussprinzip die unwahrscheinlichsten Kandidaten systematisch auszusortieren. Bei den übrig gebliebenen Arten ist dann eine konzentrierte Betrachtung der diagnostischen Merkmale zweckmäßig.

Abkürzungen

auct.	vom Autor (Beschreiber) an anderer Stelle so genannt
f.	Form
Hfl	Hinterflügel
M	Mittel(-)
N	Nord(en), nördlich; (nach einem Gradzeichen °:) nördliche(r) Breite
NO	Nordost, nordöstlich
NW	Nordwest, nordwestlich
O	Ost(en), östlich
OS	Oberseite(n)
S	Süd(en), südlich
SO	Südost, südöstlich
sp.	species (Art)
ssp.	subspecies (Unterart)
SW	Südwest, südwestlich
Syn.	Synonym
TF	Typenfundort
US	Unterseite(n)
var.	Variation
Vfl	Vorderflügel
vgl.	vergleiche
W	West(en), westlich
♂	Männchen
♀	Weibchen

PAPILIONIDAE Seite 28–41

Papilio machaon
(Seite 28)

Zerynthia polyxena
(Seite 34)

Parnassius apollo
(Seite 36)

PIERIDAE Seite 42–81

Pieris napi
(Seite 50)

Anthocharis cardamines
(Seite 60)

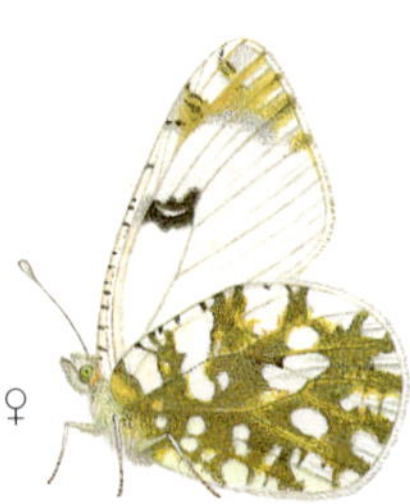

Euchloe ausonia
(Seite 56)

Colias crocea
(Seite 72)

Gonepteryx rhamni
(Seite 74)

NYMPHALIDAE: Libytheinae Seite 158 f.

♂

Libythea celtis
(Seite 158)

RIODINIDAE Seite 158

♂

Hamearis lucina
(Seite 158)

LYCAENIDAE Seite 82–158

♂

Satyrium ilicis
(Seite 86)

♀

Favonius quercus
(Seite 84)

♂

Thecla betulae
(Seite 84)

♂

Callophrys rubi
(Seite 90)

♂

Lycaena phlaeas
(Seite 92)

♀

Aricia agestis
(Seite 128)

♂ ♀

Polyommatus icarus
(Seite 156)

♂ ♀

Polyommatus coridon
(Seite 150)

HESPERIIDAE Seite 326–349

Pyrgus malvae
(Seite 326)

Thymelicus sylvestris
(Seite 346)

NYMPHALIDAE Seite 162 ff.

Apatura iris
(Seite 164)

Limenitis camilla
(Seite 170)

Polygonia c-album
(Seite 180)

Vanessa atalanta
(Seite 176)

Melitaea athalia
(Seite 208)

Euphydryas aurinia
(Seite 216)

NYMPHALIDAE: Satyrinae Seite 218–325

Melanargia galathea
(Seite 218)

Hipparchia semele
(Seite 230)

Satyrus ferula
(Seite 256)

Erebia aethiops
(Seite 272)

Erebia epiphron
(Seite 268)

Erebia tyndarus
(Seite 284)

Maniola jurtina
(Seite 300)

Lasiommata megera
(Seite 320)

Coenonympha pamphilus
(Seite 310)

Coenonympha hero
(Seite 316)

Pararge aegeria
(Seite 318)

Papilionidae Latreille 1802 · Ritterfalter

Die 12 europäischen Vertreter dieser Familie schließen einige große und farbenprächtige Tagfalter ein, von denen die Schwalbenschwänze wohl die bekanntesten sind. Die Falter besitzen 6 Laufbeine, die an den Tarsen einfache Klauen aufweisen. Die Hinterflügel sind am Hinterrand konkav und haben nur eine Analader. Zur Verteidigung gegen räuberische Vögel bedienen sich die Raupen mit Ausnahme der Segelfalterraupe ihrer kräftigen Warnfarben und eines Osmeteriums. Dieses weiche, fleischige, orangefarbige, ein- und ausstülpbare Organ ist im ersten Brustsegment verborgen. Ausgestülpt sendet es einen speziellen Duft aus, der zusammen mit der bedrohlichen Erscheinung des Osmeteriums abschreckend wirkt.

Papilioninae · Schwalbenschwänze

Die meisten Arten dieser Unterfamilie tragen den namengebenden »Schwanz« am Hinterflügel. Bei den Männchen weist die Hinterflügelunterseite an Ader A1+2 ein Feld mit senkrecht abstehenden Schuppen auf.

Papilio machaon · Schwalbenschwanz

Gesamtverbreitung NW-Afrika, Europa, Mittlerer und Naher Osten, Asien (30–70° N), Japan, N-Amerika.
▷ *P. machaon* Linnaeus, 1758, TF: Schweden (Verity, 1947).
Verbreitung Weit verbreitet, aber örtlich meist nur vereinzelt. Mediterrane Küstengebiete NW-Afrikas, fast alle Mittelmeerinseln. Europäisches Festland bis zum Nordkap. In Großbritannien nur in SO-England (Norfolk). 0–3000 m, am häufigsten 1000–2000 m. Nicht auf den Atlantischen Inseln.
Beschreibung Bei 1. Generation Oberseite gelb mit kontrastreicher schwarzer Zeichnung. Bei 2. Generation schwarze Zeichnungselemente der Oberseite etwas reduziert, mit blassgelben Schuppen bestreut; blaue Elemente kontrastreicher. Äußerlich schwer von *P. saharae* zu trennen (siehe *P. saharae*).
Variation Nebenstehend sind die geografischen Rassen *gorganus* und *britannicus* abgebildet.
Flugzeit 1–3 Generationen, Februar bis Oktober. Auftreten von Wanderfaltern kann örtlich zu Fehleinschätzungen des Generationsverlaufs führen.
Lebensraum Offenes Gelände. In N-Europa meist Feuchtbiotope wie Moore, Marschland, Flussufer; in M-Europa auch trockene Biotope, in tieferen Lagen bevorzugt trockene, heiße und sonnige Plätze; Brachen, nicht überdüngte Wiesen, Straßenränder, Weinberge, Möhrenkulturen. Falter gern an nektarreichen Blüten, z. B. Disteln und Klee (vgl. *Parnassius apollo*, *Aporia crataegi*, *Pieris brassicae*).
Lebensweise Nahrungspflanzen: Apiaceae, Rutaceae. In S-Europa ist *Foeniculum vulgare* wohl die häufigste Nahrungspflanze; in England ausschließlich *Peucedamum palustre*. Eiablage auf Blättern. Raupen fressen je nach Pflanze an Blättern oder Blüten. Puppe überwintert. Verpuppung an robusten Stängeln oder abgestorbenen verholzten Pflanzen. Puppe variabel, hellgrün oder ockergrau.
Verhalten Männchen fliegen oft mehrere Stunden gesellig am höchsten Punkt von Hügeln oder Bergen (Hilltopping).

Papilio saharae (ohne Bild)

Gesamtverbreitung O-Marokko, N- und SO-Algerien, M-Tunesien, N-Libyen, N-Ägypten, W-Saudi-Arabien, W-Jemen.
▷ *P. saharae* Oberthür, 1879, TF: Laghouat, Algerien.
Verbreitung Marokko: Erfoud, Zagora, Tizi-n-Tinifift, Tizi-n-Bachkoum. Algerien: El Kantara, Laghouat, Biskra, Bou Saâda, Oued Mya, Oued Nsa, El Oulaya. Tunesien: Gafsa, Gabès, Djerba. 100–2000 m. In einigen Gebieten zusammen mit *P. machaon*, z. B. Tizi-n-Bachkoum.
Beschreibung Anhand der Flügelzeichnung nicht von *P. machaon* unterscheidbar. Unterschiede in den Genitalien bestehen, aber zu variabel für eine zuverlässige Trennung; 30–31 Fühlersegmente (33–36 bei *P. machaon*) – geringfügige Vergrößerung ermöglicht sicheres Bestimmen im Freiland.
Flugzeit 1 Generation, meist Mitte April bis Ende Mai; Nachweise von Februar bis Oktober. Puppenruhe kann sich über 2 und mehr Jahre erstrecken, mit entsprechenden saisonalen Schwankungen der Populationsdichte. In aufeinanderfolgenden Jahren extremer Trockenheit kann der Falter ausbleiben (vgl. *Euchloe falloui*).
Lebensraum Felshänge oder -schluchten mit häufigem Vorkommen der Nahrungspflanze; trockene, steinige, ebene Flächen mit dürftigem, niedrigem Bewuchs; Oasen.
Lebensweise Nahrungspflanze hauptsächlich *Deverra chloranthus*; daneben *D. scopularia*, *Seseli varium*; andernorts *D. tortuosus*, *Ferula communis* ssp. *sinaica*, *Pycnocyla glauca*. Eiablage und Fressverhalten der Raupen ähnlich wie bei *P. machaon*. Puppe überwintert.
Verhalten Hilltopping der Männchen häufig, Verhalten sehr ähnlich zu dem von *P. hospiton*.

Papilio machaon

var. *gorganus*
(europäisches Festland)

var. *britannicus*
(East Anglia, England)

Papilio machaon

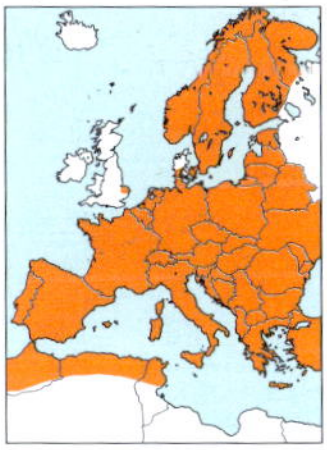

Papilio saharae

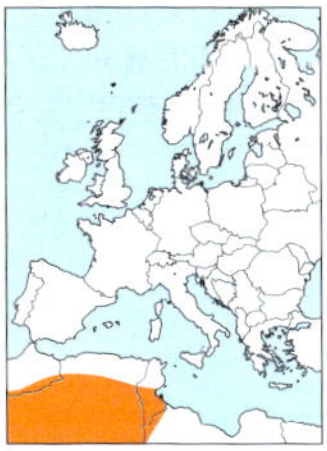

Papilio hospiton

Gesamtverbreitung Endemisch auf Korsika und Sardinien.

▹ *P. hospiton* Guenée, 1839, TF: Tortoli, Sardinien, Italien.

Verbreitung Korsika und Sardinien. Meist in 500–1200 m Höhe, aber von Meeresniveau bis zu höchsten Berggipfeln nachgewiesen.

Flugzeit Mehrere Generationen, meist Mitte Mai bis Ende Juli; bei verlängertem Schlupf Mitte März bis Mitte August.

Lebensraum Offene, grasreiche Berghänge und Bergtäler, oft Stellen zwischen Sträuchern und Felsen.

Lebensweise Nahrungspflanzen auf Korsika *Ferula communis, Ruta corsica, Peucedanum paniculatum*; auf Sardinien *Ferula communis*. Eiablage meist nahe der Blattspitze an Pflanzen, die etwas schattig stehen, oder an den unteren, beschatteten Blättern von Pflanzen sonniger Standorte. Puppe überwintert.

Verhalten Hilltopping der Männchen am späten Morgen und frühen Nachmittag häufig. Weibchen zeigen keine Tendenz zum Hilltopping, aber beträchtliche territoriale Ausbreitung. Natürliche Hybriden zwischen *P. hospiton* und *P. machaon* wurden in Korsika und Sardinien nachgewiesen und treten offenbar in der Natur häufig auf.

Papilio alexanor

Gesamtverbreitung SO-Frankreich, NW- und SO-Italien, W-Kroatien, S-Balkan, Griechenland, Türkei, Israel, Libanon, N-Irak, Iran, Transkaukasien, Turkestan, Usbekistan, S-Kasachstan, Afghanistan, Tadschikistan, Kirgisien, W-Pakistan.

▹ ***Papilio alexanor*** Esper, 1799, TF: Nizza und Provence.

Verbreitung SO-Frankreich: Var, Alpes-Maritimes, Alpes-de-Haute-Provence, Drôme, Hautes-Alpes, Isère, S-Savoie. Italien: Alpi Marittime, Aspromonte, NO-Sizilien. W-Kroatien: Istrien, Dalmatien. Albanien. Mazedonien: Treska-Schlucht, Titov Veles (Vardar-Flusssystem). Griechenland: Mitsikeli-Gebirge, Parnass mit Delphi und Arachova, Giona mit Amfissia, Hymettus, Parnis, Nordküste der Peloponnes, Panachaikon-Gebirge, Chelmos-Gebirge und Umgebung mit Kalavrita und Zachlorou, Foli-Gebirge, Taygetos-Gebirge, Gythion, Korfu, Kefalonia, Lesbos, Samos. 0–1700 m, meist unter 1100 m.

Beschreibung Flügelbasis gelb. ♀ größer, oberseits deutlich heller gelb.

Variation Auf Lesbos, Samos, in W- und M-Türkei *eitschbergeri* Bollino & Sala; größer, Oberseite heller, Postdiskalbinde schmaler.

Flugzeit 1 Generation, Mitte April bis Mitte Juli.

Lebensraum und Verhalten Heiße, trockene, steile Hänge auf Kalkstein oder verfestigten Kalksubstraten. Im Gleit- oder Schwebeflug nutzen die Falter Luftströmungen und die Geländeform aus – bei der Nektarsuche, wenn Männchen die Weibchen verfolgen oder Weibchen einen geeigneten Eiablageplatz suchen. Der Lebensraum bietet oft ideale Bedingungen für *Centranthus ruber*, eine bevorzugte Nektarquelle.

Lebensweise Nahrungspflanzen Apiaceae. Frankreich und Italien: *Ptychotis saxifraga*. Griechenland: *Ferula*-Arten, *Opopanax hispidus, Heptaptera anisoptera, Scaligeria cretica*. Eiablage am Blütenstiel oder Blütenkelch oder bei Pflanzen mit fadenförmigen Blättern dicht an deren Spitzen. Raupe frisst an Blüten und jungen Früchten. Puppe überwintert an robusten Stängeln, manchmal an der Basis großer Felsblöcke.

Papilio hospiton

Papilio alexanor

Papilio hospiton

Submarginalbinde nach innen und außen mit gezackter Begrenzung

♂

nur auf Korsika und Sardinien

Papilio alexanor

wirkt deutlicher gestreift als andere *Papilio*-Arten, Zeichnung ähnlich wie *I. podalirius*, Streifen jedoch weniger fein und nicht so lang ausgezogen

Fühler gerade, mit weißer Spitze

♀

♂

Iphiclides podalirius · Segelfalter

Gesamtverbreitung N-Afrika, S- und M-Europa, Türkei, Mittlerer und Naher Osten, gemäßigter Klimabereich Asiens bis W-China.

▹ ***I. podalirius podalirius*** (Linnaeus, 1758), TF: Livorno, Toskana, Italien (Verity, 1947).

Verbreitung Weit verbreitet, lokal häufig. N-Afrika. N-Frankreich und S-Ostseeküste bis S-Europa, fast alle Mittelmeerinseln mit Korsika, aber anscheinend nicht auf Sardinien. 0–2700 m, meist unter 1500 m.

Beschreibung Bei 1. Generation Oberseite blassgelb, Hinterleib schwarz. 2. Generation weißlicher, schwarze Zeichnung reduziert, innere Submarginal- und Postdiskalbinden der Hfl-OS schmal, grau, oft diffus; auf der Unterseite 2 schwarze Diskallinien nicht gelborange gefüllt. ♀ größer, Hinterleib grauweiß mit dunkelgrauer Rückenlinie. **Flugzeit** 1–3 Generationen, März bis Anfang Oktober. **Lebensraum** Verschieden. Gebüsche, Waldränder, offenes Grasland, felsige Hänge oder Schluchten (manchmal mit wenigen und isolierten Vorkommen der Nahrungspflanze), Obstgärten mit *Prunus*-Kulturen. Meist an sehr heißen und trockenen Stellen. **Lebensweise** Raupennahrungspflanze meist *Prunus*, auch viele kultivierte Arten. Eiablage auf Blättern. Raupen fressen an Blättern. Verpuppung an dickeren Stämmen der Nahrungspflanze. Puppe überwintert. Je nach Verpuppungsplatz und Jahreszeit ist die Puppe grün oder ledergelb; an kahlen Stängeln überwinternde Puppen sind ledergelb. **Verhalten** Falter werden von Sträuchern und Bäumen mit nektarreichen Blüten, wie Apfel, Kirsche, Flieder und Sommerflieder, stark angezogen. Im Gleitflug nutzen sie oft Luftströmungen aus. Bei Männchen ist mitunter Hilltopping zu beobachten. **Naturschutz** Zunehmend seltener in M-Europa, nach vorherrschender Meinung als Folge der modernen Landwirtschaft.

▹ ***I. podalirius feisthamelii*** (Duponchel, 1832), TF: Barcelona (Spanien) und Algerien. Bei einigen Autoren als eigenständige Art geführt.

Verbreitung NW-Afrika. Iberische Halbinsel. S-Frankreich: O-Pyrenäen. **Beschreibung** Bei 1. Generation ♂ Oberseite grauweiß, ♀ blassgelb; schwarze Zeichnung kräftiger; innere schwarze Marginalregion der Hfl-OS breiter. Bei 2. Generation ♂ Oberseite weiß, ♀ oft blassgelb; dunkle innere Marginal- und Submarginalbinden reduziert, von einer blassen Linie oder schmalen Binde unterbrochen.

Parnassiinae · Osterluzeifalter und Apollofalter

Kennzeichnend für diese etwa 60 Arten umfassende Unterfamilie sind bestimmte Merkmale des männlichen und weiblichen Genitalapparats. Die Falter dieser Gruppe sind vor allem in der gemäßigten Zone Europas, Asiens und Nordamerikas beheimatet.

Zerynthia cerisy

Gesamtverbreitung SO-Europa, Türkei, Zypern, Israel, Libanon, Irak, Iran.

▹ ***Z. (Allancastria) cerisy*** (Godart, 1824), TF: Ourlac, Provinz Izmir, Türkei.

Verbreitung SO-Serbien. S-Rumänien. Albanien. Mazedonien. Bulgarien. Europäischer Teil der Türkei. Griechenland, sehr vereinzelt und meist lokal: Kastoria, Drama, Evros, Ägäische Inseln (Lesbos, Chios, Samos, Kos, Symi, Rhodos, Kastellorizo). 0–1100 m. **Beschreibung** Deutliche Fortsätze am Hinterflügel (fehlen bei den anderen *Zerynthia*-Arten). **Variation** Größe der roten Submarginalpunkte der Hfl-US variabel. Färbung bei ♀ machmal ockergelb. Auf Samos kleiner, Oberseite bei ♀ erkennbar dunkler gelb, rote Punkte kräftig. Auf Rhodos bei 70 % der Individuen beiderlei Geschlechts rote Punkte durch orangefarbige ersetzt. **Flugzeit** 1 Generation, Mitte März bis Ende Juli. In höheren Lagen verzögert sich der Schlupf um 3–4 Wochen. **Lebensraum** Offene, heiße, sonnige, trockene, grasige Stellen zwischen Dickichten ausgewachsener Sträucher mit dichtem Unterwuchs oder begrenzt von Hecken mit vereinzelten Laubbäumen. Oft in Flusstälern und im Kulturland. **Lebensweise** Nahrungspflanzen *Aristolochia*-Arten. Eiablage einzeln oder grüppchenweise auf Blattoberseite, meist an Pflanzen in unmittelbarer Nähe zu Sträuchern oder an gut beschatteten Orten. Verpuppung an der Basis holziger Pflanzen oder an Felsen. Puppe überwintert.

Iphiclides podalirius

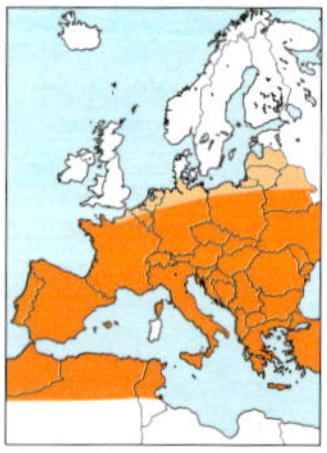

Zerynthia cerisy

Zerynthia cretica

▹ ***Z. (Allancastria) cretica*** (Rebel, 1904), TF: Asitaes, Kreta, Griechenland. Bei einigen Autoren als Unterart von *Zerynthia cerisy* geführt.

Verbreitung Endemisch auf Kreta. **Beschreibung** Kleiner als *Zerynthia cerisy*, Zeichnungen reduziert, Außenrand des Hinterflügels gerundet, ohne Schwänzchen. **Flugzeit und Lebensraum** Wie bei *Zerynthia cerisy*. **Lebensweise** Nahrungspflanzen *Aristolochia cretica*, *A.* (?)*sempervirens*.

Iphiclides podalirius

deutliche schwarze Binden auf Vfl und Hfl

♂ ♂

I. podalirius felsthamelii

Vfl ohne rote Zeichnungselemente

Zerynthia cerisy (Samos)

kleiner, stark gezeichnet

♀ ♂ ♂ ♀

Zerynthia cretica (Kreta)

kleiner, blasser, Zeichnungen reduziert, Hfl ohne Schwänzchen

Zerynthia cerisy

Zerynthia polyxena · Osterluzeifalter

Gesamtverbreitung Mittleres S- und SO-Europa, NW-Türkei, S-Ural, NW-Kasachstan.
▹ ***Z. (Zerynthia) polyxena*** (Denis & Schiffermüller, 1775), TF: Wien, Österreich.
Syn.: *hypsipyle* Schulze, 1776; *hypermnestra* Scopoli, 1763 (ungültiges Homonym).
Verbreitung Weit verbreitet, aber lokal. SO-Frankreich: Hérault bis Ardèche, Hautes-Alpes, Alpes-Maritimes. Italien mit Sizilien. Schweiz: S-Tessin, sehr lokal. SO-Österreich. SO-Polen. Slowakei. Ungarn. Balkan. Griechenland, aber nicht auf allen Inseln. Europäischer Teil der Türkei. 0–1700 m, meist unter 900 m.
Beschreibung Vfl-OS ohne rote Flecke von R5 bis M3, in R2–R3, Cu2–A oder Zelle (vgl. *Z. rumina*).
Variation In S-Europa ♀ mit ockerfarbener Oberseite häufig (f. *ochracea* Staudinger). In S-Frankreich und Italien f. *cassandra* Geyer mit ausgedehnterer schwarzer Zeichnung auf der Oberseite, roter Fleck auf Vfl-OS in R2–R3 fehlt gewöhnlich.
Flugzeit 1 Generation, Ende März bis Anfang Juli.
Lebensraum Heiße, trockene, gras- und gebüschreiche Stellen, felsige Hänge und Schluchten, Kulturland, vor allem aufgelassene Terrassen.
Lebensweise Nahrungspflanzen *Aristolochia clematitis, A. rotunda, A. pallida, A. pistolochia*. Eiablage einzeln oder in kleinen Haufen auf Blättern, meist an Unterseite. Raupen ruhen oft in praller Sonne, meist auf Blättern der Nahrungspflanze. Verpuppung an Stängeln, an Borke von Bäumen oder an der Unterseite von Steinen. Puppe überwintert.

Zerynthia rumina

Gesamtverbreitung NW-Afrika, SW-Europa.
▹ ***Z. (Zerynthia) rumina*** (Linnaeus, 1758), TF: S-Europa.
Verbreitung Weit verbreitet, lokal häufig. Marokko. Algerien. Tunesien. Portugal. Spanien. S-Frankreich, vereinzelt und lokal: O-Pyrenäen bis Lozère und Provence. 0–2100 m, meist unter 1000 m.
Beschreibung Vfl-OS hat rote Flecke von R4 bis M3, in Cu2–A und Zelle (vgl. *Z. polyxena*).
Variation Bei f. *medesicaste* Illiger manchmal ein roter Fleck auf der Oberseite an der Zellbasis; an einigen Orten in S-Frankreich häufig. Bei f. *honnoratii* Boisduval (oft falsch *honoratii* geschrieben) rote Zeichnungen der Hinterflügel deutlich erweitert. Bei f. *canteneri* Staudinger Oberseite bei ♀ ockergelb (selten bei ♂). In N-Afrika bei f. *africana* Stichel alle Zeichnungen kräftiger, deutlich ausgebildet, Vfl-OS ohne roten Fleck in Cu2–A, stattdessen schwarz; Hfl-OS mit kräftiger Postdiskalbinde, rote Flecke einschließend; N-Afrika. Sehr ähnliche Formen in S-Spanien häufig.
Flugzeit Meist 1 Generation, Ende März bis Mai. Nachweise von Februar bis Juli. Eventuell 2. Generation (August bis Oktober) in N-Afrika und S-Spanien.
Lebensraum Heiße, trockene, steinige Stellen zwischen Sträuchern; Küstenschluchten, Ränder trockener Flussbetten, Kulturland, Blumenwiesen.
Lebensweise Nahrungspflanzen in N-Afrika *Aristolochia paucinervis, A. fontanesii, A. rotunda,* (?)*A. pallida*; in Europa *A. pistolochia, A. rotunda, A. baetica*. Eiablage einzeln oder grüppchenweise auf Blättern. Nachfolgende Entwicklung ähnlich wie bei *Z. polyxena*.

Zerynthia polyxena

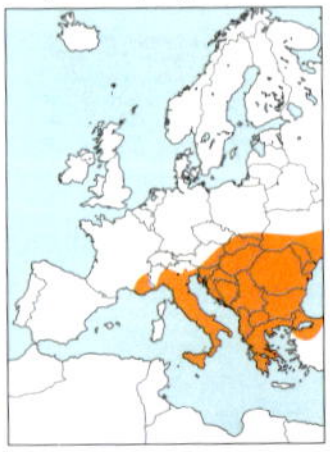

Zerynthia rumina

Zerynthia polyxena

Zerynthia rumina

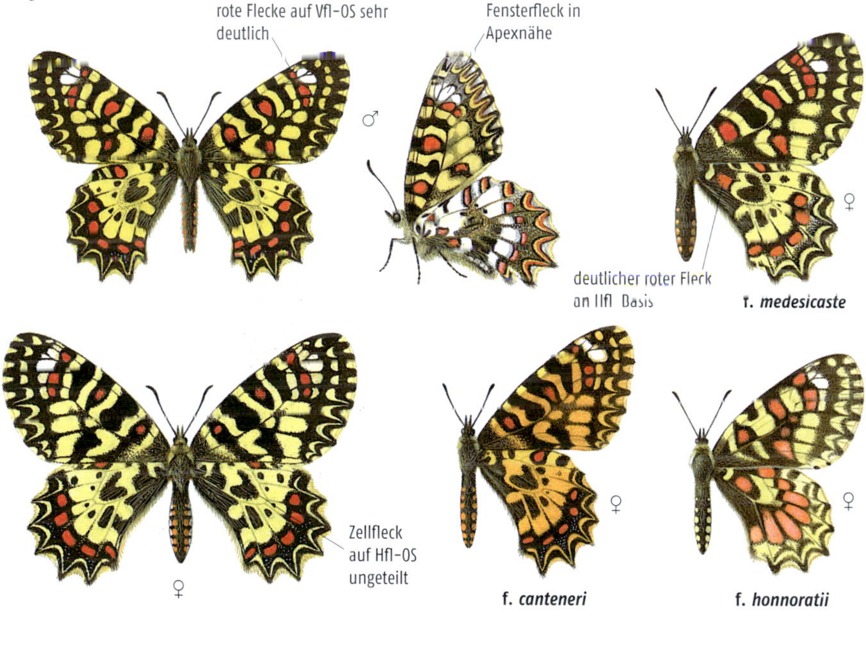

Bei den folgenden 3 Arten entwickeln befruchtete Weibchen bauchseitig an den hinteren Segmenten des Hinterleibs eine große sklerotisierte Begattungstasche, die Sphragis, als Schutz vor einer weiteren Kopulation.

Parnassius apollo · Apollo

Gesamtverbreitung Fast alle größeren Gebirgsregionen Europas bis zum Tienschan und W-Sibirien.
▷ ***P. apollo*** (Linnaeus, 1758), TF: Schweden.
Verbreitung Die meisten größeren Gebirgsregionen von Spanien bis S-Fennoskandinavien, Balkan, Griechenland, einschließlich NW-Peloponnes. Fehlt auf den Britischen Inseln und auf den Mittelmeerinseln außer Sizilien. Im Allgemeinen 500–2400 m, in nördlichen Küstenregionen bereits ab 0 m, in S-Europa meist über 1000 m. In den letzten Jahrzehnten rapider Rückgang in Deutschland, Norwegen, Schweden und Teilen Frankreichs. Verbuschung und Bewaldung von Gebirgsgegenden, die bis Anfang des 20. Jahrhunderts landwirtschaftlich genutzt wurden, oder deren Übernutzung durch Mahd sind die Hauptursachen für den Rückgang in M-Europa.
Beschreibung Vfl-OS bei ♂ normalerweise ohne roten Postdiskalfleck in R3–R4, schwarzer Postdiskalfleck in M1–M2 selten mit undeutlich rotem Zentrum. Dieselben Zeichnungen sind beim ♀ variabel, aber meist größer ausgebildet. Fühlerschaft hellgrau, Ringelung und keulige Spitze dunkelgrau (vgl. *P. phoebus*).
Variation Große Anzahl beschriebener lokaler und regionaler Größen-, Farb- und Zeichnungsvariationen. Zu den äußerlich besser unterscheidbaren Formen zählen folgende Farbvarianten aus dem äußersten SW und SO des Verbreitungsgebiets: In Spanien *nevadensis* Oberthür (Sierra Nevada), *filabricus* de Sagarra (Sierra de los Filabres) und *gadorensis* Rougeot & Capdeville (Sierra de Gádor); alle roten Zeichnungen sind durch Gelborange ersetzt. In S-Griechenland (Erimanthos, NW-Peloponnes) *atrides* van der Poorten & Dils, ähnlich gefärbt. Andere Rassen in Spanien (*hispanicus* Oberthür), Griechenland und im S-Balkan (*rhodopensis* Markovic) weisen die üblicheren roten Zeichnungen auf.
Flugzeit 1 Generation, Anfang Mai bis September.
Lebensraum Fortpflanzungsgebiete umfassen felsige Stellen, wo die Nahrungspflanze *(Sedum)* wachsen kann, nicht aber Pflanzenarten, die eine tiefere Bodenschicht benötigen – eine Bedingung, auf die die Nahrungspflanze zum Teil mit hoher Toleranz gegenüber Trockenheit reagiert. Gut entwässernde, oft steil abfallende Felshänge; Kalkplateaus mit schmalen Spalten oder Höhlungen oder andere flache, steinige Oberflächen stellen ebenfalls typische Lebensräume dar. Doch müssen in der Nähe tiefergründige Böden liegen, auf denen nektarspendende Pflanzen wie Flockenblumen und Disteln gedeihen.
Lebensweise Nahrungspflanze ist überwiegend *Sedum album*, seltener *S. telephium*. Andere *Sedum*-Arten und verwandte Gattungen werden oft in der Literatur genannt, z. B. *S. annuum*, *S. villosum*, *Sempervivum tectorum*, *Rhodiola rosea*. Eiablage an toten oder lebenden verholzten Stängeln, Blättern oder Nadeln immergrüner Sträucher wie Wacholder und an Flechten. Gewöhnlich überwintert die bereits entwickelte Raupe in der Eihülle, seltener außerhalb. Dieser Ruhezustand kann sich über 2 Winter erstrecken. Raupe frisst in praller Sonne an Blättern, ist samtschwarz, Seitenpunkte je nach Lokalität gelb oder leuchtend orangerot. Verpuppung in zartem Kokon unter Steinen oder Moos.

Parnassius apollo

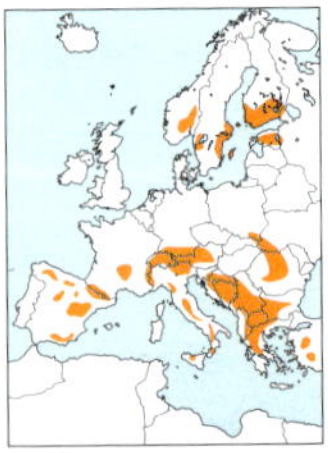

♀

f. *nevadensis* (Sierra Nevada)

Parnassius apollo

var. ***atrides***
(S-Griechenland)

var. ***rhodopensis***
(S-Balkan)

Parnassius phoebus · Hochalpen-Apollo

Gesamtverbreitung Alpen, M- und N-Ural, Altai, Tienschan, S- und M-Sibirien, Jakutien, Magadan, Kamtschatka, N-Amerika (Rocky Mountains).
▹ *P. phoebus phoebus* (Fabricius, 1793), TF: Sibirien, Russland.
▹ *P. phoebus sacerdos* Stichel, 1906, TF: Pontresina, Engadin, Schweiz.
Syn.: *delius* Esper, 1800 (ungültiges Homonym).

Verbreitung Alpen. Frankreich: Alpes-Maritimes bis Haute-Savoie. Italien: Alpi Marittime bis Ostalpen. S-Schweiz: Wallis bis Engadin. Österreich: S-Tirol bis Steiermark, Kärnten. 1600–2800 m, meist 1800–2200 m.

Beschreibung Vorderflügel bei ♂ oft mit schwarz umrandeten roten Postdiskalflecken in R3–R4 und M1–M2. Dieselben Zeichnungen beim ♀ stärker ausgebildet, gewöhnlich mit einem angrenzenden roten Fleck in R5–M1. Fühlerschaft abwechselnd grauweiß und dunkelgrau geringelt (vgl. *P. apollo*).

Variation In Alpes-Maritimes f. *gazeli* Praviel; Oberseite weiß, graue Marginalbinde auf dem Vorderflügel breiter, schwarzer Postdiskalfleck in R3–R4 ohne rotes Zentrum, schwarz umringte rote Augenflecke der Hfl-OS kleiner und ohne weißes Zentrum; variabel und mit Übergängen zur Stammform in Hautes-Alpes. In der O-Schweiz f. *cardinalis* Oberthür, dunkle Zeichnungen auf der Oberseite ausgedehnter, rote Augenflecke der Hinterflügel mit schwarzem Strich verbunden. In Österreich (Steiermark, Kärnten) f. *styriacus* Fruhstorfer, ähnelt f. *gazeli*.

Flugzeit 1 Generation, Ende Juni bis Ende August.

Lebensraum Feuchte, geschützte Schluchten oder Senken, oft nahe durchfeuchteter Flussufer oder für die Nahrungspflanze ähnlich geeignete Standorte.

Lebensweise Nahrungspflanze *Saxifraga aizoides*. Eiablage an verschiedenen Substraten nahe der Nahrungspflanze, z. B. Moos, abgestorbene Pflanzen, Erdboden, Steine, seltener an Blättern der Nahrungspflanze. Raupe überwintert in der Eihülle oder außerhalb. Verpuppung in dünnem Kokon, in Blattmoder nahe der Nahrungspflanze oder zwischen Moos.

Parnassius phoebus

Parnassius phoebus

bei ♂ kein schwarzer Vfl-Fleck in Cu2–A oder nur angedeutet

♂

rot gefüllter schwarzer Fleck in R3–R4, gelegentlich in M1–M2 und R5–M1, öfter bei ♀

♀

♀

f. *cardinalis*
(O-Schweiz)

Parnassius mnemosyne · Schwarzer Apollo

Gesamtverbreitung Pyrenäen, M- und NO-Europa, Türkei, Transkaukasien, Libanon, Syrien, Irak, Iran, Afghanistan, M-Ural, Sibirien, Tienschan.
▷ *P. mnemosyne* (Linnaeus, 1758), TF: Finnland.
Syn.: *athene* Stichel, 1908.
Verbreitung Vereinzelt und oft lokal. Pyrenäen, Massif Central über Alpen und Mittelgebirge wie Rhön und Vogelsberg bis S-Polen, Italien mit N-Sizilien, Balkan, Griechenland und zum europäischen Teil der Türkei. Selten und lokal in S-Fennoskandinavien und Baltikum. 75–2300 m, meist 1000–1700 m.
Beschreibung Wie *P. apollo* und *P. phoebus*, jedoch ohne rote Augenflecke.
Variation Viele lokale Variationen wurden in Bezug auf die Ausbildung der schwarzen Färbung auf der Oberseite beschrieben. Auf dem Parnass und den Bergen der Peloponnes *athene* Stichel; Vfl-OS mit 4–6 weißen Postdiskalflecken im Apex; kommt als Variation in den meisten S-europäischen Populationen vor, einschließlich Pyrenäen, SO-Frankreich, Apennin, Sizilien, Mazedonien. Ähnliche Formen in der Türkei, im Nahen und Mittleren Osten, M-Asien.
Flugzeit 1 Generation, Mitte April bis Ende August.
Lebensraum Verschieden. Helle Laub-, Nadel-, Mischwaldlichtungen, Gebüsche, offene felsige und grasige Hänge oder Schluchten; trockene, feuchte oder nasse Bedingungen in Küstengebieten und im Binnenland, seltener heiße, trockene Stellen nahe Meeresniveau.
Lebensweise Nahrungspflanzen *Corydalis solida*, *C. cava*, *C. intermedia*. An manchen Orten, wo 2 Nahrungspflanzen vorkommen, z. B. *C. solida* und *C. cava*, scheint nur eine von beiden genutzt zu werden. Eiablage meist an verwelkten Blättern oder Stielen der Nahrungspflanze oder an kleinen Steinen oder Felsen in der Nähe der Nahrungspflanze. Raupe überwintert in der Eihülle oder außerhalb.

Archon apollinus · Falscher Apollo

Gesamtverbreitung Griechenland, Türkei, Jordanien, Israel, Libanon, Syrien, N-Irak, N-Iran.
▷ *A. apollinus* (Herbst, 1798), TF: Ourlac, Izmir, Türkei.
Verbreitung Griechenland: Thessaloniki, Ägäische Inseln Lesbos, Chios, Samos, Kos, Rhodos. Europäischer Teil der Türkei: Keban, Kuru Dag, Halbinsel Gelibolu. 0–1100 m.
Beschreibung Hfl-OS mit 6 roten, schwarzen und blauen Submarginalflecken.
Flugzeit 1 Generation, Mitte März bis Mitte April.
Lebensraum Olivenhaine, Weinberge, felsige Stellen zwischen Gebüsch oder offene Waldgebiete.
Lebensweise Nahrungspflanzen *Aristolochia*-Arten. Eier hellgrün, an Blättern abgelegt. Raupen fressen jung in kleinen Gruppen unter locker zusammengesponnenen Blättern. Ältere Raupen fressen in einem »Zelt«, das sie aus einem kunstvoll mit Seide umsponnenen Blatt anfertigen – eine unter den europäischen Papilioniden einmalige Praxis für Raupen mit Warnfarben und Osmeterium. Verpuppung 1–2 cm unter der Oberfläche in lockerem Boden. Puppe überwintert.
Naturschutz Anwendung von Herbiziden in Olivenhainen und Weinbergen als wichtigste Lebensräume scheint für das weitreichende lokale Aussterben verantwortlich zu sein.

Archon apollinus

Parnassius mnemosyne

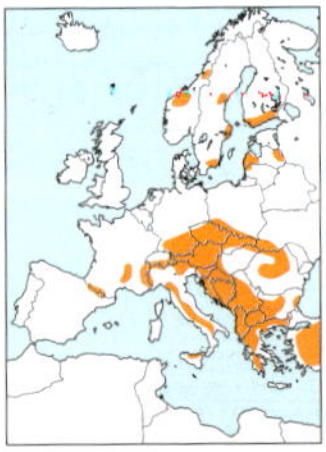

Archon apollinus

♂

Vfl-Apex und -Rand hyalin

♀

Parnassius mnemosyne

♂

dicker schwarzer Vfl-Zellfleck, Apex hyalin

♀

Abdomen des ♀ glänzend schwarz, seitlich gelb gezeichnet

var. *athene*
(Peloponnes)

♂

Abdomen des ♂ stark dunkelgrau behaart

Stammform

Pieridae Duponchel, 1835 · Weißlinge

Zu dieser großen Familie gehören mehrere häufige und leicht erkennbare Tagfalter sowie einige der bekanntesten Wanderfalter, wie der Große und der Kleine Kohlweißling, der Resedaweißling und der Postillion. Zeichnung bei ♂ und ♀ im Allgemeinen unterschiedlich. Bei einigen Arten sind die Raupen in ihrer Färbung an die Umgebung angepasst, z. B. beim Kleinen Kohlweißling, bei anderen dagegen mit Warnfarben versehen, wie beim Großen Kohlweißling. Die Eier der Weißlinge sind spindelförmig. Die Raupen sind für viele Vögel ungenießbar, weil sie aus den Wirtspflanzen giftige Substanzen beziehen. Die 6 Laufbeine der Falter zeigen an den Tarsen gegabelte Klauen.

Pierinae · Echte Weißlinge

Diese Unterfamilie umfasst die eigentlichen Weißlinge. Die Falter haben lange Fühler und gut entwickelte Palpen.

Aporia crataegi · Baumweißling

Gesamtverbreitung NW-Afrika, Europa, Türkei, Zypern, Israel, Jordanien, Libanon, Syrien, NO-Irak, N-Iran, Transkaukasien, Asien (40–70° N), Japan.
▷ ***A. crataegi*** (Linnaeus, 1758), TF: Schweden (Verity, 1947).
Verbreitung Weit verbreitet und häufig. Von Fennoskandinavien südlich 64° N über fast ganz Europa, einschließlich Sizilien, Lemnos, Lesbos, Chios, Samos, Ikaria und Rhodos. Marokko, Algerien, Tunesien. 0–2000 m, vereinzelt bis 2600 m. Fehlt auf den Atlantischen Inseln, Balearen, Korsika, Sardinien und Kreta. Auf den Britischen Inseln ausgestorben. **Variation** Auf Rhodos häufig und weit verbreitet f. *fert* Turati & Fiori, Adern auf Unterseite kräftiger schwarz beschuppt, zu einer dreieckigen Zeichnung zum Flügelrand hin ausgeweitet. **Flugzeit** 1 Generation, N-Europa Ende Mai bis Anfang Juni, S-Europa Mitte April bis Juli. **Lebensraum und Verhalten** Verschieden. Warme, sonnige und gebüschreiche Lagen; Kulturland, insbesondere Wiesen mit Nahrungspflanzen. Zeigt eine deutliche Vorliebe für offenes Gelände mit zahlreichen robusten Disteln; zur Hauptschlupfzeit befinden sich oft mehrere Falter gleichzeitig auf einem Blütenkopf. Tritt häufig in Gebieten ohne Vorkommen der Nahrungspflanzen auf, auch auf hohen Bergen. Eine passive oder aktive Neigung zum Wandern erscheint vorteilhaft für eine große Art, die zu schnellem Populationswachstum fähig ist. Selbst bei geringer Populationsdichte fressen die Raupen oft die meisten verfügbaren Nahrungspflanzen kahl. **Lebensweise** Nahrungspflanzen *Prunus spinosa* und viele andere *Prunus*-Arten, einschließlich *Prunus avium, P. domestica, P. persica, P. armeniaca, P. dulcis, P. mahaleb, P. padus*; ebenso *Crataegus monogyna, C. pycnoloba, C. laciniata, Pyrus communis, Malus domestica, Sorbus aucuparia*. Die leuchtend gelben Eier werden in kleinen Haufen an der Blattunterseite abgelegt. Jungraupen fressen in seidenem Gespinst, überwintern auch darin. Nach Überwinterung fressen Raupen einzeln oder in kleinen Gruppen.

Catopsilia florella

Gesamtverbreitung Gesamtes Afrika südlich der Sahara, Kapverdische Inseln, Kanarische Inseln, Zypern, über Ägypten nach Indien und China.
▷ ***C. florella*** (Fabricius, 1775), TF: Sierra Leone.
Verbreitung Kanarische Inseln: Teneriffa, Gran Canaria, La Gomera, Fuerteventura, Lanzarote, La Palma, El Hierro; in Küstengebieten inzwischen allgemein bodenständig, selten über 500 m. Gelegentlich in S-Marokko (im Drâa-Tal möglicherweise bodenständig). S-Algerien: Tamanrasset. Malta. **Beschreibung und Variation** ♂ ober- und unterseits weiß. ♀ zitronengelb oder manchmal grünlich weiß (f. *pyrene* Swainson), beide Formen auf den Kanarischen Inseln häufig. **Flugzeit** 8–9 Generationen aufeinander folgend, ganzjährig, keine Diapause. **Lebensraum** Blumenreiche Stellen, Gärten, Parks usw. **Lebensweise** Als Raupennahrung dient auf den Kanarischen Inseln die Zierpflanze *Senna didymobotrya* (syn. *Cassia didymobotrya*, Herkunft Afrika), möglicherweise auch andere eingeführte *Senna*- bzw. *Cassia*-Arten. Anderenorts im Verbreitungsgebiet *C. odorata, C. petersiana, Senna corymbosa* var. *corymbosa, S. occidentalis, S. italica*. Eier werden einzeln an Blättern abgelegt, manchmal in großer Anzahl, was schließlich zu Kahlfraß führt. Fressen die Raupen an grünen Blättern, sind sie grün gefärbt; fressen sie an gelben Blüten, sind sie gelb. Diese Farbänderungen stehen zum Dimorphismus der Weibchen in keiner Beziehung. **Verhalten** Zeigt starkes Wanderverhalten.

Aporia crataegi

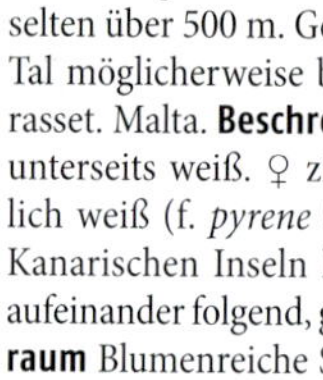

Aporia crataegi

markante schwarze Adern

♂

Vfl hyalin

♀

Catopsilia florella

♂

♀

♀ manchmal grünlich weiß, ähnlich wie ♂

Pieris brassicae · Großer Kohlweißling

Gesamtverbreitung N-Afrika, Europa, Mittlerer Osten und Asien bis zum Himalaja. In Chile eingebürgert.
▹ ***P. brassicae*** (Linnaeus, 1758), TF: Schweden (Verity, 1947).
Verbreitung Weit verbreitet und häufig. Von N-Afrika über Europa bis 66° N in Fennoskandinavien; in nördlicheren Breiten hängt das Vorkommen wesentlich vom Wanderverhalten ab. Auf den meisten Mittelmeerinseln nachgewiesen. Unregelmäßige Nachweise von den Kanarischen Inseln beruhen wahrscheinlich auf zufälliger Einschleppung oder auf Verwechselungen mit *P. cheiranthi*. 0–2600 m; Nachweise aus den höheren Lagen wahrscheinlich Wanderfalter.
Beschreibung Bei 1. Generation Hfl-US mit schwarzen Schuppen bestäubt, dunkler Apikalfleck auf Vfl-OS des ♂ reicht bis Ader Cu1 oder Cu2 (vgl. *P. rapae*). Bei 2. Generation schwarze Färbung auf Hfl-US reduziert oder fehlend, Apikalfleck des ♂ auf Vfl-OS tiefschwarz.
Flugzeit Mehrere Generationen, März bis Ende Oktober.
Lebensraum Verschieden. Meist mit Nahrungspflanze und einem entsprechenden Angebot an robusten, nektarspendenden Pflanzen, häufig Disteln und Flockenblumen.
Lebensweise Nahrungspflanzen sind verschiedene Kreuzblütler (Brassicaceae) sowie *Capparis spinosa, Tropaeolum majus*. Häufiger Schädling an *T. majus* und Kohlsorten. Eier werden in Häufchen an der Blattunterseite abgelegt. Junge Raupen fressen gesellig in Gruppen, ältere verteilen sich, haben deutliche Warnfarben und chemische Abwehr, die sich von Schwefelverbindungen (Senfölen) ableitet und von der Nahrungspflanze stammt. Puppe überwintert.
Verhalten Starker Wandertrieb – einzelne Individuen sind immer wieder in den höheren, vegetationslosen Lagen der Hochgebirge zu finden.

Pieris wollastoni (ohne Bild)

▹ ***P. wollastoni*** (Butler, 1886), TF: Madeira, Portugal. Bei einigen Autoren als Unterart von *P. brassicae* oder von *P. cheiranthi* geführt.
Verbreitung Endemisch auf Madeira, wahrscheinlich ausgestorben, letzter Nachweis 1986.
Beschreibung Schwarze Zeichnungen auf dem Vorderflügel stärker als bei *P. brassicae* ausgeprägt, ähnelt daher *P. cheiranthi*.

Pieris brassicae

Pieris cheiranthi

Gesamtverbreitung Kanarische Inseln.
▹ ***P. cheiranthi*** (Hübner, 1808), TF: Kanarische Inseln, Spanien.
Verbreitung La Palma, weit verbreitet, lokal häufig. Gran Canaria. Teneriffa, scheinbar auf die nördlichen Küstenbereiche der Insel beschränkt. 200–1400 m. Auf La Gomera wahrscheinlich ausgestorben, letzter Nachweis 1975.
Beschreibung Ähnlich *P. brassicae*, aber Diskalflecke größer, miteinander verschmelzend.
Variation Auf La Palma und La Gomera f. *benchoavensis* Pinker; schwarzer Apikalfleck auf Vfl-OS reicht bis Cu2 und ist deutlicher zickzackartig begrenzt.
Flugzeit 7–8 aufeinander folgende, sich etwas überschneidende Generationen; ganzjährig registriert. Diapause nicht bekannt.
Lebensraum Nassfeuchte, schattige Schluchten in Lorbeerwäldern scheinen der ursprüngliche Lebensraum zu sein. Gebiete mit entsprechendem Mikroklima außerhalb der Lorbeerwaldzone, z. B. nasse Klippen, bieten alternative Lebensräume.
Lebensweise Nahrungspflanzen *Tropaeolum majus, Crambe strigosa*. Die endemische *C. strigosa* ist auf nassfeuchte, felsige Lagen in Lorbeerwäldern beschränkt und scheint die einzig bekannte natürliche Nahrungspflanze zu sein. *T. majus*, aus S-Amerika eingeführt, ist ökologisch wesentlich anpassungsfähiger. Eier werden auf der Blattunterseite in Häufchen von 5–50 Stück abgelegt. Fressverhalten und Entwicklung ähnlich wie bei *P. brassicae*.
Naturschutz Die Zerstörung des natürlichen Lebensraums ist u. a. für den Rückgang der Art in vielen Gebieten verantwortlich.

Pieris brassicae

schwarze Flecke schimmern schwach von der Vfl-US durch

♂

1. Generation

♀

1. Generation

schwarze Apikal- und Marginalregion bei 1. Gen. weiß bestäubt, bei 2. Gen. tiefschwarz

♀

2. Generation

Pieris cheiranthi

schwarze Postdiskalflecke zur Binde verschmolzen, Basalregion der Vfl-OS grau bestäubt

nur auf einigen Kanarischen Inseln

♀

Pieris rapae · Kleiner Kohlweißling

Gesamtverbreitung N-Afrika, Europa, Asien, Japan. In N-Amerika und Australien eingeschleppt.
▹ *P. rapae* (Linnaeus, 1758), TF: Schweden (Verity, 1947).
Verbreitung Azoren, Madeira, Kanarische Inseln (selten auf Fuerteventura, ein einziger Nachweis von Lanzarote). NW-Afrika. Europa von Lappland bis zu den Mittelmeerinseln. Normalerweise sehr häufig, in N-Fennoskandinavien weniger häufig, dort könnte das Vorkommen von Wanderungen abhängen. 0–3000 m, Funde in höheren Lagen wahrscheinlich Wanderfalter.
Beschreibung Apikalfleck der Vfl-OS reicht am Außenrand bis R5 oder M1 (vgl. *P. mannii*).
Flugzeit Mehrere Generationen, März bis November, auf den Kanaren ganzjährig nachgewiesen.
Lebensraum Verschieden. Fast überall, wo die Nahrungspflanzen wachsen.
Lebensweise Nahrungspflanzen sind meist Kreuzblütler (Brassicaceae), aber auch Capparaceae *(Capparis spinosa)*, Tropaeolaceae, Resedaceae, Chenopodiaceae (*Atriplex* sp.). Häufiger Schädling an Kulturen. Eiablage einzeln an Blättern. Raupe grün, dicht kurz weiß behaart, farblich gut getarnt, ähnelt anderen europäischen *Pieris*-Arten (außer *P. brassicae* und *P. cheiranthi*). Puppe überwintert, oft 1–3 m über dem Boden an Wänden, Zäunen usw.

Pieris mannii · Karstweißling

Gesamtverbreitung Marokko, S-Europa, Türkei, Syrien.
▹ *P. mannii* (Mayer, 1851), TF: Split, Kroatien.
Verbreitung Marokko: Mittlerer Atlas. Spanien, sehr lokal: Provinzen Madrid und Málaga bis Gerona und Huesca. Frankreich. Schweiz. Österreich. SW-Deutschland. Italien. Griechenland: Peloponnes. Fehlt auf einigen Mittelmeerinseln, auf den östlichen Ägäischen Inseln möglicherweise weiter verbreitet. 0–2000 m. Seit 2008 zunehmende Arealerweiterung (in Karte noch nicht berücksichtigt).
Beschreibung Apikalfleck auf Vfl-OS schwarz, reicht am Außenrand bis M3 oder Cu1; Fleck in M3–Cu1 nach außen konkav oder linear (nicht rund), oft durch dunkle Schuppen entlang der Adern M3 und Cu1 mit dem Außenrand verbunden (meist nur bei 2. Generation sichtbar); Kostalfleck der Hfl-OS nach außen konkav.
Flugzeit Mehrere Generationen, März bis Oktober; in Marokko nur 1 Generation, Juli bis August.
Lebensraum Trockene, heiße, felsige Gebiete, oft zwischen Sträuchern oder Bäumen; in nördlicheren Gebieten auch in Steingärten von Ortschaften.
Lebensweise Nahrungspflanzen *Iberis sempervirens, I. saxatilis, I. linifolia, Alyssoides utriculata, Lobularia maritima, Lepidium graminifolium, Kernera saxatilis, Diplotaxis tenuifolia*. Puppe überwintert.

Pieris rapae

Pieris mannii

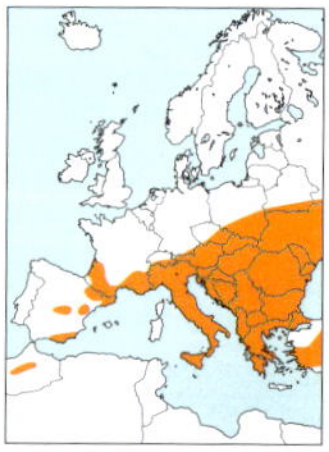

Pieris rapae

Pieris mannii

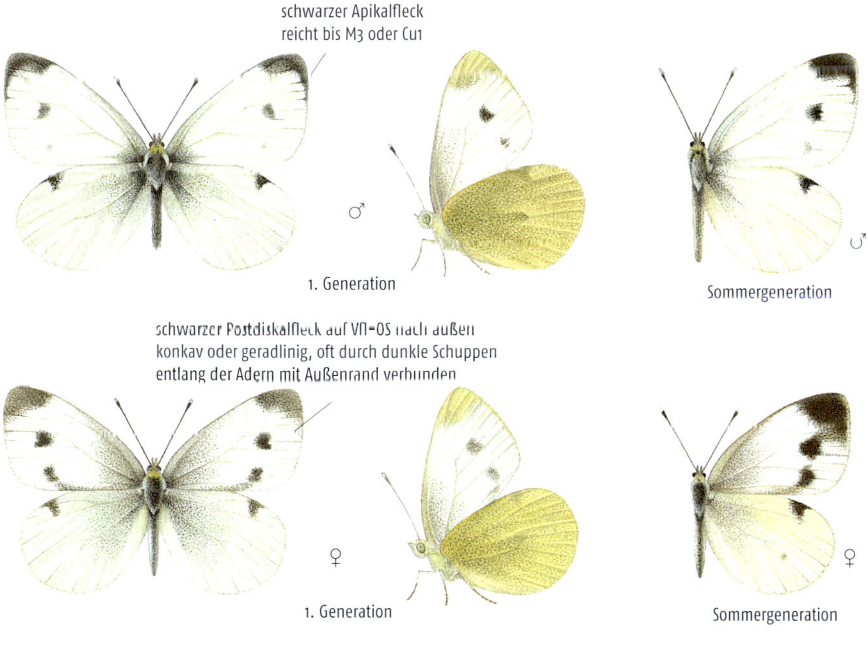

Pieris ergane

Gesamtverbreitung Spanien, S-Frankreich, N- und M-Italien, Balkan, Griechenland, Türkei, Mittlerer Osten, Iran.
▷ *P. ergane* Geyer, 1828, TF: Ragusa, Italien.
Verbreitung Spanien, sehr lokal: Palencia, Cuenca, Huesca, Lérida, Gerona. S-Frankreich: Pyrenäen bis Provence. Italien, sehr lokal im Norden, häufiger im zentralen Apennin. Österreich. Ungarn. Balkan und Griechenland, weit verbreitet, oft lokal, Kreta und Ägäische Inseln. Fehlt auf anderen Mittelmeerinseln. 75–1850 m, meist über 500 m.
Beschreibung Vfl-OS ohne schwarzen Punkt (vgl. *P. rapae*). Bei 2. Generation Zeichnungen der Oberseite grau, etwas diffus.
Flugzeit 2–3 Generationen, Anfang April bis Ende August.
Lebensraum Heiße, trockene und felsige Bereiche mit Sträuchern; auf Kalk oder basenreichen Böden; in höheren Lagen auch trockene, grasige Hänge und Schluchten.
Lebensweise Nahrungspflanzen *Aethionema saxatile, A. orbiculatum, Isatis tinctoria*. Puppe überwintert.
Verhalten Männchen versammeln sich oft in großer Anzahl auf nassem Boden.

Pieris balcana (ohne Bild)

Gesamtverbreitung Bosnien-Herzegowina, Mazedonien, Bulgarien, N-Griechenland.
▷ *P. balcana* Lorkovic, 1970, TF: Treska-Schlucht, Mazedonien.
Verbreitung Bosnien-Herzegowina: Hrcavka, Zelenogora Planina. Mazedonien: Treska-Schlucht, Titov Veles, Katlanovo, Nikolic. Serbien. Albanien. Bulgarien: Osogovo-Gebirge (Kyustendil), Iskar-Tal (Pancharevo-Schlucht), Struma-Tal (Kresna-Schlucht). Griechenland: Falakron-Gebirge, sehr lokal. 300–900 m.
Beschreibung Sehr ähnlich *P. napi*, bei der Sommergeneration Adern der Hfl-US weniger deutlich begrenzt.
Flugzeit Je nach Lokalität und Höhe 2–3 Generationen, Anfang April bis Oktober.
Lebensraum Wie bei *P. napi*.

Pieris bryoniae · Bergweißling

Gesamtverbreitung Alpen, Hohe Tatra, Karpaten, Türkei, Kaukasus, Tienschan, Altai.
▷ *P. bryoniae* (Hübner, 1806), TF: Genf, Schweiz.
Verbreitung Jura, Hochalpen, Julische Alpen, Hohe Tatra, Karpaten. 800–2700 m.
Beschreibung ♂ ähnelt der 1. Generation von *P. napi*. Oberseite bei ♀ variabel, hellcremegelb, grau bis graubraun bestäubt; auf Vfl-OS schmaler grauer Strich in Cu2–A als Verbindungslinie zwischen Außenrand und Postdiskalfleck; Adern der Unterseite deutlich grau bestäubt.
Flugzeit Meist 1 Generation, Mitte Juni bis Anfang August; an wärmeren Orten in der S-Schweiz eine partielle 2. Generation, August bis September.
Lebensraum Feuchte subalpine bis alpine Matten, blumenreiche Bachränder.
Lebensweise Nahrungspflanzen *Cardamine alpina, C. resedifolia, Biscutella laevigata, Thlaspi caerulescens, T. montanum*. Eiablage einzeln an Blüten oder Blättern.

Pieris ergane

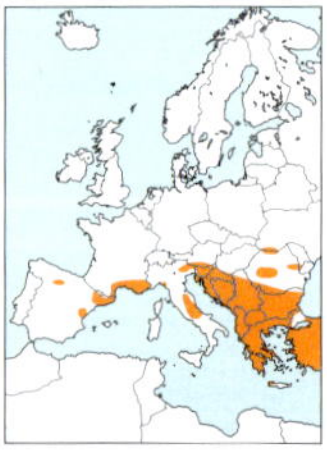

Pieris balcana

Pieris bryoniae

Pieris ergane

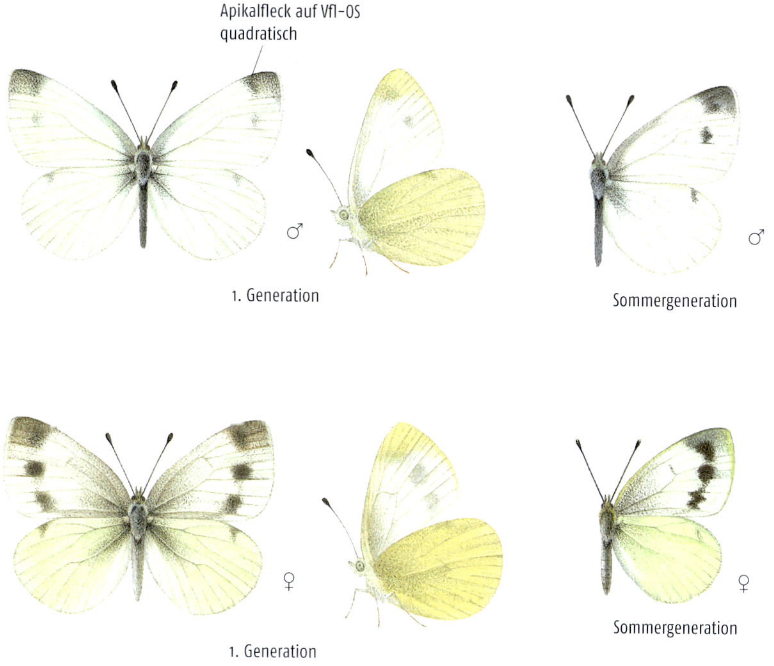

Pieris bryoniae

Pieris napi · Grünaderweißling

Gesamtverbreitung NW-Afrika, Europa, Mittlerer Osten, Naher Osten, Asien (40–70° N), N-Amerika.
▷ *P. napi* (Linnaeus, 1758), TF: Schweden.
Syn.: *adalwinda* Fruhstorfer, 1909; *arctica* Verity, 1911; *canidiaformis* Drenowsky, 1910; *dubiosa* Rober, 1907; *flavescens* Wagner, 1903; *meridionalis* Heyne, 1895.
Verbreitung NW-Afrika. Fast ganz Europa, einschließlich Korsika, Elba, Sizilien, Korfu, Thassos, Lesbos. Weit verbreitet und häufig, in S-Spanien und S-Griechenland eher lokal. 0–2000 m. Fehlt auf den Atlantischen Inseln, Shetland-Inseln und Sardinien.
Beschreibung Bei 1. Generation Adern der Oberseite grau; Hfl-US gelb, Adern olivgrün. Bei ♂ schwarze Aderbeschuppung auf Vfl-OS variabel, manchmal stark reduziert; Fleck in M3–Cu1 variabel, manchmal fehlend. Bei ♀ schwarze Flecke der Ober- und Unterseite deutlicher, zusätzlicher Fleck in M1–M2 und Cu2–A der Vfl-OS. Sommergeneration größer; graue Beschuppung der Adern auf der Oberseite reduziert oder fehlend, aber schwarze Beschuppung in der Nähe des Außenrands; Unterseite heller gelb, variabel, manchmal überwiegend weiß; bei ♀ schwarze Zeichnung gut entwickelt, Vfl-OS mit grauer Binde am Innenrand (sogenannter *bryoniae*-Strich), diesen mit Postdiskalfleck verbindend; derartige dunklere Variationen gelegentlich in England, häufig in Schottland und typisch in N-Skandinavien (vgl. *P. bryoniae*).
Variation Beträchtliche Variation innerhalb des europäischen Verbreitungsgebiets ist Thema ausgiebiger Forschungen und Debatten. Die Namen der zahlreichen formal beschriebenen Unterarten können nach dem derzeitigen Kenntnisstand als Synonyme gelten. In S-Italien und vereinzelt an anderen Orten in S-Europa *meridionalis* Heyne; Sommergeneration größer, Hfl-US sehr blassgelb, graue Zeichnung stark reduziert. In Fennoskandinavien nördlich von 65° N *adalwinda* Fruhstorfer, äußerlich kaum von *P. bryoniae* unterscheidbar. Im mittleren O-Europa *flavescens* Wagner; ♂ variabel; dunkle Zeichnungen und graue Bestäubung der Adern auf der Ober- und Unterseite manchmal stark reduziert, Hfl-US manchmal weiß; ♀ extrem variabel. Eine seltene Variation, die aber in allen Populationen auftritt, zeigt eine schwefelgelbe Färbung aller Flügelflächen (*sulphurea* Schoyen). In Algerien und W-Tunesien *maura* Verity; ähnelt stark der Stammform-Sommergeneration in Europa. In Marokko im Mittleren Atlas *atlantis* Oberthür; groß, Adern der Hfl-US überwiegend ohne graue Beschuppung. Bei ♂ schwarzer Fleck der Vfl-OS in M3–Cu1 kräftiger als bei europäischen Formen.
Flugzeit Generationsverlauf variiert je nach Lokalität, Höhe und Saison; N-Europa 2 oder 3 Generationen, April bis Mai und Mitte Juni bis Juli, oder April bis Anfang September, in wärmeren Gebieten und günstigen Jahren teilweise eine 4. Generation Ende September. In S-Europa 3 oder mehr sich teilweise überschneidende Generationen, März bis Oktober.
Lebensraum und Verhalten Feuchte, grasige und blütenreiche Orte mit etwas Schatten, Waldränder, Hecken, Fettwiesen, bewaldete Flusstäler. Bei den späteren Generationen besiedeln die Weibchen auf der Suche nach alternativen Nahrungspflanzen auch trockene, oft felsige, blumenreiche Schluchten; offenes, mit Sträuchern bestandenes Gelände; Gebiete mit vernachlässigter Bewirtschaftung. Im Mittelmeerraum sind Gebüsche an Bergbächen oder -quellen oder Überschwemmungsebenen von Flüssen mit *Nasturtium officinale* (Brunnenkresse) typisch.
Lebensweise Nahrungspflanzen Brassicaceae, einschließlich *Cardamine pratensis, C. amara, C. dentata, Nasturtium officinale, Lepidium heterophyllum, Lunaria rediviva, Hesperis matronalis, Arabis turrita, A. glabra, A. hirsuta, Sisymbrium officinale, Alliaria petiolata, Sinapis arvensis, Alyssum spinosum, Aurinia saxatilis, Cheiranthus cheiri.* Eiablage einzeln an Blattunterseite, gewöhnlich an kleineren Pflanzen im Halbschatten. Raupe frisst meist an Blatttrieben. Bei *Lunaria rediviva* scheint sich die Eiablage und die Ernährung der Raupen auf die jungen Schötchen zu beschränken. Puppe überwintert.

Pieris segonzaci

Gesamtverbreitung Marokko.
▷ *P. segonzaci* Le Cerf, 1923, TF: Hoher Atlas, Marokko. Bei einigen Autoren als Unterart von *P. napi* geführt.
Verbreitung Marokko: Hoher Atlas (Toubkal-Massiv, Tizi-n-Test, Djebel Ayachi). 1900–3800 m.
Beschreibung Groß, Hfl-US blassgelb, Adern breit grau bestäubt. Bei ♂ schwarze Flecke der Vfl-OS in R5-M2 und M3–Cu1 deutlicher als bei *P. napi*. Bei ♀ Adern oberseits grau bestäubt.
Flugzeit Von Mai bis Anfang Juli nachgewiesen.

Pieris napi

1. Generation

1. Generation

2. Generation

Stammform

2. Generation

var. *meridionalis*
(Südeuropa)

var. *flavescens*

var. *adalwinda*
(Skandinavien)

Pieris napi

Pieris segonzaci
(Marokko)

Pieris krueperi · Krüpers Weißling

Gesamtverbreitung S-Balkan, Griechenland, Türkei, Syrien, Oman, N-Irak, Iran, Belutschistan, Afghanistan, Turkmenien, N-Pakistan, NW-Indien.

▹ ***P. krueperi*** Staudinger, 1860, TF: Arkana, Griechenland.

Verbreitung Weit verbreitet, aber sehr lokal. Albanien, Mazedonien, Bulgarien, Griechenland, einschließlich Korfu, Samos, Chios, Kos. 75–1250 m, meist über 600 m.

Beschreibung Dunkler Apikalfleck auf Vfl-OS von hellen Adern durchschnitten, vor dem Apikalfleck ein dunkler Kostalfleck.

Variation In der 2. und in den darauffolgenden Generationen fortschreitende Reduzierung der Zeichnungen auf der Hfl-US; diese wird zunehmend heller und gelblicher. Sporadisches Auftreten typischer Individuen der 1. Generation während der 2. Generation zeigt verzögerten Schlupf überwinterter Puppen an.

Flugzeit Mehrere Generationen, Ende März bis August.

Lebensraum und Verhalten Heiße, trockene, steil abfallende Hänge auf Kalkgestein oder anderem Karbonatgestein; Felsen mit artenreichem Blütenangebot, einschließlich Nahrungspflanzen in Felsspalten oder auf kleinen Felsklippen. Männchen auf der Suche nach Weibchen scheinen Luftströmungen über kahlem Fels auszunutzen. Ähnliches Verhalten zeigen Weibchen auf der Suche nach Eiablageplätzen und Nektarquellen.

Lebensweise Nahrungspflanzen *Aurinia saxatilis, Alyssum montanum*. Eiablage einzeln am Blütenkelch. Raupe frisst Blüten und junge Früchte. Puppe überwintert.

Pontia edusa · Resedaweißling (ohne Bild, Aussehen entspricht *P. daplidice*)

Gesamtverbreitung M-, O-, SO-Europa, Türkei, N-Irak, N- und NW-Iran, M- und O-Asien (40–65° N).

▹ ***P. edusa*** (Fabricius, 1777), TF: Kiel, Deutschland.

Verbreitung NW-Frankreich: Finistère, Ille-et-Vilaine; O-Frankreich: Östliches Sâone-Tal, Basses-Alpes. S-Schweiz: Wallis. Italien mit Elba und Sizilien. Deutschland. Schweden: Gotland. Lettland. Balkan. Griechenland. Europäischer Teil der Türkei. Fast alle Mittelmeerinseln. Von S-Irland und S-England selten als Wanderfalter gemeldet. Vorkommen in NO-Europa hängt sehr vom Wanderverhalten ab. Mit Ausnahme von Gotland in Skandinavien nicht bodenständig. Verbreitung in N- und O-Frankreich und W-Deutschland unsicher, da Verwechslung mit *P. daplidice* möglich ist und beide Arten Wanderfalter sind. 0–1500 m, Wanderfalter bis 2300 m.

Beschreibung Hfl-US mit einem runden weißen Fleck in der Zelle. Morphologisch nicht von *P. daplidice* zu trennen, aber biochemisch verschieden. Unterschiede in den männlichen Genitalien, obwohl statistisch signifikant, sind zu gering für eine sichere Unterscheidung. Artverschiedenheit wird durch geringe Lebensfähigkeit von Nachfahren aus Kreuzungsversuchen untermauert.

Variation Bei der 2. und den folgenden Generationen grüne Zeichnungselemente der Unterseite weniger intensiv, tendieren zu Gelb. Größe variabel, manchmal sehr groß, extrem kleine Individuen scheinen unter übermäßig heißen, trockenen Bedingungen zu entstehen; ähnliche Beobachtungen liegen auch für *P. daplidice* vor.

Flugzeit Mehrere Generationen, März bis Ende Oktober.

Lebensraum Verschieden, überwiegend vom Vorhandensein der Nahrungspflanze bestimmt. Offene, heiße, trockene, manchmal dürre, gewöhnlich flache, steinige Bereiche. Häufig gestörter Boden wie Straßenränder, Kulturland, aufgelassene Steinbrüche und ähnliche Lebensräume, die eine Ansiedlung der Nahrungspflanze begünstigen.

Lebensweise Nahrungspflanzen allgemein *Reseda alba, R. lutea, R. luteola*. In Skandinavien *Descurainia sophia, Teesdalia nudicaulis, Lepidum* sp. Eiablage meist an Blattunterseite. Raupen fressen meist an Blüten und jungen Früchten. Puppe überwintert.

Pontia daplidice

Gesamtverbreitung Kanarische Inseln, N-Afrika, SW-Europa, SO-Türkei, Mittlerer Osten, W- und S-Iran bis Afghanistan, Kasachstan, Tadschikistan.

▹ ***P. daplidice*** (Linnaeus, 1758), TF: NW-Afrika.

Verbreitung Spanien mit Balearen und fast allen Kanarischen Inseln außer Lanzarote (hier nur als seltener Einwanderer, letzter Nachweis 1967), weit verbreitet und häufig. Portugal. NW-Afrika. Frankreich: W-Sâone-Tal, Provence, Korsika. Italien: Sardinien. Genaue Verbreitung und Bodenständigkeit in einigen Gebieten unsicher (siehe *P. edusa*). 0–2700 m, Wanderfalter bis 2900 m.

Beschreibung und Variation Siehe *P. edusa*. Bestimmung ist nur anhand des Fundorts möglich.

Flugzeit Mehrere Generationen; auf den Kanarischen Inseln ganzjährig gemeldet; Europa je nach Ort März bis Oktober, Spätsommer- und Herbstgeneration meist zahlreicher.

Lebensraum Wie bei *P. edusa*.

Lebensweise Nahrungspflanzen allgemein *Reseda luteola, R. alba, R. lutea*, verschiedene Brassicaceae wie *Sisymbrium, Erysimum, Ptilotrichum, Arabis, Moricandia, Alyssum, Sinapis, Iberis, Diplotaxis, Descurainia, Lepidum, Raphanus, Thlaspi, Fibigia*. Jugendstadien wie *P. edusa*.

Pieris krueperi

Pontia edusa

Pieris krueperi

Sommergeneration

Pontia daplidice

2. Generation

2. Generation

Pontia daplidice

Pontia chloridice

Gesamtverbreitung Mazedonien, Bulgarien, NO-Griechenland, Türkei, Iran, W- und M-Asien, N-Pakistan, Sibirien, Mongolei.
▷ *P. chloridice* (Hübner, 1813), TF unbekannt.
Verbreitung Sehr lokal in weit zerstreuten Populationen. Mazedonien: Vardar-Tal (Titov Veles, Gradsko, Gevegelija). Albanien. Bulgarien: Sliwen, Belassita-Berge, Arda-Tal. Griechenland: Evros. Europäischer Teil der Türkei. Lettland. Litauen. Selten in S-Finnland nachgewiesen. 25–500 m.
Beschreibung Hfl-US mit mehr oder weniger unregelmäßiger, aus länglichen weißen Flecken zusammengesetzer Postdiskalbinde, Zellfleck länglich.
Variation Bei 2. Generation schwarze Zeichnungselemente der Oberseite etwas reduziert, grüne Elemente der Unterseite etwas blasser, zu Gelb tendierend.
Flugzeit 2 Generationen, Mitte April bis Ende Mai und Juni bis Juli.
Lebensraum Steinige Stellen, kiesige Flussufer, trockene Flussbetten und deren Ufer, wenn dort runde Steine liegen, oft Stellen zwischen niedrigem Gebüsch.
Lebensweise Nahrungspflanze *Cleome ornithopodiodes*. Eiablage meist an Blättern. Raupen fressen an Blättern, Blüten und jungen Früchten. Verpuppung und Überwinterung an glatten, runden Steinen. Puppe ahmt Vogelkot nach.
Naturschutz Beweidung, Entwässerung von Agrarland und besonders der Kiesabbau bedrohen die meisten Lebensräume bei Flusssystemen.

Pontia callidice · Alpenweißling

Gesamtverbreitung Pyrenäen, Alpen, Türkei, Mittlerer Osten bis Mongolei, China, N-Amerika.
▷ *P. callidice* (Hübner, 1800), TF: Schweizer Alpen.
Verbreitung Spanien und Frankreich: Pyrenäen. Frankreich: Alpes-Maritimes bis Haute-Savoie. S-Schweiz. N-Italien, einschließlich Dolomiten. Deutschland: Bayern. Österreich. 1500–3400 m.
Beschreibung Hfl-US mit einem länglichen weißen Fleck in der Zelle, Postdiskalbinde geht nicht bis zum Hinterrand, Postdiskalflecke pfeilförmig.
Flugzeit 1 Generation, Anfang Juni bis Anfang August.
Lebensraum Offene, grasige und felsige alpine Hänge.
Lebensweise Nahrungspflanzen *Erysimum helveticum*, *Reseda glauca*, *Cardamine bellidifolia*, *Pritzelago alpina* ssp. *alpina*. Puppe überwintert.

Euchloe crameri (ohne Bild)

Gesamtverbreitung NW-Afrika, Iberische Halbinsel, S- und SO-Frankreich, NW-Italien, O-Libyen, Ägypten.
▷ *E. (Euchloe) crameri* Butler, 1869, TF: S-Spanien.
Verbreitung Weit verbreitet und häufig. NW-Afrika. Iberische Halbinsel. S- und SO-Frankreich. Italien: N-Italien, Ligurische Alpen bis Bologna. 0–2700 m. In den O-Pyrenäen und SO-Frankreich teilweise gemeinsam mit *E. simplonia*.
Beschreibung Bei 1. Generation Diskoidalfleck der Oberseite meist nicht entlang der Subkostalader auslaufend (vgl. *E. simplonia*). Hfl-Apex (Sc+R) deutlich gewinkelt (vgl. *E. tagis*). 2. Generation größer, Kostalrand der Vfl-OS meist reinweiß, dunkle Striche fehlen; Vfl-OS und -US oft mit großem Diskoidalfleck, variiert aber; Vorderflügelapex und Zeichnungen der Hinterflügel unterseits gelbgrün, oft mit eingestreuten kleinen gelben Flecken, besonders an den Adern. Ähnelt *E. ausonia*, Variation der Flügelmerkmale schließt sichere Unterscheidung beider Arten aus. Verbreitungsangaben aus Gebieten, in denen sich das Vorkommen beider Arten überschneiden kann, sind unzuverlässig.
Flugzeit 2 sich überschneidende Generationen, Mitte März bis Anfang Juni. Sehr große Individuen mit helleren gelbgrünen Adern auf der Unterseite gehören normalerweise zur 1. Generation, können aber auch Nachkommen der 1. Generation der vorhergehenden Saison sein. Teilweise nur 1 Generation, wenn sich unter bestimmten Bedingungen (Temperatur, Feuchtigkeit) die Entwicklung der Raupen und Puppen verlängert; dies kann zu Unterschieden in Größe und Zeichnung führen.
Lebensraum Offene, heiße, trockene blütenreiche Stellen, häufig auf gestörtem Boden, besonders in landwirtschaftlich genutzten Gebieten.
Lebensweise Nahrungspflanzen *Sinapis arvensis*, *Biscutella laevigata*, *Raphanus raphanistrum*, *Moricandia arvensis*, *Iberis sempervirens*, *I. pinnata*, *Isatis tinctoria*. Eiablage an Blütenknospen. Raupen fressen an Blüten und jungen Früchten. Puppe überwintert. Diapause kann 2 oder mehr Jahre dauern.

Pontia chloridice

Pontia callidice

Euchloe crameri

Pontia chloridice

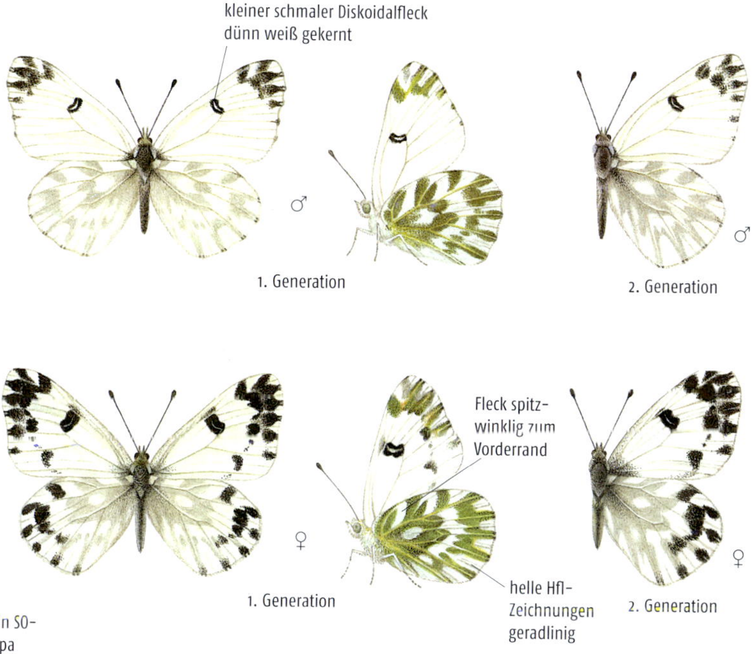

nur in SO-
Europa

Pontia callidice

nur im Bergland

Euchloe simplonia

Gesamtverbreitung N-Spanien (Kantabrien), Pyrenäen, französische Alpen, SW-Schweiz, NW-Italien. (Nahe verwandte Arten kommen in NO-Asien und N-Amerika vor.)
▹ *E. (Euchloe) simplonia* (Boisduval, 1828), TF: (?)Kroatien.
Verbreitung N-Spanien: Kantabrisches Gebirge, Pyrenäen. SO-Frankreich: Basses-Alpes, Hautes-Alpes. SW-Schweiz: Wallis (Walliser, Berner und W-Lepontinische Alpen, Rhône-Tal). NW-Italien: höher gelegene Hänge der S-Alpen. 400–2400 m, meist über 1500 m.
Beschreibung Schwarzer Diskoidalfleck auf Vfl-OS variabel, gewöhnlich schmal, gebogen, mit kurzen Ausläufern entlang der Subkosta, vgl. *E. ausonia*, *E. crameri*. Hfl-Apex bei Ader Sc+R deutlich gewinkelt, vgl. *E. tagis*.
Flugzeit 1 Generation, April bis August bei verlängertem Schlupf.
Lebensraum Subalpine und alpine blütenreiche Wiesen und Matten, grasige, felsige Hänge.
Lebensweise Nahrungspflanzen *Biscutella laevigata, Iberis spathulata, Erucastrum nasturtiifolium*. Eiablage an Blütenknospen. Raupen fressen an Blüten und jungen Früchten. Puppe überwintert. Diapause kann 2 oder mehr Jahre dauern.

Euchloe ausonia

Gesamtverbreitung M- und S-Italien, Balkan, Griechenland, Türkei, Israel, Jordanien, N-Irak, N-Iran, Transkaukasien, Afghanistan, S-Kasachstan, Tibet.
▹ ***E. (Euchloe) ausonia*** (Hübner, 1803), TF: Italien.
Verbreitung Weit verbreitet und häufig. M- und S-Italien, Elba, Sizilien. Balkan. Griechenland mit Kreta, Lemnos, Lesbos, Inousses, Chios, Fournoi, Samos, Ikaria, Kos, Rhodos, Kastellorizo. 0–1600 m.
Beschreibung Sehr ähnlich *E. crameri*, vgl. *E. crameri* und *E. simplonia*.
Flugzeit 2 Generationen, Anfang März bis Anfang Juli bei verlängertem Schlupf, Generationen überschneiden sich. Variation zwischen den Generationen wie bei *E. crameri*.
Lebensraum Wie *E. crameri*.
Lebensweise Nahrungspflanzen *Sinapis arvensis, Isatis tinctoria, I. glauca, Aethionema saxatile, Iberis sempervirens, Biscutella mollis, B. laevigata, Bunias erucago, Aurinia saxatilis*. Eiablage an Blütenknospen. Raupen fressen an Blüten und jungen Früchten. Puppe überwintert. Diapause kann 2 oder mehr Jahre dauern.

Euchloe insularis

Gesamtverbreitung Endemisch auf Korsika und Sardinien.
▹ ***E. (Euchloe) insularis*** (Staudinger, 1861), TF: Korsika, Frankreich.
Verbreitung Korsika, Sardinien. Häufig und weit verbreitet. 0–1300 m.
Beschreibung Schwarzer Diskoidalfleck auf Vfl-OS schmal, fein und entlang des Zellvorderrands spitzer ausgezogen, auf Unterseite klein. Hfl-Apex deutlich gewinkelt, vgl. *E. tagis*. Weiße Flecke auf Hfl-US klein, vgl. *E. ausonia, E. simplonia*.
Flugzeit 2 Generationen, Mitte März bis April und Mitte Mai bis Ende Juni; 2. Generation unvollständig, im Allgemeinen mit sehr niedriger Populationsdichte.
Lebensraum Blühende Sträucher, felsige Hänge und Schluchten.
Lebensweise Nahrungspflanzen *Iberis pinnata* (Korsika), *Sinapis* sp., *Hirschfeldia incana*.

Euchloe simplonia

Euchloe ausonia

Euchloe insularis

Euchloe tagis

Euchloe falloui

Euchloe belemia

Euchloe simplonia

Euchloe ausonia

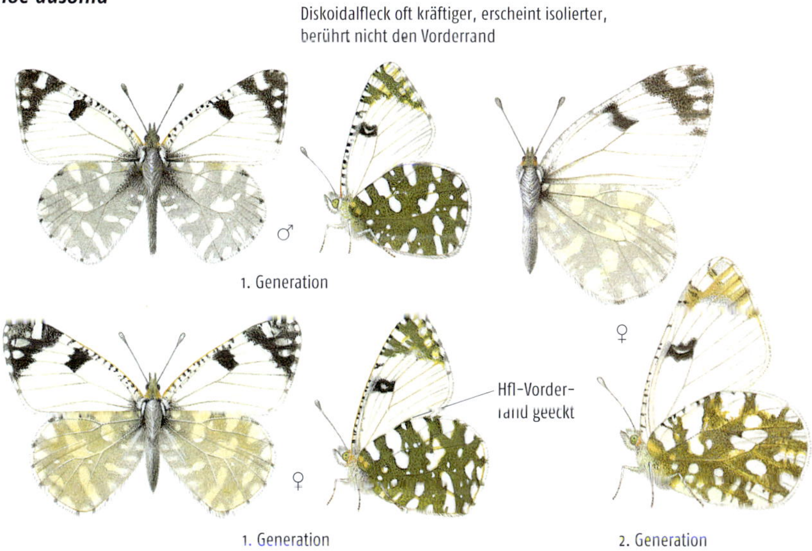

Euchloe insularis

Euchloe tagis

Gesamtverbreitung Marokko, Algerien, Portugal, Spanien, S-Frankreich, NW-Italien.
▷ *E. (Euchloe)* ***tagis*** (Hübner, 1804), TF: Peidade, Portugal. Syn.: *lusitanica* Oberthür, 1909.
Verbreitung Sehr lokal, weit verstreut. Marokko: Mittlerer Atlas, Rif-Atlas. Algerien. Portugal: Tagus-Tal, Algarve. Gibraltar. Spanien: Cádiz, Málaga, Granada, Alicante, Toledo, Madrid, Lérida, Burgos, Vitoria. S-Frankreich: Hérault, Gard, Vaucluse, Bouches du Rhône, Var, Alpes-de-Haute-Provence, Alpes-Maritimes, Lot, Lozère, Ardèche, Drôme, Ain. NW-Italien: Alpi Marittime, Apuanische Alpen, Monti Calvi. 300–2400 m, meist unter 1000 m. (Karte S. 56)
Beschreibung Hfl-Apex gleichmäßig gerundet, vgl. *E. crameri, E. simplonia, E. ausonia, E. insularis.*
Variation Bei europäischen Faltern weiße Zeichnungselemente der Hfl-US von Portugal und SW-Spanien über M- und O-Spanien (*castellana* Verity), S-Frankreich und NW-Italien (Alpi Marittime) (*bellezina* Boisduval) bis MW-Italien (Monti Calvi, Livorno) zunehmend stärker ausgeprägt. Von dem SW der Iberischen Halbinsel bis Marokko werden diese immer schwächer. In Algerien Hfl-US einheitlich grün bis auf kleinen weißen Diskoidalfleck (*pechi* Staudinger).
Flugzeit 1 Generation; N-Afrika Februar bis Juni; Europa Ende März bis Mai.
Lebensraum Heiße, trockene, felsige Hänge oder Schluchten; felsige, blumenreiche Stellen, oft zwischen spärlichem Gebüsch; meist auf Kalkgestein.
Lebensweise Nahrungspflanzen *Iberis*-Arten. Raupen fressen an Blüten und jungen Früchten. Puppe überwintert.

Euchloe falloui

Gesamtverbreitung NW-Afrika, östlich bis Sinai und Saudi-Arabien.
▷ *E. (Euchloe)* ***falloui*** (Allard, 1867), TF: Biskra, Algerien.
Verbreitung Marokko: Anti-Atlas, Hoher Atlas, Mittlerer Atlas. Algerien: Biskra, Bou Saâda. Tunesien. 200–1800 m. (Karte S. 56)
Beschreibung und Variation Schwarzer Diskoidalfleck der Vfl-OS nicht weiß gekernt, vgl. *E. belemia*; auf der Unterseite variieren Vfl-Apex und Hfl-Zeichnungen von gelblich über graugelb bis graugrün.
Flugzeit Meist 2 Generationen, Februar bis Juni. Eventuell 3. Generation von September bis Oktober, aber verzögerter Schlupf nicht auszuschließen.
Lebensraum Trockener steiniger Boden, Schluchten, Oasen.
Lebensweise Nahrungspflanze *Moricandia arvensis*, anderswo im Verbreitungsgebiet *M. sinaica, Diplotaxis acris, Schouwia purpurea, Zilla spinosa, Reseda muricata*. Eiablage an Blüten oder Blütenknospen.

Euchloe belemia

Gesamtverbreitung SW-Europa, N-Afrika, N-Tschad, Mittlerer Osten, Türkei, Iran, SW-Pakistan.
▷ *E. (Euchloe)* ***belemia*** (Esper, 1800), TF: Belem, Portugal.
Verbreitung Allgemein weit verbreitet und häufig. Marokko. Algerien. Tunesien. Portugal: Serra da Estrela bis Algarve. Spanien: Andalusien, Cuenca, Teruel, Madrid, Guadalajara, Valladolid, Burgos. Malta. 0–1500 m. (Karte S. 56)
Beschreibung Auf Vfl-OS schwarzer Diskoidalfleck mit weißem Kern, vgl. *E. falloui*. Bei 1. Generation sind Apikalfleck auf Vfl-OS und grüne Streifen auf Hfl-US dunkel und gut ausgebildet. 2. Generation größer, Streifen der Unterseite blasser grün, tendieren zu Gelblich, etwas unscharf.
Flugzeit 2 sich überschneidende Generationen, Februar bis Mitte April und Ende April bis Anfang Juni. Vereinzelt im Spätsommer bis Frühherbst.
Lebensraum Trockene, oft felsige Stellen, zwischen Gebüsch oder in offenem Wald, vernachlässigtem Kulturland, Olivenhainen, Obstgärten.
Lebensweise Nahrungspflanzen *Diplotaxis siifolia, D. tennuisiliqua, Biscutella laevigata, B. didyma, Sisymbrium*. Raupen fressen an jungen Früchten. Diapause im Puppenstadium.

Euchloe hesperidum

▷ *E. (Euchloe)* ***hesperidum*** Rothschild, 1913, TF: Fuerteventura. Bei einigen Autoren als Unterart von *E. belemia* geführt.
Verbreitung Endemisch auf Fuerteventura; bis 700 m.
Beschreibung Ähnlich *E. belemia*, kleiner; schwarzer Diskoidalfleck der Vfl-OS schmaler; Ränder der grünen Streifen auf Hfl-US bei beiden Generationen etwas unscharf.
Flugzeit Ende Dezember bis Anfang Mai.
Lebensraum Feuchte Wiesen, aufgelassenes Kulturland mit *Sisymbrium*.
Lebensweise Nahrungspflanzen *Hirschfeldis incana, Carrichtera annua, Sisymbrium erysimoides.*

Euchloe eversi (ohne Bild)

▷ *E. (Euchloe)* ***eversi*** Stamm, 1963, TF: Teneriffa. Bei einigen Autoren als Unterart von *E. belemia* geführt.
Verbreitung Endemisch auf Teneriffa; bis 2300 m. **Beschreibung** Ähnlich *E. belemia*, Apikalfleck auf Vfl-US weißlich. **Flugzeit**: Februar bis Anfang Juni. **Lebensraum** Schütterer Kiefernwald, Halbwüste. **Lebensweise** Nahrungspflanze *Descurainia bourgeana.*

Euchloe grancanariensis (ohne Bild)

▷ *E. (Euchloe)* ***grancanariensis*** Acosta, 2008, TF: Gran Canaria.
Verbreitung Endemisch auf Gran Canaria; bis 1000 m. **Flugzeit** Ende Dezember bis Anfang Mai. **Lebensraum** Trockene, nicht kultivierte Plätze mit *Sisymbrium.*

Euchloe tagis

Hfl-Vorderrand gleichmäßig gerundet

Stammform **var. *bellezina***

weiße Zeichnung auf Hfl-US regional verschieden

var. *castellana* **var. *pechi*** (nur in Algerien)

Euchloe falloui

Diskoidalfleck einfarbig schwarz und vom Vorderrand isoliert, bei ♀ kräftiger

nur in N-Afrika verbreitet

US-Zeichnung variabel, gelblich bis graugrün, mit breiten weißen Streifen

Diskoidalfleck mit hellem Zentrum

1. Generation **_Euchloe belemia_** 2. Generation

2. Generation größer, US Zeichnung gelblich grün

1. Generation
Euchloe belemia

Euchloe hesperidum (nur auf Fuerteventura)

Euchloe charlonia

Gesamtverbreitung Kanarische Inseln, Marokko, Algerien, Tunesien, Spanien, N-Tschad, Ägypten, Sudan, Saudi-Arabien, Oman, Jordanien, Israel, Libanon, Syrien, Irak, Iran, Turkmenien, Pakistan, NW-Indien.
▹ ***E. (Elphinstonia) charlonia*** (Donzel, 1842), TF: Emsilah, Algerien.
Verbreitung Kanarische Inseln: Fuerteventura, Lanzarote, Graciosa. Marokko: S-Küstenregion (Sidi R'bat), Mittlerer Atlas, Hoher Atlas, Rif-Atlas. Algerien. Tunesien. 0–2000 m.
Beschreibung Oberseite schwefelgelb, Apikalfleck dunkelbraun mit blassen distalen Zeichnungen; beide Flügel basal schwarz bestäubt; Vorder- und Außenrand der Vfl-US mit feiner rosa Linie, Diskoidalfleck tiefschwarz (vgl. *E. penia*), Größe ziemlich variabel. Auf Hfl-US wenige undeutliche helle Flecke. Haarkranz zwischen Kopf und Thorax rosa (vgl. *E. penia*).
Flugzeit 2 oder mehr Generationen. In sehr ariden Gebieten scheint der Schlupf durch Regen reguliert. Kanarische Inseln Dezember bis Mai; NW-Afrika ganzjährig, von Februar bis Oktober häufiger.
Lebensraum Heiße, trockene felsige Hänge, aride Täler, Oasen.
Lebensweise Nahrungspflanzen auf Kanarischen Inseln *Reseda lancerotae, Carrichtera annua;* in Marokko *Reseda villosa, Succowia balearica, Moricandia arvensis, Eryngium tenue, Eruca sativa, Diplotaxis pendula*; in Algerien *Cleome arabica, Lonchophora capiomontana*; in Tunesien *Diplotaxis acris*. Eiablage an der Blattunterseite. Raupe frisst an Blättern und jungen Früchten. Puppe überwintert.
Verhalten Im Hohen Atlas wurde auf 3000 m Hilltopping beobachtet.

Euchloe bazae (ohne Bild)

▹ ***E. (Elphinstonia) bazae*** Fabiano, 1993, TF: Baza, Granada, Spanien.
Verbreitung S-Spanien: Granada (Baza) und Huesca (Serreta Negra de Fraga), sehr lokal.
Beschreibung Ähnlich *E. charlonia*, Unterschiede in Zeichnung, Halskragen und Genitalien.
Flugzeit 2 Generationen.
Lebensweise Nahrungspflanze *Eruca vesicaria*.

Euchloe penia

Gesamtverbreitung Mazedonien, Bulgarien, Griechenland, Türkei, Libanon, Syrien, N-Irak.
▹ ***E. (Elphinstonia) penia*** (Freyer, 1851), TF unbekannt.
Verbreitung Mazedonien: Treska-Schlucht, Placenska Planina, Pletvar-Pass, Vadar-Tal. SW-Bulgarien: Pirin-Gebirge. Griechenland: Orvilos, W-Falakron-Gebirge, Pangeon, Vegoritis-See, Vermion-Gebirge, Askion-Gebirge, Vourinos-Gebirge, Olymp, Chelmos-Gebirge. Europäischer Teil der Türkei. 100–1800 m.
Beschreibung und Variation Alle schwarzen Zeichnungen individuell und saisonal variabel. Schwarzer Apikalfleck der Vfl-OS variabel, manchmal tiefschwarz, oft gelb durchsetzt; Diskoidalfleck variiert in Größe und Form; Vorder- und Außenrand der Vfl-US manchmal mit rosaroter Linie; Diskoidalfleck scheint von der Oberseite her schemenhaft durch, nicht tiefschwarz, vgl. *E. charlonia*; Hfl-US graugrün mit undeutlichen hellen Flecken, besonders am Kostalrand. Haarkranz zwischen Kopf und Thorax hellgelb, manchmal mit rosa Rückenhaaren durchsetzt, vgl. *E. charlonia*. Im Askion- und Vourinos-Gebirge ist der schwarze Diskoidalfleck der Vfl-OS allgemein größer, etwa geradlinig, entlang der Subkosta zum Flügelrand hin untypisch ausgedehnt.
Flugzeit Mindestens 2 Generationen bei verlängertem Schlupf, Anfang Mai bis Ende Juli.
Lebensraum Heißer, trockener, oft steiler Kalkfels, wo die Raupenpflanze vor Weidevieh geschützt wachsen kann.
Lebensweise Nahrungspflanze *Matthiola thessala*. Eiablage an Blattunterseite, seltener an Früchten. Verpuppung an der Basis verholzter Stängel oder an Felsen. Puppenruhe kann 2 Jahre dauern.
Verhalten An heißen, wolkigen Tagen sitzen Falter häufig mit halbgeöffneten Flügeln auf warmen Felsen. In der heißesten Zeit des Tages wird unter Felsvorsprüngen Schutz gesucht. Männchen zeigen Tendenz zum Hilltopping.

Anthocharis cardamines · Aurorafalter

Gesamtverbreitung Europa, Mittlerer Osten, östlich im gemäßigten Klimabereich Asiens bis Japan.
▹ ***A. cardamines*** (Linnaeus, 1758), TF: Schweden (Verity, 1947).
Verbreitung Fast überall in Europa häufig und weit verbreitet, bis 69° N in Fennoskandinavien. Auch in Irland, Großbritannien, Baltikum, Korsika, Sardinien, Sizilien, Korfu, Thassos, Lesbos, Chios, Samos, Tinos und Kastellorizo. 0–2100 m. Nicht in NW-Afrika, Teilen der Iberischen Halbinsel, Balearen, Malta, Kreta und Rhodos.
Flugzeit 1 Generation, Ende März bis Juni.
Lebensraum Verschieden. Nasse Wiesen und andere stark durchfeuchtete Standorte; trockenes, strauchbestandenes Tiefland; Waldlichtungen; alpine Matten.
Lebensweise Nahrungspflanzen *Cardamine pratensis, Alliaria petiolata, Arabis turrita, Lunaria annua, Biscutella mollis, Hesperis lacinata*. Puppe überwintert an Stängeln.

Euchloe charlonia

Euchloe penia

Euchloe charlonia

sehr lokal in Spanien, Kanaren und N-Afrika

Euchloe penia

sehr lokal auf dem S-Balkan

Anthocharis cardamines

Anthocharis cardamines

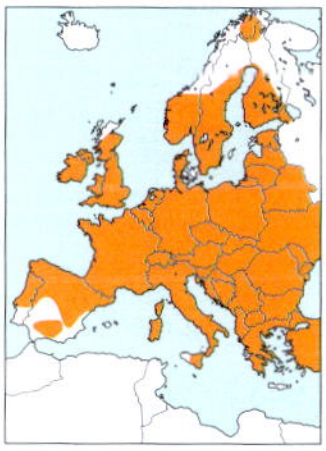

Anthocharis euphenoides

Gesamtverbreitung SW-Europa.
▷ ***A. euphenoides*** Staudinger, 1869, TF: Gibraltar.
Verbreitung Weit verbreitet und häufig auf der Iberischen Halbinsel außer NW-Portugal. Frankreich: Haute-Garonne über S-Massif Central bis Provence. S-Schweiz: Sehr lokal, nur im Tessin. Italien: Sehr lokal, Cottische Alpen, Tessin, Abruzzen, Lazio. 0–1800 m.
Beschreibung und Variation ♀ ähnlich *A. belia*, graue Zeichnungen der Hfl-US größer, kontrastreicher, orangefarbener Apikalfleck der Vfl-OS mit variierender schwarzer Bestäubung.
Flugzeit 1 Generation, allgemein April bis Juni, Gibraltar schon Anfang März.
Lebensraum Trockene, oft heiße, blumenreiche Orte, Feldraine.
Lebensweise Nahrungspflanzen *Biscutella laevigata, B. auriculata, B. ambigua*. Raupe frisst an jungen Früchten. Verpuppung und Überwinterung an abgestorbenen Stängeln.

Anthocharis belia

Gesamtverbreitung NW-Afrika.
▷ ***A. belia*** (Linnaeus, 1767), TF: Barbarie, Algerien.
Syn.: *eupheno* Linnaeus, 1767.
Verbreitung Weit verbreitet, allgemein häufig. Marokko. Algerien. Tunesien. 0–2000 m.
Beschreibung und Variation Graue Zeichnungen der Hfl-US bei beiden Geschlechtern undeutlich, Hinterflügel bei ♀ oberseits oft ockergelb übergossen. In S-Marokko *A. b. androgyne* Leech, bei beiden Geschlechtern Zeichnungen der Hfl-US reduziert, manchmal auf undeutliche keilförmige Zeichen am Kostalrand beschränkt, ♀ oberseits hell zitronengelb übergossen.
Flugzeit 1 Generation; N-Marokko, Algerien und Tunesien April bis Mai mit vereinzeltem Auftreten frischer Falter von Juni bis Anfang Juli; S-Marokko Ende Februar bis April.
Lebensraum Blütenreiche Stellen, Waldlichtungen.
Lebensweise Nahrungspflanzen *Biscutella lyrata, B. didyma, B. raphanifolia*.

Anthocharis damone

Gesamtverbreitung Sizilien, S-Italien, Griechenland, Mazedonien, Türkei, Israel, Libanon, Syrien, N-Irak, Iran.
▷ ***A. damone*** Boisduval, 1836, TF: Sizilien, Italien.
Verbreitung Italien: Sizilien (Ätna), Kalabrien, Aspromonte. Mazedonien: Radika-Tal, Treska-Schlucht, Galicica Planina. Griechenland: Korfu (Panakrator), Mitsikeli-Gebirge; Parnass, Ghionia-Massiv; Taygetos-Gebirge, (?)Chelmos-Gebirge. Europäischer Teil der Türkei. Albanien. 350–1300 m.
Beschreibung Ähnlich *A. cardamines*; ♂ oberseits zitronengelb. Hfl-US bei beiden Geschlechtern ockergelb.
Flugzeit 1 Generation, Anfang April bis Ende Mai.
Lebensraum Heiße, trockene, südexponierte, gewöhnlich steil abfallende Hänge auf Kalkgestein.
Lebensweise Nahrungspflanze *Isatis tinctoria*. Eiablage an Blütenknospen. Raupen fressen Blüten und junge Früchte. Verpuppung an vertrockneten Stängeln.

Anthocharis gruneri

Gesamtverbreitung Albanien, Mazedonien, Bulgarien, Griechenland, Türkei, Israel, Syrien, N-Irak, Iran.
▷ ***A. gruneri*** Herrich-Schäffer, 1851, TF: Amasia, Kleinasien, Türkei.
Verbreitung Albanien. Mazedonien: Galicica Planina, Radika-Tal, Vardar-Tal und damit verbundene Flusssysteme. SW-Bulgarien: Slawjanka-Gebirge, Belassiza-Gebirge. Griechenland: Weit verbreitet, aber lokal, aus dem äußersten NW, O-Thrakien und Ägäischen Inseln nicht gemeldet. 100–1800 m.
Beschreibung Ähnlich *A. cardamines*; Hfl-US grünlich mit einzelnen weißen Flecken. ♂ oberseits blassgelb. ♀ mit größerem Diskoidalfleck.
Flugzeit 1 Generation, je nach Höhe allgemein März bis Mai; frische Männchen wurden auch Anfang Juli beobachtet.
Lebensraum Heiße, trockene, felsige Kalkhänge, oft zwischen Sträuchern und kleinen Bäumen.
Lebensweise Nahrungspflanzen *Aethionema saxatile, A. orbiculatum*. Raupe frisst an Blättern und jungen Früchten. Verpuppung an vertrockneten Stängeln. Puppe hellgrün oder ledergelb.

A. euphenoides, A. belia

Anthocharis damone

Anthocharis gruneri

Anthocharis euphenoides

Anthocharis belia
(N-Afrika)

Anthocharis damone

Anthocharis gruneri

Zegris eupheme

Gesamtverbreitung Marokko, S-Spanien, Türkei, Saudi-Arabien, Iran, Kaukasus, Ukraine, Wolgagebiet, S-Ural, Kasachstan, Altai.
▹ *Z. (Zegris) eupheme* (Esper, 1804), TF: S-Russland. **Verbreitung** Lokal, Populationen weit zerstreut. Marokko: Mittlerer Atlas (Anosseur, Ifrane, Forum-Kaharig, Azrou), Hoher Atlas (Oukaïmedan, Tizi-n'Ouguerd-Zegzaoune, Tislit-See). Spanien: Andalusien bis Salamanca, Burgos, Soria, Zaragoza, Huesca, Lérida, Alicante. 500–1400 m, im Hohen Atlas bis 2750 m. **Variation** Bei ♀ orangefarbiger OS-Apikalfleck manchmal reduziert, selten fehlend. In Europa und NW-Afrika fliegt die von einigen Autoren als Unterart geführte f. *meridionalis* Lederer. In Marokko ist f. *maroccana* Bernardi äußerlich nicht von f. *meridionalis* unterscheidbar. **Flugzeit** 1 Generation, Ende März bis Mitte Juni. **Lebensraum** Trockene, blütenreiche, oft felsige Stellen, am häufigsten an Feldrainen, in aufgelassenen Obstkulturen und Olivenhainen. **Lebensweise** Nahrungspflanzen *Hirschfeldia incana, Isatis tinctoria*. Puppe überwintert.

Colotis evagore

Gesamtverbreitung NW-Afrika, S-Spanien, SW-Saudi-Arabien, Äthiopien, Somalia.
▹ *C. (Colotis) evagore* (Klug, 1829), TF: Arabien. **Verbreitung** Marokko: Mittlerer Atlas, Hoher Atlas. Algerien. Tunesien. S-Spanien: Cádiz, Málaga, Granada, Almería, Murcia. Allgemein 800–2200 m, im Hohen Atlas auch 2500 m, in Küstengebieten meist unter 100 m. **Beschreibung** Vfl-Apex orangerot, Adern oberseits am Außenrand dreieckig dunkel beschuppt. **Variation** Schwarze und graue OS-Zeichnung bei beiden Geschlechtern im Generationsverlauf unterschiedlich ausgeprägt: 1. Generation hell gezeichnet, Spätsommergeneration deutlich schwarz bestäubt mit zusätzlichen grauen Zeichnungen auf fast allen Flügelflächen. **Flugzeit** Mehrere Generationen; in Spanien April bis Oktober; in Marokko hauptsächlich Februar bis November, aber auch in allen anderen Monaten. **Lebensraum** Heiße, trockene Schluchten, steile Felshänge, steinige Randbereiche von Kulturland. **Lebensweise** Nahrungspflanzen in NW-Afrika *Capparis spinosa, C. droserifolia*; in Spanien *C. spinosa*. Eier werden auf Blättern abgelegt, an denen die Raupen fressen. Puppe überwintert. **Verhalten** In S-Spanien nimmt die Populationsdichte mit jeder Generation im Jahr zu. Teilweise geht dies mit territorialer Ausdehnung einher, und vom Spätsommer bis Frühherbst bilden sich Kolonien vorübergehend weiter von der Küste entfernt. Im Herbst vom Mittleren Atlas und Rif-Atlas von Orten gemeldet, wo die Nahrungspflanzen zum Teil fehlen.

Coliadinae · Gelblinge

Die Falter der Coliadinae sind gelb und orange gefärbt. Ihre Fühler und Palpen sind kurz. Die Raupen ernähren sich von Schmetterlingsblütlern (Fabaceae), Johannisbrotgewächsen (Caesalpiniaceae) und Mimosengewächsen (Mimosaceae).

Catopsilia florella siehe Seite 42

Colias phicomone

Gesamtverbreitung Europa (Kantabrisches Gebirge, Pyrenäen, Alpen, Karpaten).
▹ *C. phicomone* (Esper, 1780), TF: Steiermark, Österreich. **Verbreitung** Spanien: Kantabrisches Gebirge, Pyrenäen. Frankreich: Pyrenäen, französische Alpen. Italien: Alpen. S-, M- und O-Schweiz. Deutschland: Alpen. Österreich. Rumänien: N-Karpaten. 900–2500 m. **Beschreibung** Oberseite stark grau bestäubt; auf Hfl-OS großer Diskoidalfleck. **Variation** In tieferen Lagen graue OS-Bestäubung reduziert; Färbung bei ♂ kräftiger gelb. **Flugzeit** 1 Generation, Mitte Juni bis Mitte August, in tiefen Lagen schon Ende Mai. In günstigen Jahren an warmen Orten eine unvollständige 2. Generation. **Lebensraum** Grasige Hänge, Almen. **Lebensweise** Nahrungspflanzen *Hippocrepis comosa, Trifolium repens, Lotus corniculatus*. Eiablage einzeln auf Blattoberseite. Jungraupe überwintert.

Zegris eupheme

Colotis evagore

Colias phicomone

Zegris eupheme

Vfl-Apex charakteristisch geformt, Flügelspitze schwarz

beim ♀ orangefarbener Fleck meist klein, oft undeutlich

Colotis evagore

charakteristische Gesamterscheinung

schwarze Zeichnung variabel, beim ♀ stärker, besonders in späteren Generationen

Colias phicomone

beim ♂ OS spezifisch dunkel bestäubt, variabel

Colias tyche

Gesamtverbreitung Arktisches Fennoskandinavien, Taimyr, Halbinsel Jamal, Nowaja Semlja, arktischer Ural, Grönland.

▹ ***C. tyche tyche*** (De Böber, 1812), TF: Baikal-See, Sibirien.

▹ ***C. tyche werdandi*** Zetterstedt, 1840, TF: Torne, Lappland.

Verbreitung Norwegen, etwas südlich des Polarkreises bis zum Nordpolarmeer, N-Schweden, N-Finnland. 100–1100 m.

Beschreibung Diskoidalfleck auf der Hfl-US sehr klein.

Variation Bei ♂ Oberseite mit verschiedenen weißlich gelben oder grünlichen Schattierungen, Submarginalregion variiert von Hellgrau bis Schwarz, basalwärts dunkle Begrenzung der blassen Submarginalflecke auf Vfl-OS oft reduziert oder fehlend; ♂ reflektiert UV-Licht. Bei ♀ dunkle Zeichnungen der Hfl-OS manchmal zu einer grauen Bestäubung an den Adern und am Außenrand reduziert.

Flugzeit 1 Generation, Mitte Mai bis Anfang Juli.

Lebensraum Offenes Grasland zwischen Sträuchern, sanft geneigtes Heideland in der Nähe von Feuchtgebieten, trockene grasige und felsige Berghänge.

Lebensweise Nahrungspflanzen in tiefsten Lagen *Vaccinium* spp., im Gebirge *Astragalus alpinus*. Eiablage an Blättern. Überwintert als Raupe oder Puppe. Raupenstadium kann 2 Jahre dauern.

Colias palaeno · Hochmoorgelbling

Gesamtverbreitung M-, O- und NO-Europa, W- und M-Asien (50–70° N), Sibirien, Sachalin, Mongolei, NO-China, Korea, Japan, N-Amerika.

▹ ***C. palaeno*** (Linnaeus, 1761), TF: Uppsala, Schweden.

Verbreitung Frankreich: Jura, Vogesen. Italien, sehr begrenzt: S-Alpen. Schweiz: Jura, Zentralalpen und S-Alpen. Von Deutschland nach N bis Fennoskandinavien und Baltikum. N-Karpaten. 100–2500 m.

Beschreibung Schwarze Randbinden auf Oberseite ohne helle Submarginalflecke; auf Hfl-US keine Submarginalflecke.

Variation Bei ♂ Oberseite weiß, schwach gelblich getönt bis hellschwefelgelb. Die hellsten Formen überwiegen in Lappland, gelblichere Formen im Süden des Verbreitungsgebiets (f. *europome* Esper), schwarzer Diskoidalfleck auf Vfl-OS variabel, manchmal sehr klein oder fehlend oder durch einen dünnen ovalen Ring ersetzt, bei Individuen aus höchsten Lagen meist sehr schwach. In Zentralalpen ♀ oberseits manchmal hellzitronengelb (f. *illgneri* Rühl). In höheren Lagen Hfl-US bei beiden Geschlechtern stark mit schwarzen Schuppen bestäubt (f. *europomene* Ochsenheimer).

Flugzeit 1 Generation, Ende Juni bis Anfang August.

Lebensraum Moore und andere Feuchtgebiete mit *Vaccinium* und ähnlichen Sträuchern, meist in der Nähe von Laub- oder Nadelwald. In höheren Lagen der Zentralalpen ist der Lebensraum etwas trockener, offener und häufig mit *Juniperus communis* bestanden.

Lebensweise Nahrungspflanzen *Vaccinium uliginosum*, *V. myrtillus*. Eiablage auf Blattoberseite. Raupe überwintert.

Naturschutz Weit verbreitetes Aussterben in vielen tieferen Lagen M-Europas ist auf Lebensraumverlust durch Bodenentwässerung zurückzuführen.

Colias chrysotheme

Gesamtverbreitung O-Europa, M- und O-Asien (50–57° N), NO-China.

▹ ***C. chrysotheme*** (Esper, 1781), TF: Kremnitz (Kremnica), Slowakei.

Verbreitung Kleine, weit zerstreute Kolonien. O-Österreich. Slowakei. Tschechien (mancherorts ausgestorben). Ungarn. Rumänien. 300–1000 m.

Beschreibung und Variation Bei ♂ dunkle OS-Submarginalregion basalwärts von hellen Adern durchschnitten, Vorderrand der Hfl-OS ohne Duftschuppenfleck (vgl. *C. crocea* und *C. myrmidone*). Bei ♀ Vfl-Apex im Vergleich zu *C. crocea* und *C. myrmidone* spitzer, Vorderrand olivgrün bestäubt; zitronengelbe Submarginalflecke der Hfl-OS gut entwickelt, reichen bis zur Kosta (vgl. *C. crocea*). 1. Generation kleiner als Sommergeneration.

Flugzeit Je nach Saisonbedingungen 3 oder 4 Generationen, Ende April bis Ende Oktober.

Lebensraum Grasige, blütenreiche, mit Sträuchern bestandene Stellen.

Lebensweise Nahrungspflanzen *Vicia hirsuta*, *Astragalus austriacus*.

Colias tyche

Colias palaeno

Colias chrysotheme

Colias tyche

Colias palaeno

Colias chrysotheme

Colias aurorina

Gesamtverbreitung Griechenland, Türkei, Libanon, Syrien, N-Irak, NW-Iran, Kaukasus, Transkaukasien.
▷ *C. **aurorina*** Herrich-Schäffer, 1850, TF: Armenien.
Syn.: *libanotica* Lederer, 1858; *heldreichii* Staudinger, 1862.
Verbreitung Griechenland: Pindos-Gebirge (Grammos-Gebirge, N-Smolikas-Massiv, Timfi-Gebirge; Vardhousia, Timfristos-Gebirge, Iti, Giona-Massiv, Kaliakouda, Parnass), Peloponnes, Aroania-Gebirge (Chelmos, Berge W von Vouvraitis-Schlucht, Panachaikon-Gebirge). 1100–2000 m.
Variation Bei ♀ der f. *fountanei* Aigner (= *alba* Rühl) Orange durch Weiß ersetzt; gegen Ende der Flugzeit tritt diese Form häufiger auf.
Flugzeit 1 Generation, Mitte Mai bis Mitte Juli, Schlupfzeit abhängig von Höhe und Lokalität, selten im August noch abgeflogene Exemplare.
Lebensraum Trockenes, meist offenes Gelände, in dem die Nahrungspflanze dominiert; auf Karbonatgestein oder basischen Böden.
Lebensweise Nahrungspflanze im Timfi-Gebirge und Smolikas-Massiv *Astracantha rumelica*; im S-Pindos-Gebirge und Aroania-Gebirge *Astracantha cyllenea*. Eiablage auf Blattoberseite. Jungraupe überwintert, frisst danach schnell, beendet Entwicklung in 14 Tagen.

Colias myrmidone

Gesamtverbreitung O-Europa, Ukraine, Wolgagebiet, M- und S-Ural, NW-Kasachstan.
▷ *C. **myrmidone*** (Esper, 1781), TF: Turnau, Österreich.
Verbreitung SO-Deutschland. Österreich. Tschechien. Slowakei. Polen. S-Litauen. Lettland. Ungarn. Rumänien. Bulgarien. SO des Verbreitungsgebiets Flusssystem der Donau. Sehr lokal und vereinzelt. 100–500 m.
Beschreibung und Variation Bei ♂ Oberseite intensiv gelborange, Vfl-Außenrand gerade, schwarze Randbinde nicht von gelben Adern durchschnitten, aber mit Tendenz zu schwacher gelber Überstreuung; deutlicher ovaler Duftschuppenfleck auf Hfl-OS; bei ♀ Hfl-OS mit deutlichen zitronengelben Submarginalflecken. Bei f. *alba* Staudinger sind orange Flügelfarbe und gelbe Flecke durch Weiß mit grünlicher Tönung ersetzt (vgl. *C. crocea*, *C. chrysotheme*).
Flugzeit 2 Generationen, Ende Mai bis Mitte Juni und Mitte Juli bis Mitte September.
Lebensraum Offene, von Nahrungspflanzen dominierte Gebiete mit Sträuchern.
Lebensweise Nahrungspflanzen *Chamaecytisus ratisbonensis*, *C. supinus*. Eiablage auf Blattoberseite.
Naturschutz Ungünstige Klimabedingungen und stark gestörte, kleine und isolierte Lebensräume scheinen die Ursachen für schnellen Rückgang in Deutschland, Tschechien und Ungarn zu sein.

Colias aurorina

Colias myrmidone

Colias aurorina

f. *fountanei*

Colias myrmidone

f. *alba*

Colias sulitelma

Gesamtverbreitung Arktisches Fennoskandinavien, Halbinseln Kola und Jamal, arktischer Ural.
▹ ***C. sulitelma*** Aurivillius, 1890, TF: Sulitelma, Schweden. Als eigenständige Art von *C. hecla* Lefèbvre, 1836 abgetrennt, die in den arktischen Tundren Asiens und Nordamerikas beheimatet ist.
Verbreitung Norwegen, etwas südlich des Polarkreises bis zum Nordkap. Äußerster N Schwedens und Finnlands. 50–900 m, auf Halbinsel Porsanger nahe Meeresniveau.
Beschreibung ♂ ohne Duftschuppenfleck auf Hfl-OS.
Variation Bei ♂ OS-Ränder manchmal bräunlich mit gleichmäßiger weißer Bestäubung. Färbung gelegentlich mit deutlichem rosaviolettem Schimmer, ♂ reflektiert UV-Licht. Bei ♀ Oberseite manchmal sehr blass gelblich weiß.
Flugzeit 1 Generation, Mitte Juni bis Anfang August, Schlupf von Saisonbedingungen abhängig.
Lebensraum Offene Grashänge mit kleinwüchsigen Sträuchern.
Lebensweise Nahrungspflanze *Astragalus alpinus*. Eiablage an Nahrungspflanze und anderen niedrigen Pflanzen. Raupen fressen an Blättern, Blüten und Stängeln. Raupe oder Puppe überwintert. Raupen benötigen 2 Vegetationsperioden für vollständige Entwicklung.

Colias hyale · Goldene Acht

Gesamtverbreitung M-Europa, NO-Türkei, NW-Asien und M-Asien (43–63° N), NO-China.
▹ ***C. hyale*** (Linnaeus, 1758), TF: S-England (Verity, 1947).
Verbreitung Spanien: Viele Meldungen wegen möglicher Verwechslung mit *C. alfacariensis* unsicher. Pyrenäen bis Dänemark, Schweden (auf Gotland bodenständig). Baltikum. S-Finnland. N-Bulgarien. Wanderfalter sehr selten in Großbritannien und S-Norwegen, häufiger in N-Deutschland und S-Schweden. 0–1800 m. Nicht in S-Italien, W- und SW-Balkan, Griechenland und auf Mittelmeerinseln.
Beschreibung Siehe *C. alfacariensis*.
Variation Bei ♀ Flügelfärbung selten gelb anstatt weiß bis blassgelb.
Flugzeit Je nach Ort 2–3 Generationen, Anfang Mai bis Anfang Oktober.
Lebensraum Blütenreiche, grasige Stellen auf basischen Böden, häufig auf Luzernefeldern.
Lebensweise Nahrungspflanzen *Medicago sativa, M. lupulina, Lotus corniculatus, Trifolium pratense, Hippocrepis comosa, Securigera varia, Vicia cracca*. Jungraupe überwintert. Erwachsene Raupe mit blassgelber Seitenlinie (vgl. *C. alfacariensis*).

Colias alfacariensis

Gesamtverbreitung S- und M-Europa, Türkei; Ostgrenze der Verbreitung wegen möglicher Verwechselung mit *C. hyale* unklar.
▹ ***C. alfacariensis*** Ribbe, 1905, TF: Sierra de Alfacar, Spanien.
Syn.: *australis* Verity, 1911.
Verbreitung Fast alle Gebiete M- und S-Europas, einschließlich Balearen, Korsika, Sizilien, nach N bis 54° N in Polen. 0–2100 m. Fehlt in N-Holland und N-Deutschland (außer als seltener Einwanderer), N-Afrika, S-Griechenland, O-Thrakien, im europäischen Teil der Türkei und auf Sardinien.
Beschreibung Ähnelt stark *C. hyale*, auch in Genitalstruktur, Chromosomenzahl (= 31) identisch. Raupen verschieden. ♂ zeigt meist folgende andere Flügelmerkmale als *C. hyale*:
1. Außenrand und Apex der Vorderflügel etwas mehr gerundet.
2. OS-Färbung etwas tiefer im Ton, »wärmeres« Gelb.
3. Dunkler Basalschatten der Vfl-OS am Innenrand keilförmig auslaufend (bei *C. hyale* radial gleichmäßiger, fächerförmig).
4. Schwarze Submarginalregion der Hfl-OS oft schmaler und weniger intensiv, Submarginalflecke fehlend oder auf Sc+R–M1 beschränkt.
5. Diskoidalfleck auf Hfl-OS meist größer und intensiver orange.
Variation Bei ♀ Flügelfärbung selten gelb anstatt weiß.
Flugzeit 2–3 Generationen, April bis Oktober.
Lebensraum Felsige Hänge, Schluchten, Trockenrasen, oft mit einzelnen Sträuchern, fast immer auf kalkhaltigen Böden.
Lebensweise Nahrungspflanzen *Hippocrepis comosa, Securigera varia*. Eiablage auf Blattoberseite. Raupe grün mit gelben Rücken- und Seitenlinien sowie schwarzen Segmentpunkten (vgl. *C. hyale*). Jungraupe überwintert.

Colias sulitelma

Colias hyale

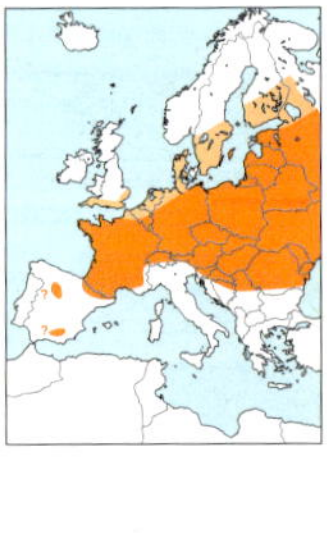

Colias alfacariensis

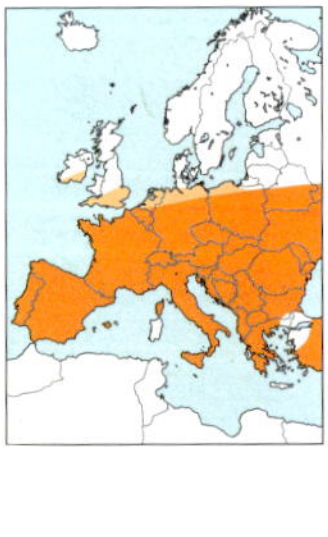

Colias sulitelma

Colias hyale

Colias alfacariensis

Colias crocea · Postillion

Gesamtverbreitung N-Afrika, S- und M-Europa, Mittlerer Osten, Türkei, Iran, zentrales W-Asien, S-Ural.
▹ *C. crocea* (Fourcroy, 1785), TF: Paris, Frankreich. Syn.: *edusa* Fabricius, 1787.

Verbreitung N-Afrika, Kanarische Inseln, Azoren, Madeira, Mittelmeerinseln, in M- und S-Europa häufig und weit verbreitet, aber wahrscheinlich nur im wärmeren Mittelmeerraum, im Rhône-Tal und im SW der Iberischen Halbinsel bodenständig (siehe Lebensweise). Auftreten in Irland, Großbritannien, S-Skandinavien und Baltikum ausschließlich von Wanderungen abhängig. 0–3200 m, meist unter 1600 m, Beobachtungen in höheren Lagen wahrscheinlich Wanderfalter.

Beschreibung und Variation Bei ♂ Marginalbinde der Vfl-OS zumindest gegen den Apex von gelben Adern durchschnitten; Hinterflügel mit ovalem Duftschuppenfleck (vgl. *C. erate*). Flügelfärbung manchmal reingelb anstatt orange, diese Variante in Griechenland selten, auf den Azoren häufiger (5–10 % der Population). ♀ der f. *helice* Hübner blass cremeweiß, Submarginalregion dunkelbraun, Hinterflügel grau übergossen (5–10 % aller Populationen). Freie Kreuzungen mit *C. erate* in O- und SO-Europa.

Flugzeit Mehrere Generationen; im wärmeren Mittelmeerraum März bis November, auf den Kanarischen Inseln kontinuierliche Fortpflanzung.

Lebensraum Verschieden. Warme und heiße Lagen mit reichem Blütenangebot, Luzerne- und Kleefelder.

Lebensweise Nahrungspflanzen sind zahlreiche Arten der Fabaceae, u. a. *Medicago sativa, M. lupulina, M. polymorpha, M. lappacea, M. hispida, M. sulcata, Trifolium pratense, Onobrychis viciifolia, Lotus, Coronilla, Melilotus, Hippocrepis, Astragalus, Astracantha, Vicia, Chamaecytisus, Colutea, Erophaca, Acanthyllis, Anthyllis*. Eiablage auf Blattoberseite. Keine Diapause. Bei milder Witterung entwickeln sich die Raupen im Winter langsam weiter.

Colias erate

Gesamtverbreitung SO-Europa, NW-Türkei, O-Kasachstan bis M-Asien, NW-Sibirien, Afghanistan, N-Pakistan, N-Indien, S-Mongolei, China, Korea, Japan. Äthiopien, Somalia.
▹ *C. erate* (Esper, 1805), TF: Sarepta, S-Russland.

Verbreitung SO-Europa: Aufgrund von Wanderungen, die kurzlebige Populationen entstehen lassen, sind Verbreitungsdetails ungenügend bekannt. Bodenständig in Slowakei, Tschechien (Südmähren), O-Österreich, SO-Polen, O-Ungarn, Rumänien, Bulgarien, Mazedonien, NO-Griechenland und dem europäischen Teil der Türkei. Seit etwa 1986 fortschreitende Ausbreitung im S-Balkan (vorher nur von der Schwarzmeerküste, dem Donau-Gebiet und dem Sakar bekannt). Populationsgründungen in N-Griechenland (Doirani-See, Falakron-Gebirge, Rhodopen, Evros) durch ausgedehnte Einwanderungen in den Jahren 1986/87 aus tiefer liegenden Gebieten Mazedoniens und Bulgariens sind 1988/89 größtenteils wieder erloschen. Eine zeitweilige westliche Arealerweiterung war ab den 1990er-Jahren in Österreich, Tschechien und in Teilen Deutschlands zu beobachten. 0–1700 m.

Beschreibung und Variation Bei ♂ Vfl-Apex spitz, Außenrand gerade, Oberseite rein zitronengelb, Randbinden der Vfl-OS einfarbig schwarz, jedoch oft auch gelb gefleckt (f. *poliographus* Motschulsky) – vorherrschende Form in einigen Populationen. ♀ oberseits gelb oder weiß mit ebensolchen Flecken in den Randbinden. Kreuzung mit *C. crocea* von O-Thrakien (NO-Griechenland) gut dokumentiert; Individuen mit Merkmalen beider Arten häufig, wohl Hybriden.

Flugzeit Mehrere Generationen, Mitte März bis Oktober, Generationsverlauf und Schlupf gebietsweise unterschiedlich, Slowakei und Bulgarien 3–5 Generationen.

Lebensraum Verschieden, meist Gebiete, wo die Nahrungspflanze angebaut wird.

Lebensweise Nahrungspflanze in Europa *Medicago sativa*; andere Gattungen und Arten der Fabaceae sind aus dem östlichen Verbreitungsgebiet bekannt.

Colias crocea

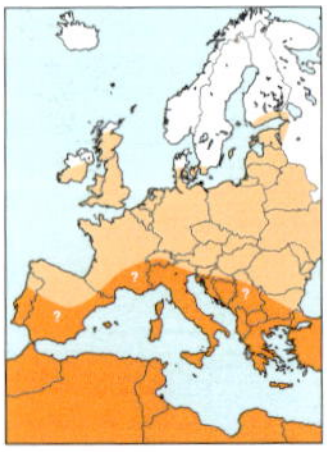

Colias erate

Colias crocea

♂ leuchtend orangegelb

Hfl bei ♀ mit unregelmäßigen Reihen gelber Submarginalflecke, am deutlichsten in M1–M2 und M2–M3

f. *helice*

C. crocea* × *C. erate

Colias erate

spitzer Apex bei beiden Geschlechtern

kräftige schwarze Hfl-Randbinde

Flügelfärbung bei ♂ und ♀ rein zitronengelb, Vfl zugespitzt mit einfarbig schwarzen Randbinden

Variation ♀

Colias caucasica

Gesamtverbreitung S-Balkan, Griechenland.
▹ *C. caucasica caucasica* Staudinger, 1871, TF: Kaukasus, Russland.
▹ *C. caucasica balcanica* Rebel, 1901, TF: Bulgarien.
Verbreitung Bosnien-Herzegowina: Jahorina Planina (Trebevic), Ljubisnja Planina. Mazedonien: Sar Planina, Bistra Planina, Galicica Planina, Pelister, Osogovske Planina. Serbien. Albanien. Bulgarien: Osogovo-Gebirge, Rila-Gebirge, Rhodopen. Griechenland: Varnous-Gebirge, Voras-Gebirge. 1200–2150 m.
Beschreibung und Variation Ähnelt *C. myrmidone*, aber größer. ♂ oberseits tiefer orangerot. Bei ♀ variieren die gelben Flecke im schwarzen Marginalband der Vfl-OS in Größe und Anzahl, manchmal fehlen sie. ♀ der f. *rebeli* Schawerda weiß gefärbt.
Flugzeit 1 Generation, je nach Höhe Mitte Juni bis Mitte August.
Lebensraum Alpine Matten, felsige Hänge oder Schluchten mit reichlichem Vorkommen der Nahrungspflanze (1700–2100 m), in tieferen Lagen gebüschreiche Lichtungen in Buchen- oder Kiefernwäldern. In Griechenland auf sauren Böden über Granit.
Lebensweise Nahrungspflanze in Griechenland und Bosnien-Herzegowina *Chamaecytisus hirsutus*, in Bulgarien (Rila-Gebirge) *Chamaecytisus eriocarpus*.

Gonepteryx rhamni · Zitronenfalter

Gesamtverbreitung NW-Afrika, Europa, Türkei bis W-Sibirien, Kirgisien, Mongolei.
▹ *G. rhamni* (Linnaeus, 1758), TF: Schweden (Verity, 1947).
Verbreitung Weit verbreitet und häufig. NW-Afrika: Gebirgsregionen. 0–2800 m. Europa: Südlich von Schottland und 64° N in Fennoskandinavien, Korsika, Sardinien, Sizilien, Korfu, Kefalonia, Zakynthos und Kastellorizo. 0–2500 m. Nicht auf den Atlantischen Inseln.
Beschreibung ♂ oberseits einheitlich gelb (vgl. ♂ *G. farinosa*). Bei ♀ Hfl-Form variabel, aber Zipfel am Innenrand deutlicher ausgebildet als bei *G. cleopatra*. Unterscheidung vom ♀ von *G. farinosa* oft schwierig, Ober- und Unterseite weiß, schwach grün getönt.

Colias caucasica

Gonepteryx rhamni

Variation Im gesamten Verbreitungsgebiet Hfl-Umriss variabel. In NW-Afrika und S-Europa oft sehr groß (f. *meridionalis* Röber), aber Größe variiert lokal und regional. Gynandromorphismus häufig.
Flugzeit Normalerweise 1 Generation; N- und M-Europa Juni bis Juli; S-Europa und NW-Afrika Mai bis Oktober; überwinternde Individuen erscheinen wieder im März bis Anfang Mai. Teilweise eine 2. Generation in N-Afrika und S-Europa, gelegentlich auch schon in S-Deutschland beobachtet. Männchen neigen dazu, das Überwinterungsquartier an warmen Tagen im Spätwinter zu verlassen.
Lebensraum Feuchtes oder trockenes Gelände mit Sträuchern, besonders in Waldnähe; offene grasige und felsige Hänge mit spärlichem Strauchbewuchs. In einigen Gebieten Griechenlands kommt der Zitronenfalter zusammen mit *G. cleopatra* und *G. farinosa* vor.
Lebensweise Nahrungspflanzen *Frangula alnus, Rhamnus cathartica, R. alaternus, R. alaternus* ssp. *myrtifolia, R. alpina, R. lycioides* ssp. *oleoides*. Eiablage einzeln an jungen Blättern oder Stielen. Raupe frisst an Blättern. Verpuppung an Zweigen der Nahrungspflanze. Falter überwintert, oft zwischen den Blättern immergrüner Sträucher oder Bäume.

Gonepteryx cleopatra

Gesamtverbreitung NW-Afrika, S-Europa, Türkei, Mittlerer Osten.
▹ *G. cleopatra* (Linnaeus, 1767), TF: Barbarie, Algerien.
Verbreitung Weit verbreitet, allgemein häufig. Marokko. Algerien. Tunesien. Portugal. Spanien mit Balearen. Frankreich: S- und M-Frankreich, Pyrenäen, Provence bis Vendée und Ain, Korsika. Italien außer Zentralapennin, vereinzelt in nördlichen Gebieten, Sardinien, Sizilien. Kroatien: Dalmatinische Küste, vereinzelt. Griechenland: M- und S-Griechenland, Korfu, Kefalonia, Zakynthos, Lesbos, Chios, Samos, Ikaria, Rhodos, Karpathos, Kreta, Skiathos, Skyros, Siphnos, Paros und Milos. Europäischer Teil der Türkei. Albanien. Meldungen aus der S-Schweiz, Bulgarien und N-Griechenland wohl verirrte Wanderfalter. 0–3000 m, meist unter 1200 m. (Karte S. 78) **Beschreibung** Bei ♂ Oberseite gelb, in der Mitte des Vorderflügels großer, leuchtend orangefarbiger Diskoidalfleck; Diskoidalfläche unterseits gelb, Hfl-US und Kostalrand des Vorderflügels gelblich grün oder gelblich weiß. f. *italica* Gerhard unterseits mattgelb mit Ausnahme der etwas durchschimmernden Diskoidalfläche der Vfl-OS. Diese beiden Farbvarianten treten in den meisten Regionen, einschließlich NW-Afrika, in unterschiedlichen Proportionen gemeinsam auf. Im östlichen Mittelmeerraum f. *italica* zunehmend häufiger, auf einigen östlichen Inseln der Ägäis zu 100 %. ♀ hat auf der Vfl-US in der vorderen Hälfte der Zelle einen zarten orangefarbigen Wisch, Hfl-OS oft schwach orange bestäubt, Hinterrandzipfel bei Cu1 sehr schwach ausgebildet (vgl. ♀ von *G. rhamni*

(Fortsetzung siehe Seite 76)

Colias caucasica balcanica

Flügelfärbung wärmer orange

bei ♀ auf Hfl markante gelbe Submarginalflecke im dunklen Rand

♂ ♀

♀

f. *rebeli*

Gonepteryx rhamni

OS einheitlich zitronengelb

♂

Hakenzipfel am Vfl-Apex deutlich ausgeprägt

Hfl-Zipfel deutlich ausgeprägt

♀

(Fortsetzung von Gonepteryx cleopatra, Seite 74)
und *G. farinosa*). **Variation** Bei ♂ ist der orange Fleck auf Vfl-OS in Größe und Intensität variabel. Auf Mallorca ist dieser Fleck beim ♂ durchschnittlich kleiner und blasser. In SO-Europa sind ♀ anstatt weiß manchmal blassgelb oder leuchtend schwefelgelb (ähnlich wie ♂ von *G. rhamni*); diese Formen kommen manchmal in lokal und regional unterschiedlichen Proportionen gemeinsam vor. In N- und M-Griechenland überwiegt weiße Form, im Chelmos-Gebirge meist die leuchtend gelbe, im Taygetos-Gebirge sind normale und Übergangsformen häufig, die strahlend gelben eher selten. Auf Rhodos (f. *fiorii* Turati & Fiori) gleichmäßig leuchtend gelb (eine ähnliche Form ist aus Tunesien bekannt). Gelbe Varianten scheinen auf Karpathos selten zu sein und auf Kreta und einigen anderen O-Ägäischen Inseln zu fehlen. Eine intermediäre gelbe Form ist von Milos bekannt. **Flugzeit** 1 Generation, Mitte Mai bis August, mit überwinternden Faltern, die im zeitigen Frühjahr (Ende Februar bis Ende April) erscheinen. Für S-Spanien und N-Afrika wird eine 2. Generation angegeben, aber möglicherweise nur zeitliche Verschiebung durch eine Sommerruhe. **Lebensraum** Offene gebüschreiche, oft felsige Gebiete, überwiegend in der Nähe lichter Wälder. **Lebensweise** Nahrungspflanzen *Rhamnus catharticus, R. alaternus, R. alaternus* ssp. *myrtifolia, R. lycioides* ssp. *oleoides, R. alpina, R. sibthorpiana, R.* (?)*persicifolia* (Sardinien). Eiablage einzeln an jungen Blättern oder Stielen. Raupe frisst an Blättern. Verpuppung an Zweigen der Nahrungspflanze. Falter überwintert.

Gonepteryx maderensis

Gesamtverbreitung Madeira.

▷ ***G. maderensis*** Felder, 1862, TF: Madeira, Portugal.

Verbreitung Madeira: Terreiro da Luta, Ribeiro Frio, Encumeada-Pass. 500–1500 m. **Beschreibung** Vfl-OS bei ♂ intensiv orange mit sehr schmalen gelben Rändern, Vorder- und Hinterflügel mit deutlicher rotbrauner Saumlinie, die an den Adern leicht ausläuft. ♀ oberseits blass grünlich, schwach gelb überhaucht; unterseits an den Flügelvorderrändern mattgrün, Vfl-Zelle weißlich. Die in Ruhestellung sichtbare Flügelunterseite der ♀ UV-Licht nicht reflektierend. **Flugzeit** Generationsverlauf nicht genau bekannt, da die Falter sehr langlebig sind. Ganzjährig nachgewiesen, aber von April bis September häufiger. **Lebensraum** Lorbeerwälder. **Lebensweise** Nahrungspflanze *Rhamnus glandulosa*.

Gonepteryx cleobule

Gesamtverbreitung Kanarische Inseln.

▷ ***G. cleobule cleobule*** Hübner, 1830, TF: Teneriffa, Kanarische Inseln, Spanien.

Verbreitung N-Teneriffa: Las Mercedes, Icod Alto, Anaga-Gebirge, Chinobre. 500–2000 m. **Beschreibung** Vfl-Außenrand fast gerade, Hfl-Zipfel sehr schwach ausgebildet, Vorder- und Hinterflügel mit deutlicher, oft auffälliger rotbrauner Saumlinie, die an den Adern leicht ausläuft. Vfl-OS bei ♂ intensiv orange, fast bis an die Ränder, Hfl-OS gelb, Vfl-US grünlich gelb, Hfl-US grünlich. ♀ oberseits gelb, orange bestäubt; stark UV-reflektierend. **Flugzeit** Generationsverlauf nicht genau bekannt, ganzjährig nachgewiesen. **Lebensraum und Verhalten** Sonnige Lichtungen in Lorbeerwäldern, Lebensraum artenreicher als der von *G. maderensis*. Beide Geschlechter fliegen in tieferen Lagen auch im Winter und saugen häufig an Blüten von *Cedronella canariensis*. **Lebensweise** Nahrungspflanzen *Rhamnus glandulosa, R. crenulata*. Raupen wurden in den Monaten April, August und Dezember nachgewiesen.

▷ ***G. cleobule palmae*** Stamm, 1963, TF: La Palma, Kanarische Inseln, Spanien. Bei einigen Autoren als eigenständige Art oder als Synonym von *G. cleobule* geführt.

Verbreitung La Palma: Santa Cruz, Quintero, Río de las Nieves, Barranco del Agua, Barranco de la Galga, Barranco de Jieque, Los Sauces, Los Tilos. 300–1600 m. **Beschreibung** Vfl-Außenrand fast gerade, Hfl-Zipfel sehr schwach ausgebildet. Bei ♂ Vfl-OS gelb mit diffusem orangefarbigem Diskoidalfleck, variabel, Hfl-OS gelb, unterseits an den Flügelvorderrändern grünlich gelb. ♀ oberseits blassgelblich, Vfl-Zelle fast weiß, Kostalrand der Vorderflügel und Hinterflügel blass gelborange bestäubt, Unterseite ähnlich. ♀ oberseits UV-Licht nicht reflektierend. **Flugzeit** Generationsverlauf nicht genau bekannt. Nachweise von März bis April, Juni bis September und Dezember. **Lebensraum, Verhalten und Lebensweise** Wie bei *G. c. cleobule*.

▷ ***G. cleobule eversi*** Rehnelt, 1974, TF: La Gomera, Kanarische Inseln, Spanien. (ohne Bild)

Bei einigen Autoren als eigenständige Art oder als Synonym von *G. cleobule* geführt. **Verbreitung** La Gomera: Las Rosas, Hermigua, La Palmita, Las Hayas, Garajonay, Laguna Grande, Roque de Agando, Montaña Quermada, Vallehermoso. 500–1400 m. **Beschreibung und Variation** Ähnlich *G. c. cleobule*, Diskoidalfleck der Vfl-OS etwas blasser orange, variabel. ♀ ähnelt *G. c. palmae*, Oberseite zitronengelb, Vfl-OS oft mit stark kontrastierendem orangefarbigem Fleck. ♀ oberseits UV-Licht nicht reflektierend. **Flugzeit** Generationsverlauf nicht genau bekannt. Von März bis Mai und Juli bis September sowie im Dezember nachgewiesen. **Lebensraum, Verhalten und Lebensweise** Wie bei *G. c. cleobule*.

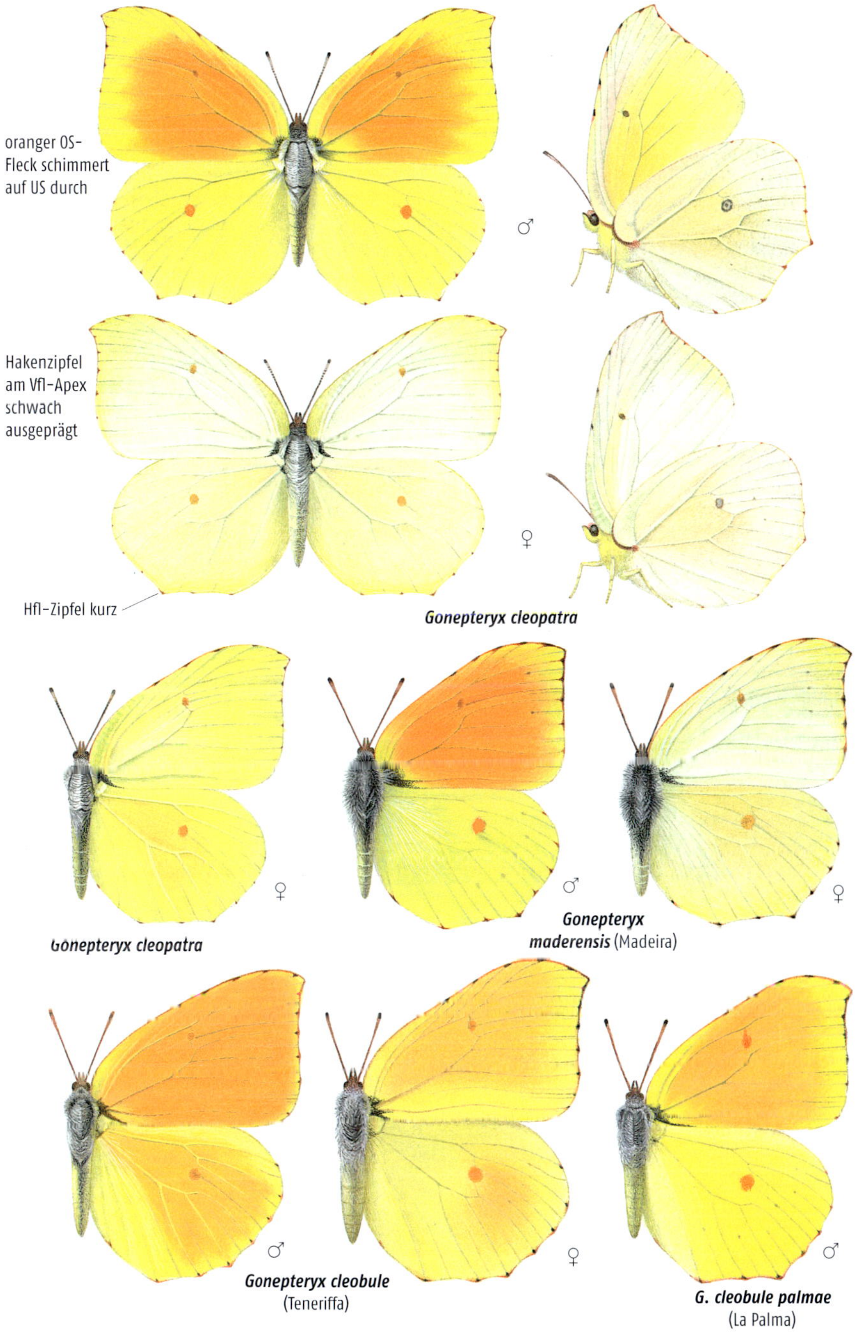
oranger OS-Fleck schimmert auf US durch
♂
Hakenzipfel am Vfl-Apex schwach ausgeprägt
♀
Hfl-Zipfel kurz
Gonepteryx cleopatra
♀
Gonepteryx cleopatra
♂
Gonepteryx maderensis (Madeira)
♀
♂
♀
Gonepteryx cleobule (Teneriffa)
♂
G. cleobule palmae (La Palma)

Gonepteryx farinosa

Gesamtverbreitung Albanien, Mazedonien, Bulgarien, Griechenland, Türkei, Israel, Libanon, Syrien, N-Irak, N- und W-Iran, Kaukasus bis Tadschikistan.

▷ ***G. farinosa*** (Zeller, 1847), TF: Macri, Fethiye, SW-Türkei.

Verbreitung Albanien. Mazedonien. Bulgarien: Einzelfundort im Struma-Tal. Griechenland: O-Thessalien, Sterea Ellas, Attika, Peloponnes; in den nördlichen Gebieten Kastoria, Kozani, Drama, Evros sehr begrenzt; auf Lefkas, Kefalonia, Rhodos, Kastellorizo nachgewiesen. Europäischer Teil der Türkei. 25–1450 m.

Beschreibung Vfl-OS bei ♂ zitronengelb, etwas rau erscheinend, Hinterflügel deutlich blasser; Kontrast zwischen Vorder- und Hinterflügeln im Flug sichtbar; ♀ oberseits weiß, gelegentlich leicht bläulich überhaucht (vgl. *G. rhamni*).

Flugzeit 1 Generation, Mitte Juni bis Juli; überwinterte Falter erscheinen im März bis April.

Lebensraum und Verhalten Heiße, trockene, gebüschreiche Stellen, oft an felsigen Hängen höherer Lagen; sehr heißes, trockenes Küstenbergland zwischen spärlicher Strauchvegetation mit *Paliurus spina-christi*. An einigen Orten häufig in *Phlomis fruticosa* übernachtend.

Lebensweise Nahrungspflanzen *Rhamnus alpina* ssp. *fallax, R. sibthorpiana, R. lycioides* ssp. *graeca, Paliurus spina-christi*. Eiablage an Blattknoten der Zweige.

Dismorphiinae · Leguminosenweißlinge

Die Dismorphiinae haben schlanke Vorderflügel und lange, dünne Fühler. Ihre Raupen ernähren sich von Schmetterlingsblütlern (Leguminosen bzw. Fabaceae). Die früher oft gebrauchte deutsche Bezeichnung »Senfweißlinge« ist insofern irreführend. Die meisten Vertreter dieser Unterfamilie leben in Südamerika.

Leptidea sinapis · Tintenfleckweißling

Gesamtverbreitung Europa, Türkei, Libanon, Syrien, Kaukasus bis W-Sibirien und Tienschan.

▷ ***L. sinapis*** (Linnaeus, 1758), TF: Schweden (Verity, 1947).

Verbreitung In den meisten Ländern Europas südlich 66° N weit verbreitet und häufig (nördlich des Polarkreises sehr lokal), einschließlich Mittelmeerinseln Mallorca, Korsika, Sardinien, Elba, Sizilien, Korfu, Lefkas, Kefalonia, Zakynthos, Skyros, Thassos, Lesbos, Chios, Samos und Kreta. Nicht in Schottland, N-England, den Niederlanden, N-Deutschland und Dänemark außer Bornholm. 0–2300 m, meist unter 1900 m.

Beschreibung Äußerst ähnlich *L. reali* und *L. juvernica*. Fühlerkolben schwarz, das Ende braun, unterseits mit weißem Fleck (vgl. *L. duponcheli*). Bei 2. und 3. Generation dunkle Zeichnungen reduziert.

Flugzeit N- und M-Fennoskandinavien 1 Generation, Juni bis Anfang August; M-Europa 2 Generationen, Mai bis Juni und Juli bis August; S-Europa mancherorts 3 Generationen, Ende März bis September.

Lebensraum Verschieden. Lichtungen und Randlagen hoher Laub-, Nadel-, Mischwälder; lichte Wälder; Gebüsche; blütenreiche Wiesen; Küstensträucher; seltener grasige, felsige Hänge und Schluchten oberhalb der Baumgrenze; Lebensräume sehr unterschiedlich in Bezug auf Temperaturen, geologische und Grundwasserbedingungen.

Lebensweise Nahrungspflanzen *Lathyrus pratensis, L. grandiflorus, L. tuberosus, L. linifolius, L. vernus, L. niger, L. aphaca, Lotus uliginosus, L. corniculatus*. Eiablage an Blattunterseite von halbschattig stehenden Pflanzen. Raupe frisst an Blättern. Verpuppung an stabilen Stängeln, im Gras versteckt. Puppe überwintert.

Gonepteryx cleopatra

Gonepteryx farinosa

Leptidea sinapis

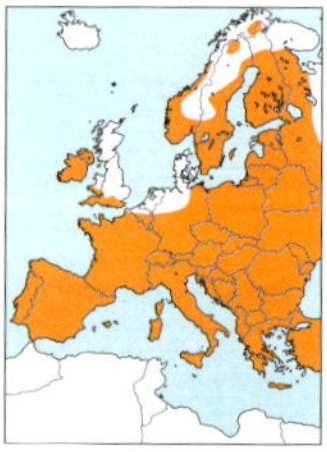

Gonepteryx farinosa

Leptidea sinapis

Leptidea reali und *L. juvernica* (ohne Bild)

Gesamtverbreitung Spanien, Frankreich, S-Belgien, N-Schweiz, Österreich, Slowenien, Kroatien, SW-Serbien, S-Polen, SO-Schweden, Ukraine.
▹ ***L. reali*** Reissinger, 1990, TF: La Montailla, O-Pyrenäen, Frankreich.
Syn.: *lorkovici* Réal, 1988 (ungültiges Homonym).
▹ ***L. juvernica*** (Williams, 1946), TF: Irland. Nach neuesten Forschungsergebnissen (2011) ebenfalls zum Artkomplex gehörend. Verbreitungsgrenzen noch unklar.
Verbreitung Spanien: Cuenca, Teruel, Alava, Lérida, Gerona, Alicante. Frankreich: Ariège, O-Pyrenäen, Aude, Alpes-Maritimes, Alpes-de-Haute-Provence, Hautes-Alpes, Ardèche, Isère, Jura, Moselle, Meuse, (?)Korsika. S-Belgien: Provinz Luxembourg. N-Schweiz: Kanton Luzern (Herigswald, Sörenburg). Österreich. Deutschland. Slowenien. Kroatien. SW-Serbien: Maglic. S-Polen. SO-Schweden: Söndermanland (mit Ingarö), Uppland. 100–2000 m. Verbreitungsgrenzen wegen möglicher Verwechselung mit *L. sinapis* nicht genau bekannt.
Beschreibung Äußerst ähnlich *L. sinapis*, aber schwarze Beschuppung der Flügelzeichnungen durchschnittlich dichter. Bei Sommergeneration schwarzer runder Apikalfleck der Oberseite bei ♀ meist gut ausgeprägt. Flügelmerkmale variabel, für zuverlässige Bestimmung unzureichend, aber beide Geschlechter sind von *L. sinapis* anhand morphologischer Unterschiede in den Genitalien eindeutig unterscheidbar.
Flugzeit Ähnlich wie bei *L. sinapis*.
Lebensraum Ähnlich wie bei *L. sinapis*. Arten werden gewöhnlich zusammen gefunden.
Lebensweise Nahrungspflanze *Lathyrus pratensis*.

Leptidea duponcheli

Gesamtverbreitung SO-Frankreich, S-Balkan, Türkei, Libanon, N-Irak, N- und W-Iran, Transkaukasien.
▹ ***L. duponcheli*** (Staudinger, 1871), TF: S-Frankreich.
Syn.: *lathyri* Duponchel (ungültiges Homonym).
Verbreitung SO-Frankreich: Var, Alpes-Maritimes bis Drôme und Haute-Savoie. NW-Italien: Alpi Marittime, sehr lokal. SW-Serbien: Montenegro. Albanien. Mazedonien. Bulgarien, sehr lokal und vereinzelt. N- und M-Griechenland und Zakynthos, lokal, aber weit verbreitet. 50–1150 m.
Beschreibung Vorderflügel mit spitzem Apex; Fühlerkolben unterseits braun (bei *L. sinapis* weiß); auf Vfl-OS Ader A mit ausgeprägtem Höcker hinter der Zelle (bei *L. sinapis* nur eine relativ leichte Krümmung). Färbung und Ausprägung der US-Zeichnung bei 1. Generation intensiv, zur Oberseite durchschimmernd. Bei 2. Generation Zeichnung weniger intensiv. Von *L. sinapis*, *L. reali* und *L. juvernica* in allen Generationen und beiden Geschlechtern durch Flügelzeichnung, Fühlerkolben und Vfl-Geäder unterscheidbar.
Flugzeit 2 Generationen, Mitte April bis Mitte Mai und Ende Juni bis Juli.
Lebensraum Heiße, sonnige, gebüschreiche Stellen; lichte Wälder; felsige Schluchten. Lebensraum heißer und trockener als der von *L. sinapis*.
Lebensweise Nahrungspflanzen *Lathyrus aphaca*, *L. pratensis*, *Lotus uliginosus*. Eiablage an Blattunterseite der Nahrungspflanzen an beschatteten Orten. Raupe frisst an Blättern. Puppe überwintert.

Leptidea morsei

Gesamtverbreitung Mittleres O-Europa bis M- und S-Ural, SO-Türkei, Altai, W-Sibirien bis Japan.
▹ ***L. morsei*** Fenton, 1881, TF: Yesso, Japan.
Syn.: *major* Grund, 1905.
Verbreitung S-Polen. Slowakei. SO-Österreich. Ungarn. N-Kroatien. Rumänien. Bulgarien. 250–1400 m.
Beschreibung Vfl-Apex etwas sichelförmig (bei *L. sinapis* und *L. reali* gerundet). Bei 1. Generation Zeichnungsanlage und Grauton der Hfl-US-Zeichnung charakteristisch. Falter der 2. Generation größer; Zeichnung stark reduziert. Fühlerkolben ähnlich wie bei *L. sinapis*.
Flugzeit 2 Generationen, Mitte April bis Mitte Mai und Mitte Juni bis Ende Juli.
Lebensraum Ränder und Lichtungen hoher, feuchter Laubwälder. Teilt Lebensraum und Nahrungspflanzen oft mit *Neptis sappho*.
Lebensweise Nahrungspflanzen *Lathyrus vernus*, *L. niger*.

Leptidea duponcheli

Leptidea reali/L. juvernica

Leptidea morsei

Leptidea duponcheli

Leptidea morsei

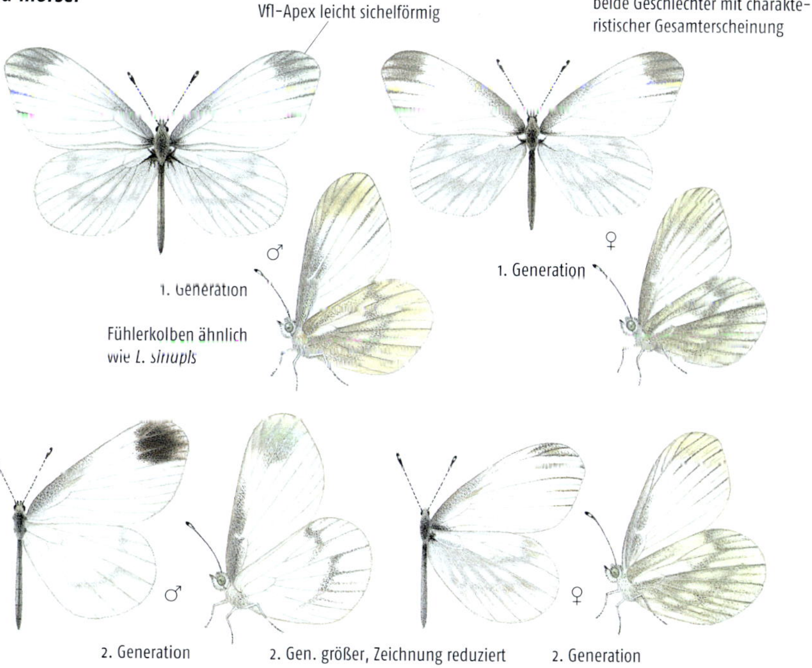

Lycaenidae Linnaeus, 1758 • Bläulinge

Diese große Familie meist kleiner Tagfalter ist in Europa mit über 100 Arten vertreten. Bei fast allen Arten unterscheiden sich die Geschlechter deutlich, da Weibchen oberseits meist braun sind. Die Männchen sind oberseits blau (Bläulinge), braunorange (Zipfelfalter) oder leuchtend orange (Feuerfalter) gefärbt. Aufgrund der großen Ähnlichkeit vieler Arten fällt die Unterscheidung manchmal sehr schwer. Am schwierigsten sind die »braunen Bläulinge« zu bestimmen, wegen der bei beiden Geschlechtern braun gefärbten Flügeloberseiten so genannt. Das Geschlecht ist meist durch einen Duftschuppenfleck auf der Vorderflügeloberseite der Männchen zu erkennen. Die Männchen vieler Arten versammeln sich oft, manchmal zahlreich, auf feuchtem oder nassem Boden, um gelöste Salze aufzusaugen. Die Falter besitzen 6 Beine, das vordere Beinpaar ist etwas zurückgebildet und zur Fortbewegung unbrauchbar. Die Raupen der Lycaenidae sind asselförmig und meist gut getarnt und an die jeweilige Nahrungspflanze angepasst. Bei vielen Arten scheidet eine »Honigdrüse« auf dem 10. Segment des Raupenkörpers eine Zuckerlösung aus, die als energiereiche Nahrung für Ameisen attraktiv ist. Einige Gemeinschaften von Bläulingsraupen und Ameisen sind nicht lebensnotwendig (fakultativ), andere hingegen unerlässlich (obligat). In bestimmten Fällen kann man von völliger Abhängigkeit von Ameisen sprechen (Myrmekophilie). Die Puppen der Lycaenidae sind von charakteristischer kompakter Form – kurz im Verhältnis zum Durchmesser.

Aphnaeinae

Diese Unterfamilie ist in Europa nur mit einer Art vertreten – *Apharitis acamas* (hier nicht enthalten, da Zypern außerhalb des Betrachtungsgebiets liegt).

Cigaritis zohra

Gesamtverbreitung Marokko, Algerien.
▹ *C. zohra zohra* Donzel, 1847, TF: Djebel Amour, Algerien. **Verbreitung** W- und M-Algerien, weit verbreitet, aber lokal: Sebdou, El Bayadh, Aflou, Djelfa, Saïda, Kralfalih. (?)Tunesien (Tozeur, Gafsa, Moulares). **Beschreibung** Bei ♂ Oberseite orangebraun, marginale und submarginale dunkle Flecke meist zusammenfließend, Vfl-Zeichnung variabel, aber meist kräftig, Hfl-US braun. Alle Zeichnungen unterliegen einer erheblichen lokalen Variation. **Flugzeit** 1 Generation, Mai bis Juni.
▹ *C. zohra monticola* Riley, 1925, TF: Aghbalu Larbi, Taghzeff-Pass, Marokko.
Verbreitung: Marokko, weit verbreitet, aber lokal: Mittlerer und Hoher Atlas (Annoceur, Ifrane, Tizi-n-Tretten, Boulmane, Col du Zad, Tizi-n-Taghzeft). 1600–2200 m. **Beschreibung** Ähnelt der nominotypischen Unterart, kleiner, Oberseite intensiver orange, alle Zeichnungen unterliegen deutlicher Variation. **Flugzeit** 1 Generation, je nach Saisonbedingungen März bis Juni, hauptsächlich Ende April bis Mai. **Lebensraum** Grasige Hänge. **Lebensweise** Im 1. und 2. Stadium fressen Raupen an *Coronilla minima*, danach leben sie bis zum Falterschlupf in Nestern der Ameisenart *Crematogaster laestrygon*. **Verhalten** Fliegt nahe am Boden, ruht gern mit geschlossenen Flügeln auf kahlem Boden.

Cigaritis siphax

Gesamtverbreitung Algerien, Tunesien.
▹ *C. siphax* (Lucas, 1849), TF: Constantine, Algerien.
Verbreitung Algerien: Collo, Bône, Aflou, Khenchala, Timgad, Djurdjura-Massiv. Tunesien: Aïn Draham, Cap Bon, Hammamet. 100–1000 m. **Beschreibung und Variation** OS-Zeichnung variabel, schwarze Submarginalpunkte können fehlen, Hfl-US braun bis braunviolett. **Flugzeit** (?)3 Generationen, März bis Oktober. **Lebensraum** Trockene Hügellagen mit *Cistus*.

Cigaritis allardi

Gesamtverbreitung Marokko, Algerien.
▹ *C. allardi* Oberthür, 1909, TF: Sebdou, Algerien.
Verbreitung Marokko: W-Mittlerer Atlas (Abu Safra, Azrou, Immouzer, El Harcha, El Ksiba), W-Anti-Atlas (Agadir, Tafraoute, Col du Kerdous), Hoher Atlas (Djebel Aourach, Tizi-n'Ouguered-Zegzaoune). Algerien: Sebdou, Masser Mines, Djebel Maktar. 200–2400 m. **Variation** Schwarze OS-Zeichnung und -Färbung variabel. Geringfügig abweichende regionale Varianten: Mittlerer Atlas *occidentalis* Le Cerf, Hoher Atlas (Marokko und W-Algerien) *meridionalis* Riley, Anti-Atlas *estherae* Brevignon. **Flugzeit** 1 Generation, März bis Juni je nach Örtlichkeit. **Lebensraum** Heiße, trockene, felsige Hänge, manchmal mit Sträuchern. **Lebensweise** Nahrungspflanzen *Genista quadrifolia, Cistus salviifolius, Fumana thymifolia, Helianthemum hirtum* ssp. *ruficomum*. Raupe stark myrmekophil, wird von *Crematogaster auberti, C. antaris, C. scutellaris* besucht. **Verhalten** Fliegt bei hoher Temperatur sehr schnell. Beide Geschlechter ruhen an kleinwüchsigen Sträuchern und lassen sich leicht aufscheuchen.

Cigaritis zohra

schwarze OS-Zeichnung variabel, Submarginalflecke meist deutlich

♂

♀

kurze Hfl-Zipfel

Hfl-US weiß, durch braune Zeichnung verdunkelt

Cigaritis siphax

OS variabel, Zeichnung meist schwach

♂

♀

kurze Hfl-Zipfel

Hfl-US orangebraun, Zeichnung undeutlich

Cigaritis allardi

OS variabel, Zeichnung deutlich

♂

♀

deutlich ausgebildete Hfl-Zipfel

Hfl-US weiß, Basal-, Diskal- und Postdiskalflecke in geraden Reihen

Cigaritis zohra

Cigaritis siphax

Cigaritis allardi

Apharitis myrmecophila (ohne Bild)

Gesamtverbreitung Tunesien, S- und O-Algerien, Libyen, Ägypten, Jordanien, Zypern, Saudi-Arabien, Oman.
▹ *A. myrmecophila* (Dumont, 1922), TF: Tozeur, Tunesien.
Verbreitung O-Algerien: Biskra, extrem lokal. In S-Algerien etwas häufiger: Hoggar-Gebirge, Tassili n' Ajjer. S-Tunesien: Tozeur, Nefta.
Beschreibung Oberseite leuchtend orange, schmale schwarze Marginalregion; dunkle Zeichnung auf Vfl-OS variabel, stark ausgeprägt oder fehlend, Hfl-OS ohne Submarginal- und Diskoidalzeichnung. Bei beiden Geschlechtern Vfl-OS mit deutlichem cremeweißem Apikalfleck (*Cigaritis* spp. und die ebenfalls in S-Algerien vorkommende ähnliche *Apharitis acamas* sind ohne weißen Apikalfleck).
Flugzeit 2 oder mehr Generationen, April bis Juli.
Lebensraum Sehr heiße, sandige Stellen.
Lebensweise Nahrungspflanze *Calligonum polygonoides* ssp. *comosum*. Raupe stark myrmekophil, wird von *Crematogaster auberti*, (?)*Cataglyphis bicolor* besucht. Raupe frisst nachts, hält sich tagsüber im Ameisennest auf. Verpuppung im Ameisennest.
Verhalten Falter ruhen oft in den heißesten Teilen des Lebensraums auf kleinen Steinen in praller Sonne oder in Sträuchern, in die sie bei Störung schnell zurückkehren.

Theclinae · Zipfelfalter

Thecla betulae · Nierenfleck

Gesamtverbreitung Europa, Asien bis Korea.
▹ *T. betulae* (Linnaeus, 1758), TF: Schweden (Verity, 1947).
Verbreitung Spanien: Sierra de Gata, Kantabrisches Gebirge, Katalonien. Von den O-Pyrenäen über fast ganz Europa mit W-Irland und S-England bis S-Fennoskandinavien. Balkan. N-Griechenland: Voras-Gebirge, Falakron-Gebirge, N-Pindos-Gebirge. Europäischer Teil der Türkei. 50–1500 m. Nicht in Portugal, S-Italien und auf den Mittelmeerinseln.
Beschreibung Größter europäischer Zipfelfalter; oberseits dunkelbraun. ♂ mit großem orangefarbigem Fleck auf Vfl-OS.
Flugzeit 1 Generation, Juli bis September.
Lebensraum Laubwald oder Gebüsche mit sonnigen, schlehenreichen Lichtungen.
Lebensweise Nahrungspflanzen *Prunus spinosa* und andere *Prunus*-Arten, *Crataegus*. Eier werden oft paarweise an Zweiggabeln junger Sträucher abgelegt. Ei überwintert.

Favonius quercus · Blauer Eichenzipfelfalter

Gesamtverbreitung N-Afrika, Europa, Mittlerer Osten, Türkei, Kaukasus, Russland, S-Ural, Kasachstan.
▹ *F. quercus* (Linnaeus, 1758), TF: England (Verity, 1947). Syn.: *iberica* Staudinger, 1901; (Gattung) *Neozephyrus* Sibatani & Ito, 1942.
Verbreitung Häufig und weit verbreitet, von Portugal nach O über fast ganz Europa mit Großbritannien, S-Fennoskandinavien, Griechenland, dem europäischen Teil der Türkei, Sizilien, Korsika, Sardinien, Kreta, Lesbos, Samos, Rhodos. 0–2000 m. Verirrte Falter fand man in 2300 m Höhe.
Beschreibung und Variation ♂ oberseits blauviolett, Marginalregion schwarzbraun; beim ♀ nur Vfl-Zelle und von dort entlang des Innenrands bläulich gefärbt. Auf der Hfl-US weiße Postdiskallinie. In Marokko, Algerien, Portugal und Spanien im Bergland *iberica* Staudinger mit reduzierter Zeichnung, Unterseite sehr blass silbergrau.
Flugzeit 1 Generation, Mai bis September.
Lebensraum Verschieden. Warmtrockenes Eichengebüsch, Eichenwald, Laub- oder Mischwald mit Eichen.
Lebensweise Nahrungspflanzen *Quercus*-Arten. Eiablage an der Basis von Knospen, meist Blütenknospen. Ei überwintert.
Verhalten Falter saugen gern Honigtau von Blattläusen an Blättern der Nahrungspflanze.

Laeosopis roboris

Gesamtverbreitung Portugal, Spanien, S-Frankreich.
▹ *L. roboris* (Esper, 1793), TF: Irrtümliche Angabe Frankfurt am Main, Deutschland.
Verbreitung Portugal außer S (Algarve). Spanien, zerstreute Populationen. Frankreich: O-Pyrenäen bis Provence. 100–1600 m.
Beschreibung Bei ♀ nur Basalregion, bei ♂ Basal- und Diskalregion oberseits blauviolett.
Flugzeit 1 Generation, Ende Mai bis Ende Juli.
Lebensraum Offene blüten- und gebüschreiche Orte mit Esche.
Lebensweise Nahrungspflanze *Fraxinus excelsior*. Eiablage in der Nähe von Blattknospen oder am Stamm, manchmal in Bodennähe. Raupe frisst an Blüten und Blättern. Ei überwintert.
Verhalten Falter versammeln sich frühmorgens oft zum Nektarsaugen an hohen Doldenblütlern wie z. B. Fenchel *(Foeniculum vulgare)*. In den heißesten Stunden ruhen sie auf Blättern von Bäumen oder Sträuchern, zu kühleren Tageszeiten fliegen sie meist im Kronenbereich von Eschen.

Thecla betulae

Favonius quercus

var. *iberica*
(S-Spanien, Marokko)

Laeosopis roboris

Apharitis myrmecophila

Thecla betulae

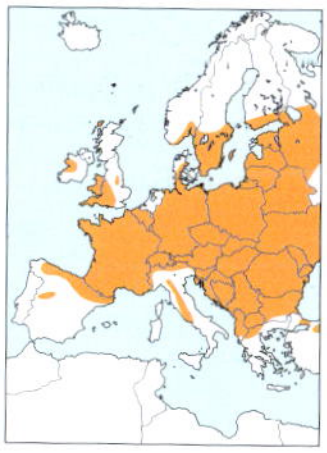

Favonius quercus

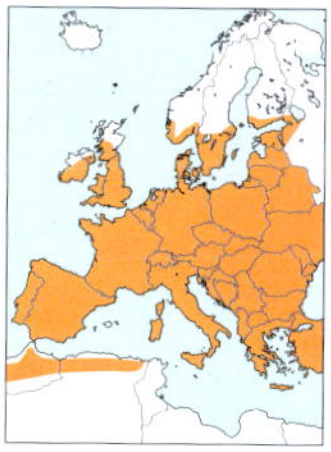

Laeosopis roboris

Satyrium acaciae · Kleiner Schlehenzipfelfalter

Gesamtverbreitung Spanien, S-Europa, Türkei, S-Russland.
▹ *S. acaciae* (Fabricius, 1787), TF: S-Russland.
Verbreitung Von N-Spanien und Montes Universales nach O über Frankreich (bis 49° N), Deutschland und Polen (bis 51° N), N-Italien bis Griechenland und zum europäischen Teil der Türkei. 0–2000 m. Fehlt in Portugal, S-Italien und auf den Mittelmeerinseln.
Beschreibung ♂ oberseits ohne Duftschuppenfleck. ♀ mit schwarzem Haarbusch am Hinterleibsende.
Flugzeit 1 Generation, Juni bis Juli.
Lebensraum Verschieden. Trockenes Buschland, lichte Wälder, gelegentlich feuchte Waldlichtungen und offenes Gelände oberhalb der Waldgrenze.
Lebensweise Nahrungspflanze *Prunus spinosa*. Eiablage meist in Zweiggabeln. Unmittelbar danach bedeckt das Weibchen die weißlichen Eier mit dunklen Analhaarschuppen, die jedoch leicht wieder verloren gehen.
Verhalten Beide Geschlechter besuchen Blüten von *Achillea* und *Thymus*.

Satyrium ilicis · Brauner Eichenzipfelfalter

Gesamtverbreitung Europa, S-Fennoskandinavien, Israel, Libanon, Türkei, W- und S-Ural, NW-Asien.
▹ *S. ilicis* (Esper, 1779), TF: Erlangen, Deutschland.
Verbreitung Von Portugal, N- und O-Spanien (zerstreute Kolonien), den Balearen nach N bis Fennoskandinavien, Baltikum; nach O bis Balkan, zum europäischen Teil der Türkei und Griechenland mit Korfu, Thassos, Limnos, Lesbos, Samos, Ikaria, Chios, Kos, Symi, Poros, Tenos. 0–1600 m. Fehlt in Großbritannien, Korsika, Sardinien, Kreta.
Beschreibung und Variation Vfl-OS des ♂ ohne Duftschuppenfleck; submarginale orangefarbige Flecke A3–M1 auf Hfl-US deutlich ausgebildet, schwarz gerandet; weiße Marginallinie meist markant (vgl. *S. esculi*). In Portugal, Spanien und S-Frankreich f. *cerri* Hübner; Vfl-OS mit variablem orangefarbigem Diskoidalfleck, beim ♀ meist deutlicher.
Flugzeit 1 Generation, je nach Höhe Ende Mai bis Anfang August.
Lebensraum Verschieden. Eichengebüsch in trockenen, wärmebegünstigten Gebieten, feuchte oder trockene Heiden, Waldlichtungen.
Lebensweise Nahrungspflanzen *Quercus*-Arten. Eiablage an Stämmchen von Jungeichen, meist bodennah. Ei überwintert. Raupen in Begleitung von Ameisen (*Camponotus aethiops, Crematogaster schmidti* oder (?)*ionia*).
Verhalten Falter besuchen u. a. Blüten von *Thymus*, *Rubus* und *Sambucus ebulus*.

Satyrium esculi

Gesamtverbreitung N-Afrika, SW-Europa.
▹ *S. esculi* (Hübner, 1804), TF: Portugal.
Verbreitung Marokko. Algerien. Tunesien. Spanien: Festland außer N und NW, Ibiza, Mallorca. Frankreich: O-Pyrenäen bis Alpes-Maritimes. 500–2400 m.
Beschreibung und Variation Vfl-OS des ♂ ohne Duftschuppenfleck. Oberseite hellgraubraun bis dunkelbraun, matt gelborangefarbige Bestäubung der Vfl-Zelle und Hfl-Submarginalregion sehr variabel, manchmal fehlend; auf Hfl-US rötlich orange Submarginalflecke M1–A3 deutlich ausgebildet, basalwärts fein schwarz gerandet; weiße Außenrandlinie rudimentär (vgl. *S. ilicis*). Farben bei ♀ etwas blasser. In N-Afrika (*mauretanica* Staudinger) gleiche Variationsbreite der Flügelzeichnung, an einigen Orten orange Bestäubung der Oberseite ausgedehnter und konstant (f. *powelli* Oberthür); ähnliche Formen in Spanien (f. *ilicioides* Gerhard).
Flugzeit 1 Generation, je nach Lokalität Ende Mai bis August.
Lebensraum Gebüsche in trockenen, wärmebegünstigten Gebieten, lichter Laub- oder Mischwald.
Lebensweise Nahrungspflanzen *Quercus coccifera, Q. ilex*. Raupen in Begleitung von Ameisen *(Camponotus cruentatus)*.

Satyrium spini · Kreuzdornzipfelfalter

Gesamtverbreitung M- und S-Europa bis Türkei, Libanon, Irak, Iran.
▹ *S. spini* (Denis & Schiffermüller, 1775), TF: Wien, Österreich.
Verbreitung Fast ganz Europa, nördlich bis 54° N im Baltikum. 0–2000 m. Nicht in N-Frankreich, Niederlanden, Fennoskandinavien, Estland, Lettland, S-Italien, Mittelmeerinseln (außer Korfu, Zakynthos, Kithira, Lesbos).
Beschreibung Vorderflügel des ♂ mit Duftschuppenfleck. Bei ♂ und ♀ blauer Fleck im Analwinkel der Hfl-US.
Variation Auf Iberischer Halbinsel Oberseite bei ♀ mit variabler oranger Bestäubung; f. *vandalusica* Lederer mit kleinem, diffusem Fleck in Vfl-Zelle und Hfl-Analwinkel; f. *leonensis* Manley mit fast vollständiger orangefarbiger Flügelbestäubung mit Ausnahme der Ränder; andernorts in Europa ist orange Bestäubung bei ♀ selten.
Flugzeit 1 Generation, Ende Mai bis Ende Juli.
Lebensraum Wärmebegünstigte Trockenrasen mit Sträuchern, Waldlichtungen, exponierte Gebirgswiesen mit geringem Strauchbewuchs.
Lebensweise Nahrungspflanzen Rhamnaceae, vor allem *Rhamnus cathartica, R. alaternus, R. lycioides, R. alpina*. In Griechenland auch *Paliurus spina-christi*. Ei überwintert.

Satyrium acaciae

Satyrium ilicis

Satyrium acaciae

♂

Färbung der Hfl-US und orange Flecke blass

♀

♀ mit schwarzem Haarbusch am Hinterleibsende

Satyrium ilicis

♂

orange Flecke auf Hfl-US nach innen und außen schwarz gerandet

♀

♀

f. *cerri*
(Portugal, Spanien, S-Frankreich)

Satyrium esculi

♂

♀

♀

f. *ilicioides*
(Spanien)

rötliche Flecke auf Hfl-US undeutlich schwarz gerandet

Satyrium spini

♂

markanter blauer Fleck im Analwinkel der Hfl-US

♀

Satyrium esculi

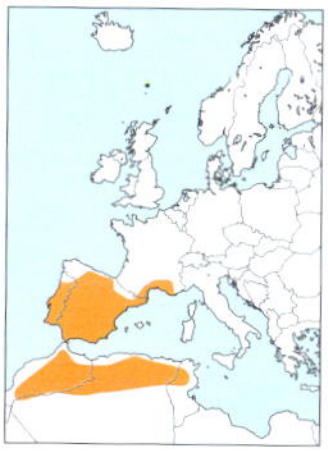

Satyrium spini

Satyrium w-album · Ulmenzipfelfalter

Gesamtverbreitung M- und O-Europa, Türkei, Ural, Kasachstan, Japan.
▹ ***S. w-album*** (Knoch, 1782), TF: Leipzig, Deutschland.
Verbreitung Von N-Spanien (Kantabrisches Gebirge), Italien (mit Sizilien) und Griechenland (auf der Peloponnes nur vom Chelmos-Gebirge bekannt) bis S-England und S-Fennoskandinavien. Fehlt im europäischen Teil der Türkei und auf den Mittelmeerinseln (außer Korsika und Sizilien). 100–1300 m.
Beschreibung ♂ mit kleinem Duftschuppenfleck vor der Zelle auf Vfl-OS. Weiße Postdiskallinie auf Hfl-US bildet eine großes weißes »W«.
Flugzeit 1 Generation, Anfang Juni bis Ende Juli. In ungünstigen Jahren in Skandinavien Schlupf bis August möglich.
Lebensraum Hochwald mit sonnigen Lichtungen.
Lebensweise Nahrungspflanzen *Ulmus*-Arten, meist *U. glabra*. Eier werden einzeln an der Basis endständiger Blütenknospen abgelegt und überwintern. Im zeitigen Frühjahr fressen frisch geschlüpfte Raupen an Blütentrieben.
Verhalten Männchen und Weibchen saugen gern an Brombeerblüten.

Satyrium pruni · Pflaumenzipfelfalter

Gesamtverbreitung M- und O-Europa, S-Sibirien, Mongolei, Korea, Japan.
▹ ***S. pruni*** (Linnaeus, 1758), TF: Deutschland (Verity, 1943).
Verbreitung Von O-Pyrenäen, N-Italien (vereinzelt und sehr lokal), N-Griechenland (bei Drama, sehr lokal) bis zum mittleren S-England, Dänemark (Seeland, Falster; sehr lokal), S-Schweden (Skåne, Blekinge, Småland, Öland; sehr lokal), Lettland (weit verbreitet, aber selten), Estland und S-Finnland. Nicht an Küsten und auf Inseln des Mittelmeers. 200–750 m.
Beschreibung und Variation Vfl-OS des ♂ mit schmalem Duftschuppenfleck vor der Zelle. Submarginale orange Zeichnungen der Oberseite variabel, beim ♀ stärker ausgebildet.
Flugzeit 1 Generation, Mitte Juni bis Ende Juli; Mitte Mai bis Anfang Juli im mittleren O-Europa.
Lebensraum Höherwüchsige Schlehenbestände und -hecken *(Prunus spinosa)* auf geschützten, sonnigen freien Flächen oder an Laubwaldrändern.
Lebensweise Nahrungspflanze *Prunus spinosa*. Eiablage meist an Zweiggabeln ausgewachsener Schlehenbüsche. Überwintert als voll entwickelte Raupe in der Eihülle. Frisch geschlüpfte Raupen fressen im zeitigen Frühjahr an Blütenknospen, später an Blatttrieben.
Verhalten Falter saugen Nektar an Blüten von Sträuchern, besonders Liguster *(Ligustrum vulgare)* und Brombeere (*Rubus* sect. *Rubus*), ruhen oft längere Zeit in den Spitzen der Sträucher.

Satyrium ledereri

Gesamtverbreitung Griechenland (Samos), Türkei, Libanon, Iran, Transkaukasien.
▹ ***S. ledereri*** (Boisduval, 1848), TF: Kaukasus.
Verbreitung Griechenland: Samos (Karvouni, Kerkis). 1000–1400 m.
Beschreibung Oberseite grauschwarz, Unterseite grau, Hinterflügel mit einer Reihe orangefarbiger Submarginalflecke.
Variation Auf Samos *christianae* Olivier; Flügelzeichnung und männliche Genitalien liegen innerhalb der Variationsbreite der Art.
Flugzeit 1 Generation, Juni bis Juli.
Lebensraum Exponierte, trockene, schroffe Berghänge oberhalb der Waldgrenze und Zwergstrauchfluren auf Karbonatgestein.
Lebensweise Nahrungspflanze *Atraphaxis billardieri*. Eiablage an verholzten Stämmen der Nahrungspflanze. Überwintert als voll entwickelte Raupe in der Eihülle. Raupe frisst an Blättern.

Tomares nogelii

Gesamtverbreitung Rumänien, Türkei, Ukraine, Krim, Syrien, Libanon, N-Iran.
▹ ***T. nogelii*** (Herrich-Schäffer, 1851), TF: Amasia, Türkei. Syn.: *dobrogensis* Caradja, 1895.
Verbreitung SO-Rumänien: Dobrudscha (Galati, Tulcea).
Flugzeit 1 Generation, Mai bis Anfang Juli.
Lebensraum Mit Sträuchern bewachsenes Grasland.
Lebensweise Nahrungspflanze *Astragalus ponticus*.

Satyrium w-album

Satyrium pruni

Tomares nogelii

Satyrium w-album

weiße Linie auf Hfl-US in
Form eines deutlichen »W«

Satyrium pruni

orange Submarginalflecke auf Hfl-US
zu auffälliger Binde verschmolzen

Satyrium ledereri

Tomares nogelii

Tomares ballus

Gesamtverbreitung Marokko, Algerien, Tunesien, Libyen, Ägypten, Portugal, Spanien, S-Frankreich.
▷ ***T. ballus*** (Fabricius, 1787), TF: Spanien.
Verbreitung Marokko: Anti-Atlas (Aït-Abdallah, Tafraoute). Algerien: El Kantara. Tunesien: Hammamet. Portugal und Spanien: Zerstreute Populationen, nicht in nördlichen Provinzen und W-Pyrenäen. Frankreich: O-Pyrenäen bis Alpes-Maritimes. 0–1700 m.
Variation Bei ♂ Unterseite grün oder bläulich grün; orange Marginalflecke im Analwinkel auf Hfl-OS variieren in Anzahl und Größe, fehlen manchmal; bei ♀ orange Bereiche der Oberseite manchmal durch Mattgelb ersetzt.
Flugzeit 1 Generation, Januar bis Mitte Mai.
Lebensraum Trockenrasen und -hänge.
Lebensweise Nahrungspflanzen hauptsächlich *Medicago*-Arten. S-Portugal *Dorycnium hirsutum*; S-Spanien *Medicago littoralis, M. truncatula, M. minima*; S-Frankreich *M. lupulina*; N-Afrika *M. turbinata, Lotus hispidus, Anthyllis tetraphylla*. Eiablage einzeln in Falten austreibender Blätter. Raupen in Begleitung von Ameisen *(Plagiolepis pygmaea)*. Verpuppung wahrscheinlich in einem Ameisennest. Puppe überwintert.

Tomares mauretanicus

Gesamtverbreitung NW-Afrika.
▷ ***T. mauretanicus*** (Lucas, 1849), TF: Algerien.
Verbreitung Weit verbreitet, oft zahlreich. Marokko. Algerien. Tunesien. 0–2400 m.
Variation Beträchtliche lokale und individuelle Variation. Bei ♂ orange Flecke im Analwinkel der Hfl-OS nahezu fehlend oder deutlich sichtbar (f. *undulatus* Gerhard), reichen manchmal bis zur Postdiskalregion. Bei ♀ schwarze US-Zeichnung kräftig oder stark reduziert.
Flugzeit 1 Generation, auf Meeresniveau Januar bis April, in höheren Lagen Anfang März bis Juni.
Lebensraum Grasland; heiße, steinige Trockenhänge.
Lebensweise Nahrungspflanzen *Astragalus epiglottis, A. pentaglottis, Hedysarum pallidum, Hippocrepis multisiliquosa, H. minor*. Eiablage in kleinen Gelegen an Blättern, für Lycaenidae recht ungewöhnlich.

Callophrys rubi · Brombeerzipfelfalter

Gesamtverbreitung N-Afrika, Europa, Türkei, Russland, Sibirien, Amur.
▷ ***C. rubi*** (Linnaeus, 1758), TF: Schweden (Verity, 1943).
Verbreitung Weit verbreitet und häufig. Marokko. Algerien. Tunesien. Ganz Europa mit arktischem Fennoskandinavien, Baltikum, den meisten Mittelmeerinseln; auf allen griechischen Inselgruppen nachgewiesen, aber auf Kreta fehlend. Nicht auf den Atlantischen Inseln, Äußeren Hebriden, Orkney-Inseln, Shetland-Inseln. 0–2500 m, meist unter 2000 m.
Beschreibung und Variation Stirn grün, Augen mit sehr schmaler weißer Begrenzung (vgl. *C. avis*). Bei beiden Geschlechtern Oberseite rauchig graubraun, Unterseite grün; Hinterflügel mit weißem Kostalfleck, manchmal zu einer gepunkteten Mediodiskallinie entwickelt, die sich selten auf dem Vorderflügel fortsetzt; letztere Form häufiger in Lebensräumen von *C. avis*. In S-Europa und NW-Afrika f. *fervida* Staudinger, Oberseite mehr rötlich braun.
Flugzeit 1 Generation, März bis Juni, frische Individuen oft im Juli.
Lebensraum Verschieden. Waldlichtungen, strauchreiche Stellen, Blumenwiesen, Heiden, Moore, geschützte felsige Lagen oder alpine Rasen. An viele verschiedene klimatische und ökologische Bedingungen angepasst.
Lebensweise Nahrungspflanzen u. a. *Cytisus, Chamaecytisus, Genista, Ulex, Anthyllis, Dorycnium, Onobrychis, Helianthemum*; Blütenknospen und Früchte von *Arbutus, Vaccinium, Rhamnus, Frangula, Cornus, Rubus*. Raupen blass grünlichblau, grasgrün oder rot. Puppe kann durch Bewegen der Hinterleibssegmente schwache Laute erzeugen. Puppe überwintert unter Steinen, Laub oder Moos, am Fuß von Bäumen, unter Sträuchern oder zwischen Blättern der Nahrungspflanze.

Callophrys avis

Gesamtverbreitung NW-Afrika, SW-Europa.
▷ ***C. avis*** Chapman, 1909, TF: S-Frankreich und Marokko.
Verbreitung Marokko: Tanger. Algerien: Algier, Khenchela, Zehroun. Tunesien: Aïn Draham. S-Portugal. Spanien: Provinzen Cádiz, Málaga, Teruel. S-Frankreich: O-Pyrenäen bis Alpes-Maritimes. 100–1700 m, meist unter 700 m.
Beschreibung und Variation Ähnelt *C. rubi*; Stirn und Augenränder rostrot, Oberseite rötlich braun; dünne weiße Mediodiskallinie auf der Unterseite aller 4 Flügel (vgl. *C. rubi*).
Flugzeit 1 Generation, Ende März bis Mitte Juni.
Lebensraum Trockene strauchbewachsene Gebiete mit meist reichem Bestand an *Arbutus unedo*.
Lebensweise Nahrungspflanze vor allem *Arbutus unedo*, daneben *Salvia verbenaca, Viburnum tinus, Cytisus*-Arten. An *A. unedo* Eiablage auf jungen Blättern, in der Nähe von welken Blüten oder Früchten an ausgewachsenen Bäumen; junge Pflanzen werden gemieden. Puppe überwintert.

Tomares ballus

Tomares mauretanicus

Callophrys rubi

Callophrys avis

Tomares ballus

Tomares mauretanicus

Callophrys rubi

Callophrys avis

Lycaeninae · Feuerfalter

Lycaena helle · Blauschillernder Feuerfalter

Gesamtverbreitung M- und N-Europa, W-Russland, M- und S-Sibirien, Mongolei, Transbaikalgebiet, Amur.
▹ ***L. helle*** (Denis & Schiffermüller, 1775), TF: Wien, Österreich.
Syn.: *amphidamas* Esper, 1780.
Verbreitung Lokal häufig in kleinen, weit zerstreuten Populationen. Frankreich: O-Pyrenäen (Ariège) bis Juragebirge, Doubs und Vogesen. NW-Schweiz. Österreich. S-Belgien: Ardennen. Deutschland. Polen (sehr selten). Tschechien. Ungarn. Rumänien. Fennoskandinavien außer S-Norwegen. 100–1800 m.
Variation In Fennoskandinavien Zeichnung der Oberseite stark reduziert.
Flugzeit 1 Generation, je nach Höhe und geografischer Breite Mai bis Juli.
Lebensraum Blütenreiche Feuchtwiesen mit *Polygonum bistorta*, meist in der Nähe von Flüssen oder Seen; Hochmoore, oft mit *Vaccinium*-Arten und lichtem Wald.
Lebensweise Nahrungspflanze in M-Europa hauptsächlich *Bistorta officinalis* ssp. *officinalis*. In Skandinavien auch *B. viviparum*. Eiablage an Blattunterseite. Jungraupen fressen an der Blattunterseite und verursachen ein charakteristisches Fensterfraßbild. Puppe überwintert.
Naturschutz Entwässerung und Bewaldung der Lebensräume sind bestandsbedrohend für die in vielen Gebieten bereits stark zurückgedrängte Art.

Lycaena phlaeas · Kleiner Feuerfalter

Gesamtverbreitung Kanarische Inseln, N-Afrika, Europa, gemäßigte Klimabereiche Asiens, Japan, NO-Nordamerika.
▹ ***L. phlaeas*** (Linnaeus, 1761), TF: Westermannia, Schweden.
Syn.: *phlaeoides* Staudinger, 1901; *polaris* Courvoisier, 1911; beide bei einigen Autoren als Unterarten geführt.
Verbreitung Weit verbreitet und häufig. Kanarische Inseln. NW-Afrika. 0–2700 m. Südlich des Polarkreises bis zum Mittelmeer (alle Inseln). 0–2400 m. Nicht auf den Äußeren Hebriden, Shetland- und Orkney-Inseln.
Variation Bei 1. Generation ♂ Oberseite orange glänzend; bei späteren Generationen Oberseite mehr oder weniger rauchig graubraun bestäubt. Hfl-Zipfel bei Ader Cu2 gewöhnlich vorhanden; f. *elea* Fabricius hat Zipfel beim ♀ weniger ausgeprägt. Hfl-OS manchmal mit blauen Postdiskalflecken (f. *caeruleopunctata* Rühl). An heißen Orten oft sehr kleine Falter der Herbstgeneration infolge des Vertrocknens der Raupennahrungspflanze. Im arktischen Fennoskandinavien (66–70° N) *polaris* Courvoisier; Hfl-US taubengrau oder bräunlich grau, schwarze Flecke heben sich deutlich ab, postdiskale Punktreihe nach außen durch weißliche Striche begrenzt, submarginale rote Flecke deutlich. Auf Madeira *phlaeoides* Staudinger; Hfl-US variabel, Herbstgenerationen oberseits dunkler; Hfl-Zipfel vorhanden.
Flugzeit N-Europa 2 Generationen, Mai bis Anfang Oktober; S-Europa und N-Afrika 3 Generationen, Februar bis Ende Oktober; auf den Kanarischen Inseln ganzjährig in mehreren sich z. T. überschneidenden Generationen. Im arktischen Fennoskandinavien 1 Generation, Mitte Juni bis Ende Juli.
Lebensraum Verschieden, an viele Habitattypen angepasst.
Lebensweise Nahrungspflanzen *Rumex*-Arten, seltener *Polygonum*-Arten, besonders in sehr trockenen Gebieten, wo *Rumex* selten ist oder fehlt. Jungraupe überwintert.

Lycaena dispar · Großer Feuerfalter

Gesamtverbreitung Europa, N-Türkei.
▹ ***L. dispar*** (Haworth, 1802), TF: Cambridgeshire, England.
Syn.: *rutilus* Werneburg, 1864; *batavus* Oberthür, 1864; beide bei einigen Autoren als Unterarten geführt.
Verbreitung Sehr lokal in weit verstreuten Populationen. Frankreich: Gironde, Doubs, Haut-Rhin, Bas-Rhin, Meuse, Ardennen, Nièvre, Côte d'Or, Haute-Marne, Aube. Niederlande: Friesland. Schweiz. N-Italien: W-Küste bis Golf von Gaeta. Österreich. Deutschland. Lettland. S-Finnland. Polen bis Balkan. N- und M-Griechenland. Europäischer Teil der Türkei. In Großbritannien ausgestorben, aber wieder angesiedelt. 0–1000 m.
Beschreibung und Variation In den Niederlanden *batavus* Oberthür. Die allgemein verbreitete f. *rutilus* ist etwas kleiner, Hfl-US variabel, meist matter, tendiert zu Gelblichgrau, orange Submarginalbinde blasser. In Griechenland und Ungarn manchmal so groß wie *batavus*.
Flugzeit Meist 2 Generationen, Ende Mai bis Juni und August. In kälteren, nördlichen Gebieten 1 Generation; von einigen Orten in S-Europa 3 Generationen gemeldet.
Lebensraum Uferbereiche von Seen, Flüssen, Gräben und Kanälen; Moore und Feuchtwiesen.
Lebensweise Nahrungspflanzen *Rumex hydrolapathum, R. crispus, R. aquaticus*. Eiablage meist einzeln an Blattoberseite. Jungraupen fressen unterseits Höhlungen in die Blätter und überwintern dort.
Naturschutz Änderungen in der Landnutzung, besonders die Entwässerung von Feuchtgebieten, sind eine große Gefahr für den Fortbestand. In Griechenland scheinen alle bekannten Populationen davon betroffen zu sein.

Lycaena helle

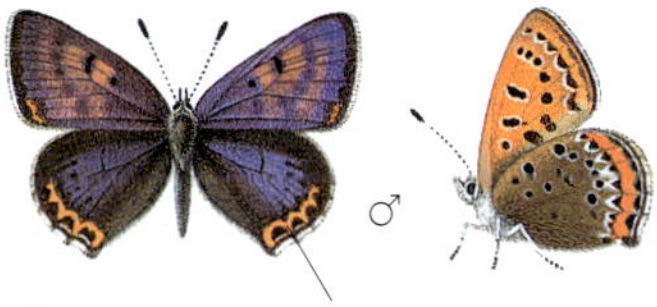

♂

♂ klein, OS intensiv violett schillernd, Submarginalbinde auf Hfl leuchtend orange

Hfl-US mit markanter oranger Binde, nach innen durch schwarze Punkte mit weißem Rand begrenzt

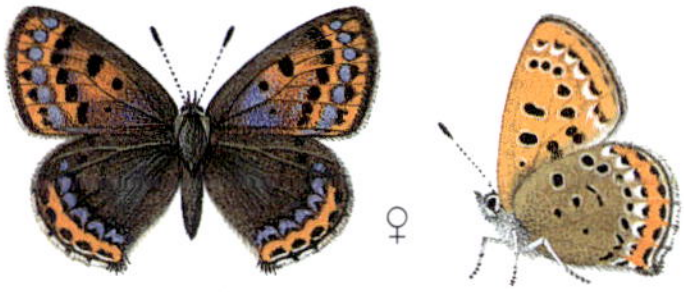

♀

♀ größer, stärker gezeichnet, violetter Schiller reduziert, oft fehlend

Lycaena phlaeas

♂

♀

3. Generation

♀

var. *polaris*
(arktisches Skandinavien)

♀

var. *phlaeoides*
(Madeira)

Lycaena dispar

♀

♂

♂

var. *rutila*

Lycaena helle

Lycaena phlaeas

Lycaena dispar

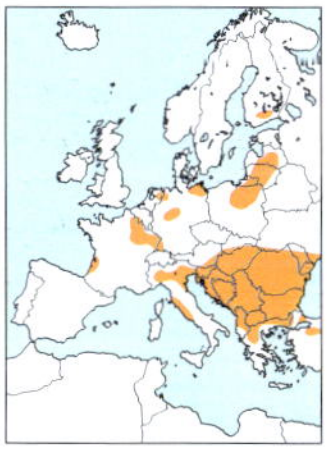

Lycaena virgaureae · Dukatenfalter

Gesamtverbreitung Europa, Türkei, M-Asien, Mongolei.
▹ ***L. virgaureae*** (Linnaeus, 1758), TF: Schweden (Verity, 1943).
Syn.: *montanus* Meyer-Dür, 1851; *miegii* Vogel, 1857; beide bei einigen Autoren als Unterarten geführt.
Verbreitung N-Spanien: N Kantabrisches Gebirge, Pyrenäen. S-Frankreich: Massif Central. Von den O-Alpen nördlich bis zum Polarkreis in Fennoskandinavien, südlich bis NW- und N-Griechenland. 1000–2000 m. Nicht in Großbritannien und den Niederlanden. (Karte S. 97)
Variation In N-Europa kleiner, in Lappland f. *oranulus* Freyer; ♂ mit gelblicherer Oberseite, schwarze Außenränder manchmal breiter, ♀ oberseits grau bestäubt. In Gebirgsregionen (1700–2000 m) *montanus* Meyer-Dür, ♂ mit breiteren schwarzen Außenrändern, manchmal mit sehr kleinem Diskoidalfleck, ♀ oberseits matt goldgelb mit variabler grauer Bestäubung. In Spanien *miegii* Vogel, Vfl-OS mit schwarzem Zellstrich, schwarze Ränder breiter, 3–5 schwarze Postdiskalflecke in R5–Cu1, Hfl-OS mit schwarzem Zellstrich und manchmal 3–4 kleinen schwarzen Postdiskalflecken.
Flugzeit 1 Generation, Ende Juni bis Mitte September.
Lebensraum Blumenwiesen, oft feuchte Lichtungen oder Moore in Bergwäldern.
Lebensweise Nahrungspflanzen *Rumex*-Arten, häufig *R. acetosa*. Ei oder Jungraupe überwintert im Schutz der Nahrungspflanze. In Gebieten mit Frühjahrsüberflutungen bleiben Raupen oft längere Zeit unter Wasser.

Lycaena ottomanus

Gesamtverbreitung S-Balkan, Griechenland, Türkei.
▹ ***L. ottomanus*** (Lefèbvre, 1830), TF: Griechenland.
Verbreitung SW-Serbien: Vipazar (Montenegro). Mazedonien. Albanien. Bulgarien. Griechenland mit Korfu, Evia, jedoch nicht S-Peloponnes. Weit verbreitet, aber oft sehr lokal. 50–1500 m, meist unter 1000 m. Oft zusammen mit *L. thersamon*. (Karte S. 97)
Variation Bei 2. Generation, Hfl-US etwas gelblich, Zipfel an Ader Cu2 stärker ausgebildet, aber variabel.
Flugzeit 2 Generationen, April bis Mai und Juni bis August.
Lebensraum Trockene, meist wärmebegünstigte blütenreiche Magerrasen, oft zwischen Sträuchern oder in lichtem Wald.
Lebensweise Nahrungspflanzen *Rumex*-Arten wie *R. acetosella*, *R. acetosa*. Eiablage an allen Pflanzenteilen. Raupen fressen an Blättern, weniger an Blüten.
Verhalten Für Männchen der Sommergeneration sind Blüten von *Sambucus ebulus* besonders attraktiv. Weibchen scheinen nach der Paarung in einem anderen Teil des Lebensraums zu ruhen. Dies mag die vermeintliche Seltenheit der Weibchen in individuenreichen Populationen erklären.

Lycaena tityrus · Brauner Feuerfalter

Gesamtverbreitung Europa, Türkei, Sibirien, Ural, Kasachstan, Altai.
▹ ***L. tityrus tityrus*** (Poda, 1761), TF: Graz, Österreich.
Syn.: *dorilis* Hufnagel, 1766.
Verbreitung Fast ganz Europa von N-Spanien (Kantabrisches Gebirge, Pyrenäen) bis 58° N in Litauen. 50–2500 m. Nicht in Großbritannien, Finnland, Norwegen und Mittelmeerinseln (außer Korsika). (Karte S. 97)
Variation Bei 1. Generation ♂ oberseits dunkelgraubraun; ♀ oberseits mit orangefarbiger Submarginalbinde und ausgedehnter orangefarbiger Basalbestäubung. ♂ späterer Generationen oft mit orangefarbigen Submarginalflecken im Hinterflügel, gelegentlich auch im Vorderflügel; ♀ oberseits braun, manchmal mit orangefarbiger Bestäubung in der Zelle, orangefarbige Submarginalflecke reduziert.
Flugzeit In warmen, tieferen Lagen mehrere Generationen, Mitte April bis Oktober; in kühleren Gebieten 2 Generationen, Ende April bis Juni und Juli bis September.
Lebensraum Verschieden, Blumenwiesen, Trockengebiete mit Sträuchern, feuchte Waldlichtungen, geschützte Gebirgsschluchten.
Lebensweise Nahrungspflanzen *Rumex*-Arten, besonders *R. acetosa*. Jungraupe überwintert an der Basis der Nahrungspflanze.
▹ ***L. tityrus subalpinus*** Speyer, 1851, TF: Innsbruck, Österreich. Bei einigen Autoren als eigenständige Art geführt.
Verbreitung Pyrenäen. 2100 m. Alpen in Frankreich, Schweiz, Italien, Deutschland, Österreich. 1200–2500 m.
Beschreibung Bei beiden Geschlechtern Oberseite dunkelbraun, fast zeichnungslos, nur dunkler Zellstrich und gelegentlich orangefarbige Submarginalflecke, besonders beim ♀; Unterseite gelblich grau.
Flugzeit In tieferen Lagen 2 Generationen, April bis Juni und Juli bis Anfang September; ab ca. 1500 m 1 Generation, Ende Juni bis September.
Lebensraum Geschützte blumenreiche Grasflächen.
Lebensweise Nahrungspflanze *Rumex scutatus*.

Lycaena bleusei

▹ ***L. bleusei*** Oberthür, 1884, TF: Escorial und Madrid, Spanien. Bei einigen Autoren als Unterart von *L. tityrus* geführt.
Verbreitung Spanien: Sierra de Guardarrama, Sierra de Guadalupe, Sierra de Gredos. 900–1100 m.
Beschreibung Vfl-OS bei ♂ orange, Flecke bei beiden Geschlechtern größer als bei *L. tityrus*.
Flugzeit Generationsverlauf nicht bekannt, vermutlich wie *L. tityrus*.
Lebensraum Gras- und blumenreiche, strauchbestandene Stellen.

Lycaena virgaureae

f. *oranulus* (Lappland)

var. *miegii* (N- und M-Spanien)

var. *montanus* (Alpen)

Lycaena ottomanus

kleine schwarze Punkte auf Vfl OS

markante orange Submarginalbinde auf Hfl-US

Lycaena tityrus tityrus

Lycaena bleusei (Spanien)

Lycaena tityrus tityrus

Lycaena tityrus subalpinus (Alpen, Pyrenäen)

Lycaena alciphron · Violetter Feuerfalter

Gesamtverbreitung Marokko, Europa, Türkei, Iran, S-Sibirien, S-Ural, Mongolei, Altai.
▷ ***L. alciphron*** (Rottemburg, 1775), TF: Berlin, Deutschland. Syn.: *melibaeus* Staudinger, 1878; *gordius* Sulzer, 1776; beide bei einigen Autoren als Unterart geführt.
Verbreitung Sehr vereinzelt und lokal. S-Frankreich, Deutschland, Tschechien, Slowakei, Ungarn, Litauen, Lettland, Estland. 500–900 m.
Variation Auf dem Balkan, in N- und M-Griechenland und in der Türkei *melibaeus* Staudinger; bei ♂ Oberseite orange, grau bestäubt, schillert blauviolett bis rosaviolett; ♀ mittelbraun mit variabler, manchmal ausgedehnter orangefarbiger Bestäubung. Im Bergland SW-Europas *gordius* Sulzer; violette OS-Bestäubung beim ♂ reduziert, Unterseite kräftiger gefärbt; bei ♀ Oberseite hell, leuchtend orange mit kräftiger Schwarzzeichnung. In Marokko im Hohen Atlas (nur vom Toubkal-Massiv und Djebel Siroua bekannt, 1700–2650 m) *heracleana* Blachier; ähnlich wie *gordius*, groß, Obeseite des ♂ gelblich orange ohne violette oder graue Bestäubung; bei ♀ Oberseite intensiver gelborange, schwarze Zeichnung kontrastreicher.
Flugzeit 1 Generation, Juni bis August, in Küstengebieten S-Frankreichs auch im April nachgewiesen.
Lebensraum Gras- und blumenreiche Stellen, Senken und Schluchten, auch oberhalb der Waldgrenze, feuchte Wiesen.
Lebensweise Nahrungspflanze *Rumex acetosa* und andere *Rumex*-Arten.
Verhalten Im Hohen Atlas wurde auf 3000 m Hilltopping über kahlem, steinigem Grund beobachtet.

Lycaena thetis

Gesamtverbreitung Griechenland, Türkei, Libanon, Syrien, Irak, Iran.
▷ ***L. thetis*** Klug, 1834, TF: Syrien.
Syn.: *hephestos* Dils & van der Poorten, 1985.
Verbreitung M- und S-Griechenland: Timfristos-Gebirge, Giona-Massiv, Kaliakouda, Iti, Chelmos-Gebirge, Taygetos-Gebirge. Mazedonien. 1500–2300 m.
Variation Hfl-Zipfel manchmal gut ausgebildet (f. *caudata* Staudinger). In Griechenland *hephestos* Dils & van der Poorten; in Flügel- und Genitalmerkmalen von Stammform nicht unterscheidbar.
Flugzeit 1 Generation, Mitte Juli bis August.
Lebensraum Offene, trockene und felsige Stellen auf Karbonatgestein mit kleinwüchsigen Sträuchern, einschließlich der dornigen, polsterförmigen Nahrungspflanze. Lebensräume nur etwa 2500 m^2 groß. Fliegt an allen bekannten Fundorten auf der Peloponnes zusammen mit *Turanana taygetica*.
Lebensweise Nahrungspflanze *Acantholimon ulicinum*. Eiablage in Europa nicht beobachtet; in der Türkei sah man, wie Weibchen die Eier mitten in die Nahrungspflanze fallen ließen. Jungraupe überwintert zwischen dicht stehenden Stängeln und verwelkten Stängelblättern der Nahrungspflanze. Anschließend frisst die Raupe an Blättern der Nahrungspflanze. Unabhängigkeit von Polygonaceae ist unter den europäischen Feuerfaltern wohl einmalig. *Turanana taygetica* lebt an derselben Pflanze.
Verhalten Männchen und Weibchen saugen gern Nektar an *Thymus*.
Naturschutz Erholungsnutzung vieler höherer Berge in Griechenland birgt eine direkte Gefahr für die Lebensräume dieser Art.

Lycaena alciphron

…-Zeich-
…ung teil-
…eise durch
…saviolette
…stäubung
…erdeckt

OS bei ♀ variabel orange bestäubt, manchmal flächig

Stammform

OS bei ♀ ohne violette Bestäubung

var. *gordius*
(SW-Europa)

var. *melibaeus*
(Balkan, N- und M-Griechenland)

var. *heracleana*
(Marokko)

Lycaena thetis

markanter schwarzer Vfl-Apikalfleck

kleiner Hfl-Zipfel bei Cu2 manchmal gut ausgebildet

Lycaena virgaureae

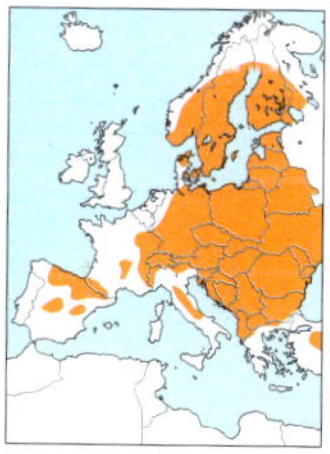

Lycaena ottomanus

Lycaena tityrus, L. bleusei

Lycaena alciphron

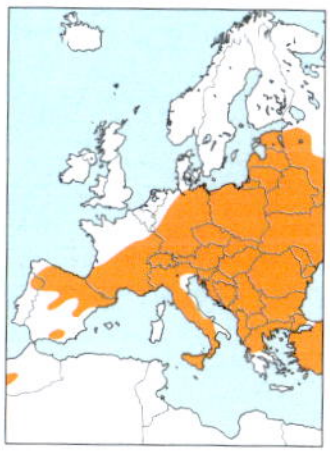

Lycaena thetis

Lycaena thersamon

Gesamtverbreitung Italien, O- und SO-Europa, Israel, Libanon, Türkei, Irak, Iran, Afghanistan, Ukraine, S-Ural, Altai.

▹ ***L. thersamon*** (Esper, 1784), TF: Sarepta, S-Russland.

Verbreitung Weit verbreitet, aber meist sehr lokal. Zentralapennin, O- und SO-Europa von 50° N bis N-Peloponnes und O-Ägäis (Thassos, Kos, Rhodos). 0–1600 m. In Griechenland Verbreitung wie *L. ottomanus*.

Beschreibung Hinterflügel orange, graubraun verdunkelt, besonders bei ♀. Bei ♂ schwarze Flecke im Vorderflügel von der Unterseite durchschimmernd; beim ♀ kontrastreich, oft kräftig.

Variation Manchmal dünnes Schwänzchen an Hinterflügelader Cu2 (f. *omphale* Klug). In Griechenland geschwänzte Individuen in der 1. Generation vereinzelt, in späteren Generationen häufiger.

Flugzeit Mehrere Generationen, Mitte April bis Oktober.

Lebensraum Blumenreiche Trockenrasen oder strauchbewachsene Lichtungen; gelegentlich heiße, trockene und felsige Stellen.

Lebensweise Nahrungspflanze *Polygonum aviculare*. Eiablage an Blättern, Stielen und Blüten. Raupen fressen an Blättern und Blüten. Auf Zypern hängt Verbreitung offenbar mit dem Vorkommen von *Polygonum bellardii* zusammen.

Verhalten Männchen und Weibchen saugen gern an Blüten von *Thymus* und *Sambucus ebulus*. Kleine Populationen treten oft nur durch sehr wenige Individuen in Erscheinung.

Lycaena phoebus

Gesamtverbreitung Marokko.

▹ ***L. phoebus*** (Blachier, 1905), TF: Hoher Atlas, Marokko.

Verbreitung Sehr lokal, aber häufig. W-Marokko: Region Marrakesch (Asni, El-Kelaa-des-Srarhna, Nid de Cigogne), Hoher Atlas (Toubkal-Massiv), Anti-Atlas (Tafraoute, Tizi-n-Taraktine, Ida-Ougnidf, Tizi-n-Taghatine). 400–2200 m. (?)Algerien. (?)Tunesien.

Beschreibung Bei ♂ und ♀ schwarze Flecke auf Oberseite; Hinterflügel beim ♀ mehr oder weniger verdunkelt.

Flugzeit Generationsverlauf unbekannt, wohl regional verschieden. Im Gebiet um Marrakesch mindestens 2 Generationen, Ende April bis Ende September. An heißen, trockenen und dürren Orten März bis Mai; in höheren Lagen des Hohen Atlas Ende August bis September.

Lebensraum Blumenreiche Wiesen, besonders mit *Thymus*, Feldraine, Entwässerungsgräben, Trocken- und Dürregebiete im Anti-Atlas.

Lebensweise Nahrungspflanzen *Polygonum*-Arten.

Lycaena hippothoe · Kleiner Ampferfeuerfalter

Gesamtverbreitung Europa, M- und S-Sibirien, S-Ural, Altai.

▹ ***L. hippothoe*** (Linnaeus, 1761), TF: S-Schweden.

Syn.: *eurybia* Ochsenheimer, 1808; *eurydame* Hoffmannsegg, 1806; *stiberi* Gerhard, 1853; die beiden Letztgenannten bei einigen Autoren als Unterarten geführt.

Verbreitung N-Spanien, Kantabrisches Gebirge, Sierra de la Demanda, Sierra Mancilla, Sierra Moncayo. Von den Pyrenäen bis Fennoskandinavien (bis zum Nordkap). 400–1800 m. Nicht in Großbritannien, NW-Frankreich, Küstengebieten S-Frankreichs, den Niederlanden, S-Italien, S-Balkan, Griechenland.

Beschreibung Bei ♂ Oberseite mit purpurviolettem Schiller. Beim ♀ orangefarbiger Diskalbereich der Vfl-OS und -US variabel; Hfl-OS mit kräftigen orangefarbigen Submarginalflecken.

Variation Im Alpenraum *eurydame* Hoffmannsegg; bei ♂ Oberseite ohne violetten Schiller; ♀ einfarbig braun, manchmal mit schwacher orangefarbiger Submarginalzeichnung; Vfl-US nicht orange getönt. In Fennoskandinavien von etwa 62° N (Dovrefjeld) bis zum Nordkap *stiberi* Gerhard; bei ♂ Oberseite heller; Vfl-US im Zellbereich ausgedehnter und intensiver orange; Vfl-OS bei ♀ bis zu den Rändern orange; bei beiden Geschlechtern Hfl-US graubraun, Submarginalbinden der Hfl-OS und -US deutlich ausgebildet.

Flugzeit W- und N-Europa 1 Generation, Mai bis Ende Juli/August; im mittleren O-Europa 2 Generationen.

Lebensraum Nasse Wiesen und Hangmoore.

Lebensweise Nahrungspflanzen *Bistorta officinalis* ssp. *officinalis*, *Rumex*-Arten. Jungraupe überwintert. In Fennoskandinavien überwintert das Ei.

Lycaena thersamon

Hfl grau bestäubt bis auf schmale orange Submarginalbinde

Lycaena phoebus

nur in Marokko

Lycaena hippothoe

auf Vfl-OS dunkle Submarginal- und Postdiskalflecke in regelmäßigen Reihen

uffälliger ioletter chiller an fl-Kosta und nter Hfl-Zelle

Stammform

OS ohne violetten Schiller

var. *eurydame*
(Alpen)

var. *stiberi*
(Skandinavien)

Lycaena thersamon

Lycaena phoebus

Lycaena hippothoe

Lycaena candens

Gesamtverbreitung S-Balkan, Griechenland, Türkei.
▹ *L. candens* Herrich-Schäffer, 1844, TF: Türkei.
Verbreitung Lokal häufig. Mazedonien. S-Serbien. Albanien. Bulgarien. N- und M-Griechenland: Varnous-Gebirge, Voras-Gebirge, Rhodopen, Pindos-Gebirge, Olymp. 900–2000 m.
Beschreibung Ähnelt der Stammform von *L. hippothoe*; größer, Unterschiede in den männlichen Genitalien.
Flugzeit 1 Generation, Mitte Juni bis Ende Juli.
Lebensraum Hangmoore, Lichtungen in Buchen- oder Kiefernwäldern mit abwechslungsreicher Vegetation, besonders *Geum coccineum, Silene asterias*; seltener ungeschützte, trockene Grashänge oberhalb der Waldgrenze.
Lebensweise: Nahrungspflanzen *Rumex*-Arten.

Polyommatinae · Echte Bläulinge

Lampides boeticus · Großer Wanderbläuling

Gesamtverbreitung Weltweit, gemäßigte Klimabereiche.
▹ *L. boeticus* (Linnaeus, 1767), TF: Algerien.
Verbreitung Kanarische Inseln, NW-Afrika, Mittelmeerinseln, Europa bis 54° N (N-Deutschland). Im Süden weit verbreitet und häufig. Gelegentlich auf den Kanalinseln. Selten im Norden des Verbreitungsgebiets, Vorkommen dort wohl von Wanderfaltern abhängig. Bodenständigkeit in den meisten Gebieten nicht sicher. 0–2700 m.
Flugzeit Mehrere Generationen; auf Kanarischen Inseln ganzjährig in mehreren sich überschneidenden Generationen; in N-Afrika und Europa Februar bis November.
Lebensraum Verschieden. Heiße, trockene, blumenreiche Stellen; Kulturland.
Lebensweise Nahrungspflanzen häufig Fabaceae; Kanarische Inseln *Senna didymobytrya, Pisum sativum, Chamaecytisus palmensis*; N-Afrika und Europa häufig *Colutea arborescens*. N-Afrika *Helianthemum helianthemoides*. Raupen fressen an jungen Früchten. Manchmal bedeutender Schädling an *Pisum sativum* (Erbse) und *Phaseolus vulgaris* (Bohne). Lebenszyklus unter Zuchtbedingungen je nach Temperatur 4–6 Wochen. Offensichtliches Ausbleiben einer Diapause scheint dauerhafte Bodenständigkeit nur in wärmeren Gebieten des Mittelmeerraums zuzulassen, wo Nahrungspflanzen ständig verfügbar sind (vgl. *Danaus chrysippus*). Raupen oft in Begleitung von Ameisen *(Lasius niger, Camponotus compressus, C. cruentatus, C. sylvaticus, C. foreli, Prenolepis clandestina, Plagiolepis* sp., *Tapinoma melanocephalum)*.

Cacyreus marshalli · Pelargonienbläuling

Gesamtverbreitung Südafrika, in S-Spanien eingeführt.
▹ *C. marshalli* Butler, 1898, TF: Südafrika.
Verbreitung Frühstadien dieser südafrikanischen Art wurden vermutlich mit *Pelargonium*-Sorten auf die Balearen (Spanien) eingeschleppt. Erste Meldung von Freilandfunden auf Mallorca 1990, danach schnelle Ausbreitung (Schädling) auf dieser und anderen Balearen-Inseln sowie S-Spanien; Einzelfunde 1992 bei Logroño und 1995 in Granada. Einzelfund 1991 in Brüssel, verschiedene Kolonien 1996 in der Umgebung von Rom. Mittlerweile in Spanien, Portugal, Südfrankreich und Italien etabliert, auch in der Schweiz nachgewiesen, Einzelfunde in Deutschland. Die Beliebtheit von *Pelargonium*-Sorten als Zierpflanzen dürfte weitere Ausbreitung fördern.
Lebensweise In Südafrika fressen die Raupen auch an *Geranium*. Sie bevorzugen Blüten und Blütenknospen, nutzen aber auch alle grünen Teile der Pflanze. Raupe blassgrün mit roter Zeichnung und langen, steifen weißen Haaren; Puppe ähnlich gefärbt und gezeichnet.

Leptotes pirithous · Kleiner Wanderbläuling

Gesamtverbreitung N-Afrika, S- und M-Europa, Türkei, Mittlerer Osten, Saudi-Arabien, M-Asien, Indien.
▹ *L. pirithous* (Linnaeus, 1767), TF: Algerien.
Syn.: *telicanus* Lang, 1789.
Verbreitung Weit verbreitet und häufig. N-Afrika, mediterranes Europa mit Inseln, Iberische Halbinsel, SW-Frankreich (Pyrenäen), SW-Balkan, Griechenland. Seltener als Wanderfalter in M-Europa bis etwa 48° N. Bodenständigkeit in vielen Regionen unbestätigt. Vorkommen in S-Europa könnte von Frühjahrseinwanderungen aus N-Afrika abhängen. Nicht auf den Atlantischen Inseln.
Beschreibung Ähnlich *Lampides boeticus*, aber kleiner und Zeichnung der Unterseite schimmert auf Oberseite durch.
Flugzeit Mehrere Generationen, Februar bis Oktober.
Lebensraum Verschieden. Heiße, trockene Gebiete mit Gebüsch; Kulturland, besonders Luzernefelder.
Lebensweise Nahrungspflanzen häufig Fabaceae, daneben Lythraceae *(Lythrum salicaria)*, Plumbaginaceae, Rosaceae, Ericaceae *(Calluna vulgaris)*. In Griechenland Eiablage an *Sambucus ebulus* (Caprifoliaceae) und *Jasminum* (Oleaceae) beobachtet. Diapause unbekannt.

Lycaena candens

auffälliger violetter Schiller an Vfl-Kosta und unter Hfl-Zelle

Lampides boeticus

stahlblauviolett, zum Rand hin brauner, Hfl-Analwinkel mit schwarzen Flecken, besonders in Cu1–Cu2

Cacyreus marshalli

Leptotes pirithous

Lycaena candens

Lampides boeticus

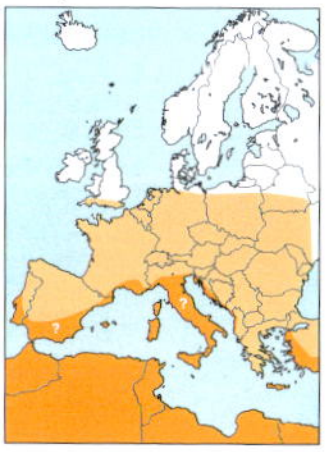

Leptotes pirithous

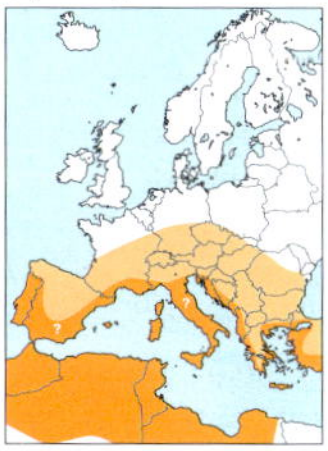

Cyclyrius webbianus

Gesamtverbreitung Kanarische Inseln.
▹ *C. webbianus* Brullé, 1839, TF: Kanarische Inseln.
Verbreitung Endemisch auf den Kanaren: La Gomera, La Palma, Teneriffa, Gran Canaria, El Hierro. 200–2500 m, aber auch im Gipfelbereich des Teíde (3500 m).
Beschreibung Bei ♂ Oberseite blauviolett; Vfl-US orangebraun; Hfl-US mit weißer Postdiskalbinde. Bei ♀ Oberseite dunkelorangebraun, Unterseite wie ♂.
Flugzeit In tieferen Lagen ganzjährig mehrere aufeinanderfolgende, sich teilweise überschneidende Generationen. Auf Teneriffa oberhalb 2000 m (Cañadas) nicht zwischen Anfang Oktober und Anfang Mai.
Lebensraum In tieferen Lagen steinige, strauchbewachsene Orte; manchmal Ödland nahe menschlicher Siedlungen; auf dem Teíde geschützte Senken mit spärlichem Bewuchs.
Lebensweise Nahrungspflanzen Fabaceae wie z. B. *Genista canariensis, Spartocytisus supranubius, Lotus sessilifolius, L. hillebrandii, L. glaucus, Adenocarpus viscosus, Teline stenopetala*. Diapause bzw. Überwinterungsstrategie auf dem Teíde unbekannt.
Verhalten Falter saugen gern Nektar an *Pterocephalus lasiospermus, Dittrichia viscosa, Micromeria* sp.

Tarucus theophrastus

Gesamtverbreitung N-Afrika, SO-Spanien, tropisches Afrika nördlich des Äquators, SW-Arabien.
▹ *T. theophrastus* (Fabricius, 1793), TF: Marokko.
Verbreitung Überwiegend Küstengebiete. Marokko: Anti-Atlas, Hoher Atlas, Mittlerer Atlas. Algerien. Tunesien. 0–1400 m, im Hohen Atlas vereinzelt bis 2600 m. SO-Spanien: Provinzen Cádiz, Almería, Murcia. 25–250 m.
Beschreibung Schwarze Postdiskalbinde auf allen Flügel-US durch helle Adern unterbrochen (vgl. *T. rosacea* und *T. balkanica*).
Flugzeit Mehrere Generationen; NW-Afrika April bis November (in südlichen Wüstengebieten ganzjährig); Spanien Mitte April bis September, 1. Generation oft individuenarm.
Lebensraum Heiße Trockengebiete mit hohen Sträuchern (Nahrungspflanze), oft Kulturland.
Lebensweise Nahrungspflanze in Spanien *Ziziphus lotus*; in NW-Afrika *Ziziphus lotus, Z. jujuba, Paliurus spina-christi*. Eiablage an Ästen, meist an Dornansätzen. Raupen fressen längliche parallele Furchen in die Blattunterseite, diese ergeben charakteristisches Fensterfraßbild. In Spanien Raupen in Begleitung von Ameisen *(Crematogaster fuentei)*. Puppe überwintert.
Verhalten Falter fliegen meist zwischen den Zweigen der Nahrungspflanze oder ruhen auf den Blättern. Am frühen Abend versammeln sie sich manchmal zahlreich an den Spitzen von Grashalmen im Umfeld der Nahrungspflanze.

Tarucus rosacea

Gesamtverbreitung N-Afrika, Ägypten, Israel, Jordanien, Libanon, Saudi-Arabien, Irak, S-Iran, NW-Indien.
▹ *T. rosacea* (Austaut, 1885), TF: Algerien.
Syn.: *mediterraneae* Bethune-Baker, 1917.
Verbreitung Marokko. Algerien. Tunesien. 0–1400 m.
Beschreibung Schwarze Postdiskalbinde auf Vfl-US durchgehend, nur bei bei Ader M1 unterbrochen. Aufgrund variierender Flügelzeichnung ist zur sicheren Bestimmung und Abgrenzung von *T. theophrastus* und *T. balkanica* eine Genitaluntersuchung ratsam.
Flugzeit Mehrere Generationen, März bis September.
Lebensraum Heiße Trockengebiete; meist zusammen mit *T. theophrastus*.
Lebensweise Nahrungspflanze *Paliurus spina-christi*. In Saudi-Arabien *Ziziphus*. Raupen in Begleitung von Ameisen *(Plagiolepis pygmaea, Camponotus sicheli, Monomorium salomonis)*.

Tarucus balkanica

Gesamtverbreitung NW-Afrika, Sudan, S-Balkan, Griechenland, Türkei, Israel, Libanon, Iran, Irak, Saudi-Arabien, Transkaukasien, M-Asien.
▹ *T. balkanica* (Freyer, 1844), TF: Türkei.
Verbreitung Sehr vereinzelt und lokal. Marokko. Algerien. Tunesien. Kroatien: S-dalmatinische Küste. Albanien. Mazedonien. Bulgarien: Kresna, NO-Küste. Griechenland: N- und M-Griechenland, Korfu, (?)Samothraki. Europäischer Teil der Türkei. 50–850 m.
Beschreibung Ähnelt *T. rosacea* und *T. theophrastus*, aber Vfl-OS des ♂ meist mit größeren, kontrastreichen schwarzen Diskal- und Postdiskalflecken; dunkle Postdiskalflecke der Unterseite zusammenfließend; Unterschiede in den männlichen Genitalien.
Flugzeit Mehrere Generationen, Mitte April bis Oktober. 1. Generation oft sehr individuenarm, Populationsdichte steigt im Sommer rasch an.
Lebensraum Heiße offene Trockengebiete mit Gebüsch; oft mit reichlichen Beständen der Nahrungspflanze.
Lebensweise Nahrungspflanze in Europa und NW-Afrika, *Paliurus spina-christi*, daneben in N-Afrika *Ziziphus lotus*. Eiablage an Ästen, meist an Dornansätzen. Fressverhalten wie *T. theophrastus*. Raupen in Begleitung von Ameisen. Puppe überwintert.
Verhalten Beide Geschlechter wärmen sich frühmorgens auf Felsen sitzend auf, meist mit geschlossenen Flügeln. In Griechenland wird häufig eine *Satureja*-Art mit kleinen violetten Blüten als Nektarquelle genutzt.

Cyclyrius webbianus

nur auf den Kanarischen Inseln

♂

♀

Tarucus theophrastus

OS veilchenblau, Vfl-Diskoidalfleck länglich

♂

♀

Postdiskalflecke auf US durch Adern deutlich getrennt

Tarucus rosacea

nur in N-Afrika

OS blau mit rötlichem Schimmer, Vfl-Diskoidalfleck strichförmig

♀

♂

Postdiskalflecke auf US zusammenfließend

Tarucus balkanica

OS lila, deutliche Diskoidal- und Postdiskalflecke auf Vfl

♂

Postdiskalflecke auf US zusammenfließend

♀

♀ ohne weiße Flecke auf OS

Tarucus theophrastus

Tarucus rosacea

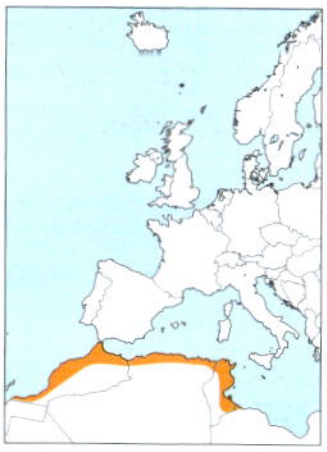

Tarucus balkanica

Azanus ubaldus

Gesamtverbreitung Kanarische Inseln, N- und tropisches Afrika, Ägypten, Jordanien, Israel, Saudi-Arabien, S-Asien.
▷ ***A. ubaldus*** (Stoll, 1782), TF: Sri Lanka.
Verbreitung Kanarische Inseln: Gran Canaria. S-Marokko. 400–1000 m. Auch in S-Algerien (1500 m) und S-Tunesien nachgewiesen.
Beschreibung Ähnelt *A. jesous*; aber beide Geschlechter kleiner, Vfl-US ohne Zellfleck (bei *A. jesous* meist vorhanden). Bei ♂ Oberseite blassblau, dunkler Marginalbereich sehr schmal, Vfl-OS mit deutlichem blauem Duftschuppenfleck (Unterscheidungsmerkmal), Duftschuppen sehr schmal, Länge variabel; Marginalflecke in Cu1-A1+2 der Hfl-OS klein, undeutlich; Unterseite blass graubraun mit weißlichen Querstrichen. Hfl-US mit 2 deutlichen runden Flecken an Kosta und 2 größeren Marginalflecken in Cu1-A1+2, basale Flecke kleiner, variabel, oft undeutlich. Bei ♀ Oberseite braun, basal oft mit schwacher blauer Bestäubung, weiße Striche der Unterseite deutlicher, übrige Zeichnung wie bei ♂.
Flugzeit Wahrscheinlich mehrere Generationen; Gran Canaria vor allem Ende Januar und Ende April; Marokko März bis Spätsommer.
Lebensraum Nur unmittelbare Umgebung der als Raupennahrung dienenden Akazienbäume in sehr heißen, trockenen Gebieten.
Lebensweise Nahrungspflanze auf Gran Canaria unbekannt, wahrscheinlich *Acacia* sp.; Marokko *Acacia raddiana, A. seyal*. Raupen in Begleitung von Ameisen (*Camponotus* sp., *Prenolepis* sp.).
Verhalten Falter fliegen zwischen den Zweigen der Akazien sehr schnell von Blüte zu Blüte (Nektarquelle). Eine ganze Kolonie kann sich auf einem einzigen Baum aufhalten, auch wenn weitere Akazien in der Nähe stehen.

Azanus jesous

Gesamtverbreitung Afrika, Ägypten, Israel, Libanon, Syrien, Saudi-Arabien, Jemen, Oman, Zypern.
▷ ***A. jesous*** (Guérin-Méneville, 1849), TF: Abessinien.
Verbreitung Marokko: S- und W-Marokko, in den Ebenen N von Marrakesch weit verbreitet, an S-Hängen des Hohen Atlas und Anti-Atlas eher vereinzelt und lokal. Meist 200–800 m, vereinzelt bis 1800 m.
Beschreibung Ähnelt *A. ubaldus*; beide Geschlechter größer, schwarzer Zellfleck auf Vfl-US (Unterscheidungsmerkmal), selten fehlend. Bei ♂ Oberseite blass lilablau, braune Marginalregion schmal, basalwärts unscharf; Vfl-OS mit dunklem Fleck am Zellende, Duftschuppenfleck undeutlich; Duftschuppen kurz, breit, grob gestreift; Marginalflecke in Cu1–A1+2 der Hfl-OS klein, undeutlich; unterseits graubraun, weiße Querstriche deutlich; Vfl-US mit kleinen dunklen Marginalflecken in R5–Cu1. Flecke auf Hfl-US wie bei *A. ubaldus*, aber größer, ein weiterer großer Marginalfleck in R–M1 und 2 undeutliche Flecke in M1–M3. Bei ♀ Oberseite blassbraun, manchmal mit blauer Bestäubung; Diskoidalfleck der Vfl-OS oft von helleren Schuppen umgeben, meist bis zum Innenrand; US-Zeichnung wie bei ♂.
Flugzeit Mindestens 3 sich überschneidende Generationen, Februar bis Sommerende.
Lebensraum Wie bei *A. ubaldus*.
Lebensweise Nahrungspflanze *Acacia gummifera*; andernorts im Verbreitungsgebiet *Acacia* sp., auch *Prosopis farcta* (Halbinsel Sinai), *Medicago* sp., *Entada* sp.
Verhalten Wie bei *A. ubaldus*.

Zizeeria knysna

Gesamtverbreitung Kanarische Inseln, Afrika, S-Portugal, S-Spanien, Ägypten, Israel, Libanon, Syrien, Irak, Saudi-Arabien, Türkei, Madagaskar.
▷ ***Z. knysna*** (Trimen, 1862), TF: Südafrika.
Syn.: *lysimon* Hübner, 1805 (ungültiges Homonym).
Verbreitung Kanarische Inseln, lokal in Küstenbereichen: La Palma, Teneriffa, Gran Canaria, Fuerteventura, La Gomera, El Hierro, Lanzarote. Marokko. W-Algerien. Malta. S-Portugal. Spanien, überwiegend in küstennahen Tälern: Cádiz, Málaga, Granada, Almería; in Flusstälern an der N-Seite der Sierra Nevada; Madrid, Santander, Benidorm. 0–1500 m.
Beschreibung Oberseite blau bis kobaltblau mit breiten schwarzbraunen Rändern.
Variation Bei ♂ breite schwarze Marginalbinde der Oberseite variabel. Bei ♀ Oberseite braun, manchmal mit blauer Beschuppung von Flügelbasis bis Diskalbereich; US-Zeichnung bei beiden Geschlechtern variabel.
Flugzeit Mehrere Generationen; Kanarische Inseln ganzjährig mit sich überschneidenden Generationen; NW-Afrika und Spanien Februar bis Oktober.
Lebensraum Feuchte Stellen in heißen Küstenschluchten; feuchte, sonnige Lichtungen in dicht bewaldeten Flusstälern, Oasen.
Lebensweise Nahrungspflanzen Gran Canaria *Amaranthus* sp.; NW-Afrika *Medicago sativa, M. truncatula, Acanthyllis* sp.; *Melilotus messanensis, Polygonum equisetiforme, Armeria delicatula, Tribulus terrestris*; S-Spanien *Medicago minima, M. lupulina, M. sativa*. In anderen Gebieten Oxalidaceae, Malvaceae und Euphorbiaceae. Raupen in Begleitung von Ameisen (*Tapinoma melanocephalum, Pheidole* sp.).

Zizeeria karsandra (ohne Bild)

Gesamtverbreitung N-Afrika, Saudi-Arabien, Zypern, Kreta, S-Asien, Australien.
▷ ***Z. karsandra*** (Moore, 1865), TF: Indien.
Verbreitung Weit verbreitet in O-Algerien und Tunesien. Kreta. 0–1500 m.
Beschreibung und Variation Ähnelt *Z. knysna*, kleine Unterschiede in den männlichen Genitalien. US-Zeich-

Azanus ubaldus

Azanus jesous

Zizeeria knysna

Azanus ubaldus

Azanus jesous

Zizeeria knysna

nung bei beiden Geschlechtern variabel. Bei ♀ blaue OS-Bestäubung variabel.
Flugzeit Mehrere Generationen, Ende Februar bis Oktober.
Lebensraum Wie bei *Z. knysna*.
Lebensweise Nahrungspflanzen in NW-Afrika *Melilotus indicus, Medicago sativa*.

Celastrina argiolus · Faulbaumbläuling

Gesamtverbreitung N-Afrika, Europa, Türkei bis M-Asien (40–67° N), Japan, N-Amerika.
▷ ***C. argiolus*** (Linnaeus, 1758), TF: England (Verity, 1943).
Verbreitung In NW-Afrika und fast ganz Europa weit verbreitet und häufig. Auf Mittelmeerinseln weit verbreitet. In Irland und N-Skandinavien vereinzelt; nicht in Schottland. 0–2600 m. **Beschreibung** Oberseite blassgrau mit braunschwarzem Rand, Unterseite bläulich weiß. **Variation** ♀ saisonal verschieden, bei 2. Generation schwarzer Rand der Vfl-OS breiter, basale blaue Überströmung dunkler blauviolett; schwarzer Kostalrand der Hfl-OS breiter. **Flugzeit** 2 Generationen; in NW-Afrika März bis Mai und Mitte Juni bis August (gelegentlich September bis Oktober); in Europa Anfang April bis Juni und Juli bis August. **Lebensraum** Verschieden. Trockene oder feuchte, gebüschreiche Stellen an Waldrändern oder auf Lichtungen. **Lebensweise** Nahrungspflanzen aus verschiedenen Familien. *Rubus*-Arten, *Filipendula ulmaria, Pyracantha coccinea, Ulex europaeus, Genista tinctoria, Spartium junceum, Dorycnium germanicum, Astragalus glycyphyllos, Medicago sativa, Melilotus albus, M. officinalis, Galega officinalis, Colutea arborescens, Robinia pseudoacacia, Euonymus europaeus, Rhamnus cathartica, Frangula alnus, Humulus lupulus, Calluna vulgaris, Erica arborea, Arbutus unedo, Escallonia rubra, Ligustrum vulgare, Syringa vulgaris, Ilex aquifolium, Cornus sanguinea, Hedera helix, Lythrum salicaria, Malus, Prunus, Ribes*. Eiablage an Kelch oder Stiel von Blütenknospen oder jungen Früchten, Raupe frisst daran, seltener an jungen Blättern. Raupen in Begleitung von Ameisen (*Lasius niger, L. alienus, L. fuliginosus, Camponotus japonicus, C. nearcticus, Formica subsericea, F. truncorum, Myrmica* sp.). Puppe überwintert.

Cupido argiades · Kurzschwänziger Bläuling

Gesamtverbreitung N-Spanien, M-, S- und O-Europa, Asien, Japan.
▷ ***C. (Everes) argiades*** (Pallas, 1771), TF: Samara, S-Russland.
Verbreitung Von N-Spanien (Kantabrisches Gebirge, Sierra de la Demanda, Pyrenäen) über Frankreich, S- und M-Deutschland, Schweiz (vereinzelt), M-Italien, NO-Sizilien. Schweden: Gotland. Litauen. Lettland. Balkan. Europäischer Teil der Türkei: Gelibolu. N-Griechenland, sehr lokal. Als Wanderfalter selten in Großbritannien, häufiger in Belgien, den Niederlanden, N-Deutschland, S-Schweden, Estland und S-Finnland. 0–1000 m. **Beschreibung** Bei ♂ der 1. Generation Oberseite blauviolett, 2. Generation weniger violett und dunkler; Hfl-OS manchmal mit kleinen, schwarzen Marginalflecken von M2 bis A3, auf der Unterseite orange Flecke in Cu1-A1+2, Schwänzchen bei Cu2 variabel. Bei ♀ Oberseite graubraun, oft mit blauer Diskal- und Basalbestäubung auf den Vorderflügeln und von Zelle bis in Marginalregion auf den Hinterfügeln. **Flugzeit** 2 Generationen, Ende April bis Mitte Juni und Juli bis August. **Lebensraum** Blüten- und gebüschreiche Stellen, grasige Böschungen, Waldlichtungen. **Lebensweise** Nahrungspflanzen *Lotus corniculatus, L. uliginosus, Securigera varia, Medicago sativa, Trifolium pratense, Astragalus glycyphyllos*. Raupen kannibalisch.

Cupido decolorata

Gesamtverbreitung SO-Europa, Türkei.
▷ ***C. (Everes) decolorata*** (Staudinger, 1886), TF: Wien, Österreich.
Syn.: *sebrus* Hübner, 1824 (Name abgelehnt durch ICZN op. 970).
Verbreitung S-Polen. Tschechien. Slowakei. S-Österreich. Ungarn. Slowenien. Rumänien. Mazedonien. Albanien. Bulgarien. N-Griechenland, sehr lokal, nur vom Falakron-Gebirge und dem Fuß der Rhodopen bekannt. 250–1000 m. **Beschreibung** Bei ♂ Oberseite blau, durch schwärzliche Schuppen verdunkelt; Schuppen gehen leicht verloren, Färbung erscheint selbst bei frischen Individuen leicht matt; schwarze Marginalbinde schmal, an den Adern auslaufend; Vfl-OS mit kleinem schwarzem Diskoidalfleck (vgl. *C. alcetas* und *C. argiades*); bei ♀ Oberseite dunkelschokoladenbraun.
Flugzeit 3 Generationen, Mai bis Juni, Juli bis August und September. **Lebensraum** Blüten- und gebüschreiche Stellen, sonnige Lichtungen in lockerem Laubwald. **Lebensweise** Nahrungspflanzen *Medicago sativa, M. lupulina*. Eiablage an Blüten, Raupe frisst an Blüten. Erwachsene Raupe überwintert.

Cupido alcetas

Gesamtverbreitung Spanien, S-Europa, Balkan, Türkei, S-Sibirien, Ural, Altai.
▷ ***C. (Everes) alcetas*** (Hoffmannsegg, 1804), TF: Österreich.
Verbreitung Vereinzelt und lokal. Spanien: Pyrenäen. S-Frankreich mit Korsika. N- und M-Italien. Schweiz. S-Österreich. S-Polen. Tschechien. Slowakei. Ungarn. Slowenien. Kroatien. Bosnien-Herzegowina. Mazedonien. Rumänien. Bulgarien. N-Griechenland. 50–1200 m. **Beschreibung und Variation** Bei ♂ Oberseite mit sehr schmalen schwarzen Rändern; Schwänzchen am Hinterflügel oft verkümmert; Vfl-OS ohne schwarzen Diskoidalfleck (vgl. *C. decolorata*). Bei ♀ Oberseite dunkelgraubraun. In N-Griechenland orangefarbiger Fleck im Analwinkel der Hfl-US oft reduziert oder fehlend. **Flugzeit** 3 Generationen, Ende Mai bis Juni, Juli bis August und Ende September. **Lebensraum** Lichtungen in lockerem Laubwald. **Lebensweise** Nahrungspflanzen *Securigera varia, Galega officinalis*. Eiablage an Blättern. Raupe frisst an Blättern und Blüten. Raupen in Begleitung von Ameisen (*Formica* (?)*cinerea* spp.).

Cupido argiades

Cupido decolorata

Cupido alcetas

Celastrina argiolus

Cupido argiades

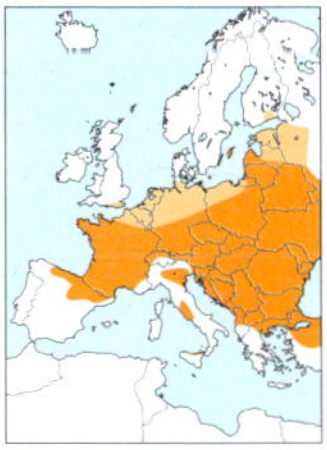

Cupido decolorata

Cupido alcetas

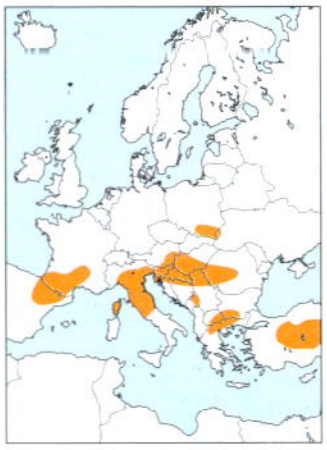

Celastrina argiolus

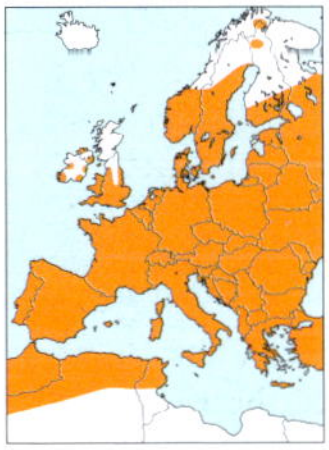

Cupido minimus · Zwergbläuling

Gesamtverbreitung Europa, Asien, Mongolei.

▷ *C. (Cupido) minimus minimus* (Fuessly, 1775), TF: Schweiz.

Syn.: *alsus* Denis & Schiffermüller, 1775; *trinacriae* Verity, 1919; letztere bei einigen Autoren als Unterart geführt.

Verbreitung Weit verbreitet und häufig. Von Spanien (Kantabrisches Gebirge, Montes Universales, Katalonien, Pyrenäen) bis Irland, Großbritannien, S- und W-Norwegen bis 69° N. N- und O-Schweden. S-Finnland. Baltikum. Balkan. Griechenland mit Korfu und Kos. 50–2800 m.

Beschreibung Oberseite braun, mehr oder weniger schwach blau bestäubt; Unterseite hellgrau mit kleinen schwarzen Punkten.

Variation Bei ♂ blassblaue OS-Beschuppung variabel, fehlt manchmal. Auf Sizilien *trinacriae* Verity, kleiner, Oberseite schwarz, blaue Schuppen fehlen. Ähnliche Form (*noguerae* Haig-Thomas) in Montes Universales, O-Spanien.

Flugzeit 1 oder 2 Generationen, April bis Juli oder April bis Juni und Ende Juli bis August. In sehr heißen Gebieten kann Vertrocknen der Nahrungspflanzen 2. Generation verhindern.

Lebensraum Verschieden. Offenes Grasland; trockene Felshänge und -schluchten, Waldlichtungen; auf basische Böden beschränkt.

Lebensweise Nahrungspflanze *Anthyllis vulneraria*. Eiablage an Basis der Blütenkelche. Raupe frisst ein Loch in den Kelch und danach junge Früchte und Blütenteile. Erwachsene Raupe überwintert; Diapause kann bis 15 Monate dauern. Raupen in Begleitung von Ameisen *(Lasius alienus, L. niger, Formica fusca, F. rufibarbis, Plagiolepis tauricus, Myrmica rubra)*. Verpuppung in lockerem Boden an der Basis der Nahrungspflanze.

▷ *C. (Cupido) minimus carswelli* Stempffer, 1927, TF: Sierra de Espuña, Spanien. Bei einigen Autoren als eigenständige Art geführt.

Verbreitung Nur in den Gebirgen S- und SO-Spaniens: Sierra de Tejeda, Sierra de Cazorla, Sierra de la Sarga, Sierra Segura, Sierra de Alcaraz, Sierra de Espuña. 1000–1800 m. (*C. lorquinii* in der Sierra de Tejeda unter 850 m).

Beschreibung Ähnelt der nominotypischen Unterart; bei ♂ Oberseite mit kleinem Fleck violetter Schuppen an der Basis, auf Hinterflügel manchmal entlang der Adern ausgedehnt.

Flugzeit 1 Generation, Ende April bis Anfang Juni.

Lebensraum Karbonatfels oder Trockenrasen, offene Gebüsche.

Lebensweise Nahrungspflanze *Anthyllis vulneraria*. Eiablage und Raupenentwicklung wie bei *C. minimus minimus*.

Cupido osiris · Kleiner Alpenbläuling

Gesamtverbreitung Spanien, S-Europa, Türkei, M-Asien.

▷ *C. (Cupido) osiris* (Meigen, 1829), TF: M-Europa.

Syn.: *sebrus* Boisduval, 1832 (Name abgelehnt durch ICZN op. 970).

Verbreitung N-, S- und O-Spanien. S-Frankreich. W-Schweiz. Italien: NW-Küsten und mittlerer Apennin. Slowakei. Österreich. Ungarn. Balkan. Griechenland: Festland und Limnos. Europäischer Teil der Türkei. 500–1800 m.

Beschreibung Bei ♂ Oberseite blauviolett mit scharf begrenzten, sehr schmalen schwarzen Marginallinien. Bei ♀ Oberseite dunkelbraun, Vfl-OS gelegentlich blau übergossen.

Flugzeit 1 oder 2 Generationen, Ende Mai bis Juli oder Ende April bis Ende Juni und Ende Juli bis Anfang September. 2. Generation wegen Vertrocknen der Nahrungspflanzen manchmal nur partiell oder ausbleibend (vgl. *C. minimus*).

Lebensraum Offene, grasige, blumenreiche Gebiete.

Lebensweise Nahrungspflanzen *Onobrychis*-Arten wie *O. viciifolia, O. montana, O. arenaria*. Eiablage an Blüten. Raupe frisst an Blüten und überwintert. Raupen der 1. Generation ruhen manchmal bis zum nächsten Frühjahr. Raupen in Begleitung von Ameisen *(Lasius alienus)*.

Cupido lorquinii

Gesamtverbreitung Marokko, Algerien, S-Portugal, S-Spanien.

▷ *C. (Cupido) lorquinii* (Herrich-Schäffer, 1847), TF: Spanien.

Verbreitung Marokko. Algerien. S-Portugal: Serra de Monchique. S-Spanien: Provinzen Cádiz, Málaga (Sierra Tejeda, Almijara, Mijas, Blanca, Ronda, Bermeja, Crestellina, Grazalema), Granada (Sierra Nevada, Sierra de Alfacar), Jaén (Sierra de Jabalcuz). 100–2700 m. (*C. minimus carswelli* kommt in der Sierra de Tejeda oberhalb 1000 m vor.)

Beschreibung Bei ♂ Oberseite blauviolett mit breiten schwarzen Marginalbinden. Bei ♀ Oberseite dunkelgraubraun, gelegentlich mit wenigen blauen Basalschuppen.

Flugzeit 1 Generation, Mitte April bis Juni, im Anti-Atlas manchmal schon Mitte Februar.

Lebensraum Ähnlich wie *C. minimus carswelli*.

Lebensweise Nahrungspflanze *Anthyllis vulneraria*. Eiablage, Raupenentwicklung und Anpassung an Nahrungspflanze ähnlich wie bei *C. minimus carswelli*. Raupen in Begleitung von Ameisen *(Plagiolepis pygmaea, Tapinoma nigerrimum)*. Puppe überwintert.

Cupido minimus minimus

OS bei ♂ meist mit silberblauer Basalbestäubung, manchmal ohne

Cupido minimus carswelli

OS bei ♂ meist mit violetter Basalbestäubung, manchmal ohne

nur in S- und SO-Spanien

Cupido osiris

Cupido lorquinii

OS bei ♂ mit breiter dunkler Marginalzone, an Adern auslaufend

Cupido m. minimus

Cupido m. carswelli

Cupido osiris

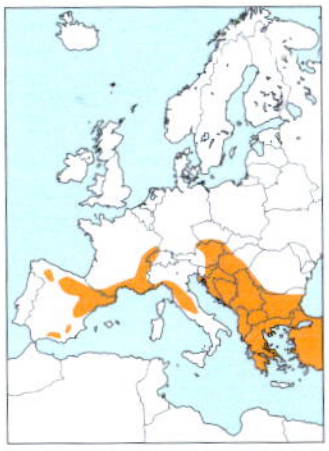

Cupido lorquinii

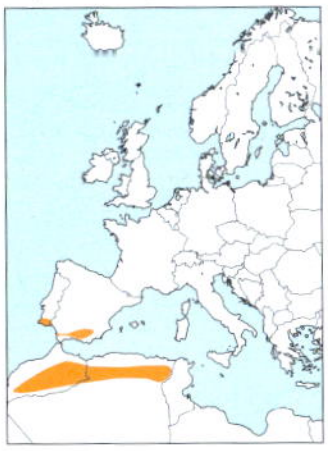

Glaucopsyche alexis · Alexis-Bläuling

Gesamtverbreitung Algerien, Tunesien, Europa, M-Asien, Amur.
▹ ***G. (Glaucopsyche) alexis*** (Poda, 1761), TF: Graz, Österreich.
Syn.: *cyllarus* Rottemburg, 1775.
Verbreitung Algerien, selten und lokal: Saida, Aflou, Batna, Khenchela, Coverdo, Col de Ben-Chiacao, Lambessa. Tunesien: Hammamet. In fast ganz Europa weit verbreitet und häufig, einschließlich Fennoskandinavien, Korsika, Sizilien, viele griechische Inseln, auch Korfu. 25–1500 m. Fehlt auf den Atlantischen Inseln, in W-Spanien, Großbritannien, N-Belgien, den Niederlanden, N-Deutschland, Baltikum, Balearen, Sardinien, Kreta.
Beschreibung und Variation Bei ♂ Oberseite mit breitem schwarzem Rand, Unterseite hellgrau ohne Marginalzeichnung, Postdiskalflecke der Vfl-US können stark reduziert sein. Beim ♀ ist basale blaue OS-Färbung variabel. In einigen Populationen ist Hfl-US beider Geschlechter grünlich blau übergossen (Frankreich, Dijon). In Skandinavien schwarze Postdiskalflecke der Hfl-US stark reduziert. In N-Afrika *melanoposmater* Verity; bei ♂ schwarze Postdiskalflecke und blaue US-Basalfärbung reduziert; bei ♀ Oberseite meist mit blauer basaler Beschuppung; ähnliche Formen auch in Europa.
Flugzeit 1 Generation, April bis Anfang Juli. Typische Form fliegt in N-Griechenland im April, doch Männchen mit breiten dunklen Oberseitenrändern im Juli; im Taygetos-Gebirge (1400–1600 m) schlüpft Anfang Juni eine ähnliche Form.
Lebensraum Verschieden. Blütenreiche Hänge, offenes Gelände mit Sträuchern, Feuchtwiesen, Waldlichtungen.
Lebensweise Nahrungspflanzen sind verschiedene Fabaceae, u. a. *Astragalus onobrychis, A. glycyphyllos, Galega officinalis, Vicia* spp., *Securigera varia, Calicotome villosa, Spartium junceum, Medicago* spp., *Melilotus alba, Onobrychis* spp., *Cytisus* spp., *Colutea arborescens*. Eiablage an Blüten. Raupe frisst an Blüten. Raupen in Begleitung von Ameisen *(Lasius alienus, Formica pratensis, F. selysi, F. fusca, F. cinerea, F. nemoralis, F. subrufa, Camponotus aethiops, C. maxiliensis, Myrmica scabrinodis, Crematogaster auberti, Tapinoma erraticum)*. Puppe überwintert, gelegentlich zweimal.

Glaucopsyche melanops

Gesamtverbreitung N-Afrika und SW-Europa.
▹ ***G. (Glaucopsyche) melanops*** (Boisduval, 1828), TF: Aix-en-Provence, Frankreich.
Verbreitung Marokko. Algerien: Algier, Lambessa. Tunesien. 600–2600 m. N-Portugal. Spanien. 600–1100 m. SO-Frankreich: Haute-Garonne, O-Pyrenäen bis Ardèche und Basses-Alpes. Italien: W-Ligurische Alpen. 100–800 m.
Beschreibung Unterseite blass graubraun mit schwacher Marginalzeichnung (vgl. *G. alexis*).
Variation Bei ♀ blaue OS-Bestäubung variabel, reicht bis zum Außenrand oder fehlt. In N-Afrika und S-Spanien *algirica* Heyne; bei ♂ OS-Randstreifen 2–3 mm breit, US-Marginalzeichnung kräftiger, Hfl-US mit schwachen grauen Marginalflecken; bei ♀ blaue OS-Basalbestäubung reduziert oder fehlend. In Katalonien Übergangsform. Im Hohen Atlas (bis 2600 m) *alluaudi* Oberthür; bei ♂ Oberseite hellviolett getönt, dunkle Marginalregion meist breiter; bei ♀ blaue OS-Basalbestäubung stark reduziert oder fehlend.
Flugzeit 1 Generation, Mitte April bis Mai; in Nordafrika Februar bis Juni. In Tunesien möglicherweise 2. Generation im September und Oktober.
Lebensraum Gebüsche oder lichte Wälder, oft mit *Erica arborea* und *Spartium junceum*. Trockengebiete mit Ginsterbüschen.
Lebensweise Nahrungspflanzen *Dorycnium decumbens, D. suffruticosum, Genista* sp., *Lotus hispidus, Anthyllis cytisoides*; in N-Afrika *Ononis atlantica, Adenocarpus anagyrifolius, Hedysarum flexuosum*. Eiablage an Blüten. Raupe frisst an Blüten. Raupen in Begleitung von Ameisen *(Camponotus foreli, C. cruentatus, C. micans, C. sylvaticus)*. Puppe überwintert, gelegentlich zweimal.

Turanana taygetica

Gesamtverbreitung Griechenland.
▹ ***T. taygetica*** (Rebel, 1902), TF: Taygetos-Gebirge, Griechenland.
(Von *T. panagea* (Herrich-Schäffer, 1851), Syn. *endymion* Freyer, 1851, abgetrennt, deren Verbreitungsgebiet Teile der Türkei, Armenien, Syrien, Iran umfasst.)
Verbreitung S-Griechenland: Chelmos-Gebirge, Taygetos-Gebirge. 1500–2300 m.
Beschreibung und Variation Bei ♂ Oberseite mattblau; schwarze Marginalbinde 2 mm breit; Zellende der Vfl-OS fein schwarz gezeichnet, oft halbmondförmig; Unterseite grau, Postdiskalflecke im Vorderflügel groß – in M3–Cu1 deutlich zum Außenrand versetzt; Hinterflügel mit matt gelblich braunem Submarginalfleck in Cu1–Cu2 (meist undeutlich, oft fehlend). Bei ♀ Oberseite braun, Unterseite graubraun. Im Chelmos-Gebirge Unterseite bei ♂ brauner, Hfl-Fleck in Cu1–Cu2 orange, meist deutlich, manchmal fehlend, auch bei ♀.
Flugzeit 1 Generation, Ende Mai bis Mitte Juli.
Lebensraum Ungeschützte, trockene Felsen mit kleinwüchsigen, meist polsterförmigen Sträuchern, auf Karbonat. Populationen sehr klein, auf wenige Hundert Quadratmeter beschränkt. In allen bekannten Lebensräumen auch *Lycaena thetis*.
Lebensweise Nahrungspflanze *Acantholimon ulicinum*. Eiablage an Blütenkelchen, an denen die Jungraupen fressen. Puppe überwintert. Stark an Nahrungspflanze angepasst, die mancherorts auch von *Lycaena thetis* genutzt wird.
Verhalten Männchen streifen auf der Suche nach Wasser manchmal weit umher, wurden an feuchten Stellen

Glaucopsyche alexis

Glaucopsyche melanops

Turanana taygetica

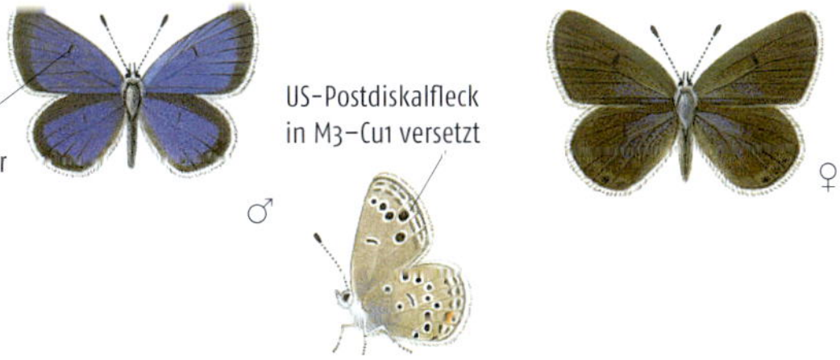

in 1150 m Höhe beobachtet. Bei warmer Witterung und Windstille erscheinen Falter manchmal zahlreich an *Crataegus pycnoloba*, um sich zu sonnen. Gern an Blüten von *Thymus*.

Naturschutz Im Chelmos-Gebirge stellt Tourismus eine große Gefahr für diese Art dar, auch für *Lycaena thetis*.

Glaucopsyche alexis

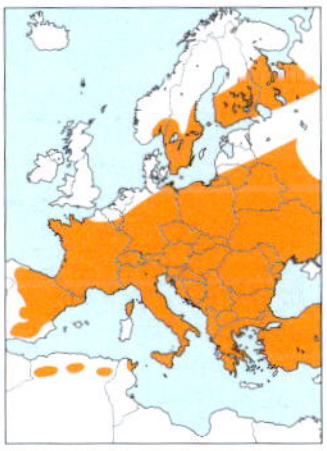

Glaucopsyche melanops

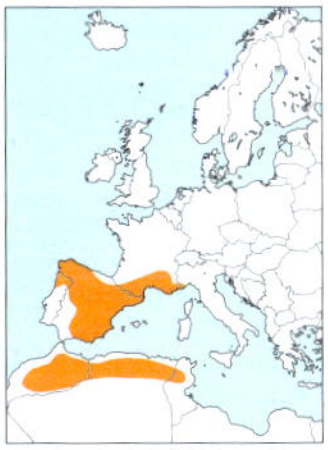

Turanana taygetica

Phengaris alcon · Enzian-Ameisenbläuling

Gesamtverbreitung N-Spanien, M- und O-Europa, Dänemark, S-Schweden, Türkei, Kaukasus, Sibirien, M- und S-Ural, Kasachstan, Mongolei, Altai.
▹ *P. alcon* (Denis & Schiffermüller, 1775), TF: Wiener Gegend, Österreich.
Syn. (Gattung): *Maculinea* van Eecke, 1915.
Verbreitung Sehr lokal, meist sehr vereinzelt. N-Spanien: Provinz Santander (Herrera). Frankreich. NO-Belgien. Deutschland. SW-Schweden und W-Dänemark. N-Italien. Schweiz. Österreich. Slowakei. Ungarn. Polen. Litauen. 0–1000 m. **Beschreibung** Bei ♂ Oberseite einheitlich mattblau, Unterseite ocker ohne blaue Basalbestäubung. **Flugzeit** 1 Generation, Mitte Juni bis Mitte August, am häufigsten Ende Juli. **Lebensraum** Nasse Wiesen, meist im Überschwemmungsbereich von Flüssen oder Seen. **Lebensweise** Nahrungspflanzen *Gentiana pneumonanthe, G. asclepiadea*. Eiablage einzeln, aber oft zahlreich an Blütenknospen. Jungraupen leben und fressen in den Blütenkelchen, später parasitisch in Ameisennestern von *Myrmica ruginodis, M. rubra* oder *M. scabrinodis*, wo sie von den Wirtsameisen gefüttert werden. Überwinterung und Verpuppung im Ameisennest. **Naturschutz** Entwässerung, auch etwas weiter vom Lebensraum entfernter Flächen, stellt eine große Gefahr dar, besonders bei längeren Trockenperioden. Ungünstige Witterungsbedingungen können sich in den oft sehr kleinen Lebensräumen schnell negativ auswirken.

Phengaris rebeli

Gesamtverbreitung N-Spanien, mittleres S-, O-, SO-Europa.
▹ *P. rebeli* (Hirschke, 1904), TF: Österreich.
Syn. (Gattung): *Maculinea* van Eecke, 1915.
Nach neueren Untersuchungen (2004) gilt *P. rebeli* als nicht unterscheidbar und Synonym von *P. alcon* und somit nicht mehr als eigenständige Art. Hier sind die beiden Taxa jedoch noch getrennt dargestellt.
Verbreitung Sehr vereinzelt und sehr lokal. N-Spanien: Picos de Europa, Sierra de la Demanda, Provinzen Soria, Santander, Huesca, Gerona. Frankreich: O-Pyrenäen, Massif Central, Basses- und Hautes-Alpes. Italien: Zentralapennin, Dolomiten, Apuanische Alpen. Schweiz. S-Deutschland. Tschechien. Slowakei. S-Polen. S-Balkan. N-Griechenland: Pindos-Gebirge, Falakron-Gebirge, Rhodopen, Cholomon. 600–2250 m. **Beschreibung und Variation** Ähnelt *P. alcon*; bei ♂ Oberseite intensiver blau ohne violette Tönung. Im Bakony-Gebirge *xerophila* Berger; beide Geschlechter größer, bei ♀ Oberseite sehr dunkelgrau. **Flugzeit** 1 Generation, Mitte Juni bis Juli. **Lebensraum** Feuchte oder nasse Wiesen, aber auch trockenere Gebiete; feuchte Waldlichtungen; trockene, grasige Schluchten oberhalb der Waldgrenze. **Lebensweise** Nahrungspflanze *Gentiana cruciata*, auch *G. asclepiadea, Gentianella germanica*. Eiablage und Lebenszyklus wie bei *P. alcon*. Wirtsameisen sind *Myrmica scabrinodis, M. sabuleti, M. schencki, M. sulcinodis*. **Naturschutz** Viele Populationen sind wegen der meist geringen Lebensraumgröße sehr anfällig. Schädigung der Nahrungspflanzen durch Beweidung, Zertreten und Abpflücken stellt große Gefahr dar.

Phengaris teleius · Heller Wiesenknopf-Ameisenbläuling

Gesamtverbreitung Pyrenäen, M-Europa, Kaukasus, M- und S-Ural, Sibirien, Kasachstan, Mongolei, N-China, Korea, Japan.
▹ *P. teleius* (Bergsträsser, 1779), TF: Hanau, W-Deutschland.
Syn.: *euphemus* Hübner, 1800; (Gattung) *Maculinea* van Eecke, 1915.
Verbreitung Sehr lokal und selten. Spanien: Valle d'Aran. Frankreich: Gers, Gironde, Dordogne, Charante, Isère, Savoie, Haut-Rhin. N-Schweiz. N-Italien: Piemont, Triest. Deutschland. Österreich. Ungarn. Tschechien. Slowakei. S-Polen. SW-Lettland. Belgien. Niederlande. 700–1600 m. Oft zusammen mit *P. nausithous*. **Beschreibung** Ähnlich *P. arion*; dunkle Submarginalbinden breiter, Hfl-US ohne blaue Basalbestäubung. **Flugzeit** 1 Generation, Mitte Juni bis Mitte August. **Lebensraum** Feuchtwiesen mit häufigem Vorkommen der Nahrungspflanze. **Lebensweise** Nahrungspflanze *Sanguisorba officinalis*. Eiablage an Blüten. Jungraupen fressen an Blüten, später werden sie von Ameisen *(Myrmica sabuleti, M. rubra, M. scabrinodis, M. vandeli)* adoptiert und ernähren sich räuberisch von deren Brut. Verpuppung im Wirtsameisennest.

Phengaris nausithous Dunkler Wiesenknopf-Ameisenbläuling

Gesamtverbreitung N-Spanien, O-Frankreich, M-Europa, bis 52° N, Türkei, Kaukasus, M- und S-Ural, Altai.
▹ *P. nausithous* (Bergsträsser, 1779), TF: Hanau, W-Deutschland.
Syn.: *arcas* Rottemburg, 1775 (ungültiges Homonym); (Gattung) *Maculinea* van Eecke, 1915.
Verbreitung Sehr lokal und selten. N-Spanien: Picos de Europa, Soria, Sierra de la Demanda. O-Frankreich: Savoie, Isère, Ain, Côte-d'Or, Haut-Rhin, Vogesen. N-Schweiz. M- und S-Deutschland. Österreich (nicht in Tirol). Tschechien. Slowakei. Ungarn. 700–1600 m. Oft zusammen mit *P. teleius*. **Beschreibung** Wie *P. teleius*, aber Oberseite stark verdunkelt; Unterseite einheitlich dunkelocker. Bei ♀ Oberseite einheitlich braun. **Flugzeit** 1 Generation, Mitte Juni bis Mitte August. **Lebensraum** Feuchtwiesen mit häufigem Vorkommen der Nahrungspflanze. Lebensraum wie *P. teleius*, aber trockene Ränder bevorzugt. **Lebensweise** Nahrungspflanze *Sanguisorba officinalis*. Eiablage an Blüten. Lebenszyklus ähnlich wie bei anderen *Phengaris*-Arten. Raupen (parasitisch) und Puppen in Ameisennestern von *Myrmica rubra, M. scabrinodis*.

Phengaris alcon

OS bei ♂ blau mit violettem Schimmer

♀ einheitlich dunkelgraubraun mit geringer blauer Basalbestäubung

US ohne blaue Basalbestäubung

♂ ♀

Phengaris rebeli

OS bei ♂ blau ohne violetten Schimmer

♂ ♀

Phengaris teleius

OS bei ♂ mit dunkler Randbinde, an Adern auslaufend

♂ ♀

Phengaris nausithous

Diskalregion dunkelviolettblau, breite Randbinden

Fransen braun

US einfarbig zimtbraun

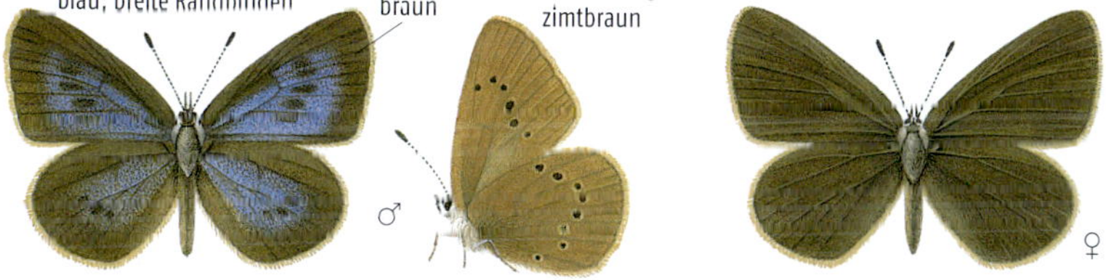

♂ ♀

Phengaris alcon

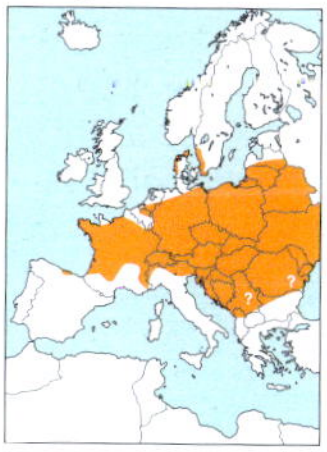

Phengaris rebeli

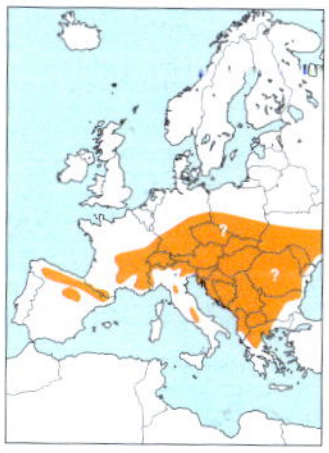

Phengaris teleius

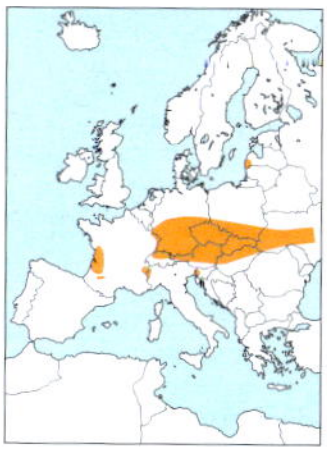

Phengaris nausithous

Phengaris arion · Thymian-Ameisenbläuling

Gesamtverbreitung Europa, Türkei, Russland, W-Sibirien, S-Ural, N-Kasachstan, Mongolei, China, Japan.
▹ ***P. arion*** (Linnaeus, 1758), TF: Nürnberg, Deutschland. Syn. (Gattung): *Maculinea* van Eecke, 1915.
Verbreitung N- und M-Spanien. Italien. N- und M-Griechenland. Europäischer Teil der Türkei. Ganz Europa bis S-Schweden, Litauen, Lettland (selten und lokal), Estland, S-Finnland. 50–2000 m. Nicht in Portugal, N-Belgien, N-Niederlanden, N-Deutschland und auf Mittelmeerinseln (außer Korsika). Künstliche Wiederansiedlung in Großbritannien.
Variation In Küstenregionen SO-Frankreichs, NW-Italiens und auf Korsika f. *ligurica* Wagner mit kräftiger schwarzer OS-Zeichnung. Ähnliche und Übergangsformen bei den meisten Tieflandpopulationen. In Zentralalpen, Balkan und Griechenland oberhalb 1500 m f. *obscura* Christ; OS-Postdiskalregion grau, schwarze Postdiskalflecke undeutlich, Basalbestäubung mattblau mit violettem Anflug. Sehr ähnliche Form in der SO-Schweiz und Griechenland bei 1000–1400 m; blaue OS-Beschuppung intensiver, reicht bis Submarginalregion, schwarze Marginalregion und Postdiskalzeichnung deutlich ausgebildet; in Griechenland häufig Übergangsformen. Mit zunehmender Höhenlage wird die Oberseite dunkler.
Flugzeit 1 Generation, Ende Mai bis Juli.
Lebensraum Trockenrasen mit Sträuchern, Waldlichtungen.
Lebensweise Nahrungspflanzen sind *Thymus*-Arten. Eiablage an Blüten. Lebenszyklus ähnlich wie *P. teleius*. Raupe (parasitisch) und Puppe in Ameisennestern *(Myrmica sabuleti, M. scabrinodis)*.

Iolana iolas · Blasenstrauchbläuling

Gesamtverbreitung Marokko, Algerien, Spanien, S- und SO-Europa, Türkei, Iran.
▹ ***I. iolas*** (Ochsenheimer, 1816), TF: Ungarn.
Verbreitung Weit verbreitet, meist sehr lokal. Marokko: Hoher Atlas, Anti-Atlas. Algerien: Medea, Berrouaghia, Blida, Aflou, El Bayadh, Djelfa, Batna. S- und O-Spanien: Sierra Nevada, Montes Universales, Katalonien. S-Frankreich: O-Pyrenäen bis Provence und Savoie. Schweiz: Rhône-Tal. N- und M-Italien. Österreich. Ungarn. Balkan. Griechenland. 100–1700 m.
Beschreibung Bei ♂ Oberseite glänzend blau mit schmaler schwarzer Marginalbinde. Bei ♀ variiert Ausdehnung der Blaufärbung.
Variation In NW-Afrika *debiliata* Schultz; bei beiden Geschlechtern US-Marginalzeichnung undeutlich; bei ♂ Oberseite mehr violettblau; blaue OS-Beschuppung bei ♀ intensiv. Ähnliche Formen in Spanien – *thomasi* Hemming (Montes Universales), *farriolsi* de Sagarra (Katalonien).
Flugzeit 1 Generation, Mai bis Anfang Juli; einzelne frische Falter August bis September. **Lebensraum** Trockene, strauchbewachsene Orte, meist auf basischen Böden.
Lebensweise Nahrungspflanze *Colutea arborescens*; in NO-Griechenland *C. cilicica*. Eiablage an Blütenkelch oder Früchten. Raupe frisst nur an Früchten. Myrmekophilie stark ausgeprägt, Symbiose mit *Tapinoma erraticum*. Puppe überwintert unter Steinen, gelegentlich zweimal.

Maurus vogelii

Gesamtverbreitung Marokko.
▹ ***M. vogelii*** Oberthür, 1920, TF: Tizi-n-Taghzeft, Marokko.
Verbreitung Marokko, sehr lokal: Taghzeft-Pass, Timhadit, Itzer, Hoher Atlas, Tizi-n-Test. 1900–2880 m.
Variation Im Hohen Atlas *insperatus* Tennent; bei ♂ Unterseite brauner mit gelblichem Anflug; orange Submarginalzeichnung blasser, basalwärts davon nur undeutliche oder fehlende weiße Flecke; Diskal- und Postdiskalpunkte schwächer weiß umringt.
Flugzeit 1 Generation, Mitte August bis Mitte September.
Lebensraum Trockene, steinige Stellen mit sehr spärlicher Vegetation, steile Hänge.
Lebensweise Nahrungspflanze *Erodium foetidum*. Raupe frisst nachts, ruht tagsüber an der Pflanzenbasis. Raupen in Begleitung von Ameisen.

Phengaris arion

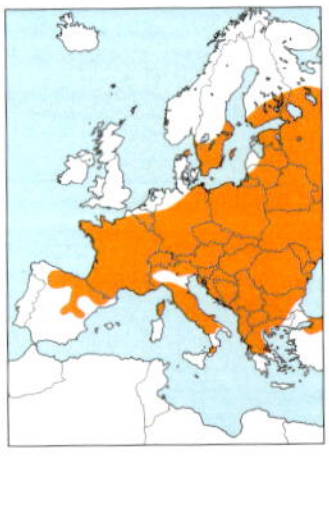

Iolana iolas

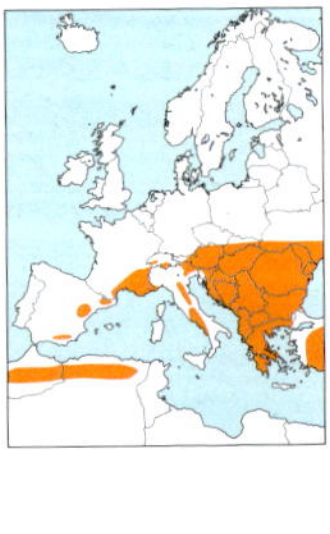

Phengaris arion

Stammform

Hfl-US basal bläulich grün bestäubt

f. *obscura*

Ausdehnung und Intensität der blauen OS-Tönung variiert je nach Höhenlage

Iolana iolas

Maurus vogelii

OS mit auffälligem Diskoidalfleck, Fransen stark gescheckt

nur in Marokko

Maurus vogelii

Scolitantides orion · Fetthennenbläuling

Gesamtverbreitung Spanien, S-Frankreich, N-Italien, O- und SO-Europa, S-Fennoskandinavien, Türkei, M-Asien, Japan.
▷ ***S. orion*** (Pallas, 1771), TF: O-Russland.
Syn.: *lariana* Fruhstorfer, 1910; bei einigen Autoren als Unterart geführt.
Verbreitung Sehr lokal und lückenhaft in 2 getrennten Gebieten. Spanien: Sierra de Espuna, Montes Universales, Alicante bis Katalonien, Huesca. S-Frankreich: Gironde, Lot-et-Garonne, Massif Central, O-Pyrenäen bis Basses-Alpes, Korsika. N-Italien. S-Schweiz. Österreich. S- und O-Deutschland: Mainfranken, Mittelrheintal, Bayern, Thüringen, Sachsen. S-Polen. Ungarn. Balkan. N-Griechenland: Orvilos, Falakron-Gebirge, Rhodopen, Askion-Gebirge, Olymp. Europäischer Teil der Türkei. 200–1100 m. Sehr lokal in Küstengebieten Fennoskandinaviens: S-Norwegen, S-Schweden, S-Finnland. 0–300 m. Nicht in Portugal, auf der Apenninhalbinsel und auf den Mittelmeerinseln außer Korsika.
Beschreibung Bei ♂ Oberseite silber- bis violettblau, Adern schwarzbraun, dunkle Marginalregion mit einer Reihe silberblauer Flecke, Fransen kontrastreich weiß und braun gescheckt. ♀ schwarzbraun mit wenig Blau.
Variation Deutliche lokale und regionale Variation. Bei *lariana* Fruhstorfer reicht Blaufärbung der Vorderflügel des ♂ nur bis zum Diskoidalfleck; ♀ oberseits schwarzbraun.
Flugzeit 1 Generation, Ende Mai bis Juni; in einigen Gebieten der Schweiz 2 Generationen, April bis Mai und Juli bis August. In Fennoskandinavien Mitte Mai bis Juni.
Lebensraum Trockene, oft sehr heiße, steinige Hänge, Böschungen, Schluchten; oft zwischen Sträuchern, manchmal Grasflächen in lichtem Laubwald auf felsigem Grund; meist auf Karbonatgestein.
Lebensweise Nahrungspflanzen *Sedum album, S. telephium, S. hispanicum*. Eiablage an Blattbasis, wo dann auch die Raupe frisst. Puppe überwintert unter Steinen, manchmal in kleinen Hohlräumen in losem Sand unweit der Nahrungspflanze.

Pseudophilotes bavius

Gesamtverbreitung Marokko, Algerien, SO-Europa, Türkei, Kaukasus, Krim, S-Ural.
▷ ***P. bavius*** (Eversmann, 1832), TF: S-Ural.
Verbreitung Weit voneinander getrennte Populationen. Marokko, sehr lokal: Mittlerer Atlas (Anosseur, Ifrane, Azrou, Immouzer). Algerien: Aures-Gebirge (Lambessa, Col de Telmet). Rumänien: Cluj, Bistrita Nasaud (Transsylvanien). Mazedonien: Skopje (Treska-Tal), Gradsko. Griechenland: Askion-Gebirge, Chelmos-Gebirge und Umland (Kalavrita, Zachlorou), nach S bis Sparta. Europäischer Teil der Türkei. 600–1800 m.
Variation In Rumänien *hungaricus* Dioszeghy; bei ♂ Oberseite silbergrau. In Mazedonien *macedonicus* Schultze; bei ♂ Oberseite matt graublau, Marginalflecke der Hfl-OS fehlen bis auf kleinen blassorangen Fleck im Analwinkel. Auf der Peloponnes *casimiri* Hemming; bei ♂ Oberseite intensiv blau, orange Hfl-Marginalflecke deutlich. Im Askion-Gebirge Falter der beiden Formen *casimiri* und *macedonicus*. In Marokko und Algerien *fatma* Oberthür; beim ♂ reichen die kräftigen orangen Marginalflecke der Hfl-OS bis Ader Sc; bei ♀ blaue OS-Beschuppung intensiver.
Flugzeit 1 Generation, Mitte Mai bis Juni, in Nordafrika schon ab Ende April.
Lebensraum Trockene geschützte Felshänge oder -schluchten; Blumenwiesen; kleine freie Flächen zwischen Sträuchern; Waldlichtungen; auf basischen Böden.
Lebensweise Nahrungspflanzen *Salvia*-Arten; Rumänien *S. nutans*; NW-Griechenland *S. officinalis*; S-Griechenland *S. verbenaca*; N-Afrika *S. argentea*. Eiablage an Blütentrieben oder Blättern. Raupen fressen an Blüten, seltener an Blättern oder Stängeln. Raupen meist grün, manchmal rosa, wenn an Blüten fressend. Puppe überwintert, wurde im Freiland unter der Nahrungspflanze gefunden.
Verhalten Falter ruhen oft auf Grundblättern der Nahrungspflanze.
Naturschutz In S-Griechenland sind wohl die meisten Lebensräume durch Beweidung gefährdet, Schafe und Ziegen bevorzugen Blütenstiele von *S. verbenaca*.

Pseudophilotes barbagiae

Gesamtverbreitung Sardinien.
▷ ***P. barbagiae*** de Prins & van der Poorten, 1982, TF: Sardinien, Italien.
Verbreitung Endemisch auf Sardinien: Monti del Gennargentu (Fonni, Lanusei, Desulo). 800–1500 m.
Beschreibung Bei ♂ Oberseite dunkelgraubraun, blaue Basalbeschuppung bis zur Postdiskalregion abnehmend; schwarzer Diskoidalfleck klein oder rudimentär, Unterseite dunkler als bei *P. baton*; orange Marginalflecke der Hfl-US schwach ausgebildet, meist nur angedeutet. ♀ ähnlich, Oberseite einfarbig dunkelbraun. Unterscheidung von ähnlichen Arten durch Untersuchung der männlichen Genitalien.
Flugzeit 1 Generation, Mai bis Juni.
Lebensraum Freie felsige Flächen in Trockenbuschvegetation, Felshänge.
Lebensweise Nahrungspflanze *Thymus* (?)*herba-barona*.

Scolitantides orion

Fransen kräftig gescheckt

var. *lariana*

Farbvariationen

US-Zeichnung
sehr deutlich

Pseudophilotes bavius

Hfl-US mit auffälligen
orangen Randmonden

var. *casimiri*

var. *macedonicus*

var. *fatma*
(Marokko und Algerien)

Hfl-US mit auffälliger orangeroter
Submarginalbinde

Pseudophilotes barbagiae

nur auf Sardinien

Scolitantides orion

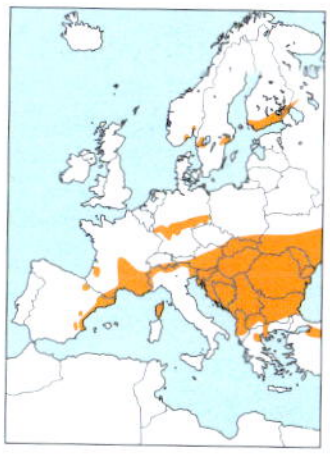

Pseudophilotes bavius

Pseudophilotes barbagiae

Pseudophilotes baton · Graublauer Bläuling

Gesamtverbreitung N-Portugal, N-Spanien, Frankreich, S- und M-Europa.

▹ ***P. baton*** (Bergsträsser, 1779), TF: Hanau, Deutschland.

Verbreitung N-Portugal. N-Spanien. Frankreich bis 49° N und Korsika. Schweiz. Italien mit Sizilien. S-Deutschland. W-Tschechien. Polen. W-Österreich. Belgien. S-Schweden. 200–2000 m. **Beschreibung** Oberseite hellgraublau, Hfl-US mit orangeroter Submarginalbinde. ♀ intensiver gefärbt. **Flugzeit** Meist 2 Generationen, April bis Juni und Juli bis Anfang September; in höheren Lagen nur 1 Generation, Juni bis Juli. **Lebensraum** Blumenreiche Trockenrasen; geschützte Hänge; felsige Schluchten. **Lebensweise** Nahrungspflanzen *Thymus serpyllum, T. vulgaris, T. nitens, T. praecox, Satureja montana, S. hortensis, Lavandula stoechas, L. angustifolia, L. latifolia, Mentha suaveolens, M. longifolia, M. × rotundifolia, Calamintha nepeta.* Eiablage an Blüten, manchmal an Blattstielen. Raupe frisst an Blüten und jungen Früchten, benötigt direktes Sonnenlicht und hohe Temperaturen für gesunde Entwicklung. Raupen in Begleitung von Ameisen *(Lasius alienus, Myrmica scabrinodis).* Puppe überwintert.

Pseudophilotes vicrama

Gesamtverbreitung O-Europa, Balkan, Griechenland, Türkei, M-Asien, Tienschan, China.

▹ ***P. vicrama vicrama*** (Moore, 1865), TF: Kumawur, NW-Indien.

▹ ***P. vicrama schiffermuelleri*** (Hemming, 1929), TF: Altenberg, Österreich.

Verbreitung S-Finnland. Baltikum. Polen. SO-Deutschland. Tschechien. Slowakei. Österreich. NO-Italien: Trentino-Alto Adige. Ungarn. Balkan. Griechenland mit Korfu, Kithira, Kreta, Skyros, Andros, Paros, Sifnos, Limnos, Lesbos, Chios, Ikaria, Samos, Karpathos, Rhodos, Kos. Europäischer Teil der Türkei. 0–1900 m. **Beschreibung und Variation** Ähnelt *P. baton*. Etwas größer, besonders ♀. Submarginalflecke der Hfl-US von M2 bis A3 deutlich ausgebildet. Beide Arten anhand der Strukturen der männlichen Genitalien gut unterscheidbar (individuell und regional variabel). **Flugzeit** 2 Generationen, April bis Anfang Juni und Juli bis August. **Lebensraum** Strauchbewachsene Trockengebiete, Grashänge, felsige Schluchten, Waldlichtungen. **Lebensweise** Nahrungspflanzen *Thymus longicaulis* ssp. *chaubardii, T. odoratissimus, T.* (?)*comptus, T. ocheus, T. striatus* oder *atticus, Satureja montana, S. thymbra.* Eiablage, Frühentwicklung und Überwinterung wie bei *P. baton*. Raupe stark myrmekophil, Ameisen der Symbiose nicht näher bestimmt. Bei Raupen tritt unter Zuchtbedingungen Verpuppungshemmung auf, wahrscheinlich wegen des Fehlens von Ameisen.

Pseudophilotes panoptes

Gesamtverbreitung Portugal, Spanien.

▹ ***P. panoptes*** (Hübner, 1813), TF: Spanien.

Verbreitung Portugal und Spanien südlich des Kantabrischen Gebirges und der Pyrenäen, dort weit verbreitet und häufig. 600–1900 m. **Beschreibung** Ähnelt *P. baton*. Blassorange oder gelbe Submarginalflecke auf Hfl-US des ♂ undeutlich oder fehlend. **Flugzeit** 2 Generationen, Ende März bis Juni und Juli bis August. **Lebensraum** Wie bei *P. baton*. **Lebensweise** Nahrungspflanze *Thymus mastichina, T. villosus, Satureja montana.*

Pseudophilotes abencerragus

Gesamtverbreitung Marokko, Algerien, Tunesien, Portugal, Spanien, Ägypten, Israel, Jordanien, W-Arabien.

▹ ***P. abencerragus*** (Pierret, 1837), TF: Provinz Oran, Algerien.

Verbreitung Weit verbreitet, aber lokal. Marokko. Algerien. Tunesien. S-Portugal: Serra da Estrela, Alemtejo, Algarve. M- und S-Spanien: Provinzen Madrid, Extremadura, Cuenca, Jaén, Málaga. 100–2500 m. **Variation** Bei Populationen in N-Afrika Unterseite blasser als auf der Iberischen Halbinsel, manchmal gelblich grau. **Flugzeit** Iberische Halbinsel 1 Generation, April bis Mai; Hoher Atlas 2 Generationen, Ende März bis Anfang Juni und August bis September (gelegentlich frische Falter im Juli). **Lebensraum** Trockene, blütenreiche Lagen, oft mit lichtem Strauchbewuchs. **Lebensweise** Nahrungspflanzen in NW-Afrika *Thymus hirtus, T. pallescens, Salvia taraxacifolia, Medicago*; in Spanien *Cleonia lusitanica*. Eiablage an Blattunterseite, Raupen fressen in Blütenköpfen.

Pseudophilotes baton

Pseudophilotes vicrama

Pseudophilotes panoptes

Pseudophilotes abencerragus

Pseudophilotes baton

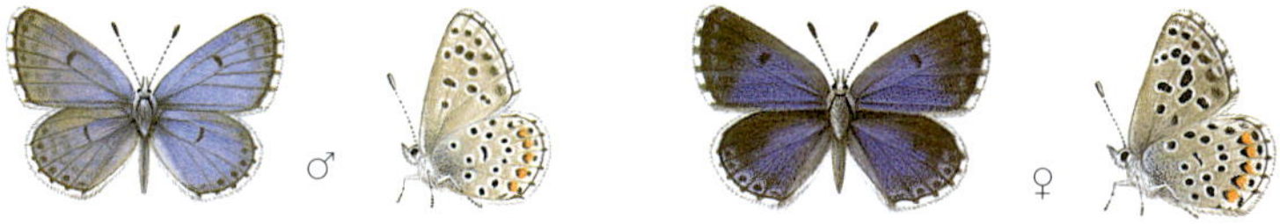

Pseudophilotes vicrama

OS variabel

Pseudophilotes panoptes

blassorange Submarginal-
flecke der Hfl-US undeutlich

Pseudophilotes abencerragus

Oberseite bei
♂ leuchtend
dunkelblau

orange Submarginalbinde der
Hfl-US fehlt oder nur angedeutet

Chilades trochylus

Gesamtverbreitung Griechenland, Türkei, Zypern, Ägypten, Mittlerer Osten, Iran, Afghanistan, Zentralafrika.
▹ *C. trochylus* (Freyer, 1845), TF: Türkei.
Verbreitung Sehr lokal und vereinzelt. Griechenland: Vegoritis-See, Olymp, Hymettus, Pastra-Gebirge, Parnassos, Delphi, N-Peloponnes, Evia, Samos, Chios, Rhodos, Kreta. 25–900 m.
Variation OS-Diskoidalflecke manchmal fein weiß umringt.
Flugzeit Mehrere Generationen, Ende März bis Ende Oktober.
Lebensraum Heiße, trockene, steinige Stellen; in Gebieten mit Kulturland manchmal auf gestörtem Boden. Manche Lebensräume sind nur 200 m² groß.
Lebensweise Nahrungspflanzen *Andrachne telephioides, Heliotropium* sp. Puppe überwintert. Am Parnass Raupen in Symbiose mit Ameisen der Gattung *Lepisiota*, außerhalb Europas *Pheidole quadrispinosa, Prenolepis* sp., *Iridomyrmex* sp.

Plebejus loewii

Gesamtverbreitung Griechenland, Türkei, Irak, Iran, Afghanistan, Pakistan.
▹ *P. (Plebejidea) loewii* (Zeller, 1847), TF: Türkei.
Verbreitung Griechenland: O-Ägäische Inseln (Kos, Patmos, Kalimnos, Tilos, Rhodos). 0–800 m.
Flugzeit Generationsverlauf ungewiss. Auf Rhodos nur 1 Generation beobachtet (Ende Mai bis Ende Juni). In der Türkei 1 Generation.
Lebensraum Trockene, felsige Stellen.
Lebensweise Nahrungspflanze in Europa und der Türkei unbekannt; in Saudi-Arabien *Astragalus spinosus, A. sieberi*.

Plebejus martini

Gesamtverbreitung O-Marokko, N-Algerien.
▹ *P. (Plebijides) martini* (Allard, 1867), TF: Algerien.
Verbreitung Marokko, weit verbreitet, aber lokal: Hoher Atlas (Tizi-n-Talremt, Imilchil, Reraya-Tal), Mittlerer Atlas (Boulemane, Sefrou, Tizi-bou-Zabel), W-Rif-Atlas (Djebel Lakraa). 1400–2200 m. Algerien: Batna, Lambessa, Khenchela, Oran, Algier, Kabylien, Tlemcen-Gebirge. 1400–1900 m.
Beschreibung Bei ♂ Oberseite einfarbig blasslilablau, ♀ braun verdunkelt mit orangeroten Submarginalflecken im Analwinkel des Hinterflügels.
Variation Im Hohen und Mittleren Atlas *ungemachi* Rothschild; weiße Ringe um Diskal- und Postdiskalflecke auf Unterseite stärker ausgebildet; bei ♀ orangerote Submarginalflecke der Oberseite größer, aber variabel; Unterseite grauer. Im Rif-Atlas *regularis* Tennent; bei ♂ Oberseite dunkler blau; auf allen Flügeloberseiten fehlen die schwarzen Zellflecke.
Flugzeit 1 Generation, Mitte Mai bis Anfang Juli.
Lebensraum Trockene, steinige, blumenreiche Orte mit etwas Strauchwuchs (*Quercus ilex, Chamaerops humilis, Thymus*-Polster), steinige Hänge.
Lebensweise Nahrungspflanzen *Astragalus massiliensis, A. incanus* ssp. *incurvus, A. armatus, Acanthyllis numidia*. Raupen in Begleitung von Ameisen (*Crematogaster* sp.).

Plebejus allardi

Gesamtverbreitung Marokko, Algerien, Tunesien, W-Libyen, Israel.
▹ *P. (Plebijides) allardi* (Oberthür, 1874), TF: Spisebdou, W-Algerien.
Verbreitung Weit verstreut und lokal. Marokko: Anti-Atlas. Algerien: Sebdou (Tlemcen-Gebirge). Tunesien: Insel Djerba, Zriba. 0–1500 m.
Beschreibung Ähnelt *P. martini*. Schwarze Adern der Oberseite zum Außenrand hin kontrastreicher; Unterseite dunkler, graubraun, Zeichnungen stärker ausgebildet.
Flugzeit 1 Generation, je nach der Höhe Mitte April bis Mitte Mai.
Lebensraum Heiße, trockene Hänge oder Sandböden mit spärlicher Vegetation.
Lebensweise Nahrungspflanze *Astragalus caprinus*. Eiablage an Unterseite von Blatttrieben.
Verhalten Weibchen und Männchen ruhen gern auf der Nahrungspflanze.

Chilades trochylus

Plebejus martini

Plebejus allardi

Chilades trochylus

Hfl-US mit schwarzen Randflecken, darin silbergrüne Mondsicheln

Plebejus martini

nur in Marokko und Algerien

Hfl-US meist schwach gezeichnet

♀ dunkelbraun mit blauer Bestäubung, Hfl mit schwarzen Punkten, orange begrenzt

Plebejus allardi

nur in Marokko, Algerien, Tunesien

Hfl-US meist deutlich gezeichnet

Plebejus loewii

Hfl-OS mit markanten schwarzen Randpunkten

Plebejus-pylaon-Artengruppe

Gesamtverbreitung Spanien, Schweiz, Italien, Balkan, Griechenland, Türkei, Mittlerer Osten, N-Iran, SW-Russland.
▹ *P. (Plebijides)* ***pylaon*** (Fischer von Waldheim, 1832), TF: Sarepta, S-Russland.
Einige Autoren führen die nachfolgenden 3 Arten als Unterarten von *P. (Plebijides) pylaon*, deren Verbreitungsschwerpunkt in O-Europa (Russland, Ukraine) liegt.

Plebejus sephirus

▹ *P. (Plebijides)* ***sephirus*** (Frivaldszky, 1835), TF: Sliwen, Bulgarien.
Verbreitung Meist vereinzelt, lokal oft häufig. Ungarn. Serbien. Albanien. Mazedonien. Rumänien. Bulgarien. Griechenland. Europäischer Teil der Türkei. 500–2050 m.
Beschreibung und Variation Bei ♂ Oberseite violettblau, schwarze Randflecke der Hfl-US ohne metallisch bläuliche oder grünliche Schuppen. In Mazedonien und Griechenland f. *brethertoni* Brown, ähnlich wie Stammform, meist größer. Hfl-OS des ♂ manchmal mit rötlichen Flecken im Analwinkel. Bei ♀ orangefarbige Submarginalflecke der Oberseite in Größe, Farbton und Anzahl variabel, manchmal zusammenfließend, auf Vorderflügel selten mit undeutlicher, strahlenförmiger Fortsetzung.
Flugzeit 1 Generation, Mitte Mai bis Juli.
Lebensraum Trockene, grasige, manchmal sandige Stellen im Offenland mit reichlichem Angebot von Nahrungspflanzen; feuchte Waldlichtungen auf Karbonat.
Lebensweise Nahrungspflanzen *Astragalus*-Arten. Eiablage an Blättern. Raupe frisst an Blättern. Jungraupe überwintert. Verpuppung an der Basis der Nahrungspflanze, oft am Eingang eines Ameisennests. Raupen in Symbiose mit Ameisen (*Bothriomyrmex gallicus, Tapinoma simrothi, Lasius niger*, weitere *Lasius*-Arten, *Camponotus*-Arten, *Tetramorium* sp., *Formica pratensis*).
Verhalten Männchen oft zahlreich gesellig auf feuchtem Boden.

Plebejus trappi

▹ *P. (Plebijides)* ***trappi*** Verity, 1927, TF: Simplon.
Syn.: *lycidas* Trapp, 1863 (ungültiges Homonym).
Verbreitung SO-Frankreich: Savoie. S-Schweiz: Berner Alpen, Walliser Alpen. N-Italien: Piemont, Südtirol. 1000–2000 m.
Beschreibung und Variation Bei ♂ Oberseite dunkler violettblau als *P. sephirus*, schwarze Randbinde etwas breiter. Bei ♀ Oberseite dunkelbraun, oft mit blauer Basalbestäubung; orangefarbige Flecke im Analwinkel der Hfl-OS undeutlich oder fehlend, oft durch schwarze Flecke ersetzt. In Piemont die etwas kleinere f. *augustini* Mentzer. In S-Tirol die etwas größere f. *delattini* Junge.
Flugzeit 1 Generation, Ende Juni bis Anfang August.
Lebensraum Geschützte grasige Stellen, kleine Lichtungen in Kiefernwäldern.
Lebensweise Nahrungspflanze *Astragalus exscapus*. Entwicklung der Frühstadien wie bei *P. sephirus*. Raupe in Symbiose mit Ameisen *(Formica lugubris, F. lemani)*.

Plebejus hesperica

▹ *P. (Plebijides)* ***hesperica*** (Rambur, 1839), TF: Sierra de Alfacar, Andalusien, Spanien.
Verbreitung Spanien, sehr lokal: Teruel, Madrid, Toledo, Granada. 700–1500 m.
Beschreibung und Variation Bei ♂ Oberseite türkisblau, schwarze Randflecke der Hfl-OS manchmal schwach rötlich violett umrandet, manchmal ein ockerfarbener Fleck am Hinterrand vor A3. Bei ♀ Oberseite braun, Hfl-OS mit 2–4 orangeroten Randflecken im Analwinkel, variabel, manchmal fehlend. In den Provinzen Madrid und Toledo durchschnittlich etwas größer, bei ♂ Oberseite etwas intensiver gefärbt.
Flugzeit 1 Generation, Mitte Mai bis Juni.
Lebensraum Trockene Felsschluchten mit Strauchwuchs; trockene, grasige Waldlichtungen.
Lebensweise Nahrungspflanzen *Astragalus*-Arten. Eiablage und Entwicklung wie bei *P. sephirus*. Raupen in Symbiose mit Ameisen *(Formica cinerea, F. subrufa, Plagiolepis pygmaea, P. schmitzi, Camponotus cruentatus, C. foreli, C. sylvaticus, Crematogaster auberti)*. Verpuppung an der Basis der Nahrungspflanze, oft am Eingang eines Ameisennests.
Naturschutz Viele Populationen sehr gefährdet, v. a. im intensiv genutzten Kulturland. Durch Ausdehnung von Städten wurden in der Sierra Nevada bereits 2 Populationen ausgerottet.

Plebejus argyrognomon · Kronwickenbläuling

Gesamtverbreitung Frankreich, M-, O- und SO-Europa, Türkei.
▹ *P. (Plebejus)* ***argyrognomon*** (Bergsträsser, 1779), TF: Hanau, Deutschland.
Syn.: *ismenias* Bergsträsser, 1779 (ungültiges Homonym); *aegus* Chapman, 1917.
Verbreitung Frankreich: Dordogne, Charante, Vienne, Isère, Haute-Savoie bis Paris und Aisne. NW-Schweiz. Italien. Von Deutschland bis S-Norwegen (mit Oslofjord), S-Schweden, O-Lettland, Balkan und N-Griechenland. 200–1500 m.
Beschreibung Sehr ähnlich *P. idas*. Flügelmerkmale zur Diagnose nicht geeignet, aber oft reicht Gesamterscheinung zur Identifikation. Unterschiede in den männlichen Genitalien.
Variation In Skandinavien *norvegica* Nordstrom; bei ♀ Oberseiete strahlend blau, glänzend. Auf dem Balkan und in Griechenland oft größer, bei ♀ Oberseite konstant braun. In Frankreich, Deutschland und Österreich blaue OS-Bestäubung bei ♀ variabel, meist auf Flügelbasis beschränkt. Klinale Variation der blauen Basalbestäubung bei ♀ je nach klimatischen Faktoren wahrscheinlich (vgl. *P. amanda*).

Plebejus sephirus

schwarze Randpunkte der Hfl-US ohne silberne Schuppen

Plebejus trappi
(Alpen)

Hfl-OS immer mit schwarzem Randpunkt in Cu1–Cu2, oft daneben weitere Randpunkte

Plebejus hesperica
(Spanien)

Plebejus argyrognomon

charakteristische US-Zeichnung und -Färbung

schwarze Randpunkte der Hfl-US metallisch blaugrün gekernt

Flugzeit 2 Generationen, Mitte Mai bis Juni und Ende Juni bis Juli; in Skandinavien 1 Generation, Ende Juni bis Ende August.

Lebensraum Grasige, blütenreiche, strauchbestandene, trockene oder feuchte Orte.

Lebensweise Nahrungspflanzen *Securigera varia, Astragalus glycyphyllos*. Eiablage an Blattoberseite oder -unterseite. Ei oder Jungraupe überwintert. Raupen in Begleitung von Ameisen (*Lasius niger, L. alienus, Myrmica scabrinodis, M. sabuleti, Camponotus vagus*).

Plebejus-pylaon-Komplex

Plebejus argyrognomon

Plebejus argus · Argus-Bläuling

Gesamtverbreitung Europa, Türkei, gemäßigte Klimabereiche Asiens, N-China, Japan.
▷ *P. (Plebejus) argus* (Linnaeus, 1758), TF: S-Schweden (Verity, 1947).
Syn.: *aegidion* Meisner, 1818; *hypochionus* Rambur, 1858; *corsicus* Bellier, 1862; alle 3 bei einigen Autoren als Unterarten geführt.
Verbreitung Weit verbreitet, aber lokal. Von N- und O-Spanien bis 69° N in Fennoskandinavien. Balkan. Griechenland mit Korfu und Thassos. Europäischer Teil der Türkei. 0–2400 m. Nicht in Irland und Schottland.
Beschreibung Sehr ähnlich *P. idas* und *P. argyrognomon*. Tibia der Vorderbeine bei ♂ mit kräftigem Dorn (vgl. *P. idas*), der jedoch mit bloßem Auge kaum zu erkennen ist. Randflecke der Hfl-US mit silbernen Schuppen.
Variation Aufgrund geringer Unterschiede in Größe, Zeichnung und Färbung (besonders in Bezug auf OS-Basalbestäubung der ♀) wurden zahlreiche Formen und Unterarten beschrieben. Im Allgemeinen ist bei Faltern auf dunklen, sauren Böden (Heiden, Moore) die Unterseite dunkler, bei Faltern auf Karbonatgestein hingegen blasser. In den Alpen *aegidion* Meisner; bei ♂ schwarze Marginalregion der Oberseite 2–3 mm breit, Unterseite grau; bei ♀ orangerote Submarginalflecke der Oberseite reduziert, nur auf Hinterflügel vorhanden. Auf der Iberischen Halbinsel *hypochionus* Rambur; größer, Oberseite bei ♂ intensiver blau, Unterseite kreideweiß; bei ♀ orangerote Submarginalflecke der Oberseite deutlich ausgebildet, meist reihenweise auf Vorder- und Hinterflügel. Auf Korsika *corsicus* Bellier; bei ♂ Unterseite gelb- oder braungrau, Zeichnung schwach, Submarginalflecke der Hfl-US gelblich oder blassorange; bei ♀ Oberseite meist blau bestäubt, besonders am Hinterflügel. In Großbritannien (N-Wales, Halbinsel Great Ormes) *caernensis* Thompson; kleiner, bei ♂ Oberseite intensiv blau, Unterseite weiß, basal blassblau bestäubt; bei ♀ Oberseite bis zur Submarginalregion blau bestäubt, orangerote Submarginalflecke deutlich, besonders am Hinterflügel. In Griechenland sind ♂ mit rötlichen Submarginalflecken in M3–A1+2 auf der Hfl-OS selten. Am Erimanthos (NW-Peloponnes) Falter oberhalb 1500 m größer; schwarze Außenränder bei ♂ sehr schmal; schwarze Marginalflecke der Hfl-OS undeutlich, Unterseite weißlich mit deutlicher Zeichnung; bei ♀ Oberseite braun. In O-Spanien *montesiai* de Sagarra; bei ♀ Oberseite intensiv blau bestäubt.
Flugzeit 2 Generationen, Mai bis Juni und Juli bis August; im Norden und im Bergland 1 Generation, Juni bis August.
Lebensraum Verschieden. Je nach der Höhe feuchte bis sehr trockene Gebiete.
Lebensweise Nahrungspflanzen der Gattungen *Lotus, Ulex, Cytisus, Genista, Colutea, Astragalus, Ononis, Medicago, Hippocrepis, Coronilla, Galega, Helianthemum, Calluna vulgaris*. In N-Europa überwintert die voll entwickelte Raupe in der Eihülle. Raupen ausgeprägt myrmekophil. Eiablage an Pflanzenbasis in der Nähe eines Ameisennests. Symbiose mit *Lasius niger, L. alienus*, (?)*Formica cinerea*. Raupen verpuppen sich im Ameisennest, in das sie von Arbeiterinnen hineingezogen werden. Unter Zuchtbedingungen gehen Raupen ohne Ameisen zugrunde (vgl. *Tomares ballus*).

Plebejus optilete · Hochmoorbläuling

Gesamtverbreitung Alpen, NO-Europa, Mazedonien, Japan, N-Amerika.
▷ *P. (Vacciniina) optilete* (Knoch, 1781), TF: Braunschweig, Deutschland.
Syn.: *cyparissus* Hübner, 1813.
Verbreitung SO-Frankreich: Hautes-Alpes, Haute-Savoie. N-Italien. Schweiz. Österreich: Großglockner. S- und M-Deutschland. Tschechien. Slowakei. Polen. Baltikum. Fennoskandinavien. Mazedonien: Sar Planina, Vraca Planina, Pelister-Massiv. 100–2800 m.
Beschreibung Bei ♂ Oberseite einheitlich lilablau, ♀ schwarzbraun verdunkelt. Auf Hfl-US ein metallisch glänzender Submarginalfleck in Cu1–Cu2.
Flugzeit 1 Generation, Ende Juni bis August.
Lebensraum Heiden, Moore, Hochmoore, Lichtungen in trockenen oder feuchten Wäldern auf sauren Böden (Anspruch der Nahrungspflanze).
Lebensweise Nahrungspflanzen in den Alpen *Vaccinium uliginosum*, in Fennoskandinavien außerdem *V. myrtillus, Vaccinium oxycoccos, Erica tetralix*. Eiablage an verschiedenen Pflanzenteilen. Raupe frisst an Blättern und Blüten. Jungraupe überwintert.

Plebejus argus

breite schwarze Randbinden

♀ braun, manchmal mit blauer Basalbestäubung

♂ ♀

Stammform

schwarze Randpunkte der Hfl-US metallisch blaugrün gekernt

♂ ♀

var. *hypochionus*
(Portugal, Spanien)

♂

var. *aegidon*
(Alpen)

US-Zeichnung undeutlich

♂ ♀

var. *corsicus*
(Korsika)

Plebejus optilete

♂ ♀

Hfl-US mit markantem orangerotem Fleck in Cu1–Cu2, darin ein schwarzer Punkt mit metallisch blauem Zentrum

Plebejus argus

Plebejus optilete

Plebejus idas · Idas-Bläuling

Gesamtverbreitung Europa, Türkei, Mittlerer Osten, Asien, N-Amerika.

▷ *P. (Plebejus) idas* (Linnaeus, 1761), TF: Schweden.

Verbreitung Spanien, lokal: Sierra Nevada, Montes Universales, Soria, Burgos, Kantabrisches Gebirge, Pyrenäen, Katalonien. Von Frankreich nach O über fast ganz Europa. 200–2100 m. Nicht in Großbritannien, S-Griechenland, Mittelmeerinseln außer Sardinien.

Beschreibung Sehr ähnlich *P. argus* und *P. argyrognomon*. Bei ♂ Tibia der Vorderbeine ohne Dorn (vgl. *P. argus*).

Variation Variation ganz ähnlich wie bei *P. argus* – aufgrund regionaler Unterschiede wurden viele Formen beschrieben. In den Zentralalpen oberhalb 1800 m *haefelfingeri* Beuret; klein, bei ♂ Oberseite intensiver blau, Unterseite bräunlich grau. In den Alpen und Pyrenäen unterhalb 1000 m *opulentus* Verity; groß, Unterseite kontrastreich gezeichnet. In denselben Gebieten in 1000–1500 m Höhe *alpinus* Berce, eine Übergangsform. In N-Skandinavien *lapponicus* Gerhard; ähnlich wie *haefelfingeri*, klein, bei ♀ Oberseite braun, oft blau bestäubt, orange Flecke der Hfl-OS verkümmert. Im französischen Alpenraum (Basses-Alpes, Hautes-Alpes, 500–1000 m) *calliopis* Boisduval; bei ♂ Diskal- und Postdiskalflecke der Unterseite reduziert; bei ♀ Oberseite dunkelbraun, basal oft blau bestäubt. In Mazedonien, Bulgarien und Griechenland *magnagraeca* Verity; groß, bei ♂ Oberseite dunkelblau, manchmal mit violettem Anflug, Adern schwarz, schwarze Ränder 2–3 mm breit; ♀ oberseits braun, orange Submarginalflecke der Hfl-OS deutlich ausgebildet, manchmal auch im Vorderflügel; beide Geschlechter mit kräftiger US-Zeichnung. In der Sierra Nevada oberhalb 1800 m *nevadensis* Oberthür; ähnlich wie *magnagraeca*, aber durchschnittlich kleiner.

Flugzeit 1 Generation, Ende Juni bis August, oder 2 Generationen, Ende Mai bis Juni und Juli bis August.

Lebensraum Strauchbewachsene Stellen, grasige Waldlichtungen, trockene oder feuchte Heiden, in höheren Lagen geschützte Grashänge und Senken.

Lebensweise Nahrungspflanzen *Genista pilosa, G. tinctoria, Cytisus scoparius, C. villosus, Lotus corniculatus, Melilotus albus, Anthyllis vulneraria, Calluna vulgaris, Hippophae rhamnoides*. Ei überwintert. Raupe ausgeprägt myrmekophil, Verpuppung im Ameisennest. Symbionten sind *Lasius niger, Formica cinerea, F. selsyi, F. exsecta, F. lemani, F. pressilabris, F. lugubris, F. cunicularia, F. lefrancoisi, F. pratensis, F. (?)fusca*.

Plebejus bellieri

▷ *P. (Plebejus) bellieri* (Oberthür, 1910), TF: Bastelica, Korsika, Frankreich.

Verbreitung Endemisch auf Korsika, Sardinien, Elba. 0–1400 m.

Beschreibung und Variation Bei ♂ schwarzer Flügelrand der Oberseite 1–2 mm (Korsika) oder 2–3 mm (Sardinien) breit; Unterseite gelblich oder bräunlich grau. Beide Geschlechter sehr kontrastreich gezeichnet. Bei ♀ Oberseite dunkelbraun mit intensiver blauer Basalbestäubung, besonders auf dem Hinterflügel.

Flugzeit 1 Generation, Ende Juni bis Juli.

Lebensraum Freie Flächen zwischen Gebüsch oder Waldlichtungen.

Lebensweise Nahrungspflanze *Genista*.

Aricia eumedon · Storchschnabelbläuling

Gesamtverbreitung Europa, Türkei, Ural, Mongolei, Tienschan, Altai.

▷ *A. eumedon* (Esper, 1790), TF: Erlangen, Deutschland. Syn.: *chiron* Rottemburg, 1775 (ungültiges Homonym).

Verbreitung Spanien: Sierra de María, Sierra de Tejeda, Kantabrisches Gebirge, Sierra de la Demanda, Sierra de Cuenca, Pyrenäen. Frankreich: Pyrenäen, Massif Central, Provence bis Jura. Italien: Sehr lückenhaft, N-Sizilien. Von der Schweiz bis N-Fennoskandinavien (mit Öland und Gotland) häufiger. Rumänien. Vereinzelt und lokal in W-Kroatien, Mazedonien, Bulgarien, N- und M-Griechenland. Nicht in NW-Europa, Dänemark und N-Norwegen. M- und S-Europa 750–2400 m, Fennoskandinavien 0–1300 m, meist unter 900 m.

Beschreibung Oberseite bei beiden Geschlechtern schwarzbraun. Auf Hfl-US vom Diskoidalfleck ausgehend ein weißer Streifen an Ader M2.

Variation In tieferen Lagen und in S-Europa meist größer, US-Zeichnung kräftiger. In N-Fennoskandinavien und höheren Gebirgslagen kleiner, Unterseite grau mit reduzierter Zeichnung. Bei ♂ Postdiskalflecke der Vfl-US oft sehr klein, manchmal fehlend. Auf dem Balkan und in Griechenland deutlich größer, Unterseite hellgoldbraun, alle Zeichnungen kräftig, besonders die orangeroten Submarginalflecke. Auf der Hfl-OS sind im gesamten Verbreitungsgebiet die Randflecke bei beiden Geschlechtern variabel, bei ♀ deutlicher. Faltern vom Parnass fehlen meist die weißen Streifen auf der Hfl-US.

Flugzeit 1 Generation, Mitte Mai bis Mitte August.

Lebensraum Warme, geschützte und blumenreiche Lichtungen zwischen Sträuchern und in Wäldern; windgeschützte Bergwiesen. Trockene oder feuchte Orte.

Lebensweise Nahrungspflanzen *Geranium sanguineum, G. sylvaticum, G. tuberosum, G. palustre, G. pratense, G. cinereum*. Eiablage an Basis der Staubgefäße. Vor der Überwinterung frisst Jungraupe nur an Früchten, anschließend an jungen Blättern. Raupen in Begleitung von Ameisen (*Lasius alienus, Myrmica* sp., *Tapinoma* sp.).

schmale schwarze Randbinden

***Plebejus idas* (Stammform)**

schwarze Randpunkte der Hfl-US meist mit silberblauen Schuppen

Plebejus bellieri

P. idas* var. *lapponicus

P. idas* var. *calliopis

P. idas* var. *magnagraeca

P. idas* var. *haefelfingeri

Aricia eumedon

weiße Fransen in auffälligem Kontrast zur dunklen OS-Färbung

Griechenland

Postdiskalflecke der Vfl-US von variabler Größe, manchmal schemenhaft oder fehlend

Plebejus idas, P. bellieri

Aricia eumedon

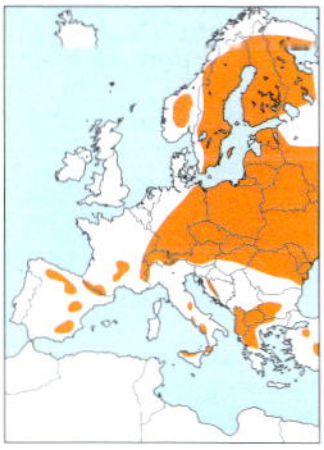

Plebejus psylorita

Gesamtverbreitung Endemisch auf Kreta.
▹ ***P. (Kretania) psylorita*** (Freyer, 1845), TF: Ida, Kreta, Griechenland.
Verbreitung Kreta, lokal häufig: Ida-Gebirge, Dikti-Gebirge. 1300–2000 m.
Beschreibung Vfl-Apex spitz; ♂ und ♀ braun mit orangegelben Submarginaleflecken auf Vorder- und Hinterflügel, bei ♀ ausgedehnter. Auf Unterseite Flecke sehr klein.
Flugzeit 1 Generation, Juni bis Juli.
Lebensraum Felsdurchsetzter Boden mit Beständen der Nahrungspflanze.
Lebensweise Nahrungspflanze *Astragalus*.
Verhalten Falter fliegen sehr tief, immer in der Nähe der Nahrungspflanze.
Naturschutz Gefährung des Lebensraums durch Tourismus.

Plebejus eurypilus

Gesamtverbreitung Griechenland, Türkei, Mittlerer Osten, Iran, S-Russland.
▹ ***P. (Kretania) eurypilus*** (Freyer, 1851), TF: Amasia, Türkei.
Syn.: *pelopides* van der Poorten, 1984.
Verbreitung Griechenland: Samos (Kerkis), Peloponnes (Taygetos-Gebirge). 1000–2200 m.
Beschreibung Wie *P. psylorita*, aber größer. Vorderflügel bei ♂ ohne orange Flecke; US-Zeichnung klar und deutlich.
Variation Bei ♀ orangefarbige OS-Randflecke in Zahl und Größe variabel – manchmal groß und in vollständigen Reihen auf Vorder- und Hinterflügel, manchmal gänzlich fehlend. Im Taygetos-Gebirge *pelopides* van der Poorten; bei ♂ Oberseite heller braun, orange Randflecke blasser, Hfl-OS manchmal schwach grau bestäubt außer an den Adern; Unterseite heller, grauer, Submarginal- und Postdiskalflecke auf weißlichem Band, von Adern unterbrochen; bei ♀ Vfl-Außenrand stärker gerundet, orange Submarginalflecke der Oberseite deutlicher, bei 50 % aller Individuen Hfl-OS grau bestäubt.
Flugzeit 1 Generation, Juni bis Ende Juli.
Lebensraum Felsige Hänge, Schluchten, Senken mit spärlichem, niedrigem Bewuchs auf Karbonatgestein, meist oberhalb der Waldgrenze.
Lebensweise Nahrungspflanze *Astragalus creticus* ssp. *rumelicus*; im Libanon *Astracantha gummifera*. Eiablage an Blattunterseite. Jungraupe überwintert. Raupen in Begleitung von Ameisen *(Camponotus kiesenwetteri, C. universitatis)*.

Aricia agestis · Kleiner Sonnenröschenbläuling

Gesamtverbreitung: N-Afrika, S- und M-Europa, Türkei, Mittlerer Osten, Iran, Tienschan, Sibirien, Amur.
▹ ***A. agestis*** (Denis & Schiffermüller, 1775), TF: Wiener Gegend, Österreich.
Syn.: *astrarche* Bergsträsser, 1779; *medon* Hufnagel, 1776 (ungültiges Homonym).
Verbreitung Weit verbreitet und häufig. N-Spanien bis S-Großbritannien, östlich bis Dänemark und S-Schweden. In Litauen selten und sehr lokal zusammen mit *A. artaxerxes*. Auf den meisten Mittelmeerinseln. 0–1700 m. Nicht auf Sardinien, den Balearen (dort *A. cramera*), in Irland, Schottland, W-Dänemark, Lettland, Estland.
Beschreibung und Variation Bei 1. Generation Unterseite grau, bei 2. Generation sand- bis rostbraun. In S-Europa und auf Mittelmeerinseln *calida* Bellier; kräftige orangefarbige Submarginalflecke auf Ober- und Unterseite.
Flugzeit In N- und M-Europa 2 Generationen, Mai bis Juni und Juli bis September. In S-Europa in tieferen Lagen 3 Generationen, April bis Oktober.
Lebensraum Trockene oder feuchte, grasige, blumenreiche Orte mit verschiedenen klimatischen Bedingungen; auf basischen Böden.
Lebensweise Nahrungspflanzen *Helianthemum nummularium, Erodium cicutarium, E. ciconium, Geranium tuberosum, G. asphodeloides, G. sanguineum*. Eiablage auf Blattoberseite. Raupe frisst an Blättern. Jungraupe überwintert. Raupen in Begleitung von Ameisen *(Lasius niger, L. alienus, L. flavus, Myrmica sabuleti)*.

Aricia cramera

Gesamtverbreitung Kanarische Inseln, N-Afrika, Spanien, Portugal.
▹ ***A. cramera*** Eschscholtz, 1821, TF: Kanarische Inseln, Spanien.
Syn.: *canariensis* Blachier, 1889.
Verbreitung Kanarische Inseln: La Gomera, El Hierro, La Palma, Teneriffa, Gran Canaria. Marokko. Algerien. Tunesien. Portugal und Spanien südlich des Kantabrischen Gebirges und der Pyrenäen. Balearen: Ibiza, Mallorca, Menorca. Sardinien. 0–2500 m.
Beschreibung und Variation Ähnelt *A. agestis*. Orangefarbige OS-Randflecke sehr kräftig, oft in Form einer Binde, die von den Adern unterbrochen wird.
Flugzeit Auf den Kanarischen Inseln ganzjährig in mehreren Generationen; in NW-Afrika und S-Europa 2–3 Generationen, April bis Oktober.
Lebensraum Trockene, meist felsige, blumenreiche Stellen auf basischen Böden.
Lebensweise Nahrungspflanzen *Tuberaria guttata, Helianthemum nummularium, Helianthemum, Erodium, Geranium*. Eiablage meist auf Blattoberseite. Raupe frisst an Blättern. Raupen in Begleitung von Ameisen (*Lasius* sp., *Myrmica* sp.).

Plebejus psylorita

Vfl-US ohne
schwarzen Zellfleck

nur auf Kreta

Plebejus eurypilus

charakteristische US-Zeichnung und -Färbung;
schwarzer Fleck auf Hfl-US in Cu1–Cu2 mit
metallisch blaugrünen Schuppen

nur in S-Griechenland
und auf Samos

var. *pelopides*

Vfl-US ohne
Zellfleck

auf Hfl-US Postdiskalfleck in
R-M1 basalwärts eingerückt

1. Generation
Aricia agestis

Aricia agestis

2. Generation
Aricia cramera

Plebejus psylorita

Plebejus eurypilus

Aricia agestis, A. cramera

A. artaxerxes, A. montensis

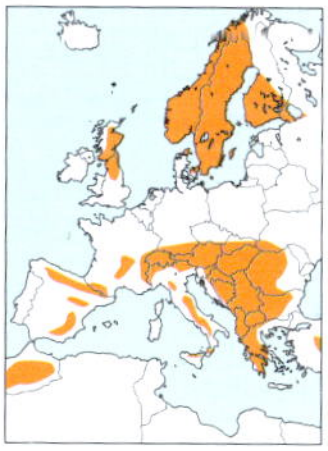

Aricia morronensis

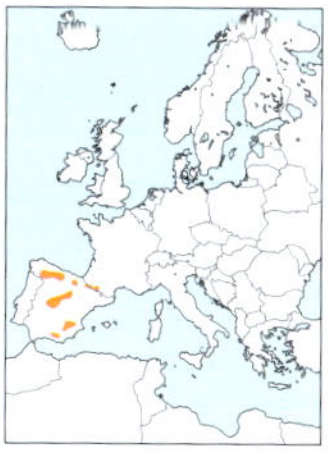

Aricia artaxerxes · Großer Sonnenröschenbläuling

Gesamtverbreitung Europa, Türkei, östlich bis zum Altai.
▷ *A. artaxerxes* (Fabricius, 1793), TF: Schottland.
Syn.: *montana* Heyne, 1895 (ungültiges Homonym); *allous* Geyer, 1836; *inhonora* Jachontov, 1909; *macedonica* Verity, 1936; *nevadensis* Oberthür, 1910; die letztgenannten 4 bei einigen Autoren als Unterart geführt.
Verbreitung Pyrenäen und Alpen. S- und M-Deutschland. S-Polen. Tschechien. Slowakei. Ungarn. Rumänien. Baltikum, sehr lokal und selten. Fennoskandinavien bis 70° N. Mazedonien. Bulgarien. Griechenland. 1400–2200 m in S-Europa, nördlich der Alpen in tieferen Lagen, in Fennoskandinavien auf Meeresniveau. (Karte S. 129)
Beschreibung und Variation Nominotypische Form in Schottland und N-England mit weißem Diskalfleck auf der Vfl-OS; in Schottland Augenflecke der Hfl-US oft zu schwarzen Flecken reduziert, selten fehlend; bei allen Populationen orangefarbige OS-Submarginalflecke variabel, auf Hinterflügel oft zu undeutlichen Flecken in Cu1-A1+2 reduziert, selten fehlend. Dominierende Form auf dem europäischen Festland ist *allous* Geyer; klein, Oberseite dunkelbraun, Vfl-Apex spitz (besonders bei ♂); orangefarbige Submarginalflecke nur auf Hfl-OS, oft zu einem undeutlichen Fleck im Analwinkel reduziert; Fransen schwach gescheckt. ♀ stärker gezeichnet. In kühleren Regionen (N-Europa, Höhenlagen der Alpen) sind die Falter kleiner, dunkler und weniger gezeichnet. In Schweden treten Formen mit weißem OS-Diskalfleck und reduzierten US-Augenflecken auf.
Flugzeit 1 Generation, Juni bis Mitte August.
Lebensraum Meist sonnige, südexponierte, blumenreiche Hänge mit Magerrasen auf basischen Böden, in Skandinavien auch basenreiche Sanddünen, Küstenklippen.
Lebensweise Nahrungspflanzen *Helianthemum nummularium, Geranium sanguineum, G. sylvaticum, G. asphodeloides, G. cinereum* ssp. *subcaulescens, Erodium cicutarium*. In NW-Griechenland wurde Eiablage an *Potentilla recta* beobachtet. Eiablage meist auf Blattoberseite. Raupen fressen an der Blattunterseite. Jungraupe überwintert zwischen Falllaub oder in Moos an der Basis der Nahrungspflanze. Raupen in Begleitung von Ameisen (*Lasius* sp.).

Aricia montensis

Gesamtverbreitung N-Afrika, Iberische Halbinsel.
▷ *A. montensis* Verity, 1928, TF: Andalusien, Spanien.
Verbreitung Marokko: Anti-Atlas, Hoher Atlas, Mittlerer Atlas. Spanien. Portugal. 900–2800 m. (Karte S. 129)
Beschreibung und Variation Relativ groß, Vorderflügel spitz, Unterseite hell gelblichgrau oder gelblichbraun, orangerote Flecke kräftig ausgebildet. Weiße Punkte auf der Vfl-OS treten nicht auf.
Flugzeit 1 Generation, Ende Juni bis September.
Lebensraum Warme, blumenreiche grasige oder felsige Stellen auf Karbonatgestein.
Lebensweise Nahrungspflanzen *Helianthemum*- und *Erodium*-Arten.

Aricia morronensis

Gesamtverbreitung Spanien, Frankreich (O-Pyrenäen).
▷ *A. morronensis* Ribbe, 1910, TF: Morrón, Sierra de Espuña, Murcia, Spanien.
Syn. *idas* Rambur, 1840 (ungültiges Homonym); *ramburi* Verity, 1913; *hesselbarthi* Manley, 1970; die letzten beiden bei einigen Autoren als Unterart geführt.
Verbreitung Sehr lückenhaft und lokal. Spanien: Sierra de María, Sierra de Cazorla, Sierra de Segura, Sierra de Espuña, Sierra de Gredos, Sierra de Guadarrama, Picos de Europa, Sierra de Prieta, Sierra de Andía, Pyrenäen. Frankreich: O-Pyrenäen (Col du Tourmalet). 900–2200 m. (Karte S. 129)
Beschreibung Bei ♂ und ♀ Oberseite schwarzbraun, orangefarbige Submarginalflecke kümmerlich; am Vorderrand der Vfl-US 2 basalwärts etwas versetzte schwarze Diskoidalflecke.
Variation Größe und Ausprägung der Zeichnungen variieren von einer Population zur anderen. Schwarzer Diskalfleck der Vfl-OS manchmal fein weiß geringt, Apex etwas weiß beschuppt. In der Sierra Nevada in 2050–3000 m Höhe *ramburi* Verity; klein, Oberseite mittelbraun, ohne orangefarbige Randflecke; schwarzer Diskalfleck der Vfl-OS klein, Unterseite hellkaffeebraun; orangegelbe Submarginalflecke der Hfl-US blass und undeutlich oder fehlend. In Abejar (Spanien, Provinz Soria) in 950–1100 m Höhe *hesselbarthi* Manley; groß, Oberseite dunkelbraun, Hfl-OS mit orangefarbigen Submarginalflecken; Unterseite dunkler als bei der Stammform, Zeichnung kräftig.
Flugzeit 2 Generationen, Ende Mai bis Juni und Juli bis August; oberhalb 1800 m nur 1 Generation, Ende Juni bis August.
Lebensraum Blumenwiesen, spärlich bewachsenes, manchmal trockenes, felsiges Gelände. Ungeschützte, flachere Felslagen mit niedrigem Bewuchs, von der Nahrungspflanze dominiert. Auf dunklem Karbonatschiefer.
Lebensweise Nahrungspflanzen *Erodium cicutarium, E. ciconium, E. malacoides, E. petraeum* ssp. *crispum*. Eiablage an Blättern, an denen die Raupen fressen. Jungraupe überwintert. Raupen in Begleitung von Ameisen (*Lasius niger, Crematogaster auberti, Tapinoma erraticum, T. nigerrimum*).
Verhalten Fliegt schnell und niedrig. Bei großer Hitze oder starkem Wind suchen Falter Schutz unter Schieferplatten (auch Schlafplatz). Rasche Aufwärmung des dunklen Gesteins nutzen Falter am Morgen, durch Sonnen mit voll geöffneten Flügeln wird innerhalb von 15–20 Min. die Aktivitätstemperatur erreicht, selbst bei 9–12° C (im Schatten).
Naturschutz Durch landwirtschaftliche Nutzung des Lebensraums eventuell vom Aussterben bedroht. Zahlreiche Lebensräume wurden bereits zerstört.

Vfl-OS mit markantem weißem Diskoidalfleck

A. artaxerxes* var. *allous

***Aricia artaxerxes* (Stammform)**

Aricia montensis

Vfl mit spitzem Apex

Aricia morronensis

Vfl-Außenrand deutlich gerundet

var. *ramburi*

var. *hesselbarthi*

Frankreich

Aricia anteros

Gesamtverbreitung Balkan, Griechenland, Türkei, Iran.
▹ ***A. anteros*** (Freyer, 1838), TF: Konstantinopel, Türkei.
Verbreitung Kroatien: Velebit-Gebirge. SW-Serbien: Sinjajevica Planina, Komovi Planina. Mazedonien: Sar Planina, Galicica Planina, Jakupica. Albanien. S-Rumänien. Bulgarien: Rila-Gebirge, Rhodopen. Griechenland: Falakron-Gebirge, Pangeon, Olymp, Grammos-Gebirge, Epano Arena, Pindos-Gebirge, Chelmos-Gebirge, (?)Taygetos-Gebirge, (?)Thrakien. Europäischer Teil der Türkei. 550–2000 m.
Beschreibung und Variation Vfl-OS des ♂ mit kleinem schwarzem Diskalfleck, Basalfleck der Unterseite fehlt bei 30 % der Individuen. Blaue OS-Beschuppung bei ♂ variiert von glänzend bis matt (auch bei frischen Tieren). Bei 1. Generation Hfl-US grau oder gelblich braun, bei späteren Generationen intensiv dunkelocker, besonders bei ♀.
Flugzeit Generationsverlauf hängt von Höhenlage ab. Bei 2000 m 1 Generation, Ende Juni bis Juli; in tieferen Lagen 2–3 Generationen, Anfang Mai bis September.
Lebensraum Meist gras- und blütenreiche Stellen in offenem Gelände; manchmal Gebüsche oder Lichtungen in lockerem Wald; meist auf Karbonatgestein.
Lebensweise Nahrungspflanzen in tieferen Lagen *Geranium asphodeloides* oder *G. sanguineum*; oberhalb 1600 m *G. macrorrhizum* oder *G. cinereum* ssp. *subcaulescens*. Eiablage an Unterseite der Grundblätter (vgl. *A. artaxerxes*), an denen die Raupen fressen (vgl. *A. eumedon*).

Aricia nicias

Gesamtverbreitung Pyrenäen, Alpen, Fennoskandinavien, Russland, W- und S-Sibirien.
▹ ***A. nicias*** (Meigen, 1830), TF: Rhätische Alpen, Schweiz.
Syn.: *donzelii* Boisduval, 1832.
Verbreitung Spanien: Pyrenäen, Puerto de la Bonaigua, Valle d'Arán. Andorra. Frankreich: Pyrenäen, Basses-Alpes. NW-Italien. S- und SO-Schweiz: Wallis, Engadin. O-Schweden, von 60° N bis 66° N. S-Finnland (außer W-Küste). 1000–2300 m; in Skandinavien 0–300 m.
Beschreibung Bei ♂ Oberseite blassgrünlich blau mit breiter brauner Randbinde. ♀ braun. Auf Hfl-US ein weißer Streifen an Ader M3.
Variation In Schweden und Finnland *scandica* Wahlgren; bei ♂ Oberseite intensiver hellblau, manchmal mit grünlichem Anflug, Randbinde intensiver grau, schmaler, scharf abgegrenzt.
Flugzeit 1 Generation, je nach der Höhe Anfang Juli bis Anfang September.
Lebensraum Warme, geschützte, oft feuchte Lagen, Blumenwiesen mit hohen Gräsern, Waldlichtungen. Typisch sind üppige Wiesen an Waldrändern. In Skandinavien auch strauchige Küstengebiete und Strände.
Lebensweise Nahrungspflanzen *Geranium sylvaticum*, *G. pratense*. Eiablage an Blüten. Jungraupe frisst vor Überwinterung an Blüten und jungen Früchten, danach an Blatttrieben und Blütenknospen. Raupen in Begleitung von Ameisen.

Plebejus orbitulus · Heller Alpenbläuling

Gesamtverbreitung Mitteleuropäische Alpen, Norwegen, S-Ural.
▹ ***P. (Albulina) orbitulus*** (de Prunner, 1798), TF: Piemont, N-Italien.
Syn.: *pheretes* Hübner, 1805.
Verbreitung Alpen Frankreichs, Italiens, der S- und O-Schweiz, Österreichs, Deutschlands. Slowenien. Gebirge in Norwegen und Schweden von 61° N bis 64° N. 800–2700 m.
Beschreibung Bei ♂ Oberseite hellkobaltblau, ♀ braun, basal blau bestäubt, Vorderflügel mit blauem Diskoidalfleck. Hfl-US bei beiden Geschlechtern weiß gefleckt.
Variation Bei ♀ blaue OS-Basalbestäubung variabel, manchmal sehr ausgedehnt, besonders auf Hinterflügel.
Flugzeit 1 Generation, Alpen Juli bis August, Skandinavien Juni bis Juli.
Lebensraum In tieferen Lagen blütenreiche, oft feuchte Stellen; in höheren Lagen freie, machmal steile blütenreiche Hänge mit kurzen Gräsern. Lebensräume oft nur kleine »Inseln« zwischen Geröll und Felsen.
Lebensweise Nahrungspflanze *Astragalus alpinus*. Jungraupe überwintert.

Polyommatus coelestina

Gesamtverbreitung S-Griechenland, Türkei, S-Ural.
▹ ***P. (Neolysandra) coelestina*** (Eversmann, 1843), TF: S-Russland.
Syn.: *hera* Eckweiler & Schurian, 1980; bei einigen Autoren als Unterart geführt.
Verbreitung Griechenland: Peloponnes, Chelmos-Gebirge. 700–1800 m.
Beschreibung Bei ♂ Oberseite einfarbig hellkobaltblau. ♀ braun mit orangefarbigen Submarginalflecken in der Nähe des Analwinkels. Hfl-US grau mit türkisfarbener Basalbestäubung. Vfl-US bei ♂ ohne Randzeichnung, bei ♀ mit orangeroten Submarginalflecken.
Variation Hfl-US bei ♂ gelegentlich mit blassorangefarbigen Flecken von M3 bis A1+2. ♀ selten mit blauer OS-Bestäubung.
Flugzeit 1 Generation, Ende Mai bis Mitte Juni. In höchsten Lagen vereinzelt frische Falter Anfang bis Mitte Juli.
Lebensraum In tieferen Lagen Waldlichtungen; offene, grasbewachsene Schluchten; oberhalb der Waldgrenze geschützte Senken; Kalksteingeröll.
Lebensweise Nahrungspflanze in Griechenland *Vicia dalmatica*; andere *Vicia*-Arten im Lebensraum werden offenbar nicht genutzt. Eiablage an Stielen und Nebenblättern. Teilt Lebensraum und Nahrungspflanze oft mit *Polyommatus amandus*.

Aricia anteros

Aricia nicias

Plebejus orbitulus

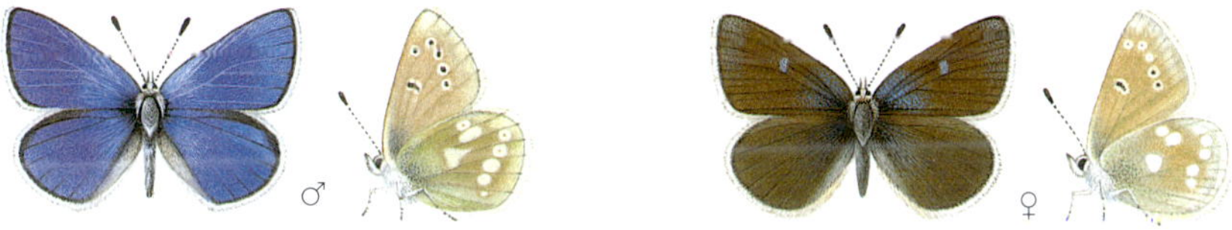

Polyommatus coelestina

(Chelmos-Gebirge, S-Griechenland)

Aricia anteros

Aricia nicias

Plebejus orbitulus

Polyommatus coelestina

Plebejus glandon · Dunkler Alpenbläuling

Gesamtverbreitung Pyrenäen, Alpen, N-Fennoskandinavien, arktischer Ural, arktisches Asien, Sibirien, arktisches N-Amerika.
▷ *P. (Agriades) glandon* (de Prunner, 1798), TF: W-Alpen. Syn.: *orbitulus* Esper, 1800 (ungültiges Homonym).
Verbreitung Frankreich: Pyrenäen, Basses-Alpes. Alpen der S- und O-Schweiz, Italiens, Deutschlands, Österreichs. 1800–2700 m. **Beschreibung und Variation** Bei ♂ Oberseite silberblau, zu den Rändern hin zunehmend braun, OS-Diskalflecke manchmal klein, selten fehlend; schwarze Punkte in den weißen Flecken der Unterseite manchmal zu winzigen Pünktchen reduziert; weiße Flecke fehlen gelegentlich, außer an der Kosta (*albocellatus* Osthelder). Orangefarbige Flecke der Hfl-US variabel, selten fehlend. Bei beiden Geschlechtern, besonders bei ♀, OS-Diskalflecke manchmal weiß umringt. **Flugzeit** 1 Generation, Anfang Juli bis Ende August. **Lebensraum** Magerrasen auf felsigem Untergrund. Populationen oft extrem klein, scheinbar isoliert. In höheren Lagen oft zusammen mit *P. orbitulus*.
Lebensweise Nahrungspflanzen *Vitaliana primuliflora, Androsace obtusifolia, A. chamaejasme*. Raupe frisst an Blüten, jungen Früchten und Blättern. Jungraupe überwintert. Keine Bindung an Ameisen. **Verhalten** ♂ legen oft große Entfernungen zurück, um an feuchten Stellen zu saugen. Falter fliegen schnell und niedrig.

Plebejus zullichi

▷ *P. (Agriades) zullichi* Hemming, 1933, TF: Sierra Nevada, Spanien.
Syn.: *nevadensis* Züllich, 1928.
Verbreitung Endemisch in der Sierra Nevada (S-Spanien). 2500–3000 m. **Beschreibung** Ähnelt *P. glandon*. Bei ♂ silberbläuliche OS-Bestäubung variabel, reicht manchmal bis Außenrand. **Flugzeit** 1 Generation, Ende Juni bis August. **Lebensraum** Flache Mulden oder kleine Senken an sonst ungeschützten, windexponierten Stellen auf kahlem Grund mit spärlichem, niedrigem Bewuchs, wo die Nahrungspflanze dominiert. Populationen weit verstreut und sehr klein. **Lebensweise und Verhalten** Nahrungspflanze *Vitaliana primuliflora*. Entwicklung wie bei *P. glandon*. Selbst bei tiefen Temperaturen (Tagesdurchschnitt +5° C bis −10° C) und unmittelbar neben Neuschnee beginnen überwinterte Raupen im zeitigen Frühjahr zu fressen.

Plebejus aquilo

▷ *P. (Agriades) aquilo* (Boisduval, 1832), TF: Nordkap, Norwegen.
Verbreitung Norwegen: 66° N bis Nordkap. Schweden: Lycksele Lappmark, Torne Lappmark. NW-Finnland: Kilpisjärvi. 50–900 m. **Beschreibung** Ähnelt *P. glandon*, aber kleiner. Bei ♂ Oberseite blass silber- oder graublau, Randbinden schmal, weiße Submarginalflecke der Hfl-US zusammenfließend, meist ohne schwarze Punkte. Bei ♀ blasse Submarginalflecke der Vfl-OS länglich, manchmal mit einer unvollständigen Reihe ähnlicher Postdiskalflecke. **Flugzeit** 1 Generation, Ende Juni bis Anfang August. **Lebensraum** Magerrasen auf Schiefer; besonders erodierte, südexponierte Kanten; auch kahle felsige Stellen und steile Geröllhalden mit spärlicher Vegetation. **Lebensweise** Nahrungspflanzen *Saxifraga aizoides, S. oppositifolia*. Eiablage an Blattunterseite. Jungraupen fressen an Blütenknospen von *S. aizoides*, sonst hauptsächlich an Blättern. Jungraupe überwintert. **Verhalten** Fliegt sehr schnell und niedrig, ruht oft auf oder zwischen Steinen. Manchmal zahlreich auf flachen Steinen.

Polyommatus iphigenia

Gesamtverbreitung S-Griechenland, Türkei, Transkaukasien.
▷ *P. (Agrodiaetus) iphigenia* (Herrich-Schäffer, 1847), TF: Chelmos-Gebirge, Griechenland.
Syn.: *nonacriensis* Brown, 1977; bei einigen Autoren als Unterart geführt.
Verbreitung Griechenland, selten und lokal: Chelmos-Gebirge und Umgebung. 1100–1750 m. **Beschreibung** ♀ unterscheidet sich von anderen, am selben Ort vorkommenden Bläulingsweibchen durch dunkelschokoladenbraune OS-Färbung und weiße Fransen. Unterseite grau; kleine, unscharfe orangebraune Submarginalflecke von M3 bis A3. **Flugzeit** 1 Generation, Mitte Juni bis Ende Juli. **Lebensraum** Meist trockenes, baumloses Gelände mit niedrigen Sträuchern auf Kalkboden. Gelegentlich kleine Lichtungen zwischen hohen Sträuchern, seltener im Wald. **Lebensweise** Nahrungspflanze *Onobrychis alba*. Jungraupe überwintert unter Steinen; danach in Begleitung von Ameisen *(Lasius alienus)*. **Verhalten** ♂ fliegen gelegentlich sehr weit zu feuchten Stellen. ♀ entfernen sich selten vom Fortpflanzungsort. **Naturschutz** Intensive Beweidung des Lebensraums stellt große Gefahr dar.

Polyommatus damon · Weißdolchbläuling

Gesamtverbreitung Spanien, S-, M- und O-Europa, Türkei, S- und M-Ural, Mongolei, Altai.
▷ *P. (Agrodiaetus) damon* (Denis & Schiffermüller, 1775), TF: Wiener Gegend, Österreich.
Verbreitung Vereinzelt, lokal häufig. N- und O-Spanien. Frankreich: M-Pyrenäen, Cevennen, Haute-Savoie, Jura. Italien: N- und Zentralapennin. Schweiz. Deutschland. Tschechien. Slowakei. Ungarn. S-Polen. Estland. SO-Lettland. S-Kroatien. Bosnien-Herzegowina. SW-Serbien. Mazedonien. NW-Griechenland: Grammos-Gebirge bis Timfristos-Gebirge. 1000–2100 m. **Beschreibung** Bei ♂ Oberseite glänzend türkis mit breiter schwarzbrauner Randbinde. ♀ braun. Auf Hfl-US weißer Streifen (»Dolch«) von Basis bis fast zum Außenrand an Ader M3. **Variation** In Estland und Lettland *ultramarina* Schawerda, groß, Oberseite bei ♂ dunkler blau, Adern kontrastreich schwarzbraun.

Plebejus glandon

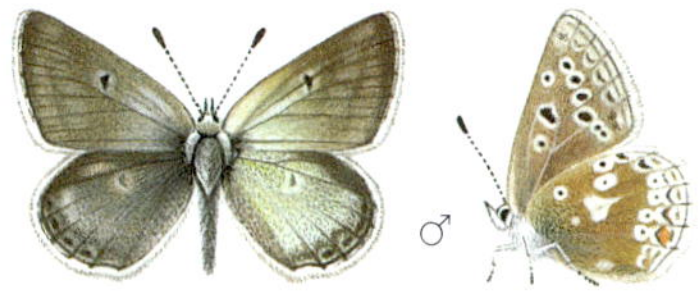

♂

Diskoidalfleck auf Vfl- und Hfl-OS meist mit weißem Hof

Markanter oranger Fleck auf Hfl-US in Cu1–Cu2

♀

♀ braun mit schemenhafter heller Submarginalzeichnung, Diskoidalflecke oft weiß geringt

♂ ♀

Plebejus aquilo
(arktisches Skandinavien)

♂ ♀

Plebejus zullichi
(S-Spanien)

Polyommatus iphigenia

auffällige weiße Fransen

(Chelmos-Gebirge, S-Griechenland)

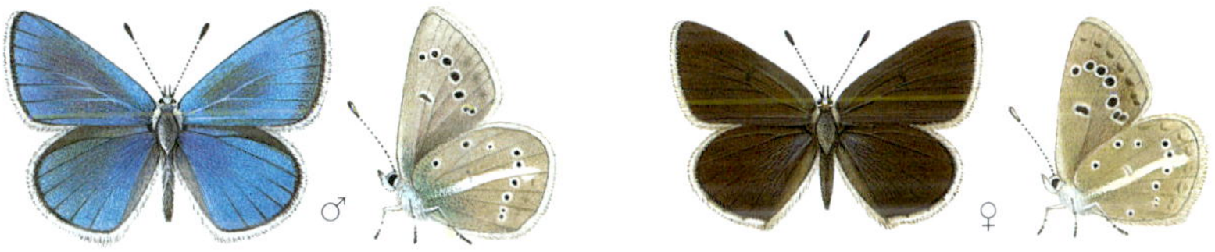

♂ ♀

Polyommatus damon

breiter dunkler Rand, an Adern diffus auslaufend

♂ ♀

Flugzeit 1 Generation, Mitte Juli bis August. **Lebensraum** In tieferen Lagen trockene Gebüsche und lichte Wälder; in Hochlagen geschützte Schluchten und Senken an offenen Grashängen. **Lebensweise** Nahrungspflanzen *Onobrychis*-Arten. Raupe frisst nach Überwinterung weiches Blattgewebe (Fensterfraß). Raupen in Begleitung von Ameisen *(Lasius niger, L. alienus, Formica pratensis)*. Ei oder Jungraupe überwintert.

P. glandon/aquilo/zullichi

Polyommatus iphigenia

Polyommatus damon

Plebejus pyrenaica

Gesamtverbreitung N-Spanien, Pyrenäen.
▹ *P. (Agriades) pyrenaica* (Boisduval, 1840), TF: Pyrenäen, Frankreich.
Syn.: *asturiensis* Oberthür, 1910; bei einigen Autoren als Unterart geführt.
Verbreitung N-Spanien: Picos de Europa, Pyrenäen, Gerona (La Molina). Frankreich: Pyrenäen (Gavarnie, Cauterets, Col du Tourmalet). 1800–2200 m.
Beschreibung Bei ♂ Oberseite hellgrau, leicht bläulich schimmernd. ♀ graubraun, Vfl-US mit mit kräftigen schwarzen Flecken.
Variation Bei ♂ variiert weiße Submarginalzeichnung der Oberseite individuell. In N-Spanien *asturiensis* Oberthür; bei ♂ Oberseite intensiver silberblau, undeutliche weiße Submarginalflecke auch auf Vorderflügel, von Adern unterbrochen; bei ♀ Oberseite etwas blasser braun mit undeutlichen und unterbrochenen weißlichen Submarginalflecken, dunkle Diskoidalflecke gewöhnlich weiß umringt.
Flugzeit 1 Generation, Juni bis Anfang August.
Lebensraum In tieferen Lagen Magerrasen auf festem Untergrund; in höheren Lagen südexponierte, kahle Kalkfelsen mit vereinzelten Exemplaren der Nahrungspflanze an kleinen Vorsprüngen oder in Spalten.
Lebensweise Nahrungspflanze *Androsace villosa*. Raupe frisst nach Überwinterung an jungen Blättern und Blüten. Keine Bindung an Ameisen.

Plebejus dardanus

Gesamtverbreitung Balkan, Griechenland, Türkei, Transkaukasien.
▹ *P. (Agriades) dardanus* (Freyer, 1844), TF: Türkei.
Verbreitung Bosnien-Herzegowina: Vran Planina, Cvrsnica. SW-Serbien: Montenegro, Durmitor. Mazedonien: Jakupica Planina. Kroatien. Bulgarien: Ali Botus. N-Griechenland: Orvilos (Südrand Ali-Botus-Gebirge). 1500–2300 m.
Beschreibung Ähnlich *P. pyrenaica*, aber kleiner.
Flugzeit 1 Generation, Juni bis Juli.
Lebensraum Ungeschützte Grashänge auf trockenen basischen Böden.
Lebensweise Nahrungspflanze *Androsace villosa*. Raupe frisst nach Überwinterung an jungen Blättern und Blüten.

Cyaniris semiargus · Rotkleebläuling

Gesamtverbreitung Marokko, Europa, Türkei, Mittlerer Osten, M-Asien, N-China, Korea.
▹ *C. semiargus semiargus* (Rottemburg, 1775), TF: Sachsen, Deutschland.
Syn.: *acis* Denis & Schiffermüller, 1775; *bellis* Freyer, 1842.
Verbreitung Marokko: Anti-Atlas, Hoher Atlas (2300–2700 m), Mittlerer Atlas (1600 m). N-Portugal. Spanien. Von den Pyrenäen bis N-Fennoskandinavien, nördlich des Polarkreises selten und lokal. N-Griechenland. Europäischer Teil der Türkei. 0–2200 m. Nicht auf der Peloponnes und den Mittelmeerinseln außer Korsika und Sizilien.
Beschreibung Bei ♂ Oberseite einfarbig kobaltblau, Unterseite ohne Randflecke. Bei ♀ Oberseite einfarbig braun.
Variation In Marokko und gelegentlich S-Spanien bei ♀ größerer blauer Basalbereich der Oberseite. In NW-Griechenland ♀ auf Hfl-US oft mit braunem oder dunkelgrauem, machmal auch orangefarbigem Fleck im Analwinkel. In M-Griechenland (Timfristos-Gebirge, Parnass) *parnassia* Staudinger; klein, bei ♂ Oberseite intensiver blau, schwarze Ränder schmaler, kontrastreicher; Hfl-US selten mit orangefarbigem Fleck im Analwinkel; Hfl-OS bei ♀ gelegentlich mit 1 oder 2 orangefarbigen Punkten im Analwinkel. Ähnliche Form am Parnis und im Athener Becken.
Flugzeit Allgemein 1 Generation, Anfang Mai bis August; in der Schweiz 2 oder 3 Generationen, Mai bis Oktober.
Lebensraum Feuchte Blumenwiesen, Heuwiesen, freie Flächen zwischen Gebüsch, Waldlichtungen.
Lebensweise Nahrungspflanze *Trifolium pratense*. In M-Griechenland gelegentlich auch *T. physodes* in *T.-pratense*-Beständen. Eiablage an Blüten. Raupe frisst vor Überwinterung vorwiegend an Blüten, danach an jungen Blättern. Deutliche Farbanpassung der Raupe an Nahrungspflanze zeigt enge Bindung an *T. pratense*. Raupen in Symbiose mit Ameisen (*Lasius* sp.).
▹ *C. semiargus helena* (Staudinger, 1862), TF: Taygetos-Gebirge, S-Griechenland.
Verbreitung Griechenland: Nur auf der Peloponnes, am Menalon, im Panachaikon-, Chelmos-, Oligirtos- und Taygetos-Gebirge. 650–1800 m.
Beschreibung Bei ♂ orangefarbige Submarginalflecke auf Hfl-US, bei ♀ auch im Vorderflügel und auf Oberseite.
Variation Orange Fleckung variabel, besonders bei ♀, offensichtliche klinale Variation in Blaufärbung der Oberseite und Ausprägung der orangefarbigen Zeichnungen.
Flugzeit 1 Generation, Ende April bis Ende Juni.
Lebensraum Feuchte Blumenwiesen, meist zwischen lockerem Gebüsch und einzelnen Bäumen, wo die Nahrungspflanze reichlich gedeiht.
Lebensweise Nahrungspflanze *Trifolium physodes*. Gelegentlich wurde Fraß an *Trifolium purpureum* in großem *T.-physodes*-Bestand beobachtet. Eiablage an Blüten. Jungraupe frisst in Blütenkelchen, überwintert im dritten Stadium unter Steinen in der Nähe von Nahrungspflanzen und/oder Ameisennestern und frisst anschließend an jungen Blättern. Verpuppung meist an Eingängen von Ameisennestern unweit Nahrungspflanze. Symbiose mit *Camponotus vagus*, *C. aethiops*.
Verhalten Falter sonnen sich bei windstiller, warmer Witterung spätnachmittags oft in großer Anzahl an Grashalmen.

Plebejus pyrenaica

♀ graubraun, Diskoidalfleck manchmal groß und diffus oder schwach weiß geringt, Hfl gelegentlich mit angedeuteten weißen Randmonden

Plebejus pyrenaica* var. *asturiensis
(N-Spanien)

Plebejus dardanus
(Balkan)

Cyaniris semiargus

C. semiargus semiargus

var. *parnassia*
(M-Griechenland)

P. pyrenaica,
P. dardanus

Cyaniris semiargus

C. semiargus helena
(Peloponnes)

Polyommatus dolus

Gesamtverbreitung SW-Europa, Italien.
▻ ***P. (Agrodiaetus) dolus dolus*** (Hübner, 1823), TF: Alpi Marittime (Verity, 1943), Italien.
Verbreitung Spanien: Santander, Navarra, Burgos, Alava, Longono, Huesca, Lérida, Gerona, Barcelona. S-Frankreich: Bouches-du-Rhône, Vaucluse, Drôme, Var, Alpes-de-Haute-Provence, Alpes-Maritimes. NW-Italien, sehr lokal: Alpi Marittime. 600–1500 m.
Beschreibung und Variation ♂ auf Vfl-OS mit rau erscheinendem basalem Duftschuppenfleck. Bei beiden Geschlechtern fehlen weiße Streifen auf Hfl-US oder sind nur angedeutet.
Flugzeit 1 Generation, Mitte Juli bis August.
Lebensraum Blütenreiche, grasige Stellen zwischen Sträuchern; Acker- und Feldraine.
Lebensweise Nahrungspflanze *Onobrychis viciifolia*. Eiablage an Blüten. Jungraupe überwintert.
▻ ***P. (Agrodiaetus) dolus vittatus*** (Oberthür, 1892), TF: Lozère, Frankreich.
Verbreitung S-Frankreich: Aveyron, Hérault, Gard, Lozère. 500–1000 m.
Beschreibung Bei ♂ Oberseite weißlich oder blass graublau, basal blau bestäubt; braune Adern deutlich sichtbar. ♀ dunkler braun als nominotypische Unterart.
Flugzeit, Lebensraum, Lebensweise Wie bei nominotypischer Unterart.
▻ ***P. (Agrodiaetus) dolus virgilia*** (Oberthür, 1910), TF: Sulmona, Abruzzen, Italien.
Verbreitung Italien: Von der Emilia-Romagna (Bologna) bis nach Kalabrien (Monte Pollino) in weit verstreuten Populationen. 600–1100 m.
Beschreibung Bei ♂ Oberseite weißlich; dunkle Randbinde innen unscharf begrenzt, besonders an den Adern; Vorderflügel mit hellblauer Basalbestäubung, brauner Duftschuppenfleck rau. Bei ♀ Oberseite dunkler braun als bei nominotypischer Unterart.
Flugzeit, Lebensraum, Lebensweise Wie bei nominotypischer Unterart.

Polyommatus fulgens

Gesamtverbreitung N-Spanien.
▻ ***P. (Agrodiaetus) fulgens fulgens*** (de Sagarra, 1925), TF: Spanien. (Ohne Bild)
Bei einigen Autoren als Form oder Unterart von *Polyommatus dolus* geführt.
Verbreitung N-Spanien: Katalonien.
Beschreibung Ähnelt *P. dolus*, etwas größer, bei ♂ Unterseite grauer; bei ♀ Oberseite dunkler braun. Chromosomenzahl 123–125.
▻ ***P. (Agrodiaetus) fulgens ainsae*** (Forster, 1961), TF: Ainsa, Spanien. Bei einigen Autoren als eigenständige Art geführt.
Syn.: *pseudovirgilius* de Lesse, 1962.
Verbreitung N-Spanien, sehr lokal: Burgos (Villasur, Puerto de Paramo de Masa, Villanueva de Argaño, Peñahorada, Monasterio de Rodilla, Sotopalacios, Briviesca, Monasterio de Fresdelva), Alava (Sierra de Urbasa), Huesca (Ainsa, Sierra de la Peña, Jaca). 950–1200 m.
Variation Populationen in der Provinz Burgos (*pseudovirgilius* de Lesse) weichen in Flügelgröße und -zeichnung etwas von der Stammform ab. Chromosomenzahl ist aber identisch (= 108).
Flugzeit 1 Generation, Juli bis August.
Lebensraum Trockene, grasige, strauchbewachsene Stellen; Lichtungen in lockeren Laub- oder Kiefernwäldern.
Lebensweise Nahrungspflanze *Onobrychis viciifolia*.

Polyommatus escheri

Gesamtverbreitung Marokko, S-Europa.
▻ ***P. (Polyommatus) escheri*** (Hübner, 1823), TF: Var, S-Frankreich (Verity, 1943).
Syn.: *agestor* Godart, 1824; *dalmatica* Speyer, 1882; *olympena* Verity, 1936; *splendens* Stefanelli, 1904.
Verbreitung Marokko, sehr lokal: Anti-Atlas (Djebel Ahmar), Mittlerer Atlas (Djebel Bou-Iblane). Portugal. Spanien, vereinzelt, lokal häufig: Sierra Nevada bis Kantabrisches Gebirge und Pyrenäen. Frankreich: Massif Central, Bouches-du-Rhône, Basses-Alpes. Schweiz: Rhône-Tal, Simplon, Graubünden. N-Italien, sehr zerstreut: Ortler, Dolomiten, Ligurien, Toscana, Emilia-Romagna bis Campania. SW-Kroatien. S-Bosnien-Herzegowina. SW-Serbien. Mazedonien. Bulgarien. Albanien. Griechenland. Europäischer Teil der Türkei. 500–2000 m.
Beschreibung Bei ♂ schwarze OS-Ränder sehr schmal. Bei ♀ orangefarbige Submarginalflecke der Oberseite variabel, 2–3 undeutliche Flecke im Hfl-Analwinkel oder durchgehendes Band auf Hinter- und Vorderflügel. Bei beiden Geschlechtern Vfl-US ohne Zellfleck, alle Zeichnungen kräftig (vgl. *Polyommatus icarus*).
Variation In Marokko *ahmar* Le Cerf; kleiner, bei ♂ Oberseite mattblau; ♀ mit gelben Submarginalflecken auf Oberseite; US-Zeichnung bei beiden Geschlechtern weniger kontrastreich. In N-Italien *splendens* Stefanelli; kleiner, bei ♂ Oberseite blasser blau, schwarze Ränder etwas breiter, Unterseite eher weißlich mit etwas reduzierter Zeichnung; bei ♀ Submarginalflecke der Oberseite kräftig. In SO-Europa *dalmatica* Speyer; bei ♂ Oberseite silberblau, manchmal grünlich schimmernd, schwarzer Randstreifen breiter als bei Stammform (1–2 mm); beide Geschlechter auf der Unterseite kräftiger gezeichnet.
Flugzeit 1 Generation, Mitte Mai bis August.
Lebensraum Blütenreiche felsige Stellen oder Hänge, meist zwischen niedrigen Sträuchern, feuchte Waldlichtungen.
Lebensweise Hauptnahrungspflanze *Astragalus monspessulanus*, daneben *A. sempervirens, A. exscapus, A. incanus, A. spruneri*. Eiablage an Blattunterseite. Jungraupe überwintert, frisst anschließend unter dem Blütenstand an jungen Blättern. Raupen in Begleitung von Ameisen (*Myrmica specioides, Formica cinerea, Plagiolepis* sp.).

Polyommatus dolus

auffälliger rauer bräunlicher Duftschuppenfleck auf Vfl-OS

weißer Streifen auf Hfl-US variabel, fehlt manchmal

♂

♀

US bei ♀ brauner, kein weißer Streifen an Ader M3

P. dolus dolus
(Spanien, S-Frankreich, NW-Italien)

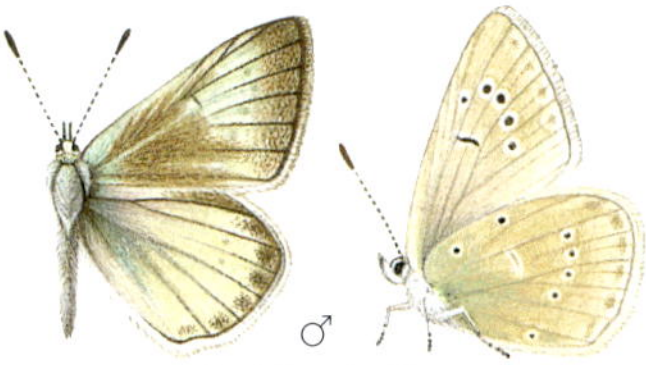

♂

P. dolus virgilia
(italienische Halbinsel)

♂

P. dolus vittatus
(S-Frankreich)

Polyommatus fulgens ainsae

(N-Spanien)

auffälliger rauer brauner Duft-schuppenfleck auf Vfl-OS

♂

♀

Polyommatus escheri

bei ♀ orange Randflecke variabel

♂ ♀

Vfl-US ohne Zellfleck

Polyommatus dolus

P. fulgens ainsae

Polyommatus escheri

OS mit deutlichem breitem Rand-streifen

♂

var. *dalmatica*
(SO-Europa)

Polyommatus amandus · Vogelwickenbläuling

▹ *P. (Polyommatus) amandus* (Schneider, 1792), TF: S-Schweden.
Syn.: *icarius* Esper, 1793.

Verbreitung Marokko: Hoher Atlas (Oukaïmedon, Djebel Ahmar), Mittlerer Atlas (Azrou), Rif-Atlas (Djebel Lakraa, Ketama). Algerien, Djurdjura-Gebirge. Spanien: Sierra Nevada, Montes Universales, Sierra de la Demanda, Kantabrisches Gebirge, Pyrenäen. S-Frankreich. Italien außer in Küstengebieten. M-Schweiz. S-, O- und N-Deutschland. S-Fennoskandinavien. Balkan, Griechenland. Europäischer Teil der Türkei. 100–2600 m. Fehlt auf Mittelmeerinseln (außer NO-Sizilien und Lesbos).

Beschreibung Groß. Oberseite bei ♂ hellblau mit grünlichem Ton. ♀ braun mit orangeroten Submarginalflecken. Unterseite hellgrau mit kleinen Flecken.

Variation Bei ♂ ist Breite der dunkelbraunen OS-Ränder variabel. In Skandinavien Oberseite der ♀ oft blau bestäubt (*isias* Fruhstorfer). In Marokko und Algerien *abdelaziz* Blachier; Oberseite bei ♂ blasser silberblau, US-Zeichnung reduziert, orangefarbige Flecke im Analwinkel der Hfl-US nur schemenhaft oder fehlend; bei ♀ Oberseite braun, manchmal mit wenigen blauen Schuppen an der Basis, gelegentlich auch deutlich blau bestäubt (*cyanea* Aigner), orangegelbe Submarginalflecke deutlich, bilden mitunter durchgehende Binde auf Vorder- und Hinterflügel, Vfl-OS manchmal mit feinen orangefarbigen Strichen.

Flugzeit 1 Generation, Ende Mai bis Juli.

Lebensraum Warme, grasige, oft feuchte Stellen mit häufigem Vorkommen der Nahrungspflanzen; oft in der Nähe von Gebüsch oder lichtem Wald; geschützte Schluchten über der Waldgrenze; alpine Rasen.

Lebensweise Nahrungspflanzen *Vicia*-Arten, vorwiegend *Vicia cracca, V. villosa, V. onobrychioides, V. tetrasperma, V. incana, V. sibthorpii, V. cassubica, V. atlantica*. Eiablage an Blattober- oder -unterseite. Jungraupe überwintert zwischen Falllaub an Pflanzenbasis. Im Frühjahr frisst die Raupe an jungen Blättern. In NW-Griechenland Raupen in Begleitung der Ameisenarten *Tapinoma simrothi, Lasius alienus*, in anderen Gebieten *L. niger, Myrmica specioides, Formica cinerea*.

Polyommatus thersites · Esparsettenbläuling

Gesamtverbreitung Marokko, S-Europa, Türkei, Mittlerer Osten, Iran, Kaukasus, S-Ural, Tienschan.
▹ *P. (Polyommatus) thersites* (Cantener, 1834), TF: Vogesen, NO-Frankreich.

Verbreitung Marokko: Mittlerer Atlas. S-Portugal. Spanien. Frankreich: Pyrenäen. Nach NO bis 51° N in Deutschland. O- und SO-Europa. Europäischer Teil der Türkei. 0–2000 m. Fehlt auf Mittelmeerinseln (außer Samos, Kos, Rhodos).

Beschreibung und Variation ♂ trägt auf Vfl-OS viele Duftschuppen, wodurch die Flügel aufgeraut wirken. In der Frühjahrsgeneration Hfl-US bei beiden Geschlechtern grau; bei ♀ reicht blaue OS-Bestäubung oft bis zum Außenrand. In der Sommergeneration Hfl-US bei beiden Geschlechtern sandfarben; bei ♀ Oberseite braun, Vfl-US gelbgrau. ♂ und ♀ ohne Basalfleck auf Vfl-US (vgl. *P. icarus*).

Flugzeit 2 Generationen, April bis Juni und Juni bis August.

Lebensraum Warme, trockene, felsige und strauchbewachsene Gebiete; freie Grasflächen zwischen Gebüsch; Wiesen; aufgelassenes Kulturland.

Lebensweise Nahrungspflanzen *Onobrychis caput-galli, O. viciifolia, O. peduncularis* (Marokko). Eiablage an Blättern. Raupe frisst an Blättern, ohne Hauptnerven zu beschädigen (typischer Fensterfraß). In trockenen Gebieten, wo als einzige Nahrungspflanze *O. caput-galli* (einjährig) gedeiht, ist Sommerruhe von Eiern oder Jungraupen zu beobachten, bis Samen aus der Frühjahrsblüte keimen. In Griechenland legen Weibchen der 1. Generation (April) Eier frei an *O. caput-galli* ab, Weibchen der Sommergeneration (Juni) jedoch an dürren Grashalmen, weil von der Nahrungspflanze nur noch die Samen übrig sind. Flugzeitschwankungen der Sommergeneration wahrscheinlich wegen Fehlens der Nahrungspflanze oder des für die Samenkeimung nötigen Regens. Jungraupe überwintert. Raupen in Begleitung von Ameisen (*Lasius alienus, Myrmica scabrinodis*).

Polyommatus admetus

Gesamtverbreitung Mittleres O- und SO-Europa, Türkei.
▹ *P. (Agrodiaetus) admetus* (Esper, 1785), TF: Ungarn.

Verbreitung Vereinzelt, lokal häufig. Ungarn. Kroatien. Im W von Bosnien-Herzegowina. SW-Serbien. W-Mazedonien. Albanien. Bulgarien. Griechenland. Europäischer Teil der Türkei. 50–1500 m.

Beschreibung Bei ♂ weißer Wisch auf Hfl-US kaum ausgebildet. Bei ♀ Marginal- und Submarginalflecke der Unterseite kräftig, keilförmiger weißer Wisch an Ader M3 oft reduziert oder fehlend.

Flugzeit 1 Generation, Mitte Juni bis Juli.

Lebensraum Heiße, trockene, blütenreiche Gebiete mit Gräsern und Sträuchern.

Lebensweise Nahrungspflanzen *Onobrychis viciifolia, O. caput-galli*. Eiablage durch dasselbe Weibchen an Blüten beider Pflanzen am selben Fundort wurde beobachtet. Raupen in Begleitung von Ameisen (*Camponotus gestroi, Crematogaster sordidula*). Jungraupe überwintert unter Steinen.

Polyommatus amandus

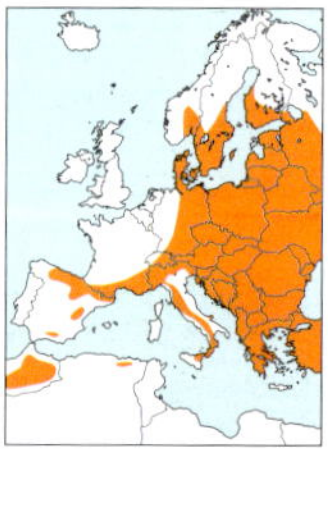

Polyommatus thersites

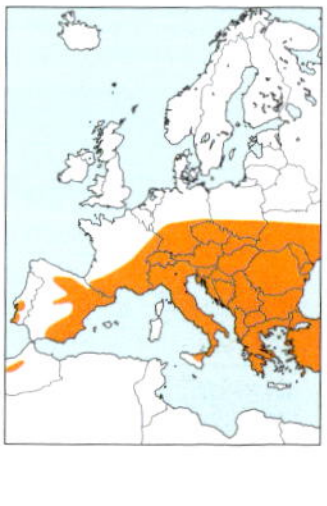

Polyommatus amandus

Polyommatus thersites

Polyommatus admetus

Polyommatus admetus

Polyommatus fabressei

Gesamtverbreitung Spanien.
▷ *P. (Agrodiaetus) fabressei* Oberthür, 1910, TF: Albarracín, Spanien.
Syn.: *agenjoi* Forster, 1965; bei einigen Autoren als eigenständige Art oder als Unterart von *P. ripartii* geführt.
Verbreitung N- und O-Spanien: Provinzen Teruel (Sierra de Albarracín), Cuenca (Serranía de Cuenca), Soria (Abejar), Burgos (Peñahorada, Sotopalacios), Gerona, Barcelona, Lérida. 900–1500 m.
Beschreibung Bei ♂ Hfl-US ohne weißen Wisch an Ader M3; bei ♀ manchmal schwacher keilförmiger weißer Wisch angedeutet. Bei beiden Geschlechtern Marginal- und Submarginalflecke verkümmert oder fehlend.
Variation In den spanischen Provinzen Gerona, Barcelona und Lérida *agenjoi* Forster; Hfl-US bei ♀ mit kurzem weißem Wisch an Ader M3, kann auch fehlen.
Flugzeit 1 Generation, Ende Juni bis August.
Lebensraum Felsschluchten mit Sträuchern; trockene Grashänge.
Lebensweise Nahrungspflanze *Onobrychis viciifolia*. Eiablage an Blüten. Jungraupe überwintert. Im Frühjahr Raupen in Begleitung von Ameisen.

Polyommatus humedasae

Gesamtverbreitung Endemisch in NW-Italien.
▷ *P. (Agrodiaetus) humedasae* Toso & Balletto, 1976, TF: Cogne, N-Italien.
Verbreitung NW-Italien: Aosta-Tal (Cogne-Tal). 800–900 m.
Beschreibung Unterseite bei ♂ hellcremebraun, etwas dunkler als *A. violetae*; Hfl-US ohne weißen Wisch.
Flugzeit 1 Generation, Mitte Juli bis August.
Lebensraum: Blütenreiche Hänge mit Sträuchern und kleinen Bäumen.
Lebensweise Nahrungspflanze *Onobrychis viciifolia*. Eiablage an Blüten, an denen die Raupen fressen. Jungraupe überwintert. Im Frühjahr Raupen in Begleitung von Ameisen.
Naturschutz Bekannter Lebensraum sehr klein und in enger Nachbarschaft zu menschlichen Siedlungen und Kulturland, dadurch stark gefährdet.

Polyommatus violetae

Gesamtverbreitung S-Spanien.
▷ *P. (Agrodiaetus) violetae* (Gómez-Bustillo et al., 1979), TF: Sierra de Almijara, Spanien.
Verbreitung S-Spanien: Málaga (Sierra de Tejeda), Granada (Sierra de Almijara, Sierra de La Losa), Jaén (Sierra de Segura, Sierra de Cazorla), Albacete (Sierra de Alcaraz). 1200–1750 m.
Beschreibung Sehr ähnlich *P. fabressei*. Unterseite bei ♂ hellcremebraun (weniger grau als *P. ripartii*); Hfl-US mit deutlichem weißem Wisch.
Flugzeit 1 Generation, Ende Juni bis Anfang August.
Lebensraum Blumenreiche Grasflächen.
Lebensweise Nahrungspflanzen *Onobrychis viciifolia*, *O. peduncularis*. Eiablage an Blüten, an denen die Raupen fressen. Jungraupe überwintert. Im Frühjahr Raupen in Begleitung von Ameisen (*Camponotus piceus*).

Polyommatus fabressei

P. fabressei (var. agenjoi)

Polyommatus humedasae

Polyommatus violetae

Polyommatus fabressei

(N- und O-Spanien)

bei ♀ weißer Wisch auf Hfl-US verschwommen

nur in NO-Spanien

f. *agenjoi*

bei ♀ weißer Wisch auf Hfl-US kurz, fehlt oft

Polyommatus humedasae

nur in NW-Italien

kein weißer Wisch auf Hfl-US

Polyommatus violetae

nur in S-Spanien

Polyommatus aroaniensis

Gesamtverbreitung Griechenland, Bulgarien, Mazedonien. ▹ *P. (Agrodiaetus)* ***aroaniensis*** (Brown, 1976), TF: Chelmos-Gebirge, Griechenland.
Verbreitung Griechenland, weit verbreitet, aber lokal: Falakron-Gebirge, Vernon-Gebirge, Smolikas-Gebirge, Timfristos-Gebirge, Parnass, Panachaikon-Gebirge, Chelmos-Gebirge, Menalon-Gebirge, Taygetos-Gebirge. SW- und S-Bulgarien (Verhältnis zu *P. eleniae* unsicher): Ali-Botus, S-Pirin, Stara Planina, W-Rhodopen. Mazedonien. 800–1700 m. **Beschreibung** Unterseite einheitlich gelbgrau ohne weißen Wisch. **Flugzeit** 1 Generation, Ende Juni bis Anfang August. **Lebensraum** Trockene, strauchbewachsene oder felsige Stellen, oft steile Hänge auf Karbonatgestein; lichter Wald. **Lebensweise** Nahrungspflanze *Onobrychis arenaria*. Eiablage an Blüten. Jungraupe überwintert. Raupen in Begleitung von Ameisen (*Camponotus gestroi, Crematogaster sordidula*).

Polyommatus ripartii

Gesamtverbreitung Spanien, S- und SO-Europa, Polen, Türkei, S-Ural, S-Sibirien, Tienschan, Altai.
▹ *P. (Agrodiaetus)* ***ripartii*** (Freyer, 1830), TF: Spanien. Syn.: *exuberans* Verity, 1926; *pelopi* Brown, 1976; beide bei einigen Autoren als Unterarten oder eigenständige Arten geführt.
Verbreitung N- und O-Spanien: Montes Universales, Segovia, Logroño, Burgos, Huesca. Frankreich: Var, Alpes-Maritimes, Vaucluse, Alpes-de-Haute-Provence, Ardèche, Drôme, Hautes-Alpes. NW-Italien, sehr lokal: Alpi Marittime. S-Polen. Mazedonien. W-, SW- und S-Bulgarien. Albanien. Griechenland. Europäischer Teil der Türkei. 50–1950 m. **Beschreibung** Hfl-US mit deutlichem weißem Streifen an Ader M3. **Variation** In Griechenland *pelopi* Brown, weißer Wisch der Hfl-US oft schmaler, weniger deutlich. In Italien (Valle di Susa) *exuberans* Verity. **Flugzeit** 1 Generation, Ende Juni bis Anfang August. **Lebensraum** Trockene, strauchbewachsene Stellen, oft grasreich; lichte Wälder. **Lebensweise** Nahrungspflanzen *Onobrychis viciifolia, O. arenaria, O. saxatilis, O. alba, O. montana*. Eiablage an Blüten, an denen die Raupen fressen. In Griechenland Raupen in Begleitung von *Crematogaster sordidula, Camponotus gestroi, Lasius alienus*. Jungraupe überwintert.

Polyommatus nephohiptamenos

Gesamtverbreitung N-Griechenland, Bulgarien.
▹ *P. (Agrodiaetus)* ***nephohiptamenos*** (Brown & Coutsis, 1978), TF: NO-Griechenland.
Verbreitung N-Griechenland: Pangeon, Orvilos, Falakron-Gebirge. SW-Bulgarien: Ali-Botus, Pirin-Gebirge. 1400–2000 m. **Beschreibung** Hfl-Fransen des ♂ auffallend weiß. **Flugzeit** 1 Generation, Anfang Juli bis Ende August; Schlupfzeit stark von lokalen Wetterbedingungen abhängig. **Lebensraum** Blütenreiche Grashänge oberhalb der Waldgrenze; auf Karbonatgestein. **Lebensweise** Nahrungspflanze *Onobrychis montana*. Jungraupe überwintert an Pflanzenbasis. Raupen in Begleitung von Ameisen. **Verhalten** In tieferen Lagen wurden ♂ beim Saugen auf feuchtem Boden in Gesellschaft mit *P. admetus* und *P. aroaniensis* beobachtet.

Polyommatus orphicus (ohne Bild)

Gesamtverbreitung Bulgarien, Griechenland.
▹ *P. (Agrodiaetus)* ***orphicus*** Kolev, 2005, TF: Rhodopen, Bulgarien.
Verbreitung Endemisch in den Rhodopen. Bulgarien, sehr lokal und relativ selten: W-Rhodopen. Griechenland: Rhodopen. 300–1500 m. **Beschreibung** Ähnlich *P. ripartii*. **Flugzeit** 1 Generation, Ende Juni bis Ende Juli. **Lebensraum** Trockene steinige oder felsige Stellen, oft steile Hänge; auf Karbonatgestein. **Lebensweise** Nahrungspflanze *Onobrychis*.

Polyommatus eleniae (ohne Bild)

Gesamtverbreitung Griechenland.
▹ *P. (Agrodiaetus)* ***eleniae*** Coutsis & de Prins, 2005, TF: Drama, Griechenland.
Verbreitung Gebirgsendemit. Griechenland: Falakron-Gebirge. 900 m. (?)SW- und S-Bulgarien (siehe *P. aroaniensis*). **Beschreibung** Ähnlich *P. aroaniensis*. **Flugzeit** 1 Generation, Juli.

Polyommatus menalcas (ohne Bild)

Gesamtverbreitung Kleinasien, Kurdistan.
▹ *P. (Agrodiaetus)* ***menalcas*** (Freyer, 1837), TF: Konstantinopel, Türkei.
Verbreitung Europäischer Teil der Türkei. **Beschreibung** Ähnlich *P. ripartii*.

Polyommatus aroaniensis

Polyommatus ripartii

P. nephohiptamenos

Polyommatus aroaniensis

nur in Griechenland

US einheitlich gelbgrau, weißer Wisch auf Hfl-US sehr schwach oder fehlend

Polyommatus ripartii

deutlicher weißer Streifen auf Hfl-US

Stammform

var. *pelopi*
(S- und M-Griechenland)

Polyommatus nephohiptamenos

Hfl-OS mit weißen Fransen

(N-Griechenland und Bulgarien)

Polyommatus galloi

Gesamtverbreitung S-Italien.
▷ *P. (Agrodiaetus) galloi* Balletto & Toso, 1979, TF: Monte Pollino, Kalabrien, Italien.
Verbreitung S-Italien: Kalabrien (Monte Pollino, Piana di Ruggio, Serra del Prete, Vallone di Malvento, Campo Tenese, Orsomarso-Gebirge). 1100–2200 m, meist 1750–1900 m.
Beschreibung Oberseite bei ♂ kastanienbraun mit olivgrünem Anflug, Fransen braun, Vorderflügel mit deutlichem Duftschuppenfleck; Unterseite sandbraun, Marginalflecke undeutlich, Fransen cremeweiß, deutlicher weißer Streifen an Ader M3. Bei ♀ Oberseite etwas brauner, rötlich getönt; Vorderflügel nicht so spitz; schwarze Punkte der Unterseite deutlich weiß geringt; Fransen ober- und unterseits cremeweiß.
Flugzeit 1 Generation, Juli bis August.
Lebensraum Grashänge, Lichtungen in Buchenwäldern, in höchsten Lagen Geröllhänge.

Polyommatus dorylas · Wundkleebläuling

Gesamtverbreitung S- und M-Europa, Türkei, Transkaukasien.
▷ *P. (Polyommatus) dorylas* (Denis & Schiffermüller, 1775), TF: Wiener Gegend, Österreich.
Syn.: *argester* Bergsträsser, 1779; *hylas* Esper, 1793 (ungültiges Homonym).
Verbreitung N- und M-Spanien: Montes Universales, Sierra de la Demanda, Kantabrisches Gebirge, Pyrenäen. NW-Pyrenäen bis S-Schweden (einschließlich Öland und Gotland) und Litauen (sehr selten und lokal). O-Europa. Balkan. Griechenland. 75–2300 m.
Beschreibung und Variation In M-Spanien bemerkenswerte Variabilität bei OS-Färbung und Flügelform der ♂. Bei ♀ Oberseite manchmal mit blauer Basalbestäubung, an Flügelbasis immer einige blaue Schuppen (vgl. ♀ von *P. nivescens*).
Flugzeit In tieferen Lagen 2 Generationen, Mai bis Juni und Ende Juli bis August; in höheren Lagen 1 Generation, Ende Juni bis August.
Lebensraum In tieferen Lagen blütenreiche Grasflächen, meist zwischen Sträuchern. Im Hochgebirge geschützte Senken, freie Grashänge. Auf basischen Böden.
Lebensweise Nahrungspflanze *Anthyllis vulneraria*. Eiablage an Blättern, an denen die Raupen fressen. Jungraupe überwintert am Boden unter der Nahrungspflanze; frisst im Frühjahr nur an Blättern im unteren Bereich der Pflanze. Obwohl *P. dorylas* in den meisten Lebensräumen S-Europas zusammen mit *Cupido minimus* an *Anthyllis vulneraria* lebt, ist durch Nutzung verschiedener Pflanzenteile Konkurrenz ausgeschlossen. Raupen in Begleitung von Ameisen (*Lasius alienus, Myrmica scabrinodis, Formica cinerea*).

Polyommatus golgus

Gesamtverbreitung Endemisch in S-Spanien.
▷ *P. (Polyommatus) golgus* (Hübner, 1813), TF: Sierra Nevada, Spanien.
Syn.: *sagratrox* Aistleitner, 1984; bei einigen Autoren als Unterart geführt.
Verbreitung S-Spanien, lokal häufig: Sierra Nevada, 2400–3000 m; Sierra de la Sagra, 1900–2350 m.
Beschreibung Oberseite bei ♂ azurblau, ♀ braun mit orangefarbigen Submarginalflecken und etwas blauer Basalbestäubung.
Variation In der Sierra de la Sagra *sagratrox* Aistleitner, beide Geschlechter heller als Stammform. Oberseite bei ♂ blasser blau, Unterseite weiß. Bei ♀ Oberseite heller braun, oft mit orangefarbigen Submarginalflecken (besonders deutlich auf Hinterflügel); Hfl-OS oft mit blauen Schuppen an der Flügelbasis und entlang der Adern; Unterseite blasser.
Flugzeit 1 Generation, Ende Juni bis Ende Juli.
Lebensraum Ungeschützte Hänge mit kurzem, oft sehr spärlichem Bewuchs, oft auf losem dunklem Karbonatschiefer; steile Trockenhänge auf Karbonatgestein.
Lebensweise Nahrungspflanze *Anthyllis vulneraria*. Eiablage einzeln an Blattoberseite oder -unterseite im Bereich der Mittelrippe. Jungraupe überwintert unterhalb des Fruchtstands der Nahrungspflanze. Raupen in Begleitung von Ameisen (*Tapinoma nigerrimum, Lasius niger*). Während der Hauptflugzeit Falter beiderlei Geschlechts gleich häufig (vgl. *P. nivescens, P. atlantica*).

Polyommatus galloi

nur in S-Italien

Polyommatus dorylas

charakteristische US-Zeichnung und -Färbung

Polyommatus golgus

nur in S-Spanien (Sierra Nevada)

Stammform

nur in S-Spanien (Sierra de la Sagra)

var. *sagratrox*

Polyommatus galloi

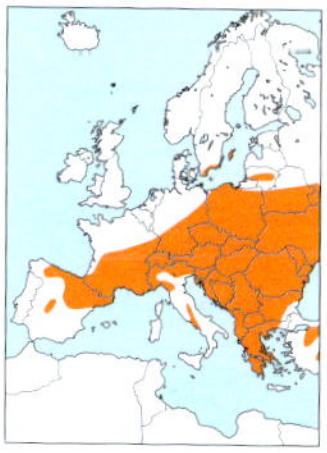

Polyommatus dorylas

Polyommatus golgus

Polyommatus nivescens

Gesamtverbreitung Spanien.
▹ ***P. (Polyommatus) nivescens*** Keferstein, 1851, TF: Sierra de Alfacar, Spanien.
Verbreitung Weit verbreitet, meist sehr lokal. SW-Spanien bis S-Kantabrisches Gebirge und S-Pyrenäen. 1000–1900 m.
Beschreibung Oberseite bei ♂ silbergraublau, Unterseite ähnlich wie *P. dorylas*.
Flugzeit 1 Generation, Ende Mai bis Anfang August.
Lebensraum Heiße, trockene Felsen aus Karbonatgestein, meist zwischen Sträuchern.
Lebensweise Nahrungspflanze *Anthyllis vulneraria*. Eiablage einzeln an Blattober- oder -unterseite in der Nähe der Mittelrippe; meist wird dazu ein kleines Blatt einer kleinen Pflanze gewählt. Jungraupe überwintert unterhalb des Fruchtstands der Nahrungspflanze. Raupen in Begleitung von Ameisen (*Tapinoma nigerrimum*). Weibliche Falter werden nicht oft beobachtet (vgl. *P. golgus, P. atlantica*).

Polyommatus atlantica

Gesamtverbreitung Marokko, Algerien.
▹ ***P. (Polyommatus) atlantica*** (Elwes, 1905), TF: Hoher Atlas, Marokko.
Verbreitung Weit verbreitet, meist sehr lokal. Marokko: Hoher Atlas, Mittlerer Atlas (Tizi-n-Taghzeft, Col du Zad, Djebel bou Iblane), W-Rif-Atlas (Djebel Lakraa, Djebel Tissouka, Ketama). Algerien: Aures-Gebirge, Djurdjura-Gebirge. 1300–2700 m.
Beschreibung Oberseite bei ♂ ähnlich wie *P. dorylas*, aber heller. ♀ mit kräftiger orangeroter Submarginalbinde.
Variation Bei ♂ schwarze Submarginalflecke der Hfl-OS basalwärts manchmal mit orangerosa Schuppen (*rosea* Tennent). In allen Populationen bilden die orangeroten Submarginalflecke bei ♀ auf der Oberseite ein breites Band, das zur Flügelbasis hin strahlenartig ausläuft. Im Mittleren Atlas und W-Rif-Atlas *weissi* Dujardin; meist kleiner; orangerote OS-Randflecke bei ♀ reduziert, von R4 bis M1 gelegentlich fehlend. In Algerien *barraguei* Dujardin; bei ♂ OS-Randzeichnung kräftiger, alle Flecke der Hfl-US kleiner, undeutlich oder fehlend; bei ♀ blaue Basalbestäubung der Hfl-OS meist deutlich ausgebildet.
Flugzeit 2 Generationen, Ende Mai bis Juli und August bis September.
Lebensraum Blütenreiche Stellen, trockene, steinige Hänge mit Sträuchern.
Lebensweise Nahrungspflanze *Anthyllis vulneraria*. Eiablage einzeln auf Blattoberseite in der Nähe der Mittelrippe. Weibliche Falter werden nicht oft beobachtet (vgl. *P. golgus, P. nivescens*).

Polyommatus daphnis · Zahnflügelbläuling

Gesamtverbreitung S-Europa, Türkei, Libanon, Syrien, Iran, Transkaukasien, S-Ural.
▹ ***P. (Meleageria) daphnis*** (Denis & Schiffermüller, 1775), TF: Wiener Gegend, Österreich.
Syn.: *meleager*, Esper, 1779.
Verbreitung Spanien, sehr lokal, nicht häufig: Provinzen Madrid, Burgos, Cuenca, Teruel (Montes Universales), Logroño (Sierra de la Demanda), Pyrenäen, tiefere Lagen (Huesca bis Gerona). S-Frankreich: O-Pyrenäen bis Massif Central, Savoie und Alpes-Maritimes. Schweiz: Wallis (Rhône-Tal), NO-Engadin. Italien mit Sizilien. S-Deutschland: Hessen, Baden-Württemberg (Tauberland, Bauland), Bayern, Thüringen. Österreich. S-Polen bis Balkan. Europäischer Teil der Türkei. Griechenland, weit verbreitet, lokal häufig: Festland und Insel Symi. 200–1700 m.
Beschreibung Oberseite bei ♂ hellblau bis türkis mit schwarzbrauner Randbinde; ♀ verdunkelt oder braun, Hfl-Rand gezackt.
Variation Bei ♀ der f. *steeveni* Treitschke Oberseite graubraun, OS-Flecke diffus weißlich oder hellgrau begrenzt, ausschließliche Form in Spanien, überwiegt auch in S-Griechenland (dort oft mit reduzierter weißer Beschuppung der Oberseite). Übergangsformen in N- und M-Griechenland.
Flugzeit 1 Generation, Mitte Juni bis August.
Lebensraum: Grasige oder mit Sträuchern bewachsene Stellen, gewöhnlich auf Karbonatgestein oder basischen Substraten.
Lebensweise Nahrungspflanze *Securigera varia*. Eiablage an Blättern, an denen die Raupen fressen. In sehr heißen und trockenen Lebensräumen werden von Felsen oder Sträuchern beschattete Pflanzen zur Eiablage bevorzugt. Ei oder Jungraupe überwintert. Raupen in Begleitung von Ameisen (*Lasius alienus, Formica pratensis, Tapinoma erraticum*).

Polyommatus nivescens

Polyommatus atlantica

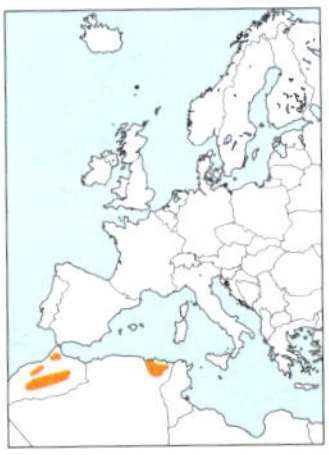

Polyommatus daphnis

Polyommatus nivescens

nur in Spanien

Polyommatus atlantica

charakteristische OS- und US-Zeichnung

nur in Marokko und Algerien

Polyommatus daphnis

Hfl-Rand gezackt

f. *steeveni*

Polyommatus coridon · Silbergrüner Bläuling

Gesamtverbreitung Europa, Ukraine, Ural.
▷ ***P. (Lysandra) coridon coridon*** (Poda, 1761), TF: Graz, Österreich.
Syn.: *philippi* Brown & Coutsis, 1978; *slovacus* Vitas, Balint & Zitnan, 1978.
Verbreitung N-Spanien: Pyrenäen, sehr lokal an Südhängen. Fast ganz Europa, nach N bis S-England und Litauen. Balkan. Griechenland. Europäischer Teil der Türkei. 100–2000 m. Nicht in Fennoskandinavien, auf S-Peloponnes und den Mittelmeerinseln.
Beschreibung Oberseite bei ♂ hellsilberblau; ♀ intensiver blau mit brauner Submarginalregion oder vollständig braun mit orangeroten Submarginalflecken.
Variation Von Spanien bis Bulgarien klinale Variation, die zur Beschreibung zahlreicher Formen, Rassen und Unterarten geführt hat. Bei ♂ Oberseite regional und lokal variabel – in Julischen Alpen intensiver blau und ohne gelblichen Schimmer; in Griechenland *graeca* Rühl, matter, graublau mit gelblichem Schimmer, ähnliche Form im Apennin. Unterseite zeigt ebenfalls geografische Variation der Färbung und Zeichnung – im Mittelmeerraum überwiegen blassere und schwächer gezeichnete Formen. Oberseite bei ♀ mit verschiedenen Abstufungen der blauen Bestäubung, in den meisten Populationen sehr gering und selten, jedoch häufig und bis in den Submarginalbereich reichend bei f. *syngrapha* Keferstein (in SW-Frankreich stellenweise vorherrschende Form). In N-Griechenland *philippi* Brown & Coutsis (Bilder auf S. 153); Oberseite bei ♂ blass silberblau ohne gelblichen Schimmer; am Pangeon etwa 50 % der Individuen mit ausgedehnter blauer Bestäubung. Im Chelmos-Gebirge (Peloponnes) *polonus* Zeller; anscheinend Hybriden zwischen *P. coridon* und *P. bellargus*.
Flugzeit 1 Generation, Ende Juni bis Anfang Oktober.
Lebensraum Blütenreiche Magerrasen mit Sträuchern; nur auf basischen Böden.
Lebensweise Nahrungspflanze *Hippocrepis comosa*. Eiablage an Blättern der Nahrungspflanze, dürren Grashalmen, Steinen. In N- und M-Europa überwintert Ei, in Griechenland überwintert Jungraupe im 2. Stadium unter Steinen in der Nähe des Eingangs eines Ameisennests. Raupen in Symbiose mit *Lasius niger, L. alienus, L. flavus, L.* (?)*fuliginosus, Plagiolepis tauricus, Formica rufa, Myrmica scabrinodis, M. sabuleti, M. schencki, Tetramorium caespitum*.
▷ ***P. (Lysandra) coridon gennargenti*** (Leigheb, 1987), TF: Barbagia Seulo, Sardinien, Italien. Bei einigen Autoren als eigenständige Art geführt.
Verbreitung Endemisch auf Sardinien, sehr lokal und nicht häufig. 800–1300 m.
Beschreibung ♂ oberseits glänzend blassblau ohne gelblichen Schimmer (vgl. nominotypische Unterart). ♀ oberseits hellblau (vgl. *P. c. coridon* f. *syngrapha* und *P. caelestissima* f. *syngraphoides* und f. *deliciosa*). Unterseite bei beiden Geschlechtern wie nominotypische Unterart.
Flugzeit 1 Generation, Juli bis August.
Lebensraum Wie bei *P. c. coridon*, nur auf basischen Böden.
▷ ***P. (Lysandra) coridon nufrellensis*** (Schurian, 1977), TF: Muvrella-Hauptkamm, Korsika, Frankreich. Bei einigen Autoren als eigenständige Art geführt.
Verbreitung Endemisch auf Korsika, am Muvrella. 1900–2200 m.
Beschreibung Sehr ähnlich *P. c. coridon*.
Flugzeit Generationsverlauf unbekannt, Falter wurden im Juli, August und Oktober beobachtet.

Polyommatus caelestissima

Gesamtverbreitung Iberische Halbinsel.
▷ ***P. (Lysandra) caelestissima*** (Verity, 1921), TF: Albarracín, Spanien.
Syn.: *asturiensis* de Sagarra, 1924.
Verbreitung N- und O-Spanien, lokal häufig: Provinzen Teruel und Cuenca (Montes Universales), Oviedo, León, Palencia, Santander, Burgos, Logroño, Alava, Guipúzcoa, Vitoria, Huesca. 600–1950 m.
Beschreibung und Variation Oberseite bei ♂ glänzend himmelblau. ♀ gewöhnlich braun, sehr selten silberhimmelblau (f. *deliciosa* de Sagarra, vgl. *P. coridon coridon* f. *syngrapha*). Bei beiden Geschlechtern variiert OS- und US-Zeichnung. In N-Spanien *asturiensis* de Sagarra; Oberseite bei ♂ glänzend silberblau ohne gelblichen Schimmer, Blauton variiert regional und lokal; ♀ wie *P. coridon coridon* oder blass silberblau (f. *syngraphoides* de Sagarra, vgl. *P. coridon coridon* f. *syngrapha*); Anteil der blau gefärbten ♀ regional verschieden: Puerto de Pajares (Oviedo) 50 %, Picos de Europa (León und Santander) 0 %, Huesca 80–95 %. In Huesca (Sierra de la Peña und Umgebung von Jaca) f. *manleyi* de Lesse; ähnelt *P. coridon coridon*, beide Geschlechter etwas größer, Oberseite bei ♂ etwas blasser blau, dunkles Marginalband der Vfl-OS breit. Bei Peñahorada (Burgos) f. *burgalesa* Agenjo; ♂ durchschnittlich sehr klein, dunkles Marginalband der Vfl-OS breit, ♀ von normaler Größe, Oberseite braun. Sehr blassblaue ♂ der f. *caerulescens* Tutt sind wahrscheinlich Hybriden zwischen *P. caelestissima* und *P. albicans*.
Flugzeit 1 Generation, Juli bis August.
Lebensraum Geschützte Hänge, Schluchten, Senken, Lichtungen in Kiefernwäldern mit kurzen Gräsern. Nur auf Karbonatgestein und Kalksubstraten der Montes Universales.
Lebensweise Nahrungspflanze *Hippocrepis comosa*. Eiablage an Blättern.

OS bei ♂ leicht gelblich schimmernd

Polyommatus coridon coridon

Polyommatus caelestissima (O-Spanien)

P. caelestissima* f. *deliciosa

P. coridon coridon* f. *syngrapha

OS bei ♂ ohne gelblichen Schimmer

P. caelestissima* f. *asturiensis (N-Spanien)

P. caelestissima* f. *syngraphoides

f. *polonus* (*P. coridon* × *P. bellargus*)

f. *caerulescens* (*P. caelestissima* × *P. albicans*)

P. coridon, P. caelestissima

Polyommatus hispana

Gesamtverbreitung O-Spanien, SO-Frankreich, N-Italien.
▹ *P. (Lysandra)* ***hispana*** (Herrich-Schäffer, 1852), TF: Spanien.
Syn.: *rezneciki* Bartel, 1905; *semperi* Agenjo, 1969.
Verbreitung Spanien: Jaén, Granada, Albacete, Murcia, Alicante, Valencia, Castellón, Tarragona, Barcelona, Gerona, Lérida, Huesca, Navarra. Frankreich: O-Pyrenäen, Aude, Hérault, Ardèche, Drôme, Basses-Alpes, Var, Alpes-Maritimes. Italien: Ligurien, N-Toskana. 400–1000 m.
Beschreibung Oberseite bei ♂ etwas matt, bläulich grau mit silbergelblichem Schimmer; Hfl-US etwas intensiver grau und dunkler als bei *P. coridon*. Falter der 2. Generation kommen an vielen Stellen zusammen mit *P. coridon* vor. ♀ ist nicht von *P. coridon* unterscheidbar. Hybridisiert mit *P. bellargus*.
Flugzeit 2 Generationen, Mitte April bis Ende Mai und August bis Anfang Oktober.
Lebensraum Trockene, blütenreiche, meist grasige Stellen, oft zwischen Sträuchern; auf basischen Böden.
Lebensweise Nahrungspflanzen *Hippocrepis comosa*, (?)*Dorycnopsis gerardii* und wahrscheinlich weitere Fabaceae. Eiablage an Blättern. Raupen in Symbiose mit Ameisen (*Plagiolepis pygmaea, Crematogaster sordidula*).

Polyommatus albicans

Gesamtverbreitung Marokko, Spanien.
▹ *P. (Lysandra)* ***albicans*** (Gerhard, 1851), TF: Spanien.
Verbreitung Marokko: Mittlerer Atlas (Boulemane, Djebel bou Iblane), W-Rif-Atlas (Djebel Bouhalla, Djebel Lakraa). Spanien mit Ausnahme des Kantabrischen Gebirges, der westlichen Provinzen, Kataloniens und der östlichen Küstengebiete. 500–1800 m.
Beschreibung Oberseite bei ♂ hellsilbergrau mit dunklen Randflecken und schwach blau bestäubter Flügelbasis. Bei ♀ Oberseite braun, die Reihe orangeroter Submarginalflecke basalwärts mit schwachen weißen Flecken.
Variation Aufgrund lokaler und regionaler Variation wurden verschiedene Rassen beschrieben. Individuelle Variation bei vielen Populationen deutlich ausgeprägt. Im Mittleren Atlas *berber* Le Cerf; klein, Oberseite bei ♂ blass graublau, Saumbereich deutlich gezeichnet. Im W-Rif-Atlas *dujardini* Barragué; ähnlich wie *berber*, Zeichnungen bei beiden Geschlechtern reduziert, Hfl-US des ♂ oft ohne Diskal- und Basalflecke. In S-Spanien große Falter, Oberseite bei ♂ generell sehr blass, fast weiß. In O- und N-Spanien *arragonensis* Gerhard; beide Geschlechter in allen Flügelmerkmalen sehr variabel, Oberseite bei ♂ silberblaugrau, dunkler Außenrand der Vfl-OS variiert in Breite und Farbe. Sehr blassgraue bis schwarze Formen in der Sierra Nevada und den Montes Universales bilden Übergangsformen zur Stammform. In den Provinzen Madrid und Toledo *bolivari* Romei; Oberseite bei ♂ fast weiß, Submarginalflecke meist deutlich. In Spanien scheint die Variabilität klinal zu verlaufen – größere und blassere Formen mit reduzierter US-Zeichnung überwiegen im Süden.
Flugzeit 1 Generation, Mitte Juni bis August.
Lebensraum Trockene, felsige Stellen, meist mit spärlicher Vegetation.
Lebensweise Nahrungspflanzen *Hippocrepis comosa*, (?)*H. multisiliquosa*. Eiablage auf Blattoberseite. Raupe in Symbiose mit Ameisen.

P. coridon var. *philippi*

Polyommatus hispana

Polyommatus albicans

nur in N-Griechenland

OS bei ♂ ohne gelblichen Schimmer

blaue Weibchenform

Polyommatus coridon coridon **var.** ***philippi***

Polyommatus hispana

Polyommatus albicans

OS weiß mit bläulichem Anflug im Basal- und Diskalbereich

Hfl-US blass, leicht bräunlich getönt

Stammform

OS-Färbung fast weiß

var. ***bolivari***
(Madrid und Toledo)

OS-Färbung silberblaugrau

var. ***arragonensis***
(O- und N-Spanien)

Polyommatus bellargus · Himmelblauer Bläuling

Gesamtverbreitung Europa, Türkei, Irak, Iran, Kaukasus, Transkaukasien.
▹ *P. (Lysandra) bellargus* (Rottemburg, 1775), TF: W-Deutschland.
Syn.: *adonis* Denis & Schiffermüller, 1775.
Verbreitung Fast ganz Europa, von der Mittelmeerküste und dem europäischen Teil der Türkei bis S-England und Litauen. 100–2000 m. Nicht in N-Belgien, den Niederlanden, N-Deutschland, S-Italien, S-Peloponnes und auf den Mittelmeerinseln (außer Mallorca, Malta, Sizilien). In Lettland ausgestorben.
Beschreibung Oberseite bei ♂ einheitlich leuchtend azurblau; Fransen schwarz und weiß gescheckt. ♀ braun, häufig blau übergossen und mit orangefarbigen Submarginalflecken.
Variation Oberseite bei ♂ etwas variabel, manchmal mit grünlichem Schimmer; auf Vfl-OS selten wenige schwarze Submarginalflecke; Hfl-OS selten mit orangefarbigen Flecken im Analwinkel. ♀ oberseits blau bestäubt, manchmal bis zum Außenrand (f. *ceronus* Esper), stellenweise häufig in M-Spanien; orangefarbige Marginalflecke der Hfl-OS variabel, manchmal in langer Reihe auf Vorder- und Hinterflügeln. Bei beiden Geschlechtern größere und kräftiger gezeichnete Formen in S-Europa häufiger. Hybridisiert mit *P. coridon* (f. *polonus* Zeller) und *P. hispana*.
Flugzeit 2 Generationen, Mitte Mai bis Juni und Ende Juli bis Mitte September. Im Chelmos-Gebirge und an anderen Orten in S-Griechenland nur 1 Generation.
Lebensraum Trockene, grasige Stellen, oft zwischen Sträuchern; auf basischen Böden.
Lebensweise Nahrungspflanzen *Hippocrepis comosa, Securigera varia*. Eiablage an Blättern. Jungraupe überwintert. Raupen in Symbiose mit Ameisen (*Lasius alienus, L. niger, Plagiolepis pygmaea, Myrmica sabuleti, M. scabrinodis, Tapinoma erraticum*). Verpuppung oft unter einem Stein oder in Falllaub und Moos am Eingang eines Ameisennests.

Polyommatus punctifera

Gesamtverbreitung Marokko, Algerien, Tunesien.
▹ *P. (Lysandra) punctifera* (Oberthür, 1876), TF: Lambessa, Algerien.
Verbreitung Weit verbreitet, lokal häufig. Marokko. Algerien. Tunesien. 700–2800 m.
Beschreibung und Variation Hfl-OS des ♂ mit kontrastreichen Submarginalflecken, basalwärts manchmal rötliche Zeichnungen (= *rubromaculata* Oberthür); US-Zeichnung kräftig; Fransen deutlich schwarz und weiß gescheckt. Bei ♀ variiert blaue OS-Bestäubung je nach Höhenlage; in den höchsten Lagen Blaufärbung am intensivsten (vgl. blaue Weibchenformen anderer Bläulinge von kühleren und feuchteren Höhenlagen).
Flugzeit 2 Generationen, Mai bis Juni und Ende August bis September. Schlupfzeiten stark von Höhe und Lokalität abhängig; im Anti-Atlas auch im März beobachtet, in Tunesien im Oktober.
Lebensraum Blütenreiche Stellen, grasige Senken, Trockenhänge.
Lebensweise Nahrungspflanze *Hippocrepis scabra, Onobrychis*. Raupen in Symbiose mit Ameisen (*Monomorium salomonis, Crematogaster scutellaris*).

Polyommatus andronicus (ohne Bild)

Gesamtverbreitung N-Griechenland, SW-Bulgarien.
▹ *P. (Polyommatus) andronicus* Coutsis & Ghavalas, 1995, TF: Falakron-Gebirge, N-Griechenland.
Wird nach neuesten Untersuchungen als Synonym zu *Polyommatus icarus* gestellt.
Verbreitung N-Griechenland: Orvilos, Menikion-Gebirge, Falakron-Gebirge. SW-Bulgarien: Ali-Botus, Pirin. 1000–1800 m.
Beschreibung Wie *P. icarus*, aber größer; Oberseite bei ♂ etwas dunkler und glänzender; bei ♀ Oberseite größtenteils ohne blaue Bestäubung.
Flugzeit 1 Generation, Ende Juni bis Ende Juli.
Lebensraum Geschützte grasige oder felsige Hänge.

Polyommatus bellargus

Polyommatus punctifera

Polyommatus andronicus

Polyommatus bellargus

f. *ceronus*

Polyommatus punctifera

nur in Marokko, Algerien
und Tunesien

Farbvariation

Polyommatus icarus · Hauhechelbläuling

Gesamtverbreitung N-Afrika, Europa, Türkei, Mittlerer Osten, gemäßigte Klimabereiche Asiens.
▷ *P. (Polyommatus) icarus* (Rottemburg, 1775), TF: Sachsen, Deutschland.
Syn.: *abdon* Aistleitner & Aistleitner, 1994; *andronicus* Coutsis & Ghavalas, 1995 (s. S. 154), letztere bei einigen Autoren als eigenständige Art geführt.
Verbreitung Kanarische Inseln, sehr lokal: Fuerteventura, Lanzarote, Teneriffa, (?)La Palma, (?)Gran Canaria. Weit verbreitet und sehr häufig in NW-Afrika (0–2700 m) und Europa, einschließlich aller Mittelmeerinseln. 0–2900 m. Nicht im Atlantischen Ozean auf Madeira und den Azoren.
Beschreibung Vfl-OS des ♂ ohne Duftschuppenfleck (vgl. *P. thersites*). Vfl-US bei beiden Geschlechtern mit 2 schwarzen Wurzelflecken, die selten fehlen (vgl. *P. thersites*). Bei ♀ Oberseite braun, oft mit blauer Basal- und Diskalbeschuppung.
Variation Dieser häufigste und am weitesten verbreitete europäische Bläuling zeigt bei beiden Geschlechtern deutliche lokale, regionale, inter- und intrasaisonale Variation in Größe und Flügelzeichnung. Blaue OS-Bestäubung bei ♀ scheint durch ökologische Faktoren gesteuert, nimmt mit kühleren und feuchteren Bedingungen während der Raupen- und Puppenentwicklung zu. In N- und W-Irland und NW-Schottland *marisolore* Kane; groß, Vorderflügel des ♂ spitz, blasser gefärbt, Zeichnungen deutlich; bei ♀ blaue OS-Bestäubung auf allen Flügeln bis zum Rand ausgedehnt. In N-Spanien (Provinzen Oviedo, Burgos) f. *boalensis* Verhulst & Verhulst, Oberseite bei ♂ etwas dunkler blau, schwarzer Saum etwas breiter; bei ♀ Oberseite braun, Unterseite bei beiden Geschlechtern dunkler, alle Zeichnungen deutlich kräftiger als bei Stammform. In Burgos f. *boalensis* in sauren Mooren in enger Nachbarschaft (unter 200 m) zur Stammform, die auf Kalksubstrat lebt. Auf Sardinien und Korsika f. *sardoa* Wagner; bei ♀ orangefarbige Flecke der Vfl-OS kräftig ausgebildet, oft zusammenfließend, manchmal zur Zelle hin strahlenartig auslaufend oder mit schwacher orangefarbiger Bestäubung im Diskal- und Postdiskalbereich. In S-Europa und NW-Afrika f. *celina* Austaut; schwarzer OS-Rand bei ♂ etwas breiter, Hfl-OS mit schwarzen Randpunkten (Zahl und Größe variabel), an manchen Orten gelegentlich auch auf Vorderflügel. Selten f. *icarinus* Scribba; Vfl-US ohne Wurzelflecke, dadurch schwer von *P. thersites* unterscheidbar.
Flugzeit 1 Generation, Juni bis Juli, in kühleren Klimaten nördlicher Breiten (Irland, Schottland, Lappland) und in höheren Lagen (Sierra Nevada, über 2700 m); in M-Europa 2–3 Generationen, Mai bis Anfang Oktober; in S-Europa 3 Generationen, Ende März bis Anfang November. Auf den Kanarischen Inseln ganzjährig.
Lebensraum Sehr verschieden, fast alle Habitattypen.
Lebensweise Nahrungspflanzen zahlreiche Fabaceae, in fast ganz Europa *Lotus corniculatus* und *Medicago lupulina*; auf Lanzarote und Fuerteventura *Lotus lancerottensis*. Raupen in Begleitung von Ameisen (*Lasius alienus, L. flavus, L. niger, Formica subrufa, F.* (?)*cinerea, Plagiolepis pygmaea, Myrmica sabuleti, M. lobicornis*).

Polyommatus eros · Eros-Bläuling

Gesamtverbreitung Pyrenäen, Alpen, Apennin, O- und SO-Europa, Türkei, NW- und M-Asien.
▷ *P. (Polyommatus) eros eros* (Ochsenheimer, 1808), TF: Tiroler und Schweizer Alpen.
Verbreitung Spanien: Pyrenäen, Puerto de Bielsa, Puerto de Viella, Puerto de La Bonaigua, La Molina. Frankreich: M- und O-Pyrenäen, Massif Central (Cantal). Alpen in Frankreich, Italien, S-Schweiz, W-Österreich (Großglockner), S-Deutschland. Italien: Zentralapennin. Bosnien-Herzegowina: Prenj Planina, Jahorina Planina. SW-Serbien: Durmitor. Mazedonien: Placenska Planina, Baba Planina (Pelister). Kroatien. 1200–2700 m, meist oberhalb 1800 m.
Beschreibung Oberseite bei ♂ glänzend weißlich blau mit schwarzem Rand. ♀ braun, basal blau übergossen, mit orangefarbigen Submarginalflecken.
Flugzeit 1 Generation, Juli bis September.
Lebensraum Blütenreiche Grashänge auf Karbonatgestein, meist Magerrasen.
Lebensweise Nahrungspflanzen *Oxytropis halleri, O. campestris*. Eiablage an Blättern, an denen die Raupen fressen. Jungraupe überwintert. Raupen in Begleitung von Ameisen (*Formica lemani, Myrmica gallienii*).
Verhalten Männchen sammeln sich oft zahlreich auf feuchten Stellen.
▷ *P. (Polyommatus) eros eroides* (Frivaldszky, 1835), TF: Balkan. Bei einigen Autoren als eigenständige Art geführt. Syn.: *boisduvalli* Herrich-Schäffer, 1844.
Verbreitung Tschechien. Slowakei. Polen. Albanien. Mazedonien. Bulgarien, im Bergland weit verbreitet und häufig: Pirin-Gebirge, Rila-Gebirge, Ali-Botus, W-Rhodopen. Griechenland: Grammos-Gebirge, Epano Arena, Varnous-Gebirge, Vernon-Gebirge, Voras-Gebirge, Rhodopen, Pieria. 400–2400 m, meist 1000–2200 m.
Beschreibung Bei ♂ schwarzer OS-Rand 1–2 mm breit, Unterseite einheitlich taubengrau. US-Zeichnung bei beiden Geschlechtern kräftig. Bei ♀ Oberseite einfarbig mittelbraun, manchmal mit leichtem grauem Anflug; ohne blaue Basalbestäubung.
Flugzeit 1 Generation, Mitte Juni bis August.
Lebensraum Offene, blütenreiche Böschungen und Hänge mit Magerrasen, oft zwischen Felsen oberhalb der Waldgrenze; Flusstäler; Waldränder. Auf Karbonatgestein oder Granit.
Lebensweise Nahrungspflanze *Genista tinctoria*. Eiablage an Blättern. Jungraupen fressen an Blättern, nach der Überwinterung an Blüten. Raupen in Begleitung von Ameisen (*Tapinoma* sp.).
Verhalten Männchen sammeln sich oft zahlreich auf feuchten Stellen.

Polyommatus icarus

Vfl-OS bei ♂ ohne Duftschuppenfleck; Zellfleck auf Vfl-US selten fehlend

blaue Bestäubung bei ♀ variabel – von wenigen Schuppen an Flügelbasis bis Blautönung bis zum Flügelrand

Stammform

f. boulensis (N-Spanien) | ***f. celina*** (S-Europa, NW-Afrika) | Farbvariation | ***f. sardoa*** (Sardinien und Korsika)

Polyommatus eros

schwarzer Rand auf OS breit, auffällig

Zellfleck auf Vfl-US meist vorhanden

OS ohne blaue Basalbestäubung

Polyommatus eros eroides

Zellfleck auf Vfl-US meist vorhanden

Polyommatus eros eros

Polyommatus icarus

P. eros eroides

P. eros eros

▷ *P. (Polyommatus) eros menelaos* Brown, 1976, TF: Langhanda-Pass, Taygetos-Gebirge, Griechenland. Bei einigen Autoren als eigenständige Art geführt.
Verbreitung Nur im Taygetos-Gebirge (Griechenland, Peloponnes). 1250–2000 m. **Beschreibung** Ähnlich wie nominotypische Unterart. Beide Geschlechter größer, Unterseite blasser, zu Weiß tendierend. **Flugzeit** 1 Generation, Anfang Juni bis Ende Juli. **Lebensraum** Geschützte Schluchten und Senken, meist oberhalb der Waldgrenze; auf Karbonatgestein. **Lebensweise** Nahrungspflanze *Astragalus taygeteus*, endemisch im Taygetos-Gebirge. Eiablage an Blättern. Jungraupen fressen an Blättern, nach der Überwinterung an Blüten. Raupen in Begleitung von Ameisen (*Camponotus aethiops*). **Verhalten** Bei Hitze sammeln sich Männchen oft zahlreich auf feuchten Stellen.

RIODINIDAE Grote, 1895 · Würfelfalter

Diese Familie ist in Europa nur mit 1 Art vertreten. Im Weltmaßstab ist es eine sehr artenreiche Gruppe mit einer schwer überschaubaren Artenfülle im tropischen Südamerika. Die Riodinidae wurden früher oft als Unterfamilie der Lycaenidae behandelt. Wie bei den Bläulingen sind die Raupen eng an Ameisen gebunden. Bei den Männchen sind die Vorderbeine stark reduziert, bei den Weibchen hingegen normal entwickelt und funktionsfähig.

Hamearis lucina · Schlüsselblumen-Würfelfalter

Gesamtverbreitung Von Spanien über S- und M-Europa, Türkei, Ural.
▷ *H. lucina* (Linnaeus, 1758), TF: England (Verity, 1943).
Verbreitung Von N- und M-Spanien nach O über fast ganz Europa, im N bis S-England (sehr lokal), SO-Schweden und Lettland (sehr lokal). N- und M-Griechenland, sehr lokal. 50–1600 m. Nicht in N-Deutschland, Finnland, S-Italien und auf den Mittelmeerinseln (außer N-Sizilien). **Beschreibung** Flügelzeichnung und -färbung ähnlich wie Scheckenfalter; auf Hfl-US 2 Reihen weißer Flecke, deshalb auch unter dem Namen »Perlbinde« bekannt. **Variation** In S-Europa meist größer. Bei 2. Generation dunkle OS-Zeichnung verstärkt, Hfl-OS manchmal fast völlig verdunkelt. **Flugzeit** 1 oder 2 Generationen, Mai bis Juni oder April bis Juni und Juli bis September. In heißen Mittelmeergebieten nur 1 Generation, da Nahrungspflanzen im Sommer verdorren. **Lebensraum** Blütenreiche grasige Lichtungen in Wäldern oder zwischen Gebüsch. **Lebensweise** Nahrungspflanzen *Primula vulgaris, P. veris, P. elatior*. Eiablage meist einzeln oder paarweise, seltener grüppchenweise, an Blattunterseite. Raupen fressen an Blättern. Puppe überwintert.

NYMPHALIDAE Swainson, 1827 · Edelfalter

Mit weltweit etwa 6000 Arten umfasst diese Familie ein Drittel aller Tagfalter. Durch anatomische Merkmale ist sie gut als Verwandtschaftsgruppe charakterisiert. Wie bei den Lycaenidae sind auch hier die Vorderbeine reduziert – sie werden als »Putzpfoten« genutzt. Die Falter sitzen auf 4 Beinen (Insekten sind allgemein Sechsbeiner).

Libytheinae · Schnauzenfalter

Die Labialpalpen der Falter dieser Unterfamilie sind über dreimal so lang wie der Kopf und vorgestreckt, daher der Name »Schnauzenfalter«. Etwa 10 Arten weist die Gruppe weltweit auf, nur eine davon kommt in Europa vor.

Libythea celtis · Zürgelbaum-Schnauzenfalter

Gesamtverbreitung Algerien, Tunesien, S-Europa, Türkei, M- und NW-Asien, N-Indien, Sibirien, China, Taiwan, Japan.
▷ *L. celtis* (Laicharting, 1782), TF: Bozen, Südtirol, Italien.
Verbreitung N-Algerien und NW-Tunesien, lokal, nicht häufig. Portugal und Spanien, sehr verstreut, meist selten, in den Pyrenäen häufiger. Andorra, lokal häufig. S-Frankreich: O-Pyrenäen bis Ardèche und Alpes-Maritimes. Italien. SO-Schweiz, sehr lokal. S-Slowakei, nur gelegentlich, Bodenständigkeit zweifelhaft. Ungarn. Balkan. Griechenland, weit verbreitet und lokal häufig. Europäischer Teil der Türkei. Im N des Verbreitungsgebiets meist sehr sporadisch und lokal. Auch auf Korsika, Elba, Sardinien, Sizilien, Äolischen Inseln, Kreta, Lesbos. 400–1500 m. **Beschreibung** Hfl-US bei ♂ grau, bei ♀ hellbraun, frische Falter mit gelblichem oder rosa Ton. **Flugzeit** 1 Generation, Juni bis August und nach der Überwinterung März bis Ende April. **Lebensraum** Meist offenes, strauchbewachsenes Gelände mit einzelnen, meist kleineren Laubbäumen. **Lebensweise** Nahrungspflanze *Celtis australis*. Eiablage in der Nähe von Blattknospen. Raupe frisst an Blättern. Falter treten gelegentlich schon vor August

nur im Taygetos-Gebirge (S-Griechenland)

Polyommatus eros menelaos

OS bei ♀ braun mit grauem Ton; orange Randflecke der Hfl-OS innen oft schwarz begrenzt

Hamearis lucina

Libythea celtis

Polyommatus eros menelaos

Hamearis lucina

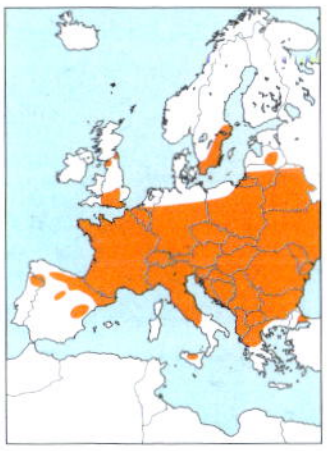

Libythea celtis

in Winterruhe ein. **Verhalten** Falter legen im Mittel- oder Spätsommer weite Entfernungen zurück; verirrte Individuen wurden in 2300 m Höhe gefunden. Jedoch kein echtes Wanderverhalten (vgl. *V. cardui*). Frisch geschlüpfte Falter sammeln sich oft zahlreich auf feuchten Stellen zum Trinken.

Danainae · Monarchfalter

Von dieser in den Tropen Afrikas, Asiens und Australiens artenreichen Unterfamilie kommen nur 8 Arten in der paläarktischen Region vor und davon 2 vereinzelt in Europa. Beide sind bekannte Wanderfalter. Die auffällig gefärbten Raupen (Warntracht) fressen an Pflanzen, die giftige Substanzen enthalten. Dadurch sind Raupen, Puppen und Falter für Vögel ungenießbar.

Danaus plexippus · Monarch

Gesamtverbreitung Azoren, Kanaren, S-Portugal, S-Spanien, Mauritius, Indien, Papua-Neuguinea, Neuseeland, Australien, Hawaii, S-Peru bis Kanada.

▹ ***D. (Danaus) plexippus*** (Linnaeus, 1758), TF: Kendall, USA.

Verbreitung Bodenständig in südlichen Küstengebieten der Kanaren, S-Spanien und S- und W-Portugal. Unter 100 m, zeitweilig bis 400 m. Gelegentlich als Wanderfalter auf den Azoren, Lanzarote, Gibraltar, seltener in Irland, SW-England, S-Frankreich.

Beschreibung Bei ♂ Hfl-OS mit schwarzem Duftschuppenfleck an Ader Cu2. ♀ ähnlich, aber ohne Duftschuppenfleck.

Flugzeit Auf den Kanaren ganzjährig in mehreren Generationen. Falter überwintern in Mexiko und im SW der USA.

Lebensraum Heiße, trockene Stellen. Auf den Kanaren Küstengebiete, einschließlich Parks und Gärten. In S-Spanien Küstenschluchten, fast immer in der Nähe von Kulturland.

Lebensweise Nahrungspflanzen im Mittelmeerraum *Asclepias curassavica*; auf den Kanaren *A. curassavica* und *A. fruticosa* – keine dieser Arten ist dort heimisch; andere Asclepiadaceae werden anscheinend nicht genutzt. Raupen sind auf den Kanaren ganzjährig zu beobachten.

Verhalten Dieser bekannte Wanderfalter aus M- und N-Amerika hat sein Verbreitungsgebiet seit Mitte des 19. Jahrhunderts ausgedehnt: Neuseeland 1840, Australien 1870, Kanaren 1880. Bodenständig in Spanien seit etwa 1980. In S-Frankreich 1983 nachgewiesen.

Naturschutz In S-Spanien durch Anwendung von Herbiziden und Insektiziden, Abbrennen von »Unkräutern« und Mülldeponien starke Gefährdung der meist kleinen und stark isolierten Populationen.

♀

Danaus plexippus

♂

Hfl-OS bei ♂ mit deutlichem Duftschuppenfleck an Ader Cu2

Danaus plexippus

Danaus chrysippus · Kleiner Monarch

Gesamtverbreitung Kanaren, Afrika, sporadisch im Mittelmeerraum, Türkei, Saudi-Arabien, tropisches Asien, Australien.
▷ *D. (Anosia) chrysippus* (Linnaeus, 1758), TF: S-China.
Verbreitung Kanaren: Bodenständig auf La Palma, La Gomera, Fuerteventura; auf Teneriffa und Gran Canaria wahrscheinlich nicht mehr bodenständig, aber gelegentlich als Wanderfalter. N-Afrika: Bodenständig und lokal häufig in W-Marokko (Sous-Tal), N-Algerien (Ghardaia und Touggourt) und Tunesien (Douz, Sfax, Gabes, Sousse). In S-Spanien (Málaga, Almería), S-Frankreich, auf Korsika, Sardinien, Sizilien, in W-Italien, Montenegro, Albanien, Korfu, W- und S-Griechenland und Kreta überwiegend in Küstengebieten nachgewiesen. 0–600 m.
Beschreibung Bei ♂ variiert OS-Färbung von Hellorangebraun bis Kastanienbraun; Vfl-Apex dunkelbraun mit einem Band aus weißen Flecken; Hfl-OS mit schwarzem Duftschuppenfleck an Ader Cu2. ♀ ähnlich, aber ohne Duftschuppenfleck.
Variation Ausgeprägter Polymorphismus. Bei f. *alcippus* Cramer ist gelbbraune Grundfarbe der Hfl-OS durch Weiß ersetzt. Bei f. *alcippoides* Moore weißer Flügelbereich kleiner, Übergänge zur Stammform. Auftreten beider Formen regional und saisonal verschieden.
Flugzeit Mehrere Generationen. Auf den Kanaren ganzjährig. In N-Afrika März bis November. Im N- und O-Mittelmeerraum Mai bis Oktober.
Lebensraum Strauchbewachsene, felsige Stellen; heiße Küstenschluchten; meist in der Nähe von Kulturland oder Gärten.
Lebensweise Nahrungspflanzen auf den Kanaren *Asclepias curassavica* und *A. fruticosa, Caralluma burchardii* (Fuerteventura), möglicherweise auch *Ceropegia hians* und *Calotropis procera* auf La Palma und Gran Canaria. In Marokko und S-Europa *Asclepias curassavica, Calotropis procera*. In Algerien und Tunesien *Pergularia tomentosa, Cynanchum acutum*, (?)*Calystegia sepium*. Raupen sind auf den Kanaren ganzjährig zu beobachten. Entwicklung einer Generation dauert im tropischen Afrika etwa einen Monat. Eine Art ohne Diapause dürfte kaum in kühlen Mittelmeergebieten überwintern. Scheinbar dauerhaftes Vorkommen in bestimmten Gebieten ist daher möglicherweise auf Einwanderung im zeitigen Frühjahr und nachfolgende Entstehung von Populationen (bis zum erneuten Einsetzen der Kälte) zurückzuführen (vgl. *Colias crocea, Vanessa cardui, Lampides boeticus*).
Verhalten Starker, weit fliegender Wanderfalter.
Naturschutz Wie bei *D. plexippus*.

Charaxinae

Diese Unterfamilie umfasst etwa 300–400 hauptsächlich tropische Arten. Die Falter sind meist Waldbewohner und können sehr schnell fliegen. Sie saugen gern an Aas, tierischen Exkrementen und gärenden Früchten. Die Raupen tragen am Kopf 1 oder 2 Paar »Hörner«.

Charaxes jasius · Erdbeerbaumfalter

Gesamtverbreitung Mittelmeerraum, weite Teile Afrikas.
▷ *C. jasius* (Linnaeus, 1767), TF: Barbarie, Algerien.
Verbreitung In Küstenbereichen von Marokko, Algerien, Tunesien, W-Portugal, den Balearen, Korsika, Sardinien, Sizilien, Korfu, Kreta, Samos, Ikaria, Chios und Rhodos sowie isolierte Binnenpopulationen in Spanien (Huelva, Málaga bis Salamanca und Madrid) und Frankreich (Provence bis Ayeron, Lozère und Ardèche). Lokal häufig. 0–1200 m, im Hohen Atlas vereinzelt bis 2400 m.
Beschreibung Flügeloberseiten mit orangefarbigem Marginalband, am Analwinkel des Hinterflügels gelb. Hinterflügel mit einem kürzeren und einem längeren Schwanz.
Flugzeit 2 Generationen, Mai bis Juni und Mitte August bis Mitte Oktober.
Lebensraum Heiße, trockene Gebüsche, Macchia mit reichem Vorkommen der Nahrungspflanze; oft an Abhängen.
Lebensweise Nahrungspflanze *Arbutus unedo*. Raupe ist in Struktur, Farbmuster und Verhalten sehr gut an diese Pflanze angepasst. In Gibraltar Eiablage auch an *Osyris quadripartita*. Auf Samos Eiablage und Raupen auch an *Nicotiana glauca* und in N-Afrika an *Citrus nobilis* und *C. sinensis*. Raupe überwintert.
Verhalten Ausgeprägtes Territorial- und Hilltopping-Verhalten. Beide Geschlechter saugen gern an gärenden Früchten.

Danaus chrysippus

Hfl-OS bei ♂ mit deutlichem Duftschuppenfleck an Ader Cu2

Charaxes jasius

Danaus chrysippus

Charaxes jasius

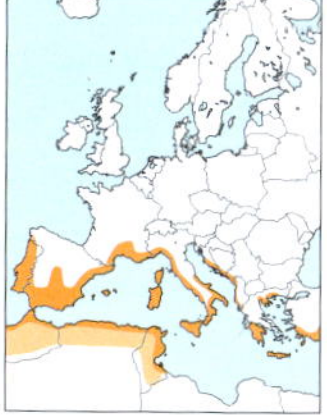

Apaturinae · Schillerfalter

In dieser Unterfamilie finden sich besonders schöne Tagfalter. Mikroskopisch feine Oberflächenstrukturen der Flügelschuppen lassen beim Einfall von Tageslicht schillernde Regenbogenfarben entstehen.

Apatura iris · Großer Schillerfalter

Gesamtverbreitung Europa, NW-Kasachstan, S-Ural, Amur, NO-China, Korea.

▷ ***A. iris*** (Linnaeus, 1758), TF: Deutschland, England.

Verbreitung N-Portugal: Minho. N-Spanien, verstreute Populationen: Sierra de Guadarrama, Sierra de la Demanda, Kantabrisches Gebirge, Pyrenäen, Valle d'Arán. Nach N bis S-England, Dänemark (einschließlich Fünen, Seeland, Lolland, Falster, Bornholm), S-Schweden (Skåne), Baltikum. Balkan. NW-Griechenland: Varnous-Gebirge, Vernon-Gebirge, Pindos-Gebirge. 50–1500 m.

Beschreibung und Variation Dunkler runder Fleck in Cu1–Cu2 der Vfl-OS undeutlich. Auf Hfl-US ist Innenrand der weißen Diskalbinde gerade (vgl. *A. ilia*). Weiße Zeichnungen der Oberseite selten reduziert oder fehlen (f. *iole* Denis & Schiffermüller).

Flugzeit 1 Generation, Mitte Juni bis Mitte August.

Lebensraum Laubhochwald mit kleinen Lichtungen oder Schneisen, an deren Rändern die von den Raupen genutzten Gehölzarten wachsen.

Lebensweise Nahrungspflanzen *Salix caprea, S. cinerea, S. alba*. Eiablage auf Blattoberseite im beschatteten, inneren Bereich des Baums, etwa 1–2 m über dem Boden. Raupen fressen nahe der Blattspitze und erzeugen charakteristisches Fraßbild, indem sie Blattrippe und Blattspitze zurücklassen. Jungraupe überwintert in Astgabel. *A. iris* und *A. ilia* kommen häufig gemeinsam am selben Standort vor, manchmal an derselben Nahrungspflanze.

Verhalten ♂ werden von tierischen Exkrementen, menschlichem Schweiß, aber auch heißem Straßenteer und Benzingeruch angelockt. Beide Geschlechter ruhen oft mehrere Meter über dem Boden auf Blättern von Bäumen (besonders Eichen).

Apatura metis

Gesamtverbreitung O- und SO-Europa, Türkei, SW-Russland, Kasachstan, W-Sibirien, Amur, NO-China, Korea, Japan.

▷ ***A. metis*** Freyer, 1829, TF: Pecs, Ungarn.

Verbreitung Vorkommen ist stark an Flusssysteme gebunden. Österreich: Donau. Ungarn: Donau, Drau. Slowenien: Save. N-Serbien: Donau. Mazedonien. Bulgarien, weit verbreitet, aber lokal in Flusstälern. N-Griechenland: Thiamis, Voidomátis, Strimonas, Nestos, Evros, Doirani-See. Im Gebiet des Doirani-Sees zusammen mit *A. ilia* an denselben Orten. Europäischer Teil der Türkei: Evros-Tal, Balli, Inecik. 0–650 m.

Beschreibung und Variation Ähnelt *A. ilia*. Meist kleiner; Oberseite heller. Auf Vorderflügel reicht orangefarbige Postdiskalbinde bis Apex, auf Hinterflügel undeutliche dunkle Postdiskalflecke auf dunklem Grund; Außenrand der blassen Postdiskalbinde hat deutlichen Zacken bei Ader M3. Polymorphismus tritt nicht auf (vgl. *A. ilia*).

Flugzeit 2 Generationen, Ende Mai bis Juni und Mitte Juli bis August.

Lebensraum Bewaldete Uferbereiche von Flüssen mit alten Weiden.

Lebensweise Nahrungspflanze *Salix alba*. Eiablage auf Blattoberseite. Jungraupe überwintert.

Verhalten Während der heißen Tageszeit ruhen die Falter meist mehrere Stunden auf Blättern höherer Zweige der Nahrungspflanze. ♂ werden von tierischen Exkrementen angelockt, saugen oft auf nassen Sandbänken der Flüsse. Beide Geschlechter erscheinen manchmal an verletzten Rindenstellen der Nahrungspflanze, um austretenden Saft zu saugen.

Apatura iris

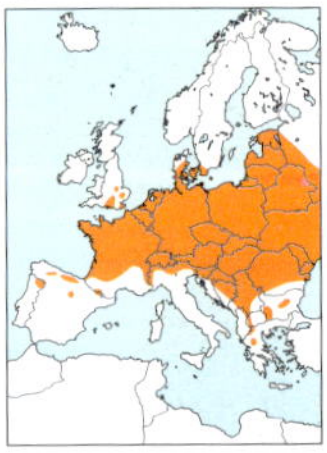

Apatura metis

Apatura metis

Apatura iris

Vfl-OS mit undeutlichem dunklem Fleck in Cu1–Cu2

weiße Diskalbinde auf Hfl-OS mit spitzem Vorsprung in M2–M3

♂

weiße Diskalbinde auf Hfl-US scharf begrenzt

♀

♀ ohne violetten Schiller

Apatura metis

dunkle Postdiskalflecke der Hfl-OS bei ♂ und ♀ zu einer Binde verschmolzen

Vfl-OS mit kleinem dunklem Fleck in Cu1–Cu2

♂

dunkle OS-Postdiskalflecke bei ♂ und ♀ deutlich

♀

bei ♂ und ♀ Diskalbinde der Hfl-OS mit deutlichem Zacken bei M3

Apatura ilia · Kleiner Schillerfalter

Gesamtverbreitung M- und S-Europa, Kaukasus, S-Ural, NW-Kasachstan, NO-China.

▹ ***A. ilia*** (Denis & Schiffermüller, 1775), TF: Wiener Gegend, Österreich.

Syn.: *barcina* Verity, 1927.

Verbreitung N-Portugal: Minho. N-Spanien: Kantabrisches Gebirge, Provinzen Huesca, Katalonien. Von den Pyrenäen bis Lettland, Balkan, NW-Griechenland. 300–1300 m. Nicht in Großbritannien, Schweden, Norwegen, S-Italien und auf den Mittelmeerinseln.

Beschreibung und Variation Runder Fleck in Cu1–Cu2 der Vfl-OS deutlich erkennbar, orange umringt. Auf Hfl-OS ist Innenrand der weißen Diskalbinde bogig (vgl. *A. iris*), Postdiskalflecke rund, manchmal zusammenfließend, deutlich vom orangefarbigen Grund abgehoben (vgl. *A. metis*). Polymorphismus tritt bei beiden Geschlechtern auf – f. *clytie* Denis & Schiffermüller; oberseits gelb bis orangebraun, weiße Zeichnungen (außer Apikalflecke) durch gelbe ersetzt. Ausprägung und Auftreten regional verschieden. In Katalonien selten f. *barcina* Verity, ober- und unterseits alle weißen Zeichnungen kräftig ausgebildet, Diskalbinde breit, blasse Submarginalflecke meist vorhanden; Unterseite blasser. Ähnliche Formen auf dem W-Apennin.

Flugzeit 1 oder 2 Generationen, Ende Mai bis Juli oder Juni und August bis September.

Lebensraum Laubwaldlichtungen, Schneisen und Wege, an deren Rändern die von den Raupen genutzten Gehölzarten wachsen; bewaldete Flusstäler, besonders Flussufer mit reichlichen Beständen von *Salix alba*.

Lebensweise Nahrungspflanzen *Populus tremula, P. alba, P. nigra, Salix alba*. NO-Spanien *S.* (?)*atrocinerea*. Eiablage auf Blattoberseite. Jungraupe überwintert.

Verhalten: Wie *A. iris*.

Thaleropis ionia (ohne Bild)

Gesamtverbreitung Türkei, Armenien, NO-Irak, NW-Iran, Kaukasus.

▹ ***T. ionia*** Eversmann, 1851, TF: Amasia, Türkei.

Einziger Nachweis für Europa ist ein Einzelfund auf der griechischen Insel Kastellorizo in der Ägäis (Goulandris-Museum, Athen). Sieht *A. metis* sehr ähnlich; auf Vorderflügeln beiderseits weiße Flecke in M1–Cu1. Nahrungspflanze *Celtis*, in Armenien *Salix*.

Apatura ilia

Apatura ilia

Limenitidinae · Eisvögel

Diese Unterfamilie kommt fast weltweit vor und ist in den Tropen sehr artenreich. In Europa treten nur 2 Gattungen mit 5 Arten auf. Die Lebensraumansprüche und das Verhalten sind ähnlich wie bei den Schillerfaltern.

Limenitis populi · Großer Eisvogel

Gesamtverbreitung M- und O-Europa, M- und S-Ural, W- und S-Sibirien, Mongolei, NO-China, Japan.
▹ *L. populi* (Linnaeus, 1758), TF: Schweden (Verity, 1950).
Verbreitung N- und O-Frankreich: Sehr lokal in der Bretagne, lokal in Drôme und Vaucluse (Rhône-Tal). Schweiz. N-Italien. Mazedonien. Bulgarien. N-Griechenland: Rhodopen. M- und O-Europa bis 66° N in Fennoskandinavien. 200–1500 m. Nicht in Großbritannien.
Beschreibung Oberseite braun mit weißen Flecken, Submarginalflecke orange.
Variation ♂ oberseits etwas variabel, dunkelbraun bis dunkelschiefergrau mit bläulicher Übertönung; weiße Diskalflecke manchmal reduziert oder fehlend (f. *tremulae* Esper), in einigen Populationen häufig.
Flugzeit 1 Generation, Ende Mai bis Ende Juli. Flugzeit sehr kurz, gewöhnlich nur 8–12 Tage.
Lebensraum Mischwald mit Lichtungen, Schneisen und Wegen, an deren Rändern Zitterpappeln wachsen.
Lebensweise Nahrungspflanze *Populus tremula*. Eiablage an Blattoberseite. Raupe verursacht ähnliches Fraßbild wie *Apatura iris*, nur frisst sie auch das Gewebe an der Blattspitze. Zur Überwinterung fertigt die Jungraupe ein Winterlager (Hibernarium) aus einem angefressenen Blatt an, das sie mit Seidenfäden am Zweig befestigt. Verpuppung an Blattoberseite.
Verhalten Männchen werden von tierischen Exkrementen, menschlichem Schweiß, heißem Straßenteer, Benzingeruch und feuchter Holzasche angelockt.

Limenitis reducta · Blauschwarzer Eisvogel

Gesamtverbreitung S- und M-Europa, Türkei, Mittlerer Osten, W-Iran, Kaukasus.
▹ *L. reducta* Staudinger, 1901, TF: Hankynda. Türkei.
Syn.: *anonyma* Lewis, 1872 (Name abgelehnt durch ICZN op. 562).
Verbreitung N-Portugal. N- und NO-Spanien. S-Frankreich. M- und O-Mittelmeerraum mit fast allen Inseln außer Balearen, (?)Kreta. Nördlich der Alpen sehr lokal. NW-Frankreich: Bretagne, Normandie. S-Deutschland: Schwäbische Alb. Österreich: Donautal. Slowakei. Balkan. Griechenland. Europäischer Teil der Türkei. 0–1650 m.
Beschreibung Oberseite schwarz mit blauem Schimmer und weißen Flecken, schwarze Punkte vor dem Außenrand distal bläulich begrenzt. Auf Hfl-US eine Reihe schwarzer Punkte.
Flugzeit Im N des Verbreitungsgebiets 1 Generation, Mitte Juni bis Anfang August; im Mittelmeerraum 2 Generationen, Mitte Mai bis Juni und Mitte Juli bis August.
Lebensraum Trockene, felsige und grasige Stellen zwischen Sträuchern; geschützte trockene oder feuchte Waldlichtungen.
Lebensweise Nahrungspflanzen *Lonicera periclymenum, L. etrusca, L. implexa, L. xylosteum, L. alpigena, L. nummulariifolia, L. caprifolium*. Eiablage einzeln an Blattoberseite. Raupen fressen an Blättern. Raupenfärbung variabel, in Mitteleuropa hellgrün und rötlich, im Mittelmeerraum mattgrün und grauviolett. Zur Überwinterung fertigt die Jungraupe ein Hibernarium aus einem angefressenen Blatt an, das sie mit Seidenfäden am Zweig befestigt.

Limenitis populi

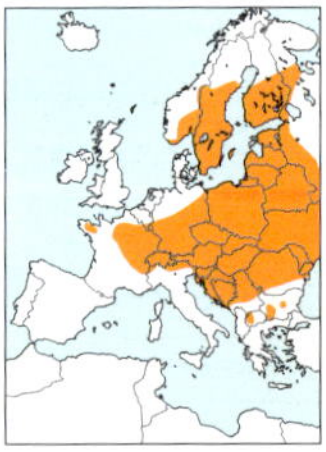

Limenitis reducta

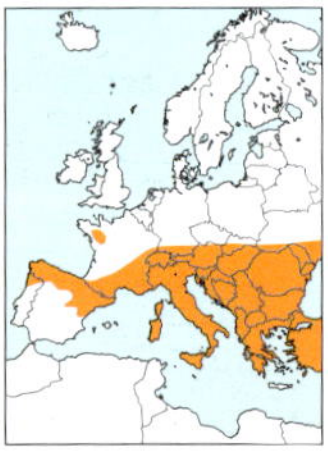

Limenitis populi

♂

♀

Limenitis reducta

♂

Limenitis camilla · Kleiner Eisvogel

Gesamtverbreitung M-Europa, Türkei, Ural, NW-Kasachstan, Amur, NO-China, Korea, Japan.
▷ ***L. camilla*** (Linnaeus, 1763), TF: Deutschland.
Syn.: *sibilla* Linnaeus, 1767.
Verbreitung N-Spanien: Kantabrisches Gebirge, Pyrenäen. Nach N bis S-England, O-Dänemark (mit Fünen, Seeland, Lolland, Falster, Bornholm). Nach O bis Baltikum, Balkan, N-Griechenland (Rhodopen, sehr lokal) und Türkei. Vereinzelt in S-Frankreich. 0–1500 m. Nicht im S und O der Apenninhalbinsel, nicht auf Mittelmeerinseln.
Beschreibung Oberseite braunschwarz mit weißen Flecken, auf Hfl-US 2 Reihen schwarzer Postdiskalpunkte.
Flugzeit 1 Generation, Mitte Juni bis Mitte August.
Lebensraum Sonnige Lichtungen ausgedehnter Laubwälder, meist feuchte Stellen; Nadelwälder mit laubholzreichen Rändern.
Lebensweise Nahrungspflanzen *Lonicera periclymenum, L. caprifolium, L. xylosteum, Symphoricarpos albus*. Eiablage einzeln an Blattoberseite beschatteter Pflanzen. Raupe frisst von Blattspitze zum Blattstiel und lässt Mittelrippe, auf der sie sitzt, übrig. Zur Überwinterung fertigt die Jungraupe ein Hibernarium aus einem angefressenen Blatt an, das sie mit Seidenfäden am Zweig befestigt.
Verhalten Falter besuchen gern Brombeerblüten.

Neptis sappho · Schwarzbrauner Trauerfalter

Gesamtverbreitung SO-Europa, M- und SO-Asien, N-China, Taiwan, Korea, Japan.
▷ ***N. sappho*** (Pallas, 1771), TF: Wolga, S-Russland.
Syn.: *aceris* Esper, 1783.
Verbreitung In vielen Regionen sehr lokal. NO-Italien: Gorizia. Slowenien. Slowakei. Ungarn. NO-Kroatien. N-Serbien. Rumänien. Mazedonien: Treska-Tal, um Skopje. Bulgarien. N-Griechenland: Rhodopen und südliches Vorgebirge. 200–1550 m. Im Norden des Verbreitungsgebiets oft zusammen mit *Leptidea morsei*.
Beschreibung Auf Hfl-OS und -US gerade, breite weiße Diskalbinde und weiße Postdiskalflecke, auch auf Vorderflügel. Auf Hfl-US keine schwarzen Postdiskalflecke.
Flugzeit 2 Generationen, Mitte Mai bis Ende Juni und Juli bis August.
Lebensraum Feuchter Laubwald, meist in Flusstälern.
Lebensweise Nahrungspflanzen *Lathyrus vernus, L. niger*. Jungraupe überwintert. Puppe ähnelt einem am Zweig verbliebenen, verwelkten Blatt. In N-Griechenland fehlen stellenweise offenbar beide genannten Nahrungspflanzen, hier dominiert aber *Robinia pseudoacacia*, die in Japan als Nahrungspflanze genutzt wird.
Verhalten Charakteristischer Gleitflug meist nur im Halbschatten unter Baumkronen, wo beide Geschlechter ruhen oder sich mit ausgebreiteten Flügeln sonnen.

Neptis rivularis · Schwarzer Trauerfalter

Gesamtverbreitung Südlicher Bereich der Alpen, O-Europa, Türkei, Kaukasus, M-Asien, S-Sibirien, Mongolei, N-China, Taiwan, Korea, Japan.
▷ ***N. rivularis*** (Scopoli, 1763), TF: Graz, Österreich.
Syn.: *lucilla* Denis & Schiffermüller, 1775.
Verbreitung SO-Schweiz. N-Italien. Slowenien. O-Österreich. Slowakei. Ungarn. S-Polen. W-Kroatien: Dalmatinische Küste. M-Serbien. Bosnien-Herzegowina. Rumänien. S-Balkan, sehr vereinzelt und lokal. Mazedonien: Galicica Planina, Treska-Tal. SW-Bulgarien. N-Griechenland: Rhodopen. 500–1600 m.
Beschreibung Ähnelt *N. sappho*; Hinterflügel mit nur 1 weißen Binde.
Flugzeit 1 Generation, Ende Mai bis Anfang August.
Lebensraum Lichter Laubwald, sehr selten Nadelwald.
Lebensweise Nahrungspflanzen *Spiraea chamaedryfolia, S. salicifolia, Aruncus dioicus, Filipendula ulmaria*. Eiablage am Blattrand, meist dort, wo Mittelrippe auf Blattspitze trifft. Jungraupen fressen von der Blattspitze zum Blattstiel hin, Mittelrippe bleibt zurück. Raupe ruht und überwintert in einer Röhre, die sie aus verbliebener Blattspitze formt. Puppe ähnelt einem am Zweig verbliebenen, verwelkten Blatt.

Limenitis camilla

Neptis sappho

Neptis rivularis

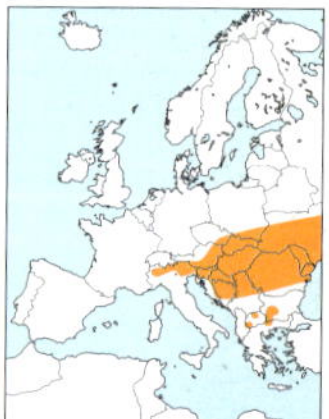

Limenitis camilla

Neptis sappho

Neptis rivularis

Nymphalinae · Echte Edelfalter

Zu dieser in Europa gut vertretenen, großen Unterfamilie zählen einige bekannte und weit verbreitete Arten, z. B. Tagpfauenauge, Kleiner Fuchs, Distelfalter, Admiral. Einige sind Wanderfalter, die sich zur Vegetationszeit über ganz W-Europa ausbreiten.

Nymphalis antiopa · Trauermantel

Gesamtverbreitung Europa, Türkei, gemäßigte Klimabereiche Asiens, N-Amerika.
▷ *N. antiopa* (Linnaeus, 1758), TF: Schweden (Verity, 1950).
Verbreitung N-Portugal gelegentlich. N-Spanien: Sierra de Guadarrama, Sierra de la Demanda, Kantabrisches Gebirge, Pyrenäen. Fast ganz Europa bis N-Fennoskandinavien, S-Griechenland, Türkei. Grenze zwischen Bodenständigkeit und ausschließlicher Einwanderung in einigen Gebieten N-Europas unklar. Zunehmend seltener in NW-Europa, seltener Einwanderer in Großbritannien. Auf den Balearen und Korsika als Wanderfalter, auf anderen Mittelmeerinseln nicht beobachtet. 0–2000 m, bei Wanderungen oder Irrflügen gelegentlich über 2600 m. **Flugzeit** 1 Generation, S-Europa Mitte Juni bis Juli, Skandinavien August bis September. Überwinterte Falter erscheinen je nach Lokalität von März bis Juni. **Lebensraum** Verschieden. Sonnige Waldlichtungen, Flusstäler, trockene Felsschluchten, Sanddünen, Parks, Vorstadtgärten. Überwinternde Falter findet man meist in Gebieten mit großen Beständen der Nahrungspflanze; frische Falter sieht man im Sommer fast überall. **Lebensweise** Nahrungspflanzen *Salix alba, S. cinerea, S. cinerea* ssp. *oleifolia, S. caprea, S. aurita, S. viminalis, Populus tremula, P. nigra, P. alba*. Eier in großen ringförmigen Gelegen im oberen Baumbereich um einen Ast herum. Jungraupen fressen gesellig in seidenem Gespinst, vereinzeln sich später. Verpuppung an Sträuchern und Bäumen, meist nicht an der zuvor genutzten Wirtspflanze. Falter überwintern an kühlen und dunklen Orten. **Verhalten** Ausgeprägter Wanderfalter, breitet sich unmittelbar nach Schlupf weiter aus. Wanderung meist einzeln oder in kleinen Gruppen. Gärendes Fallobst, aus Stammwunden austretender Saft und nektarreiche Blüten locken die Falter an. Nach Überwinterung gern an Weidenkätzchen.

Aglais io · Tagpfauenauge

Gesamtverbreitung Europa, Türkei, gemäßigte Klimabereiche Asiens (im O bis Japan).
▷ *A. io* (Linnaeus, 1758), TF: Schweden (Verity, 1950).
Syn.: (Gattung) *Inachis* Hübner, 1819.
Verbreitung In fast ganz Europa häufig und weit verbreitet. Südlich 64° N bis N-Hälfte der Iberischen Halbinsel, Sierra Nevada, N-Griechenland, Türkei und Mittelmeerinseln Sizilien, Korsika, Sardinien, Korfu, Samos, Symi. Nur vereinzelt aus NW-Afrika gemeldet (Algerien, 1961). Meldungen von N-Schottland betreffen wohl nur Wanderfalter. 0–2500 m. **Flugzeit** 1 Generation, Juni bis August. Je nach Witterungsbedingungen beginnt Diapause zwischen Juli und Anfang Oktober. Überwinterte Falter erscheinen im März bis Mai. **Lebensraum** Offene sonnige Stellen in Wäldern, gehölzbestandene Flussufer, Feuchtwiesen, Brachland, an der oberen Grenze der Höhenverbreitung geschützte Felsschluchten mit Sträuchern und kleinen Bäumen. Meist Orte mit großen Beständen der Nahrungspflanze. **Lebensweise** Nahrungspflanzen *Urtica dioica*, auf Samos (wo *U. dioica* nicht heimisch ist) *Parietaria officinalis*. Raupen fressen gesellig, bis sie fast ausgewachsen sind. Falter überwintern an kühlen, dunklen Orten. **Verhalten** Überwinterte Falter besuchen im Frühjahr Weidenkätzchen. Im Sommer häufig an Blüten von *Buddleja davidii*.

Aglais urticae · Kleiner Fuchs

Gesamtverbreitung Europa, ostwärts bis zur Pazifikküste.
▷ *A. urticae* (Linnaeus, 1758), TF: Schweden (Verity, 1950).
Verbreitung In ganz Europa häufig. Fehlt auf den Atlantischen Inseln, in NW-Afrika und auf den Mittelmeerinseln außer Sizilien und Malta. 0–3000 m. **Variation** In höheren Gebirgslagen meist größer und heller; in Lappland kleiner und etwas dunkler. **Flugzeit** In kälteren Regionen Europas (einschließlich Höhenlagen in S-Europa) 1 Generation, Mai bis August; sonst 2–3 Generationen, Mai bis Oktober. Überwinterte Falter erscheinen im März und April. **Lebensraum und Lebensweise** Fast alle Lebensraumtypen, in denen die Nahrungspflanze *Urtica dioica* vorkommt. Eier in größeren Gelegen an Blattunterseite. Junge Raupen fressen gesellig unter Seidengespinst, erwachsene einzeln oder in kleinen Gruppen. Falter überwintert, oft in Gebäuden. **Verhalten** Falter sind oft beim Hilltopping zu beobachten. Überwinterte Falter besuchen *Salix*-Blüten. Falter im Sommer oft an *Buddleja davidii, Sedum spectabile* und *Aster novi-belgii*. Überwinterung wird an milden Tagen manchmal unterbrochen.

Aglais ichnusa

Gesamtverbreitung Endemisch auf Korsika und Sardinien.
▷ *A. ichnusa* (Bonelli, 1826), TF: Sardinien. Bei einigen Autoren als Unterart von *A. urticae* geführt.
Verbreitung Korsika, Sardinien. 700–2500 m. **Beschreibung** Oberseite leuchtender rotbraun, auf Vorderflügel keine oder nur angedeutete schwarze Diskalflecke in M3–Cu2. **Flugzeit** 2 Generationen, Mai bis Oktober; nach Überwinterung März bis April. **Lebensraum** Wie bei *A. urticae*, aber ausschließlich im Gebirge. **Lebensweise** Nahrungspflanze *Urtica dioica*. **Verhalten** Falter sind oft beim Hilltopping zu beobachten.

Nymphalis antiopa

♂

Aglais io

♂

Hfl mit ausgedehnter dunkler Basalregion

♀

Aglais urticae

keine oder nur angedeutete Diskalflecke auf Vfl-OS

♂

Aglais ichnusa
(Korsika und Sardinien)

Nymphalis antiopa

Aglais io

Aglais urticae, A. ichnusa

Nymphalis polychloros · Großer Fuchs

Gesamtverbreitung N-Afrika, S- und M-Europa, Türkei, S-Russland, M- und S-Ural, Kasachstan, Himalaja.
▷ ***N. polychloros*** (Linnaeus, 1758), TF: Schweden (Verity, 1950).
Verbreitung Marokko. Algerien. Tunesien. 200–2600 m. Von der Iberischen Halbinsel über fast ganz Europa, einschließlich S-England (sehr selten und lokal), Baltikum, SO-Schweden mit Bornholm und Öland. Balkan. Griechenland. Europäischer Teil der Türkei. Gelegentlich als Wanderfalter in Dänemark, S-Norwegen, S-Finnland. Mittelmeerinseln Sizilien, Korsika, Sardinien, Elba, Korfu, Kreta, Lesbos, Ikaria, Samos, Kos, Rhodos. 0–1700 m. Nicht auf den Balearen.
Beschreibung Oberseite orangebraun, innere Begrenzung der Hfl-Randzeichnung scharf; Beine und Palpen dunkelbraun, fast schwarz (vgl. *N. xanthomelas*).
Variation In N-Afrika *erythromelas* Austaut, Oberseite heller. In S-Spanien Übergangsform zur Stammform.
Flugzeit 1 Generation, Ende Juni bis August. Überwinterte Falter erscheinen im März und April.
Lebensraum Verschieden. Laubhochwald mit warmen, sonnigen Lichtungen; in heißen, trockenen Gebieten des Mittelmeerraums oft lichte Wälder.
Lebensweise Nahrungspflanzen *Ulmus procera, U. glabra, U. americana, Salix caprea, S. alba, S. pedicellata, S. viminalis, Prunus avium, P. domestica, P. padus, Pyrus communis, Malus domestica, Populus tremula, P. nigra, P. alba, Sorbus torminalis, Crataegus monogyna*. Eier in einem einzigen ringförmigen Gelege um einen Ast herum, meist im oberen Baumbereich. Jungraupen fressen gesellig in seidenem Gespinst, vereinzeln sich später. Verpuppung meist an Ästen der Nahrungspflanze. Überwintert als Falter an kühlen und dunklen Orten wie Baumhöhlungen, Holzstapeln oder Straßendrainagen.
Verhalten Wanderfalter. Offenbar erfolgt Ausbreitung unmittelbar nach Schlupf. Falter sonnen sich gern am späten Nachmittag.

Nymphalis xanthomelas

Gesamtverbreitung O-Europa, Türkei, M-Asien, China, Korea, Japan.
▷ ***N. xanthomelas*** (Esper, 1781), TF: Deutschland, Österreich.
Verbreitung O-Slowakei. SO-Polen. O-Ungarn. Rumänien. Mazedonien. Bulgarien. NW-Griechenland, sehr lokal und selten: Pindos-Gebirge. Als Wanderfalter gelegentlich in M- und W-Europa, häufiger in S-Fennoskandinavien und Baltikum; dort möglicherweise zeitweiliges Bestehen von Populationen. Wird in verschiedenen Teilen Europas zunehmend seltener. 0–2000 m.
Beschreibung Ähnelt *N. polychloros*. Oberseite leuchtender rötlich orange, innere Begrenzung der Hfl-Randzeichnung unscharf; Beine und Palpen hellbraun oder gelblich braun.
Flugzeit 1 Generation, Juli bis September. Überwinterte Falter erscheinen im Mai.
Lebensraum Feuchte Laubwälder, besonders in Flusstälern.
Lebensweise Nahrungspflanzen *Salix*- und *Populus*-Arten. Eiablage, Entwicklung und Überwinterung wie bei *N. polychloros*.
Verhalten Wanderfalter.

Nymphalis vaualbum

Gesamtverbreitung O-Europa, Türkei, M-Asien, NO-China, Korea, Japan, S-Kanada, N-USA.
▷ ***N. vaualbum*** (Denis & Schiffermüller, 1775), TF: Wiener Gegend, Österreich.
Syn.: *l-album* Esper, 1780.
Verbreitung S-Finnland. Baltikum. Polen. Tschechien. Slowakei. O-Österreich. Ungarn. Rumänien. Unterscheidung zwischen dauerhaften Populationen, zeitweiligen Populationen und Einwanderungen ist schwierig. 0–(?)1500 m.
Beschreibung Weiße OS-Zeichnung vor Vfl-Apex und an Hfl-Kosta kontrastreich (vgl. *N. polychloros, N. xanthomelas*).
Flugzeit 1 Generation, Juni bis Juli. Überwinterte Falter erscheinen im März und April.
Lebensraum Laubwaldlichtungen.
Lebensweise Nahrungspflanzen *Salix*-, *Populus*-, *Ulmus*-Arten. Jungraupen leben gesellig in Seidengespinsten.
Verhalten Wanderfalter.

Nymphalis polychloros

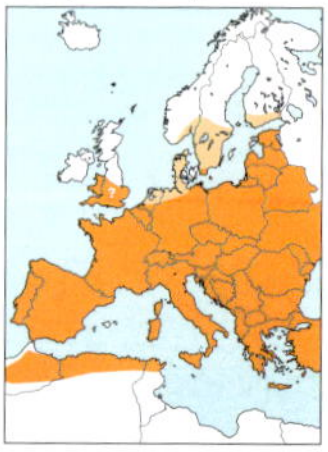

Nymphalis xanthomelas

Nymphalis vaualbum

Nymphalis polychloros

OS-Grundfarbe rostorange

♂

innere Begrenzung der dunklen Hfl-Randbinde deutlich

Beine dunkelbraun

Nymphalis xanthomelas

OS-Grundfarbe rötlich orange

♂

innere Begrenzung der dunklen Hfl-Randbinde undeutlich

Beine gelblich braun

Nymphalis vaualbum

markante weiße Kostalzeichnung auf Vfl-OS und Hfl-OS

weißes »Komma«-Zeichen am Zellende der Hfl-US

♂

charakteristische blasse Postdiskalflecke auf Hfl-OS

Beine gelblich braun

Vanessa atalanta · Admiral

Gesamtverbreitung Azoren, Kanaren, N-Afrika, Europa, Türkei, Iran, N-Amerika bis Guatemala. Haiti, Neuseeland.
▷ *V. atalanta* (Linnaeus, 1758), TF: Schweden (Verity, 1950).
Verbreitung Azoren. Kanaren. Marokko. Algerien. Tunesien. Ganz Europa und alle Mittelmeerinseln (heimisch oder als Wanderfalter). Im N (Irland, Großbritannien, Fennoskandinavien) hängt Auftreten wohl stark von Einwanderungen ab. 0–2500 m.
Beschreibung Im Vorderflügel verläuft ziegelrotes Band von Vorderrandmitte zum Analwinkel, im schwarzen Apex weiße Flecke.
Flugzeit 1 Generation, Juni bis Oktober, überwinterte Falter erscheinen im März und April, im Mittelmeerraum in Küstennähe auch an warmen Wintertagen.
Lebensraum Verschieden.
Lebensweise Nahrungspflanzen auf den Kanaren *Urtica urens*, selten *Parietaria*-Arten. In NW-Afrika *Urtica membranaceae, U. pilulifera, U. urens, Parietaria officinalis*. In Europa *U. dioica*, (?)*U. urens, Parietaria officinalis, P. judaica, P. debilis*. Eiablage meist an Blattspitzen von vollsonnig stehenden Pflanzen. Raupen fressen einzeln in eingerollten Blättern. Es treten verschiedene Raupenformen auf. Verpuppung am Spross der Nahrungspflanzen. Falter überwintert.
Verhalten Wanderfalter. Falter sonnen sich oft auf Steinwällen und Felsen. Nektarreiche Blüten von *Rubus fruticosus, Eupatorium cannabinum, Hedera helix, Sedum spectabile* und *Buddleja davidii* sind für Falter attraktiv. Im Spätsommer und Herbst saugen sie auch gern an gärendem Fallobst.

Vanessa vulcania

Gesamtverbreitung Kanarische Inseln, Madeira.
▷ *V. vulcania* (Godart, 1819), TF: Teneriffa, Kanaren, Spanien (Kriby, 1904).
Verbreitung Madeira, gelegentlich auch Nachbarinsel Porto Santo. Kanaren: Gran Canaria, Teneriffa, La Gomera, La Palma, Hierro. Gelegentlich als Wanderfalter auf Fuerteventura. 0–1500 m. Nicht auf Lanzarote, den Azoren, in N-Afrika und auf dem europäischen Festland.
Flugzeit Mehrere Generationen, ganzjährig, offenbar ohne Diapause.
Lebensraum und Verhalten Lorbeerwälder, wo die Nahrungspflanze im Unterholz wächst. Falter oft außerhalb des natürlichen Lebensraums, z. B. in Gärten und Parks an nektarreichen Blüten. Auf Teneriffa oft an Lorbeerblüten.
Lebensweise Nahrungspflanzen *Urtica morifolia, Parietaria*-Arten. Auf *U. morifolia* werden Eier einzeln, seltener paarweise, an obersten Blättern beschatteter Pflanzen abgelegt (vgl. *V. atalanta*). Raupen fressen in eingerolltem Blatt, verpuppen sich dort auch.

Araschnia levana · Landkärtchen

Gesamtverbreitung N-Spanien, M- und O-Europa, Kaukasus, M-Asien bis NO-China, Korea, Japan.
▷ *A. levana* (Linnaeus, 1758), TF: Deutschland.
Verbreitung N-Spanien, sehr lokal: O-Pyrenäen. N- und M-Frankreich. Schweiz bis W-Dänemark (einschließlich Fünen, Seeland, Lolland, Falster). S-Schweden: S-Skåne (Erstnachweis 1992). Baltikum. Bulgarien. N-Griechenland: Flusssysteme des Nestos und Evros. 0–1400 m. Nicht in Portugal, Albanien, Mazedonien, Mittelmeerinseln.
Beschreibung und Variation Ausgeprägter Saisondimorphismus. Frühjahrsgeneration oberseits orangebräunlich mit schwarzen Zeichnungen (f. *levana*). Sommergeneration dunkelbraun, Diskalbinde cremegelb oder weiß, auf Vorderflügel bei Ader M3 unterbrochen (f. *prorsa*). Zwischenformen (f. *porima* Ochsenheimer) selten. Unterschiedliche Färbung von Frühjahrs- und Sommergeneration entsteht durch jeweilige Tageslängen (Kurz- oder Langtag) während der Raupenentwicklung.
Flugzeit 2 Generationen, Mai bis Juni und Juli bis August. In günstigen Jahren gelegentlich 3 Generationen.
Lebensraum Laubwaldlichtungen und Gebüschsäume.
Lebensweise Nahrungspflanzen *Urtica dioica, U. urens*. Eier werden perlschnurartig zu 8–10 Stück an Blattunterseite gehängt. Jungraupen fressen gesellig, später zunehmend vereinzelt. Puppe überwintert.

Vanessa atalanta

Araschnia levana

Vanessa atalanta

Vanessa vulcania

nur auf Kanaren und Madeira

Araschnia levana

Frühjahrsgeneration

Sommergeneration

Vanessa cardui · Distelfalter

Gesamtverbreitung Europa, Asien, Afrika, Australien, N-Amerika.
▹ *V. cardui* (Linnaeus, 1758), TF: Europa und Afrika.
Verbreitung In fast ganz Europa als Wanderfalter. Ausbreitung beginnt im zeitigen Frühjahr in N-Afrika und erreicht während des Sommers den Polarkreis. Bodenständig in N-Afrika, Kanaren, Madeira und wärmeren Mittelmeergebieten. Wohl auch in weiteren südlichen Gebieten zeitweise bodenständig, wenn mehrere günstige Jahre aufeinander folgen. Selten in Irland und Schottland. Gelegentlich auf Island, wo keine bodenständigen Tagfalter vorkommen. 0–3000 m, in großen Höhen häufig Wanderfalter.
Beschreibung Auf Hfl-US 5 kleine submarginale Augenflecke.
Flugzeit Mehrere Generationen, keine Diapause; ganzjährig, wo bodenständig. In N-Europa Wanderfalter Mai bis Juni, Fortpflanzung und Weiterwanderung bis Wintereinbruch.
Lebensraum Überall, wo Nahrungspflanzen wachsen, häufig an Stellen mit Disteln (Nektarquelle).
Lebensweise Weltweit fressen die Raupen an Pflanzen sehr verschiedener Familien. In Europa und N-Afrika Cucurbitaceae, Asteraceae, Fabaceae, Vitaceae, Malvaceae, Brassicaceae, Boraginaceae; besonders *Cirsium, Carduus, Echium* und *Malva* (v. a. *M. sylvestris*). In Deutschland Raupen auch an kultivierten Sojabohnen (*Glycine max*). Eiablage einzeln, meist auf Blattoberseite. Eistadium in S-Europa etwa 3 Tage, gesamte Entwicklung bis zum Falter je nach Bedingungen 5–8 Wochen. Es treten verschiedene Raupenformen auf.
Verhalten Disteln erfüllen doppelten Zweck, sind Raupennahrungspflanze und Nektarquelle für die Falter. Im Sommer saugen Falter in Gärten und Parks oft an den Blüten von *Buddleja davidii.*

Vanessa virginiensis

Gesamtverbreitung Portugal, Kanaren, S-Kanada, N-Amerika bis Venezuela, Guatemala, gelegentlich Hawaii.
▹ *V. virginiensis* (Drury, 1773), TF: New York, USA.
Syn.: *huntera* Fabricius, 1775.
Verbreitung Kanarische Inseln, sehr lokal: Teneriffa, La Palma. S-Portugal (besonders Algarve) seit etwa 2004. Als Wanderfalter gelegentlich auf den Azoren, in W- Portugal, W- und S-Spanien, sehr selten in SW-Irland, W-Wales und S-England. 0–1500 m.
Beschreibung Auf Hfl-US 2 große Augenflecke in M1–M2 und Cu1–Cu2.
Flugzeit Mehrere Generationen; auf Teneriffa ganzjährig außer Februar und November.
Lebensraum Blumenreiche Stellen.
Lebensweise Nahrungspflanzen in N-Amerika Asteraceae, Fabaceae, Malvaceae, Boraginaceae, Urticaceae, Balsaminaceae, Scrophulariaceae.

Issoria lathonia · Kleiner Perlmuttfalter

(Diese Art gehört zu den Perlmuttfaltern, siehe Seite 182 ff.)
Gesamtverbreitung N-Afrika, Europa, Türkei, Mittlerer Osten, W- und M-Asien bis N-Indien, Mongolei.
▹ *I. (Issoria) lathonia* (Linnaeus, 1758), TF: Schweden (Verity, 1950).
Verbreitung Als Wanderfalter auf Madeira und den Kanaren: Gran Canaria, Teneriffa, La Gomera, La Palma. Marokko. Algerien. Tunesien. In fast ganz Europa (bis 63° N in Fennoskandinavien) bodenständig, als Wanderfalter bis 66° N in W-Finnland. Auf Korsika, Sardinien, Sizilien bodenständig. 0–2700 m, in höheren Lagen Wanderfalter. Häufiger in Sommermonaten, wenn Populationen anwachsen und sich ausbreiten. In S-Europa im Spätsommer in höheren Lagen, weil Nahrungspflanzen in Tieflagen oft verdorren.
Beschreibung Auf Hfl-US auffallend große Silberflecke.
Flugzeit 3 Generationen, März bis Oktober.
Lebensraum Offenland, wärmeliebend.
Lebensweise Nahrungspflanzen sind Veilchenarten wie *Viola tricolor, V. arvensis, V. aetolica, V. lutea, V. biflora, V. calcarata, V. corsica, V. odorata*. Eiablage einzeln an Blättern der Nahrungspflanze oder an anderen krautigen Pflanzen in unmittelbarer Nähe. Raupen ruhen oft auf exponierten Steinen, abgefallener Borke und an verschiedenen Pflanzen. Verpuppung in Bodennähe an Stängeln oder Blattunterseite. Puppe glänzend, ähnlich wie Vogelkot aussehend. Überwinterung kann offenbar in jedem Entwicklungsstadium erfolgen.
Verhalten Ausgeprägter Wanderfalter. Am Spätnachmittag sonnen sich die Falter oft auf Wegen, an Steinwällen usw.

Vanessa cardui

Issoria lathonia

Vanessa cardui

Vanessa virginiensis

Issoria lathonia

Polygonia c-album · C-Falter

Gesamtverbreitung N-Afrika, Europa, Türkei, M-Asien, N-China, Korea, Japan.
▹ ***P. c-album*** (Linnaeus, 1758), TF: Schweden.
Verbreitung Marokko. Algerien. Tunesien. 500–700 m. Fast ganz Europa mit England, Wales, Fennoskandinavien bis 68° N und Türkei. 0–2000 m. Nicht im SW der Iberischen Halbinsel, Irland und Mittelmeerinseln (außer Sizilien, Korsika, Sardinien und Korfu).
Beschreibung Hfl-US mit weißem »C« am Zellende. Unterseite der Sommergeneration gelblich braun mit heller, scheckiger Zeichnung (f. *hutchinsoni* Robson). Spätsommer- und Herbstgeneration (Falter überwintern) dunkelbraun, undeutlich dunkelgrün marmoriert. Diese Tarnzeichnung der überwinternden Falter wird offenbar durch die Tageslänge während der Raupen- und Puppenentwicklung induziert.
Flugzeit In fast ganz Europa in 2 Generationen, Ende Mai bis Juni und Juli bis August, nach der Überwinterung März bis April; Skandinavien 1 Generation, Juni bis August; S-Balkan und Griechenland 3 Generationen, Mai bis Oktober.
Lebensraum Waldlichtungen, oft feuchtnasse Stellen.
Lebensweise Nahrungspflanzen in NW-Afrika *Ribes uva-crispa*; in Europa *Urtica dioica, Salix caprea, S. alba, Humulus lupulus, Ribes uva-crispa, R. nigrum, R. rubrum, Corylus avellana, Ulmus glabra, U. minor, U. procera, U. laevis*. Eiablage einzeln an Blattunterseite. Überwintert als Falter in Dickichten, zwischen Baumwurzeln, unter Felsüberhängen, in Gebäuden usw.
Verhalten Überwinterung wird an warmen Spätwintertagen manchmal unterbrochen. Falter saugen im Frühjahr an Weidenkätzchen.

Polygonia egea

Gesamtverbreitung SO-Frankreich, Italien, S-Balkan, Griechenland, Türkei, Mittlerer Osten, Iran bis N-Indien.
▹ ***P. egea*** (Cramer, 1775), TF: Istanbul und Izmir, Türkei.
Verbreitung Frankreich: SO-Frankreich, Korsika. Italien: NW-Küste, Apenninhalbinsel, Sizilien. Kroatien: Dalmatien. Albanien. Mazedonien. Bulgarien. Griechenland mit Korfu, Kreta und weiteren Inseln. Europäischer Teil der Türkei. 0–1700 m, über 1100 m seltener. Nicht auf Sardinien und Rhodos.
Beschreibung 1. Generation oberseits gelblich braun mit dunkelbraunen Flecken, die in Größe und Zahl variieren; Unterseite gelblich mit komplexer scheckiger Zeichnung; Hfl-US mit kleinem weißem »Y« am Zellende. Sommergeneration(en) meist etwas dunkler.
Flugzeit 2 oder 3 Generationen, Mai bis Oktober; überwinterte Falter erscheinen Ende März.
Lebensraum Heiße, trockene, steile Felslagen; oft in Dörfern, wo an alten Steinwällen die Nahrungspflanze wächst.
Lebensweise Nahrungspflanze *Parietaria officinalis*.
Verhalten Falter sonnen sich an Felswänden, Steinwällen, auf heißen Sandwegen usw.

Hypolimnas misippus (ohne Bild)

Gesamtverbreitung Ägypten, Libanon, mittlere S-Türkei, Saudi-Arabien, tropisches Afrika und Asien, Mittelamerika, Australien.
▹ ***H. misippus*** (Linnaeus, 1764), TF: Amerika.
Verbreitung In Europa erstmals 1895 auf den Kanarischen Inseln (Teneriffa) nachgewiesen. Ab 1987 war er auf La Gomera zeitweilig bodenständig, inzwischen nicht mehr. Gelegentlich werden Wanderfalter auf Madeira und den Azoren beobachtet.
Beschreibung Groß, Vfl-Länge 30 mm. ♂ oberseits dunkelbraun oder schwarz; große runde weiße Diskalflecke auf Vorder- und Hinterflügeln, im Vfl-Apex ein ovaler weißer Fleck, alle weißen Flecke mit leuchtend violetten Reflexionen an den äußeren Rändern; Unterseite bräunlich, weißes Zeichnungsschema wie auf der Oberseite. Erstaunlicher Geschlechtsdimorphismus – ♀ ähnelt stark weißen oder orangefarbigen Formen von *Danaus chrysippus*, nur der schwarze Diskalfleck im Hinterflügel fehlt.
Flugzeit Mehrere Generationen. Alle Meldungen beschränken sich auf Oktober bis Februar.
Lebensraum Die wenigen Meldungen stammen aus Gärten und Küstengebieten.
Lebensweise Auf La Gomera zeitweilig genutzte Nahrungspflanze unbekannt. Andernorts im Verbreitungsgebiet *Portulaca, Talinum, Ficus, Ipomoea, Amaranthus, Hibiscus, Sedum*. Raupen leben gesellig. Starker Wanderfalter.

Polygonia c-album

Polygonia egea

Polygonia c-album

Polygonia egea

Heliconiinae · Perlmuttfalter

Zu dieser Unterfamilie zählen die Perlmuttfalter und u.a. die südamerikanischen Passionsblumenfalter (*Heliconius*, daher der wissenschaftliche Gruppenname). Ihre Verwandtschaft beruht auf dem Vorhandensein weiblicher Duftorgane zwischen dem 8. und 9. Hinterleibssegment. Die Raupen haben 6 Stachelreihen, jeder Stachel ist mit steifen Borsten besetzt.

Issoria lathonia · Kleiner Perlmuttfalter

Siehe Seite 178

Argynnis pandora · Kardinal

Gesamtverbreitung Kanarische Inseln, N-Afrika, S-Europa, Türkei, Mittlerer Osten, Irak, Iran, S-Russland, Kasachstan, Afghanistan, N-Pakistan, N-Indien.
▷ ***A. (Pandoriana) pandora*** (Denis & Schiffermüller, 1775), TF: Wiener Gegend, Österreich.
Syn.: *maja* Cramer, 1776.
Verbreitung Spanien mit Balearen und Kanaren (La Palma, La Gomera, Hierro, Teneriffa; 500–1500 m). Marokko. Algerien. Tunesien. 200–2600 m. Portugal. W- und S-Frankreich mit Korsika. Italien: N-Italien (vereinzelt), S-Italien (weit verbreitet), Sardinien, Elba, Sizilien. S-Schweiz. Österreich. Tschechien. Slowakei. Ungarn. Balkan. Griechenland mit Korfu, Kreta, Thassos, Limnos und Samos. Europäischer Teil der Türkei. 50–1650 m.
Beschreibung und Variation Vfl-US rot. In M-Spanien stellenweise f. *maruxa* Agenjo mit rosagelblich anstatt grünlich gefärbter Hfl-US.
Flugzeit In fast ganz Europa 1 Generation, Mitte Mai bis Anfang Juli (auf Sardinien Mitte Juni bis Ende August); in NW-Afrika 2 Generationen, Mai bis Juni und August bis Ende September. Auf den Kanaren ohne Unterbrechung von Ende Mai bis Mitte September.
Lebensraum und Verhalten Mit Sträuchern gesäumte Lichtungen in Laubwäldern oder lichter Kiefernwald, stets mit großem Angebot nektarreicher Pflanzen wie *Carduus, Cirsium, Centaurea* usw., an denen Männchen und Weibchen Nektar saugen.
Lebensweise Nahrungspflanzen *Viola*-Arten, auf Teneriffa *V. cheiranthifolia*. Eiablage an dürren Pflanzen, seltener an Nahrungspflanze im Schatten dichter Vegetation. Jungraupe überwintert.

Argynnis pandora

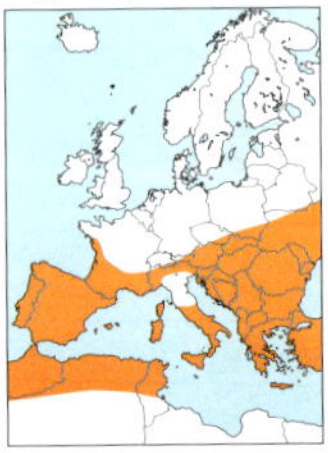

Argynnis laodice

Argynnis laodice · Grünlicher Perlmuttfalter

Gesamtverbreitung Mittleres O-Europa, M- und S-Ural, S- und W-Sibirien, NW-Kasachstan, Amur, Japan.
▷ ***A. (Argyronome) laodice*** (Pallas, 1771), TF: S-Russland.
Verbreitung Lettland. Litauen. Polen. Deutschland: Vorpommern. Slowakei. O-Ungarn. Rumänien. Wanderfalter gelegentlich in Estland, SO-Schweden (mit Gotland), S-Finnland.
Beschreibung und Variation Hfl-US ohne Silberflecke. Bei ♂ auf Vfl-OS kleiner weißer Fleck in Gabelung von R4 und R5. Dunkle OS-Zeichnung und -bestäubung variabel.
Flugzeit 1 Generation, Juli bis August.
Lebensraum Feuchte, blütenreiche Wiesen in offenen Waldgebieten tieferer Lagen.
Lebensweise Nahrungspflanze *Viola palustris*.
Verhalten Falter saugen gern an Brombeerblüten.

Vfl-OS bei ♀ mit markantem weißem Subapikalfleck

♀

Argynnis pandora

livgrüne Bestäu-
ung der Hfl-OS
ft ausgedehnt

♂

♀

Argynnis laodice

Duftschuppenstreifen
des ♂ an Adern Cu_2
und A unauffällig

♂

Argynnis paphia · *Kaisermantel*

Gesamtverbreitung Algerien, Europa, Türkei, gemäßigte Klimabereiche Asiens bis Jakutien.

▹ ***A. (Argynnis) paphia*** (Linnaeus, 1758), TF: Schweden. Syn.: *immaculata* Bellier, 1862; *valesina* Esper, 1798.

Verbreitung Algerien: Blida, Djurdjura-Massiv, Lambessa, Batna, Djebel Aures, Collo, S'Gag. 800–1600 m. Weit verbreitet und häufig von N-Portugal, N- und O-Spanien (mit Sierra de Cazorla, Sierra de Segura) bis Irland, S-Großbritannien und Fennoskandinavien (mit Fünen, Seeland, Lolland, Falster, Bornholm, Gotland). Griechenland. Europäischer Teil der Türkei. Auch auf den Inseln Sizilien, Korsika, Sardinien, Elba, Lesbos, Samos, Ikaria, Andros nachgewiesen. 0–1500 m.

Variation Grünliche Färbung und silbrige Streifen der Hfl-US variabel, besonders im Mittelmeergebiet. In Algerien *dives* Oberthür; schwarze OS-Zeichnung deutlich ausgebildet, US-Zeichnung gelblich grün anstatt silbrig. Auf Korsika und Sardinien *immaculata* Bellier; Hfl-US großflächig silbergold bestäubt. Zwischenformen zur Stammform in der Mittelmeerregion häufig. In Spanien, Italien und gelegentlich S-Griechenland *anargyria* Staudinger; Unterseite gelblich; blasse, unscharfe Diskalbinde anstatt silbriger Zeichnung. In NW-Afrika und S-Europa *argyrea* Oberthür; silbrig weiße Zeichnung der Hfl-US sehr deutlich und kontrastreich ausgebildet. In den meisten europäischen Populationen tritt regelmäßig die ♀-Form *valesina* Esper auf; oberseits graugrün oder grünlich braun bestäubt, schwarze Zeichnungselemente meist durch dunkelbraune ersetzt.

Flugzeit 1 Generation, Ende Mai bis September.

Lebensraum Sonnige Waldlichtungen mit strauchbewachsenen Rändern, meist mit Brombeere.

Lebensweise Nahrungspflanzen *Viola*-Arten, in Algerien *V. (?)mumbyana*; in Europa *V. reichenbachiana*, *V. canina*, *V. odorata*, *V. riviniana*. Eiablage in Borkenrissen, wo die Eiraupen überwintern. Dafür werden meist Laubbäume, seltener Nadelbäume, in der Nähe schattig stehender Veilchenbestände gewählt.

Argynnis paphia

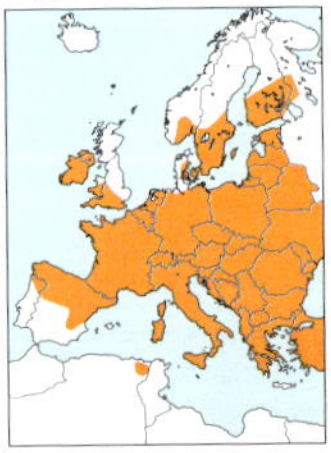

Argynnis paphia

Vfl-OS mit deutlich sichtbaren Duft-
schuppenstreifen an Adern M3–A

♂

♀

♀

f. *valesina*

Hfl-US großflächig
gold bestäubt,
Silberstreifen
reduziert

♂

f. *immaculata*
(Korsika und Sardinien)

Hfl-US mit deutlich
ausgebildeten
Silberstreifen

♀

f. *argyrea*

Argynnis aglaja · Großer Perlmuttfalter

Gesamtverbreitung Europa, Türkei, Asien, China, Japan.
▷ ***A. (Mesoacidalia) aglaja*** (Linnaeus, 1758), TF: Schweden (Verity, 1950). Syn.: *charlotta* Haworth, 1802.
Verbreitung Weit verbreitet und häufig in fast ganz Europa. 0–2200 m. Nicht auf den Mittelmeerinseln (außer Sizilien). **Beschreibung und Variation** Hfl-US mit Silberflecken im Basal-, Diskal- und Marginalbereich, Postdiskalflecke fehlen. In kühleren Regionen, z. B. Schottland, schwarze OS-Zeichnung oft sehr kräftig. **Flugzeit** 1 Generation, Juni bis August. **Lebensraum** Offene, blütenreiche Grashänge: freie Flächen in lichtem Wald, feuchte Wiesen, Heiden, Moore; am häufigsten auf basischen Böden. **Lebensweise** Nahrungspflanzen *Viola hirta, V. tricolor, V. palustris*. Eiablage auf Blattober- oder -unterseite. Jungraupen verbergen sich in Fresspausen in kleineren, eingerollten Blättern der Nahrungspflanze. Eiraupe überwintert ohne vorherige Nahrungsaufnahme in Falllaub oder Borkenrissen. Verpuppung an robusten Stängeln in Bodennähe.

Argynnis lyauteyi

Gesamtverbreitung Marokko.
▷ ***A. (Mesoacidalia) lyauteyi*** Oberthür, 1920, TF: Azrou (Marokko). Bei einigen Autoren Unterart von *A. aglaja*.
Verbreitung Marokko: Mittlerer Atlas, Rif-Atlas. **Beschreibung und Variation** Groß, dunkelorangebraun, schwarze Zeichnung kräftig. Vfl-US an der Basis hellrosaorange bestäubt. Hfl-US heller und ausgedehnter grün bestäubt als bei *A. aglaja*. Bei ♀ Oberseite blass gelblich graun mit graugrüner Bestäubung. Im Rif-Atlas *excelsior* Rothschild; Oberseite heller, Basalbestäubung der Vfl-US kräftiger rosa. **Flugzeit, Lebensraum und Lebensweise** Wie bei *A. aglaja*.

Argynnis elisa

Gesamtverbreitung Korsika und Sardinien.
▷ ***A. (Fabriciana) elisa*** Godart, 1823, TF: Korsika und Sardinien (Frankreich, Italien).
Verbreitung Korsika, Sardinien. 800–1500 m. **Flugzeit** 1 Generation, Ende Juni bis Mitte August. **Lebensraum** Trockene, offene Heiden, Gebüsche, lichter Wald. **Lebensweise** Nahrungspflanze *Viola corsica*.

A. aglaja, A. lyauteyi

Argynnis elisa

Argynnis adippe

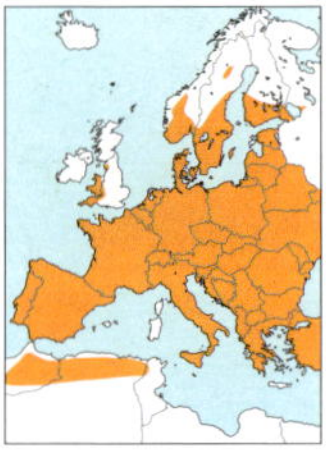

Argynnis niobe

Argynnis elisa

Argynnis aglaja

Argynnis lyauteyi
(Marokko)

A. aglaja
dunkle Form
(Schottland)

Argynnis adippe · Feuriger Perlmuttfalter

Gesamtverbreitung NW-Afrika, Europa, Türkei, gemäßigte Klimabereiche Asiens.

▹ ***A. (Fabriciana) adippe adippe*** (Denis & Schiffermüller, 1775), TF: Wiener Gegend, Österreich.

Syn.: *cydippe* Linnaeus, 1761 (Name abgelehnt durch ICZN op. 501); *chlorodippe* Herrich-Schäffer, 1851; *cleodoxa* Ochsenheimer, 1816.

Verbreitung Fast ganz Europa (auch Griechenland und europäischer Teil der Türkei, England und Wales), in Fennoskandinavien bis 66° N (mit Fünen, Seeland, Lolland, Falster, Bornholm, Öland, Gotland). 0–2100 m. Nicht auf den Mittelmeerinseln (außer Sizilien). (Karte S. 186)

Beschreibung Vfl-OS des ♂ mit deutlichen Duftschuppenstreifen an Adern Cu1 und Cu2, im Hinterflügel ein Haarkamm an Ader R. Hfl-US stets mit kleinen braun gerandeten Postdiskalflecken.

Variation Bei f. *cleodoxa* Ochsenheimer Hfl-US ledergelb oder gelblich ohne grüne Basalbestäubung; alle Zeichnungen reduziert, Silberflecke fehlen oder nur als kleine rötlich braune runde Postdiskalflecke – selten in N-Europa, zum Balkan hin immer häufiger, in Griechenland anstelle der Stammform; auch in den Pyrenäen häufig, dort zusammen mit der Stammform und der Übergangsform *cleodippe* Staudinger. Südlich der Pyrenäen f. *chlorodippe* Herrich-Schäffer; Hfl-US olivgrün, Silberflecke und rötliche Postdiskalflecke vollständig ausgebildet.

Flugzeit 1 Generation, Ende Mai bis August.

Lebensraum Trockene, mit Gräsern und Sträuchern bewachsene Stellen, freie Flächen in lichtem Wald.

Lebensweise Nahrungspflanzen *Viola*-Arten. Eiablage an Blättern. Überwintert als voll entwickelte Raupe im Ei. Verpuppung an robusten Stängeln in Bodennähe.

▹ ***A. (Fabriciana) adippe aurensiana*** Fruhstorfer, 1908, TF: Djebel Aures, Algerien.

Bei einigen Autoren als eigenständige Art, bei anderen als Unterart von *A. niobe* geführt.

Verbreitung Marokko: Anti-Atlas (Tizi-n-Melloul), Hoher Atlas (Tizi-n-Talrhemt, Tizi-n-Test, Oukaïmeden, Djebel Aourach), Mittlerer Atlas (Ifrane, Tizi-Tarhzeft, Azrou), Rif-Atlas (Bab-Berred, Djebel Lakraa, Ketama, Taghsut). Algerien: Djebel Aures, Kabylien. 1000–2800 m.

Beschreibung und Variation Ähnlich f. *chlorodippe* der nominotypischen Unterart, grüne Bestäubung der Hfl-US dunkler, basale Silberflecke kleiner oder fehlend. Bei ♂ Duftschuppenstreifen im Vorderflügel und Haarkamm des Hinterflügel reduziert. Im Hohen Atlas f. *astrifera* Higgins; kleiner, blasser, schwarze Zeichnungen reduziert. Im Rif-Atlas f. *hassani* Weiss; der Stammform sehr ähnlich, etwas größer, Oberseite heller, schwarze Zeichnung stärker, grüne Bestäubung der Hfl-US ausgedehnter.

Flugzeit 1 Generation, Juni bis Anfang August.

Lebensraum Offene, trockene Stellen mit Sträuchern; blumenreiche Hänge; Felsschluchten mit spärlicher Vegetation; offenes Waldland.

Argynnis niobe · Mittlerer Perlmuttfalter

Gesamtverbreitung Europa, Türkei, Mittlerer Osten, Iran, M-Asien, Mongolei, Amur.

▹ ***A. (Fabriciana) niobe*** (Linnaeus, 1758), TF: Schweden (Verity 1950).

Syn.: *eris* Meigen, 1829.

Verbreitung Fast ganz Europa, nach N bis 62° N in Fennoskandinavien (mit Seeland, Falster, Bornholm, Öland, Gotland), nach S bis zur Türkei. 0–2400 m. Nicht in NW-Afrika, SW-Küste der Iberischen Halbinsel, im mittleren N-Italien und an den meisten Küsten Italiens, Irlands, Großbritanniens und Mittelmeerinseln (außer N-Sizilien). (Karte S. 186)

Beschreibung und Variation ♂ ähnelt oberseits *A. adippe*; Duftschuppenstreifen im Vorderflügel an Cu1 und Cu2 schmaler oder fehlend. Hfl-US an Zellbasis mit rundem gelblichem oder silbrigem Fleck mit schwarzem Mittelpunkt (vgl. *A. adippe*). In vielen europäischen Populationen f. *eris* Meigen ohne silbrige Flecke auf Hfl-US, aber mit schwarzen Konturen an deren Positionen; auf Iberischer Halbinsel, Balkan und in Griechenland nur diese Form. In den meisten Gebieten Spaniens f. *altonevadensis* Reisser; wie f. *eris*, aber kleiner, Oberseite blasser, schwarze Zeichnung bei ♀ reduziert.

Flugzeit 1 Generation, Ende Mai bis August.

Lebensraum Offenes Grasland, oft zwischen Sträuchern; Felsschluchten mit spärlicher Vegetation; Waldlichtungen.

Lebensweise Nahrungspflanzen *Viola*-Arten. Eiablage an welken Pflanzen in der Nähe der Nahrungspflanze. Überwintert als voll entwickelte Raupe in der Eihülle. Raupen ruhen oft in praller Sonne auf herabgefallener Borke oder Totholz.

Zeichnung und graue Bestäubung bei ♀ variabel, mitunter kräftig

♀

Argynnis adippe

A. a. adippe

A. a. aurcsiana* f. *astrifera (Hoher Atlas)

f. *chlorodippe*

f. *cleodippe*

f. *cleodoxa*

A. a. adippe

Argynnis niobe

f. *eris*

Brenthis hecate · Saumfleck-Perlmuttfalter

Gesamtverbreitung SO-Europa, Türkei, Iran, M-Asien, Altai.

▹ ***B. hecate*** (Denis & Schiffermüller, 1775), TF: Wiener Gegend, Österreich.

Verbreitung Spanien, verstreute Populationen: Sierra Nevada, Sierra de Segura, Montes Universales, Sierra de la Demanda, Kantabrisches Gebirge, Soria, Huesca, Katalonien. S-Frankreich, sehr lokal: Provence, Basses-Alpes. N-Italien. Häufiger in O-Europa: Tschechien, Slowakei bis Balkan, N- und M-Griechenland, europäischer Teil der Türkei. 25–1500 m.

Beschreibung und Variation Postdiskalflecke der Oberseite von einheitlicher Größe (vgl. *B. daphne*). In O-Europa Zeichnung der Hfl-US dunkler.

Flugzeit 1 Generation, Ende Mai bis Ende Juli; in Bulgarien und NO-Griechenland in günstigen Jahren schon Ende April bis Anfang Mai.

Lebensraum Blütenreiche Wiesen, meist durch Sträucher oder lichten Wald geschützt.

Lebensweise Nahrungspflanze *Filipendula ulmaria*.

Brenthis daphne · Brombeer-Perlmuttfalter

Gesamtverbreitung S-Europa, NO-Türkei, Irak, Iran, S-Ural, NW-Kasachstan, S-Sibirien, Mongolei, China, Japan.

▹ ***B. daphne*** (Bergsträsser, 1780); in vielen Quellen *B. daphne* (Denis & Schiffermüller, 1775), TF: Wiener Gegend, Österreich.

Verbreitung Spanien: Sierra de Guadarrama, Montes Universales, Kantabrisches Gebirge, Pyrenäen, Katalonien. S- und M-Frankreich. Italien. Schweiz und S-Deutschland bis S-Polen, nach S bis zum Balkan, N- und M-Griechenland und Türkei. 75–1750 m. Nicht auf den Mittelmeerinseln (außer N-Sizilien und Samos).

Beschreibung Postdiskalflecke der Oberseite unterschiedlich groß (vgl. *B. hecate*). Bei beiden Geschlechtern Feld M2–M3 der Hfl-US im basalen Bereich orangebraun gesprenkelt (vgl. *B. ino*).

Flugzeit 1 Generation, Ende Mai bis Anfang August.

Lebensraum Strauchige, blütenreiche Stellen, oft Waldlichtungen.

Lebensweise Nahrungspflanzen *Rubus* sect. *Rubus*, *R. idaeus*. Eiablage an Blattunterseite. Raupen ruhen oft auf Blattoberseite der Nahrungspflanze. Ei oder Jungraupe überwintert.

Brenthis ino · Mädesüß-Perlmuttfalter

Gesamtverbreitung Europa, Türkei, N-Ural, Jakutien, gemäßigte Klimabereiche Asiens, Japan.

▹ ***B. ino*** (Rottemburg, 1775), TF: Halle, Deutschland.

Verbreitung Spanien: Kantabrisches Gebirge, Provinz Burgos, Sierra de la Demanda, Pyrenäen. Von Pyrenäen nach N bis 66° N in Fennoskandinavien, nach O bis Balkan. Italien: nur Vorland der S-Alpen und Kalabrien. 0–2000 m. Nicht in Portugal, Großbritannien, N-Frankreich, N-Belgien, N-Niederlande, Griechenland, im europäischen Teil der Türkei und auf den Mittelmeerinseln.

Beschreibung und Variation Bei beiden Geschlechtern Feld M2–M3 der Hfl-US im basalen Bereich gelb, nach außen durch schwarzen Querstrich begrenzt und so ein gelbes, schwarz umrandetes Rechteck bildend (vgl. *B. daphne*). Schwarze OS-Zeichnung sehr variabel.

Flugzeit 1 Generation; in M- und O-Europa Anfang Juni bis Ende Juli; in Skandinavien Ende Juni bis Mitte August.

Lebensraum Feuchte blütenreiche Stellen, durch Sträucher oder lichten Wald geschützt; meist in der Nähe von Flüssen oder Feuchtgebieten; Hangmoore.

Lebensweise Nahrungspflanze meist *Filipendula ulmaria*, daneben *F. petalata*, *Rubus chamaemorus*, *R. idaeus*, *Aruncus dioicus*, *Sanguisorba officinalis*. In Spanien weitere *Sanguisorba*-Arten. Eiablage an *F. ulmaria* einzeln oder paarweise, meist zwischen Blütenknospen. Jungraupen fressen an Blüten und Blättern. Ei oder Jungraupe überwintert.

Brenthis hecate

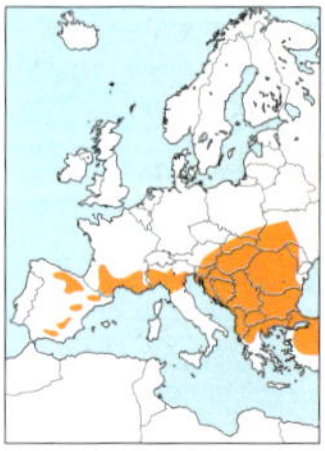

Brenthis daphne

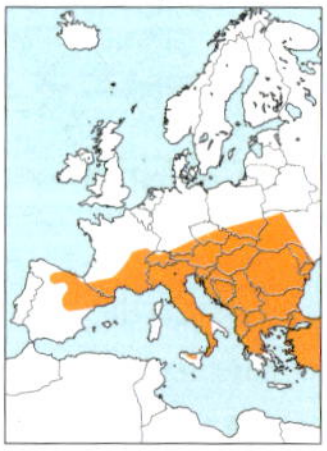

Brenthis ino

Brenthis hecate

Submarginal- und Postdiskalpunkte der OS und US in parallelen Reihen

OS bei ♀ häufig graubraun bestäubt

♂

♀

Brenthis daphne

Postdiskalpunkte der Vfl-OS in M3–Cu1 und Cu1–Cu2 groß, in M2–M3 und Cu2–A sehr klein

Saumzeichnung der Hfl-OS meist in Einzelflecke aufgelöst

♂

M2–M3 der Hfl-US an der Basis meist rötlich braun; Postdiskalbereich lila bestäubt

♀

Brenthis ino

schwarze Marginal- und Saumlinie der Hfl-OS meist durchgehend

♂

M2–M3 der Hfl-US an der Basis hellgelb

♀

Boloria pales · Hochalpen-Perlmuttfalter

Gesamtverbreitung Alpine und subalpine Lagen M-, S- und O-Europas.

▹ ***B. (Boloria) pales*** (Denis & Schiffermüller, 1775), TF: Wiener Gegend, Österreich.

Syn.: *palustris* Fruhstorfer, 1909; *pyrenesmiscens* Verity, 1932.

Verbreitung Spanien: Kantabrisches Gebirge, Pyrenäen. Frankreich: Alpes-Maritimes. Österreich: O-Alpen in Tirol. Deutschland: O-Alpen in Bayern. Schweiz. Slowenien: Julische Alpen. Italien: Dolomiten, Zentralapennin. Slowakei: Hohe Tatra, Karpaten. Bosnien-Herzegowina: Prnej Planina. SW-Serbien: Dumitor. Albanien. Mazedonien: Sar Planina. Bulgarien: Rila-Gebirge, Pirin. 1500–2700 m, seltener 1200 m.

Beschreibung Im Diskalbereich der Vfl-OS schwarze Fleckzeichnung (vgl. *B. napaea*), US-Zeichnung undeutlich; Basal- und Postdiskalregion der Hfl-US rötlich.

Variation Etwas kleiner und blasser f. *palustris* Fruhstorfer; Diskalzeichnung der Vfl-OS weniger kräftig, rötliche Färbung der Hfl-US ausgedehnter. In Spanien *pyrenesmiscens* Verity; beide Geschlechter größer, Oberseite etwas blasser, Ausdehnung der dunklen Basalfärbung der Hfl-OS geringer, erreicht nicht das Zellende. ♀ oberseits manchmal grauviolett bestäubt.

Flugzeit 1 Generation, Ende Juni bis Anfang September.

Lebensraum und Lebensweise Blütenreiche, alpine Matten und Bergwiesen. Nahrungspflanze *Viola calcarata*.

Boloria napaea

Gesamtverbreitung O-Pyrenäen, Zentralalpen, Fennoskandinavien, S-Sibirien, Altai, Amur, Alaska, Wyoming.

▹ ***B. (Boloria) napaea*** (Hoffmannsegg, 1804), TF: Tiroler Alpen, Österreich.

Verbreitung Spanien und Frankreich, sehr lokal: O-Pyrenäen (Gerona, Puy de Puymorens, Val d'Eyne, Cambre d'Aze, Pic du Carlit). Andorra. Alpen in Frankreich, S-Schweiz, Italien, Österreich und S-Deutschland. 1500–2500 m. Norwegen, W-Schweden, Finnland: 60° N bis Nordkap. 0–1100 m.

Beschreibung Ähnelt *B. pales*. ♂ oberseits blasser, schwarze Zeichnung der Vfl-OS feiner. Bei ♀ Oberseite grau bestäubt, oft mit violettem Schimmer und basal mit grünem Überton (besonders bei frischen Faltern).

Flugzeit 1 Generation, Ende Juni bis August.

Lebensraum In S-Europa blütenreiche Bergwiesen; in N-Europa ähnlich, aber in tieferen Lagen, z. B. in N-Norwegen gelegentlich an der Küstenlinie.

Lebensweise Nahrungspflanzen *Viola*-Arten, *Bistorta vivipara*. Eiablage an Blättern der Nahrungspflanze oder anderen krautigen Pflanzen in unmittelbarer Nähe. Jungraupe überwintert. In höheren Lagen und nördlichen Breiten dauert der Entwicklungszyklus 2 Vegetationsperioden.

Boloria aquilonaris · Hochmoor-Perlmuttfalter

Gesamtverbreitung M-Europa, Fennoskandinavien, arktisches Russland, S-Ural, W-Sibirien, Altai.

▹ ***B. (Boloria) aquilonaris*** (Stichel, 1908), TF: Gellivare, Schweden.

Syn.: *arsilache* Knoch, 1781 (ungültiges Homonym).

Verbreitung S-Belgien: Ardennen (kleine, weit verstreute Populationen). Frankreich: Massif Central, Orne, Eure, Seine-Maritime, Nièvre, Jura, Doubs, Haute-Saône, Haut-Rhin, Vogesen. Schweiz: Jura, Voralpen, Engadin. Von Deutschland und Österreich über Tschechien, Slowakei, Polen bis zum Baltikum immer regelmäßiger. Fennoskandinavien mit Seeland, weit verbreitet und lokal häufig. 100–2000 m.

Beschreibung und Variation Kräftige schwarze Zeichnung auf Oberseite und Vfl-US (vgl. *B. pales* und *B. napaea*). In Fennoskandinavien und M-Europa meist größer (f. *alethea* Hemming).

Flugzeit 1 Generation, Mitte Juni bis August.

Lebensraum Hochmoore und feuchte Heiden, oft durch lichten Wald geschützt und in Gewässernähe.

Lebensweise Nahrungspflanze *Vaccinium oxycoccos*. Eiablage an Stielen und Blättern. Jungraupe überwintert. Im N des Verbreitungsgebiets kann Entwicklungszyklus 2 Vegetationsperioden dauern.

Naturschutz Die Art ist durch Trockenlegung und Verbuschung des Lebensraums gefährdet.

Boloria pales

Boloria napaea

Boloria pales

Vfl-OS mit diskaler Fleckzeichnung

♂

var. *palustris*

♀

♂

Stammform

var. *pyrenesmiscens*
(N-Spanien und Pyrenäen)

Boloria napaea

OS bei ♀ oft grauviolett bestäubt

Hfl-US blass, Basis grünlich, M3–Cu1 überwiegend gelb

Vfl-OS mit diskaler Strichzeichnung

♂

♀

Boloria aquilonaris

OS bei ♀ oft rauchgrau bestäubt

♂ leuchtend rotbraun, schwarze Zeichnung kräftig

♂

♀

f. *alethea*

Boloria aquilonaris

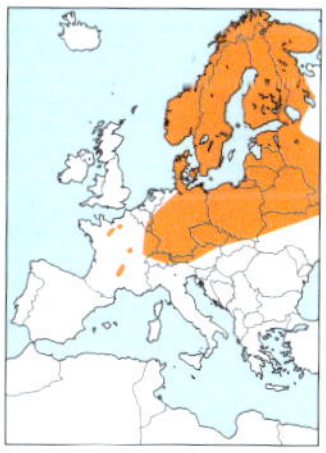

Grundfarbe der Hfl-US bei ♂ rötlich braun

Boloria graeca

Gesamtverbreitung SW-Alpen, Balkan, Griechenland.
▷ *B. (Boloria) graeca* (Staudinger, 1870), TF: Veluchi, Timfristos-Gebirge, Griechenland.
Syn.: *balcanica* Rebel, 1903; *brogotarus* Fruhstorfer, 1909; *tendensis* Higgins,1930.
Verbreitung Frankreich und Italien: SW-Alpen. Bosnien-Herzegowina: Prenj Planina. SW-Serbien: Durmitor. Mazedonien: Pelister, Placenska Planina, Galicica Planina, Sar Planina, Kozuf Planina. Bulgarien: Rila-Gebirge, Pirin, Rhodopen, Slawjanka-Gebirge. Griechenland: Varnous-Gebirge, Vernon-Gebirge, Voras-Gebirge, Orvilos, Pindos-Gebirge (Epano Arena und Grammos-Massiv bis Giona-Massiv). 1450–2600 m.
Variation In Bosnien-Herzegowina und im Rila-Gebirge die etwas kleinere f. *balcanica* Rebel. In den SW-Alpen f. *tendensis* Higgins; Postdiskalflecke auf Hfl-US deutlicher ausgebildet.
Flugzeit 1 Generation, Mitte Juni bis Anfang August.
Lebensraum Offenes Grasland, oft mit Wacholderbüschen.
Lebensweise Nahrungspflanzen *Viola*-Arten. Eiablage an Blättern der Nahrungspflanze oder an anderen Pflanzen in unmittelbarer Nähe. Jungraupe überwintert.

Boloria eunomia · Randring-Perlmuttfalter

Gesamtverbreitung Europa, Russland, Mongolei, NO-China, Sachalin, N-Amerika.
▷ *B. (Proclossiana) eunomia* (Esper, 1799), TF: Preußen.
Syn.: *aphirape* Hübner, 1800; *ossianus* Herbst, 1800.
Verbreitung In W-Europa sehr lokal und lückenhaft. N-Spanien: O-Kantabrisches Gebirge. Andorra. Frankreich: O-Pyrenäen, Vogesen, Ardennen. S-Belgien, Ardennen. N-Italien: Vintschgau. Deutschland. Österreich. Tschechien. Slowakei. Polen. Ungarn. 300–1500 m. Bulgarien: Stara Planina; 1600–1900 m. Weit verbreitet und häufig in Norwegen, Schweden und Finnland. Im Baltikum vereinzelt, aber lokal häufig. 50–900 m. Nicht in Irland, Großbritannien, Niederlanden, Dänemark.
Beschreibung Beide Geschlechter auf der Hfl-US mit 6 schwarz geringten, hellgelb oder weiß gefüllten Postdiskalflecken. Basal- und Diskalbinden gelb, Subbasal- und Postdiskalbinden hellorange.
Variation In N-Europa *ossianus* Herbst; beide Geschlechter meist kleiner, OS- und US-Zeichnung deutlich ausgebildet; Basal-, Diskal- und Postdiskalflecke der Hfl-US weiß oder silbrig; Oberseite oft dunkel bestäubt, besonders bei ♀. Zum Teil erhebliche individuelle Variation.
Flugzeit 1 Generation, Ende Mai bis Anfang Juli.
Lebensraum Flachmoore an Flüssen oder Seen; Hochmoore.
Lebensweise Nahrungspflanze *Bistorta officinalis* ssp. *officinals*, in N-Europa *B. vivipara, Viola palustris*. Eier einzeln oder in kleinen Gelegen an Blattunterseite. Jungraupe überwintert. In N-Europa kann Entwicklungszyklus 2 Vegetationsperioden dauern.

Naturschutz Die meisten Lebensräume sind sehr klein und daher störanfällig; viele wurden durch Entwässerung und Aufforstung zerstört.

Boloria titania · Natterwurz-Perlmuttfalter

Gesamtverbreitung Zentralalpen, Polen, S-Finnland, Lettland, Balkan, Ural, Sibirien, Transbaikalgebiet, Mongolei, Amur, Sachalin, N-Korea, N-Amerika, Kanada.
▷ *B. (Clossiana) titania* (Esper, 1793), TF: »Sardinien« (Piemont), Italien.
Syn.: *amathusia* Esper, 1784; *cypris* Meigen, 1828.
Verbreitung Frankreich: Massiv Central, Hautes-Alpes, Isère. Alpen in NO-Italien, Schweiz (auch Jura), Deutschland (Bayern) und Österreich. Polen. Lettland. Estland. S-Finnland. NW-Kroatien. Bosnien-Herzegowina: Vranica Planina, Jahorina Planina, Zelengora Planina. SW-Serbien: Durmitor, Sinjajevina Planina. Albanien. Rumänien: Transsylvanien. 300–1800 m.
Beschreibung Auf Hfl-OS ein runder, schwarzer Punkt im dunklen Basalfeld, besonders auf Unterseite als kleiner Punkt auf gelbem Grund immer sichtbar; Hfl-US gelblich, mehr oder weniger grünlich oder violett bestäubt. ♀ blasser.
Variation Östlich von Frankreich und Italien *cypris* Meigen; ♂ oberseits rötlich, schwarze Zeichnung kräftiger, Hfl-US wesentlich dunkler als bei Stammform; ♀ blasser als ♂.
Flugzeit 1 Generation, Mitte Juni bis Ende August.
Lebensraum Blütenreiche Waldlichtungen.
Lebensweise Nahrungspflanze *Bistorta officinalis* ssp. *officinalis*. Überwintert als voll entwickelte Raupe in der Eihülle. Verpuppung an Stängeln in Bodennähe.

Boloria graeca

Boloria eunomia

Boloria graeca

Boloria eunomia

Boloria titania

Boloria titania

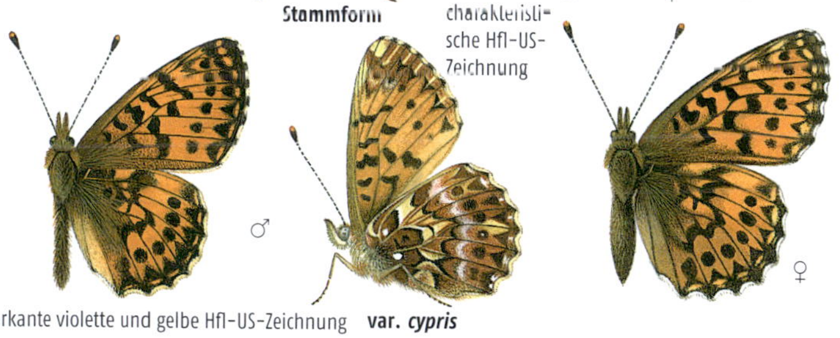

Boloria euphrosyne · Silberfleck-Perlmuttfalter

Gesamtverbreitung Europa, Türkei, Russland, N-Kasachstan.
▷ ***B. (Clossiana) euphrosyne*** (Linnaeus, 1758), TF: Schweden (Verity, 1950).
Syn.: *fingal* Herbst, 1807.
Verbreitung Weit verbreitet, lokal häufig. Von N-Spanien und N-Portugal nach N bis Großbritannien, M-Irland und Fennoskandinavien bis Nordkap; nach S bis S-Griechenland (Chelmos-Gebirge, Taygetos Gebirge). 0–1900 m. Nicht in W- und M-Dänemark, O-Italien und auf Mittelmeerinseln (außer Sizilien).
Beschreibung und Variation Runder schwarzer Punkt im Basalfeld der Hfl-OS, durch intensive Verdunkelung teilweise unvollständig, auf Unterseite stets als kleiner Punkt auf gelbem Grund sichtbar. Zellbasis der Hfl-US rötlich; in der gelben Postdiskalbinde ist der mittlere Fleck silbern; Marginalflecke zur Basis hin stumpfwinklig begrenzt, oft undeutlich (vgl. *B. selene*).
Variation In Fennoskandinavien Falter meist kleiner, OS-Zeichnung unterschiedlich stark verdunkelt, besonders bei ♀ (Formen *fingal* Herbst, *lapponica* Esper, *septentrionalis* Nordström).
Flugzeit In N-Europa und hohen Lagen S-Europas 1 Generation, Ende Mai bis Juli; andernorts 2 Generationen möglich, April bis Juni und Juli bis September.
Lebensraum Lichtungen in Laub- und Nadelwäldern.
Lebensweise Nahrungspflanzen *Viola*-Arten. Eiablage an niedrigen Kräutern oder an Nahrungspflanze. Jungraupe überwintert.

Boloria selene · Braunfleckiger Perlmuttfalter

Gesamtverbreitung Europa, Russland, Mongolei, Sachalin, Korea, N-Amerika.
▷ ***B. (Clossiana) selene*** (Denis & Schiffermüller, 1775), TF: Wiener Gegend, Österreich.
Verbreitung N-Portugal. Spanien: Sierra de Guadarrama, Sierra de la Demanda, Kantabrisches Gebirge, Pyrenäen. Vereinzelt in S-Frankreich. Von Frankreich nach O über fast ganz M- und N-Europa bis zum Nordkap. N-Balkan. SW-Bulgarien. 0–2200 m. Nicht in Irland, den Ligurischen Alpen und auf der Apenninhalbinsel.
Beschreibung Runder schwarzer Punkt im Basalfeld der Hfl-OS, durch intensive Verdunkelung teilweise unvollständig, auf Unterseite stets sichtbar. Zellbasis der Hfl-US stets gelb; silbrige Marginalflecke zur Basis hin deutlich spitzwinklig schwarz begrenzt. Diskalbinde auf Hfl-US entweder blassgelb oder silbrig.
Variation In Fennoskandinavien f. *hela* Staudinger; meist kleiner, Oberseite unterschiedlich stark verdunkelt.
Flugzeit In höheren Lagen und nördlicheren Breiten 1 Generation, Mitte Mai bis Anfang Juli; in wärmeren Gebieten (M-Europa teilweise) 2 Generationen, Anfang Mai bis Ende Juni und Mitte Juli bis Anfang September.
Lebensraum Waldlichtungen, oft feuchte Stellen; Wiesen in bewaldeten Flusstälern; Moore; Flachmoore an Seen.
Lebensweise Nahrungspflanzen *Viola canina, V. palustris, V. riviniana, V. hirta*. Eiablage einzeln an niedrigen Kräutern oder an Nahrungspflanze. Jungraupe überwintert, in Skandinavien manchmal die Puppe.

Boloria chariclea

Gesamtverbreitung Arktisches Fennoskandinavien und Sibirien, Grönland, Labrador, arktisches Amerika.
▷ ***B. (Clossiana) chariclea*** (Schneider, 1794), TF: Lappland.
Verbreitung Fennoskandinavien nördlich 68° N. Schweden: Berge am Torneträsk-See (Pallentjåkka, Nissuntjårro, Snurijåkkåtan, Pessivare, Vilgesgierdu). Norwegen: Berge nördlich Schwedens bei Gargia und Porsanger. NW-Finnland: Saana, Malla, Kilpisjärvi, Enontekiö. 100–1400 m.
Flugzeit 1 Generation, Falter fliegen etwa 2 Wochen ab Ende Juni oder Anfang Juli, gelegentlich bis Anfang August.
Lebensraum Offene, windexponierte, trockene Felstundra mit kleinen grasbewachsenen Senken; Stellen mit Zwergbirke und anderen niedrigen Sträuchern.
Lebensweise Nahrungspflanze in Europa unbekannt; in N-Amerika *Viola, Salix,* (?) *Vaccinium*.
Verhalten Selbst bei trübem Wetter ruhen die Falter oft mit ausgebreiteten Flügeln im Schutz von Steinen oder Sträuchern.

Boloria euphrosyne

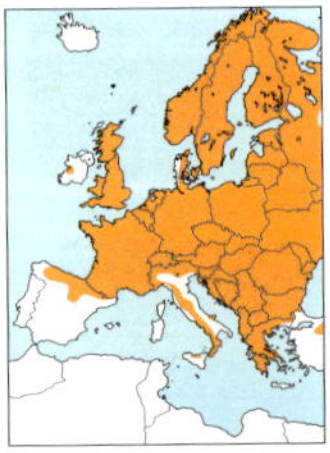

Boloria selene

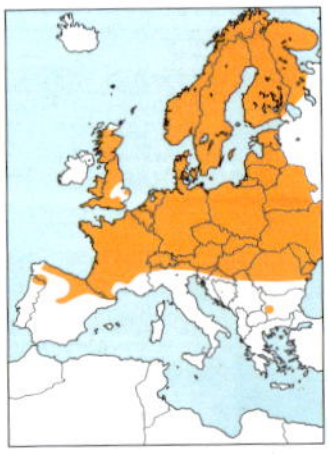

Boloria chariclea

Boloria euphrosyne

Boloria selene

Boloria chariclea

Boloria freija

Gesamtverbreitung Skandinavien, Baltikum, arktisches und S-Sibirien, Transbaikalgebiet, Mongolei, Jakutien, Kamtschatka, Japan, N-Amerika.
▹ ***B. (Clossiana) freija*** (Becklin, 1791), TF: Schweden.
Verbreitung Norwegen, Schweden und Finnland, weit verbreitet und meist häufig. NO-Lettland, sehr selten und lokal. Estland. 200–1000 m. Nicht in Dänemark, Litauen, Küstengebieten Norwegens und Schwedens südlich 59° N.
Beschreibung Hfl-US von Ader M3 bis A3 mit deutlicher gezackter Diskallinie.
Flugzeit 1 Generation, Ende Mai bis Ende Juni; in ungünstigen Jahren frische Falter bis Ende Juli/Anfang August.
Lebensraum Trockenes Grasland; felsige Hänge; Senken mit kleinwüchsigen Sträuchern; Feuchtgebiete, auch Torfmoore mit Beständen der Nahrungspflanzen; oft durch Bäume geschützt.
Lebensweise Nahrungspflanzen *Vaccinium uliginosum, Rubus chamaemorus, Arctostaphylos alpina, A. uva-ursi, Empetrum nigrum*. Eiablage an Blättern.

Boloria dia · Magerrasen-Perlmuttfalter

Gesamtverbreitung Europa, Türkei, Kaukasus, Transkaukasien, Russland, N-Kasachstan, Mongolei.
▹ ***B. (Clossiana) dia*** (Linnaeus, 1767), TF: Österreich.
Verbreitung Spanien: Kantabrisches Gebirge, Provinzen Burgos, Soria, Huesca, Gerona, Barcelona. Von den Pyrenäen über fast ganz M- und O-Europa nach N bis zum Baltikum, nach S bis Griechenland (Varnous-Gebirge, Falakron-Gebirge, Olymp, Pindos-Gebirge (Grammos-Gebirge bis Timfristos-Gebirge)) und zum europäischen Teil der Türkei. 500–1550 m. Nicht in Fennoskandinavien, Großbritannien, N-Deutschland, SW-Frankreich, S-Italien und auf Mittelmeerinseln (außer Sizilien).
Beschreibung Runder schwarzer Fleck im Basalfeld der Hfl-OS, auf Unterseite dort kein schwarzer Punkt (vgl. *B. titania, B. euphrosyne, B. selene*). Hfl-US grünlich und violett verdunkelt, silberweiße Flecke in Basal-, Diskal- und Marginalregion.
Flugzeit 2 oder 3 Generationen, Ende April bis Anfang September.
Lebensraum Gras- und blütenreiche Lichtungen mit Gebüsch in lockerem oder Hochwald.
Lebensweise Nahrungspflanzen *Viola*-Arten. Eiablage an Blättern gut beschatteter Nahrungspflanzen. Jungraupe überwintert.

Boloria polaris

Gesamtverbreitung Zirkumpolar. Arktische Regionen Europas (nördlich 68° N), Asiens, Grönlands, N-Amerikas.
▹ ***B. (Clossiana) polaris*** (Boisduval, 1828), TF: Nordkap, Norwegen.
Verbreitung Allgemein sehr lokal und nicht häufig. Schweden: Torne Lappmark, Berge im N des Torneträsk-Sees. 1000–1400 m. Norwegen: O-Troms, Finnmark, Gargia (Grönnasen), Porsanger, Varanger. 100–1400 m. Finnland: Pallastunturi, Kilpisjärvi (Saana), Karigasniemi (Ailigas). 600–1000 m.
Flugzeit 1 Generation, Ende Mai bis Anfang August, meist Anfang Juli; Schlupf stark von saisonalen Bedingungen beeinflusst.
Lebensraum Offene Tundra. Weibchen scheinen kleine, trockene, S- oder W-exponierte Felskanten oder leicht abfallende Hänge mit häufigem Vorkommen von *Dryas octopetala, Cassiope tetragona* und *Astragalus alpinus* zu bevorzugen. Flugstellen meist ohne Zwergsträucher, aber feuchte Unterhänge mit *Betula nana, Salix*-Arten und *Vaccinium uliginosum*.
Lebensweise Nahrungspflanze in Europa unbekannt; in N-Amerika *Dryas octopetala, Vaccinium uliginosum*. Überwintert in N-Amerika als Eiraupe oder Jungraupe.
Verhalten Ähnlich wie *B. chariclea*.

Boloria frigga

Gesamtverbreitung Fennoskandinavien, Baltikum, N-Asien, Mongolei, Amur, Kamtschatka, N-Amerika (Rocky Mountains bis Colorado).
▹ ***B. (Clossiana) frigga*** (Becklin, 1791), TF: Lappland.
Verbreitung Norwegen und Schweden (60–71° N), meist lokal und nicht häufig, im N des Verbreitungsgebiets häufiger; nicht in Küstengebieten Norwegens südlich 66° N. Finnland, weit verbreitet. Baltikum, selten und lokal. 100–450 m.
Variation OS-Färbung und -Zeichnung variabel. Basal-, Diskal- und Postdiskalflecke manchmal zusammenfließend; Adern oft schwarz bestäubt; Hfl-US in Basal- und Diskalregion rötlich braun bis kastanienbraun mit rosa oder violettem Schimmer.
Flugzeit 1 Generation, Ende Juni bis Ende Juli.
Lebensraum Morastige Stellen, Hochmoore und nasse Heiden mit Zwergbirken und Weidengebüsch, meist in Gewässernähe.
Lebensweise Nahrungspflanze *Rubus chamaemorus*. Eiablage einzeln an Blättern. Raupe überwintert.

Boloria freija

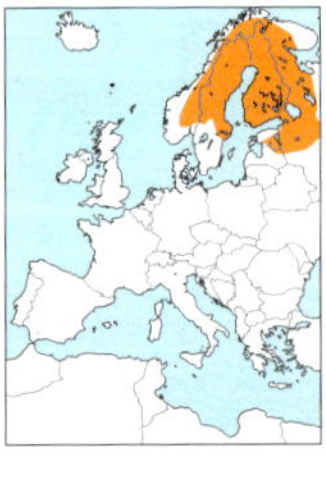

Boloria dia

Boloria freija

Boloria dia

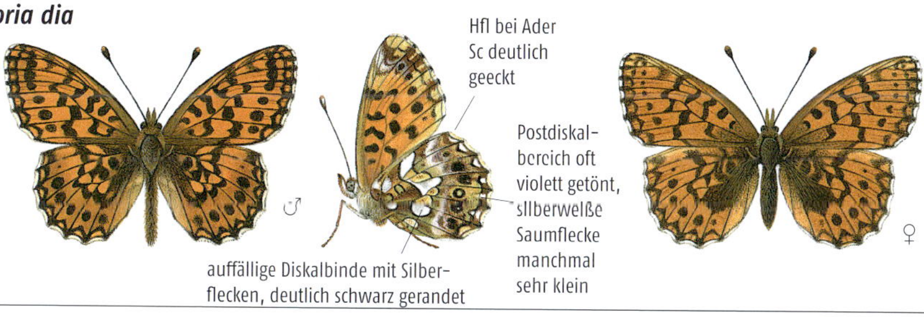

Boloria polaris

Boloria frigga

Boloria polaris

Boloria frigga

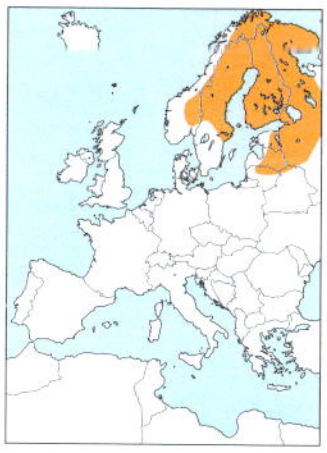

Boloria thore · Bergwald-Perlmuttfalter

Gesamtverbreitung Alpen, NO-Europa, Russland, Sachalin, Mongolei, NO-China, N-Korea, Japan.
▷ ***B. (Clossiana) thore*** (Hübner, 1803), TF: Tiroler Alpen, Österreich.
Syn.: *borealis* Staudinger, 1861.
Verbreitung Vereinzelt und lokal. Alpen in der Schweiz (nördlich des Rhône-Tals, Engadin), Bayern, Österreich. Italien: Dolomiten. 800–1800 m. Norwegen. W-Schweden (62–70° N). NW-Finnland. 300–1000 m.
Beschreibung und Variation Schwarze OS-Zeichnung kräftig; große Submarginalflecke der Hfl-OS durch dunkle Bestäubung undeutlich. Gelbe Diskalbinde auf der sonst dunklen Hfl-US. In N-Skandinavien *borealis* Staudinger; Oberseite etwas blasser, schwarze Zeichnung feiner; Hfl-US blasser und undeutlicher. In Lappland auch die Stammform. In S-Fennoskandinavien Übergangsform *carelia* Valle.
Flugzeit 1 Generation, Alpen Mitte Juni bis Anfang August; Lappland Ende Juni bis Anfang August.
Lebensraum In den Alpen beschattete Lichtungen in Laub- oder Nadelwäldern. In Lappland Waldränder an Fluss- oder Bachläufen mit häufigem Vorkommen von *Viola biflora*.
Lebensweise Nahrungspflanzen *Viola*-Arten, besonders *V. biflora*. Entwicklungszyklus dauert meist 2 Jahre, daher können Falter alternierend alle 2 Jahre häufiger auftreten.

Boloria improba

Gesamtverbreitung N-Fennoskandinavien, Nowaja Semlja, arktischer Ural, Jamal und Gydan, arktisches Sibirien, Tschukotka, arktisches Amerika.
▷ ***B. (Clossiana) improba*** (Butler, 1877), TF: Kanada.
Syn.: *improbula* Bryk, 1920.
Verbreitung Fennoskandinavien nördlich 68° N. Vom Nuolja und den Bergen im N des Torneträsk-Sees (Torne Lappmark, Schweden) bis Rosta Ankerlia, Norwegen. NW-Finnland: Kilpisjärvi. 600–1050 m. Populationsdichte lokal und saisonal verschieden, Falter manchmal sehr häufig.
Beschreibung Zeichnung verwaschen, Ober- und Unterseite dunkel bestäubt.
Flugzeit 1 Generation, Ende Juni bis Anfang August.
Lebensraum Ebenes offenes Grasland oder leicht abfallende, windgeschützte, SO-exponierte Hänge.
Lebensweise Nahrungspflanze in Europa unbekannt. In N-Amerika *Salix arctica, S. reticulata*. Entwicklungszyklus dauert 2 Jahre.
Verhalten Falter fliegen bei Störung sehr schnell und dicht über dem Boden. Bei ausgebreiteten Flügeln gute Tarnung. Nektaraufnahme an Blüten von *Salix acaulis*.

Melitaeinae · Scheckenfalter

Diese Unterfamilie umfasst in Europa rund 20 zum Teil schwer unterscheidbare Arten.

Melitaea cinxia · Wegerich-Scheckenfalter

Gesamtverbreitung Marokko, W-Algerien, Europa, Türkei, Libanon, Russland, N-Kasachstan, Mongolei.
▷ ***M. cinxia*** (Linnaeus, 1758), TF: Schweden.
Verbreitung Marokko: W-Hoher Atlas (Toubkal-Massiv), Mittlerer Atlas (Azrou, Ifrane, Col du Zad, Tizi-n-Tretten). W-Algerien. N-Portugal. Spanien: Sierra de Guadarrama, Montes Universales, Kantabrisches Gebirge, Pyrenäen, Katalonien. Fast ganz Europa, nach N bis Kanalinseln, S-England (Isle of Wight), S-Fennoskandinavien, nach S bis Italien, Griechenland und Türkei. 0–2600 m. Nicht auf den Mittelmeerinseln (außer Sizilien, Malta und Korfu).
Variation In S-Europa ♀ oberseits gelblich braun mit variabler dunkler oder grauer Bestäubung. Im Hohen Atlas *atlantis* Le Cerf, Oberseite blasser, schwarze Zeichnung stärker, aber ohne dunkle Bestäubung.
Flugzeit 1 Generation; in NW-Afrika Ende April bis Juni; in N-, M- und W-Europa Anfang Mai bis Mitte Juli; in SO-Europa Ende April bis Anfang August. In einigen Gebieten NO-Spaniens, Frankreichs, der Schweiz und Italiens 2 Generationen, Mai bis Juni und August bis September.
Lebensraum Verschieden; gras- und blütenreiche Stellen, offene Berglagen; Gebüsche und Waldlichtungen; Feldraine.
Lebensweise Nahrungspflanzen im Mittleren Atlas *Centaurea pullata, Scorzonera pygmaea*; in Europa *Plantago lanceolata, P. subulata, P. bellardii* ssp. *deflexa, P. argentea, P. major, P. media, Psyllium sempervirens, Centaurea*-Arten, *Veronica teucrium*. Eiablage in Haufen an Blattunterseite. Junge Raupen fressen und überwintern in Seidengespinst, ältere vereinzeln sich. Verpuppung in Bodennähe an Grashalmen oder Stängeln.

Boloria thore

Boloria improba

Boloria thore

Stammform

var. ***borealis***
(N-Skandinavien)

Boloria improba

(N-Skandinavien)

OS rauchig verdunkelt

Hfl-US rauchig rötlich braun, schmaler weißer Rand an Kosta, weiße Flecke in Sc–R und M2–M3

Melitaea cinxia

Hfl-OS mit runden schwarzen Postdiskalflecken

Melitaea cinxia

bei ♀ variiert OS von gelblich braun bis rotbraun, dunkle Zeichnung oft kräftig

Melitaea arduinna

Gesamtverbreitung SO-Balkan, Griechenland, Türkei, Israel, Irak, Iran, N-Afghanistan, Kaukasus, Wolga, S-Ural, Usbekistan, O-Kasachstan, Altai.
▹ ***M. arduinna*** (Esper, 1783), TF: S-Russland.
Syn.: *rhodopensis* Freyer, 1836.
Verbreitung Sehr lokal, oft häufig. Mazedonien: Pelister, Prilep, Vardar-Tal. Serbien. Bulgarien: Ludogorie, Sborianowo, Burgas, Kula, Wruschka Tschuka. Rumänien: Tultscha. Griechenland: Varnous-Gebirge, Vernon-Gebirge, N- und M-Pindos-Gebirge. Europäischer Teil der Türkei. 500–1500 m.
Variation Oberseite bei ♀ oft verdunkelt.
Flugzeit 1 Generation, Ende Mai bis Anfang August, am häufigsten Ende Juni.
Lebensraum Gras- und blütenreiche Hänge; geschützte Waldlichtungen mit Sträuchern.
Lebensweise Nahrungspflanze *Centaurea* (?)*graeca*. Eiablage in großen Haufen an Blattunterseite. Junge Raupen fressen in Seidengespinst an Blättern und Stängeln, überwintern auch darin. Ältere Raupen vereinzeln sich. Verpuppung an robusten Stängeln in Bodennähe.

Melitaea phoebe
Flockenblumen-Scheckenfalter

Gesamtverbreitung Europa, Türkei, Mittlerer Osten, M-Asien, Mongolei, N-China.
▹ ***M. phoebe*** (Denis & Schiffermüller, 1775), TF: Wiener Gegend, Österreich.
Syn.: *occitanica* Staudinger, 1871.
Verbreitung Von Portugal und Spanien über S- und M-Frankreich, Italien, M-Deutschland bis SO-Lettland, nach S bis Balkan, Griechenland und Türkei. In fast ganz Europa häufig und weit verbreitet, im N des Verbreitungsgebiets vereinzelt. 0–1900 m. Nicht in Großbritannien, dem nördlichen M-Europa, Fennoskandinavien und auf den Mittelmeerinseln (außer Sizilien, Chios, Lesbos).
Beschreibung und Variation Schwarze Marginalflecke der Hfl-US strichförmig. Sehr variabel. Von den Pyrenäen bis nördlich der Alpen und bis zum Balkan und Griechenland tritt überwiegend die Stammform auf. Südlich der Alpen und in Bayern f. *alternans* Seitz; Oberseite mit kontrastierenden Farbbereichen in Hell- und Dunkelorangebraun und kräftiger schwarzer Zeichnung. Auf der Iberischen Halbinsel f. *occitanica* Staudinger; ähnlich wie *alternans*, aber schwarze Zeichnung weniger intensiv, bei Sommergeneration Merkmale stärker ausgeprägt. Spätsommergenerationen in S-Europa oft kleiner, Oberseite blasser mit reduzierter schwarzer Zeichnung (*f. pauper* Verity).
Flugzeit Meist 2 Generationen, Mitte April bis Mitte Juni und Ende Juni bis Anfang September.
Lebensraum Verschieden. Trockene, offene blüten- und grasreiche Stellen, oft zwischen Sträuchern oder in lichtem Wald.
Lebensweise Nahrungspflanzen *Centaurea-*, *Cirsium-*, *Carduus-*, *Plantago-*Arten. Eiablage in Häufchen an Blattunterseite. Junge Raupen leben vor und nach Überwinterung in Seidengespinst, fressen an Blättern; vereinzeln sich im letzten Stadium. Verpuppung in Bodennähe an Stängeln oder Steinen.

Melitaea punica

Gesamtverbreitung NW-Afrika.
▹ ***M. punica*** Oberthür, 1876, TF: Lambessa, Algerien.
Verbreitung Marokko: Azrou, Ifrane, Mittlerer und Hoher Atlas. Algerien: Lambessa, Batna, Geryville. 900–2700 m.
Beschreibung und Variation Ähnlich *M. phoebe*, aber kleiner, Oberseite gelblich, schwarze Zeichnung der Vfl-OS deutlich ausgebildet, Hfl-US mit weißen Binden. Im Mittleren und Hohen Atlas *gaisericus* Hemming; größer, kontrastreich gezeichnet.
Flugzeit 1 Generation, Mai bis Juni.
Lebensraum Heiße und trockene Gebiete; Berghänge.

Melitaea telona (ohne Bild)

Gesamtverbreitung S- und SO-Europa, Mittlerer Osten, Transkaukasien.
▹ ***M. telona*** Fruhstorfer, 1908, TF: Jerusalem, Israel, und Poros, Griechenland.
Syn.: *ogygia* Fruhstorfer, 1908; bei einigen Autoren als eigenständige Art geführt.
Verbreitung Frankreich: Provence. Italien mit Sizilien. Bulgarien. Rumänien. Ungarn. Kroatien. Balkan. Griechenland. Europäischer Teil der Türkei.
Beschreibung Sehr ähnlich *M. phoebe*.
Flugzeit April bis Juni.
Lebensweise Nahrungspflanzen *Centaurea bracteata*, *C. deusta*.

Melitaea arduinna

M. phoebe, M. punica

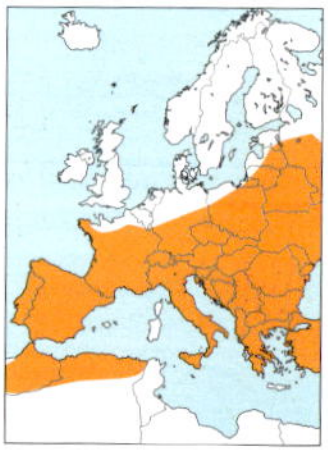

Melitaea aetherie

Melitaea diamina

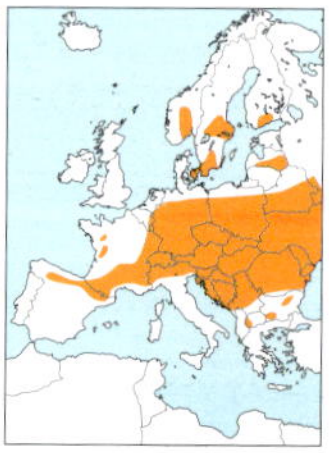

Melitaea deserticola

Melitaea arduinna

OS und US mit charakteristischem Zeichnungsmuster

OS bei ♀ oft stark grau bestäubt

Vfl-OS mit großem orangem Randmond in M3–Cu1

OS-Grundfarbe meist gelb/orange scheckig

Vfl-OS meist ohne Postdiskalflecke

Melitaea phoebe
(Stammform)

Hfl-US mit einer Reihe runder orangeroter Flecke in gelber Postdiskalbinde

Grundfarbe und schwarze Zeichnung der OS variabel

M. phoebe* var. *occitanica
(Iberische Halbinsel)

Melitaea punica
(NW-Afrika)

M. phoebe* f. *pauper
(S-Europa)

M. phoebe* f. *alternans
(S-Alpen)

Melitaea aetherie

Gesamtverbreitung NW-Afrika, S-Portugal, S-Spanien, Sizilien.
▷ *M. aetherie* (Hübner, 1826), TF: S-Spanien.
Syn.: *perlinii* Turati, 1905.
Verbreitung Sehr verstreut und lokal. Marokko: Mittlerer Atlas (Azrou, Taghzeft-Pass, Aghbala Larbi, Meknes, Ifrane, Oulmes, Djebel bou Iblane; 1300–1800 m), Hoher Atlas (Oukaïmeden, Asif-n-Ait-Iren, Toubkal-Massiv; 2000–2800 m). Algerien: Kabylien, Aures-Gebirge, Oran, Teniet-el-Had, Tlemcen, Col de Ben Chicao, Algier, Ain-Draham, Sebou, Lambessa, Bainen, Khenchela; 1200–1800 m. Tunesien: Kroumerie, Tunis. S-Portugal, Algarve; 25–250 m. S-Spanien, Provinzen Huelva, Cádiz, Málaga, Jaén; 50–800 m. NW-Sizilien: Petralia, La Madonie, Ficuzza, Lupo; 800–1100 m. (Karte S. 202)
Variation In NW-Afrika *algirica* Rühl; ähnlich wie Stammform, schwarze Diskalflecke der Vfl-US deutlich, Oberseite bei ♀ blassorange, alle Flügelhinterränder meist grau bestäubt. Auf Sizilien *perlinii* Turati; kleiner, OS-Bestäubung bei ♀ etwas stärker (vgl. *M. didyma* f. *meridionalis*).
Flugzeit 1 Generation, Mitte April bis Juli; auf Sizilien (?)2 Generationen, Mai bis Juni und September.
Lebensraum Heiße, trockene, gras- und blütenreiche Stellen; freie Flächen zwischen Gebüsch; Säume von Kulturen oder aufgelassenes Kulturland.
Lebensweise Nahrungspflanzen *Centaurea*- und *Cynara*-Arten. Eiablage in Häufchen an Blattunterseite. Jungraupe überwintert.
Naturschutz Auf der Iberischen Halbinsel führt Tourismusentwicklung an der Algarve zum Verschwinden vieler Populationen.

Melitaea diamina · Baldrian-Scheckenfalter

Gesamtverbreitung N-Spanien, M-, O- und SO-Europa, NO-Türkei, S- und NW-Russland, S-Sibirien, Transbaikalgebiet, Amur, Mongolei, NO-China, Korea, Japan.
▷ *M. diamina* (Lang, 1789), TF: Augsburg, Deutschland.
Syn.: *dictynna* Esper, 1794 (ungültiges Homonym); *vernetensis* Rondou, 1902; *codinai* de Sagarra, 1932.
Verbreitung N-Spanien: Kantabrisches Gebirge, Pyrenäen, Katalonien. SW-, MW- und O-Frankreich. N-Italien bis S-Belgien, S-Niederlande, nach O bis Baltikum, nach S bis Mazedonien und Bulgarien. S-Norwegen, Schweden mit Öland und Finnland bis 62° N. Dänemark. 100–2000 m. Nicht in Großbritannien, Griechenland, Türkei und auf den Mittelmeerinseln. (Karte S. 202)
Beschreibung und Variation Auf Hfl-US in oranger Submarginalbinde kleine runde schwarze Flecke. Schwarze OS-Zeichnung meist sehr ausgedehnt, besonders Hinterflügel. In tieferen Lagen N-Italiens *wheeleri* Chapman ohne dunkle OS-Bestäubung, scharf gezeichnet, Vfl-OS im Diskalbereich in Cu2–A mit hantelförmigem schwarzem Fleck. In N-Spanien (O-Pyrenäen, Kantabrisches Gebirge) *vernetensis* Rondou; ähnlich wie *wheeleri*, Färbung der Hfl-US einheitlicher und blasser. In Katalonien *codinai* de Sagarra; ähnlich wie *vernetensis*, etwas größer, schwarze OS-Zeichnung stärker reduziert, hantelförmiges Zeichen in Cu2–A deutlich. Diese und ähnliche Variationen in den meisten Populationen südlich der Alpen. In höheren Lagen dunklere Formen.
Flugzeit In höheren Lagen und nördlichen Breiten 1 Generation, Mai bis Juli; in tieferen Lagen der S-Alpen und in Spanien 2 Generationen, Mai bis Juli und August bis September.
Lebensraum Feuchte, gras- und blütenreiche Stellen, auch in Waldnähe.
Lebensweise Nahrungspflanzen *Valeriana*-Arten. Eiablage in Häufchen an Blättern. Junge Raupen fressen und überwintern in Seidengespinst; vereinzeln sich nach Überwinterung. Verpuppung in Bodennähe an Pflanzen. Im Gebirge kann Entwicklungszyklus 2 Jahre dauern.

Melitaea deserticola

Gesamtverbreitung Marokko, Algerien, Tunesien, Libyen, Ägypten, Jordanien, Israel, Libanon, Syrien, Saudi-Arabien, Jemen.
▷ *M. deserticola* Oberthür, 1876, TF: Algerien.
Verbreitung Marokko: Anti-Atlas (Tafraoute), Hoher Atlas (Ourika, Amizmiz, Dades, Todra-Schlucht), Mittlerer Atlas. Algerien: Biskra, Mecheria, Laghout, Aflou. Tunesien: Tamerzad. 400–1800 m. (Karte S. 202)
Beschreibung Sehr ähnlich *M. didyma*, auf Hfl-US aber keine durchgehende orangefarbige Diskalbinde, sondern einzelne Flecke, die jeweils kräftig schwarz eingefasst sind. Fühlerkolben ganz schwarz (bei *M. didyma* Fühlerkolbenspitze orange geringt). Abdomen ventral gelblich orange (bei *M. didyma* weiß).
Flugzeit Meist 2 Generationen, Februar bis April und Juni; mancherorts offenbar nur 1 Generation, April bis Mai; im Osten des Verbreitungsgebiets 1–3 Generationen, je nach Dauer der Sommerruhe.
Lebensraum Heiße, trockene Schluchten, Sandgebiete, Felshänge.
Lebensweise Nahrungspflanzen *Linaria aegyptiaca; Plantago media*, *Anarrhinum*-Arten.

Melitaea aetherie

Melitaea diamina

bei ♂ Hfl-OS mit hellen Flecken, Größe und Zahl variabel, selten fehlend

Stammform

var. *vernetensis*
(N-Spanien)

var. *codinai*
(NO-Spanien)

Melitaea deserticola

Melitaea didyma · Roter Scheckenfalter

Gesamtverbreitung NW-Afrika, S-, M- und O-Europa, Türkei, Mittlerer Osten, N-Iran, Afghanistan, N-Pakistan, Kasachstan, Russland, Mongolei, W-China.
▹ ***M. didyma*** (Esper, 1778), TF: Bayern, Deutschland.
Syn.: *meridionalis* Staudinger, 1870; *occidentalis* Staudinger, 1861.
Verbreitung Weit verbreitet und häufig. Marokko: Anti-Atlas, Hoher Atlas, Mittlerer Atlas. Algerien. Tunesien. 0–2700 m. Fast ganz S- und M-Europa bis S-Belgien, Harz, Litauen, SO-Lettland (lokal häufig), Estland. Mittelmeerinseln Sizilien, Elba, Korfu, Lefkas, Evia, Thassos, Limnos, Lesbos, Chios und Samos. 0–2300 m. Nicht in Großbritannien, N-Deutschland, N-Polen und Fennoskandinavien.
Beschreibung und Variation Aufgrund beträchtlicher individueller, lokaler und geografischer Variation wurden diverse Formen beschrieben. Stammform in NW-Frankreich, nördlich der Alpen und im mittleren O-Europa (0–750 m); Oberseite bei ♂ orangerot, schwarze Zeichnung variabel, Hfl-US mit durchgehender orangefarbiger Diskalbinde, schwarze Marginalpunkte rund (vgl. *M. trivia*); ♀ mit blasserer Oberseite, Vorderflügel meist heller als Hinterflügel. Von N-Spanien über südliche Alpengebiete bis SO-Europa (500–1700 m) *meridionalis* Staudinger; ♂ oberseits intensiver orangerot, Postdiskalflecke nur angedeutet; ♀ oberseits blasser, alle Flügelhinterränder mehr oder weniger grau bestäubt, in tieferen Lagen schwächer ausgeprägt. In N-Afrika, S der Iberischen Halbinsel, Mittelmeerregion, Balkan und Griechenland (800–2300 m) *occidentalis* Staudinger; Oberseite blass gelbbraun oder ledergelb, schwarze Zeichnung reduziert, Postdiskalflecke fehlen meist, orangefarbige Diskalbinde auf Hfl-US unterbrochen, Oberseite bei ♀ meist ohne graue Bestäubung. In S-Griechenland sowohl f. *meridionalis* als auch f. *occidentalis*. Kleine, blasse und hell gezeichnete Formen wie *dalmatina* Staudinger im gesamten Mittelmeerraum in Spätsommergenerationen, besonders in tieferen Lagen.
Flugzeit 2–3 Generationen, in NW-Afrika März bis Oktober, in Europa Mitte April bis September.
Lebensraum Verschieden. Trockene, blütenreiche Stellen; Waldlichtungen oder freie Flächen zwischen Gebüsch; Wiesen; trockene Felsschluchten; aufgelassenes Kulturland und Feldraine.
Lebensweise Nahrungspflanzen *Linaria vulgaris, L. peloponnesiaca, L. alpina, Antirrhinum brevifolium, A. orontium, Plantago subulata, P. amplexicaulis, P. bellardii* ssp. *deflexa, P. lanceolata, P. major, Veronica teucrium, V. chamaedrys, Digitalis grandiflora, D. purpurea, Stachys recta, Valeriana officinalis, V. montana, V. persica, Verbascum thapsus*. Eiablage in Häufchen. Jungraupen überwintern gesellig. Erwachsene Raupen ruhen einzeln an Grashalmen. Verpuppung meist an dürren Grashalmen oder Steinen.

Melitaea trivia

Gesamtverbreitung S-Europa, Türkei, Mittlerer Osten, Iran, Afghanistan, S-Russland, Kasachstan, N-Pakistan, N-Indien.
▹ ***M. trivia*** (Denis & Schiffermüller, 1775), TF: Wiener Gegend, Österreich.
Syn.: *fascelis* Esper, 1784; *ignasiti* de Sagarra, 1926.
Verbreitung N- und M-Portugal, sehr lokal: Provinzen Beira Baixa, Beira Alta, Beira Litoral, Tràs-os-Montes. Spanien: Kantabrisches Gebirge, Sierra de Guadarrama, Sierra de la Demanda, Huesca, Katalonien, Montes Universales, Sierra de Gádor. Bis 1200 m. N-Italien, sehr vereinzelt und lokal: Turin, Gardasee, Bozen, S-Apennin (Monte Pollino). SO-Österreich. Slowenien bis Slowakei. Balkan. Griechenland. Europäischer Teil der Türkei. Im SO des Verbreitungsgebiets weit verbreitet und häufig. 0–1700 m. Nicht auf Mittelmeerinseln (außer Thassos, Lesbos, Chios, Samos, Ikaria, Kos).
Beschreibung und Variation Marginalflecke der Hfl-US dreieckig (vgl. *M. didyma*). 2. Generation oft kleiner und blasser, schwarze Zeichnung reduziert. Auf der Iberischen Halbinsel *ignasiti* de Sagarra; Oberseite blass gelborange, schwarze Zeichnung fein, kontrastreich. Ähnlich auch *augustini* Augustin in der Sierra de Gádor.
Flugzeit 2 Generationen, Mitte April bis Anfang Mai und Juni bis August.
Lebensraum Heiße, trockene, blütenreiche Stellen, oft zwischen Sträuchern, aufgelassenes Kulturland.
Lebensweise Nahrungspflanzen *Verbascum thapsus, V. densiflorum, V. speciosum, V. delpicum*. Jungraupen fressen und überwintern in Seidengespinst. Erwachsene Raupen leben in lockeren Gruppen, ruhen auf Blattoberseite. Verpuppung an Grashalmen oder Steinen.

Melitaea didyma

Melitaea trivia

Melitaea didyma

Melitaea trivia

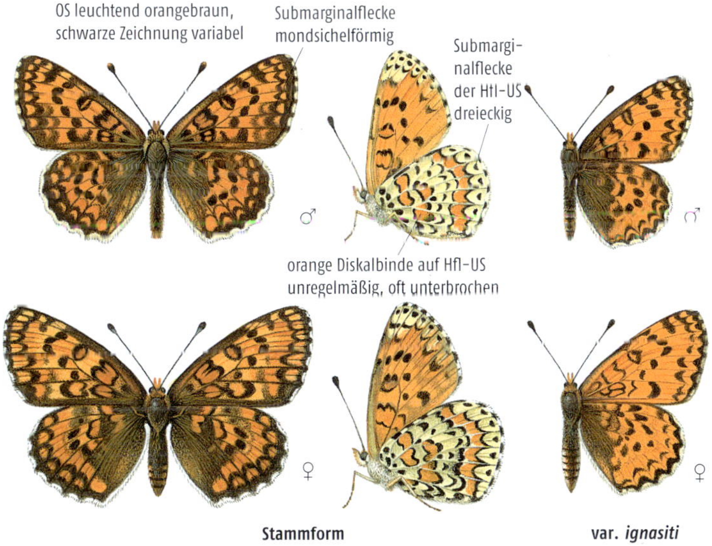

Melitaea athalia · *Gemeiner Scheckenfalter*

Gesamtverbreitung Europa, Türkei, gemäßigte Klimabereiche Asiens bis Japan.

▷ ***M. athalia athalia*** (Rottemburg, 1775), TF: Paris, Frankreich.

Syn.: *norvegica* Aurivillius, 1888; *boris* Fruhstorfer, 1917; *neglecta* Pfau, 1962.

Verbreitung Häufig und weit verbreitet. Fast ganz N- und O-Europa, einschließlich S-England (sehr lokal) und Fennoskandinavien (62–70° N). 0–800 m. Von NW-Pyrenäen über N-Alpen, W-Slowenien bis zum europäischen Teil der Türkei. SW davon ssp. *celadussa*. Nicht auf Mittelmeerinseln und S-Griechenland. 0–2200 m.

Beschreibung Helle Marginalflecke in M3–Cu2 der Vfl-US basalwärts deutlich schwarz begrenzt, machmal auf benachbarte Zellen ausgedehnt, seltener auf Cu1–Cu2 reduziert. Anhand der männlichen Genitalien von ähnlichen Arten unterscheidbar.

Variation Aufgrund starker regionaler Variation wurden mehrere Formen und Unterarten beschrieben. In Bulgarien (Stara Planina) f. *boris* Fruhstorfer; Oberseite mit kräftiger dunkler Randbinde, aber nicht in ganz Bulgarien auftretend. In Skandinavien f. *norvegica* Aurivillius; kleiner, OS-Zeichnung fein, regelmäßig; helle Marginalflecke in M3–Cu1 der Vfl-US fehlen, aber basalwärts dunkle Flecke vorhanden. In M-Schweden und Finnland f. *lachares* Fruhstorfer; schwarze OS-Zeichnung feiner, breitere rotbraune Diskal- und Postdiskalbinden.

Flugzeit 1 Generation, Mitte Mai bis Mitte August; in Skandinavien Juni bis Juli; in günstigen Jahren stellenweise partielle 2. Generation, Mitte August bis September.

Lebensraum Verschieden; gras- und blütenreiche Stellen; oft zwischen Sträuchern oder auf Waldlichtungen. In S-Fennoskandinavien meist trockene und sandige Heiden bis 300 m.

Lebensweise Nahrungspflanzen *Plantago lanceolata, P. alpina, Veronica chamaedrys, V. montana, V. officinalis, Melampyrum pratense, M. sylvaticum, Digitalis purpurea, D. ferruginea, D. lutea, Linaria vulgaris*. Eiablage in Häufchen an Blattunterseite. Raupen fressen und überwintern in Seidengespinst. Größere Raupen vereinzeln sich nach Überwinterung, fressen einzeln oder in kleinen Gruppen, wechseln gelegentlich die Pflanzenart. Verpuppung an Stängeln oder Blättern in Bodennähe.

▷ ***M. athalia celadussa*** Fruhstorfer, 1910, TF: Alpi Marittime, Italien.

Syn.: *pseudathalia* Reverdin, 1921; *biedermanni* Querci, 1932; *nevadensis* Oberthür, 1904; letztere bei einigen Autoren als eigenständige Art geführt.

Verbreitung N-Portugal. Spanien: N-Spanien, Sierra Nevada. S-Frankreich. S-Schweiz. Italien mit Sizilien. 0–2600 m.

Beschreibung und Variation Ähnelt der nominotypischen Unterart, aber Unterschiede in den männlichen Genitalien. Bei ♂ OS-Zeichnung feiner, bei ♀ dunkle Basalbestäubung reduziert. Übergangsformen in einem bis zu 150 km breiten Überlappungsbereich beider Unterarten. In Portugal und NW-Spanien *biedermanni* Querci; größer, schwarze Submarginal- und Postdiskallinien fein, Diskallinie dicker. Übergangsformen in MW-Spanien. In der Sierra Nevada *nevadensis* Oberthür; Oberseite goldgelb, schwarze Zeichnung fein. In S-Europa Falter der 2. Generation kleiner mit reduzierter schwarzer Zeichnung (f. *tenuicola* Verity).

Flugzeit In höheren Lagen 1 Generation, Juni bis Juli; unterhalb der subalpinen Zone 2 Generationen, Mai bis Juni und Juli bis August.

Lebensraum und Lebensweise Wie bei nominotypischer Unterart.

Melitaea varia

Gesamtverbreitung Alpen, Apennin.

▷ ***M. varia*** Meyer-Dür, 1851, TF: Graubünden, Schweiz.

Verbreitung Frankreich: Alpes-Maritimes, Drôme, Haute-Savoie. 1500–2500 m. Schweiz: Wallis (Walliser und Berner Alpen), Graubünden (Gebirgskette Engadin). Österreich: Tirol. Italien: Alpi Marittime, nach N bis Ortler; 2000–2650 m; Zentralapennin (Monte Livata, Monti Sibillini, Gran Sasso, Abruzzen); 1200–2600 m.

Beschreibung und Variation Postdiskallinie der Vfl-OS oft dünn und unterbrochen; Diskalzeichen in Cu2–A variabel, hantel- , sigma- oder keulenförmig, auch auf Unterseite, dort mit Wurzelstrich verbunden; bei ♀ Oberseite meist ausgedehnt grau bestäubt, schwarze Zeichnung sehr variabel. In den Ligurischen Alpen auf 1800 m die etwas größere f. *piana* Higgins.

Flugzeit 1 Generation, Ende Juni bis Ende August.

Lebensraum Geschützte, blütenreiche Hänge und Senken mit Magerrasen.

Lebensweise Nahrungspflanzen *Plantago alpina, Gentiana verna, G. acaulis*. Eiablage in Häufchen an Blättern. Raupen überwintern gesellig, danach Vereinzelung.

Melitaea athalia

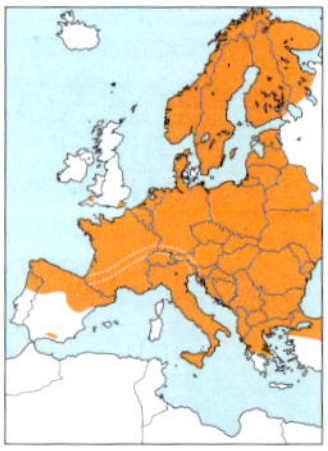

Melitaea varia

Melitaea athalia

auf Vfl-US spezifischer schwarzer Fleck in Cu1–Cu2 (oft in M3–Cu1, aber kleiner)

M. a. athalia

dunkle Form

f. *biedermanni*

f. *nevadensis*

M. a. celadussa
(N-Portugal, N-Spanien, Sierra Nevada)

M. a. athalia* var. *norvegica
(Skandinavien)

M. a. athalia* f. *boris
(Bulgarien)

Melitaea varia

dunkle Form

Melitaea deione

Gesamtverbreitung NW-Afrika, SW-Europa.
▹ ***M. deione deione*** (Geyer, 1832), TF: Aix-en-Provence, Frankreich.
Syn.: *berisalii* Rühl, 1891.
Verbreitung Portugal: Minho bis Algarve (Sierra de Monchique, Serra do Caldeirão). Spanien außer W- und NW-Gebiete. Frankreich: S-Frankreich, M- und O-Pyrenäen bis Massif Central und Hautes-Alpes. N-Italien, sehr vereinzelt: Alpi Marittime, Cottische Alpen, Aosta-Tal bis Dolomiten. Schweiz: Rhône-Tal (Saillon, Martigny, Folly, Varen). 100–1600 m.
Beschreibung und Variation Bei ♂ Oberseite einheitlich gelborange, schwarze Zeichnung fein, hantelförmiger schwarzer Fleck in Cu2–A; Unterseite blass, Diskal- und Submarginalbinden im Hinterflügel intensiv orange, Submarginalband mit einem markanten runden orangeroten Fleck in jeder Zelle. Bei ♀ Oberseite blasser, Postdiskalbinde gelborange. Stammform in S-Frankreich und M-Spanien. In M-Pyrenäen *rondoui* Oberthür; kleiner, Oberseite dunkler. In der Schweiz *berisalii* Rühl; Oberseite dunkler mit kräftigen schwarzen Flecken, schwarze Randbinde breit, ♀ weniger kontrastreich. In Portugal *rosinae* Rebel; ♂ oberseits dunkelgelbbraun, schwarze Zeichnung kräftig, helle Marginalflecke der Vfl-US basalwärts mit dunkler Linie in M3–Cu2, nicht so dick wie bei *M. athalia*; Diskalfleck in Cu2–A der Vfl-US kräftig, Kontur variabel; ♀ oberseits mit intensiver, ausgedehnter dunkler Bestäubung; orangerote US-Flecke deutlich.
Flugzeit 2 Generationen, Mitte Mai bis Juni und Mitte August bis Anfang September; in Portugal Anfang April bis Mai und Juli.
Lebensraum Blütenreiche Wiesen, gras- und blütenreiche Waldränder, mit Sträuchern bestandene Stellen.
Lebensweise Nahrungspflanzen *Linaria*-Arten, *Antirrhinum*-Arten, *Chaenorhinum minus, Digitalis lutea*. Eiablage in Häufchen an Blattunterseite. Raupen fressen und überwintern gesellig.
▹ ***M. deione nitida*** Oberthür, 1909, TF: Tlemcen, Sebdou, Algerien.
Verbreitung N-Marokko: W-Rif-Atlas (Djebel Lakraa, Djebel Kelaa, Izlan). W-Algerien: Sebdou, Tlemcen. 900–1800 m.
Beschreibung und Variation Bei beiden Geschlechtern Vfl-Außenrand deutlich konvex, Oberseite blasser, gelblich orange, schwarze Zeichnung fein, Marginallinien sehr schmal, manchmal doppelt. Diskalzeichnung der Hfl-US reduziert, blasse Diskalbinde meist zeichnungslos. Männliche Genitalstrukturen wie bei nominotypischer Unterart. Im W-Rif-Atlas Falter im Juli kleiner und ♀ oberseits blasser als 1. Generation.
Flugzeit Im Rif-Atlas wohl 2 Generationen, Mitte April und Anfang August; in Algerien 1 Generation, Mai bis Juni.
Lebensraum Trockene, blütenreiche Täler, offene Grashänge, Eichengebüsch.

Melitaea parthenoides
Westlicher Scheckenfalter

Gesamtverbreitung SW-Europa.
▹ ***M. parthenoides*** Keferstein, 1851, TF: Soucy, Frankreich.
Syn.: *parthenie* Godart, 1819 (ungültiges Homonym).
Verbreitung Iberische Halbinsel, weit verbreitet. Frankreich außer im NO. Luxemburg. S-Deutschland, Schweiz (Schaffhausen), Österreich, NW-Italien (Ligurische und Cottische Alpen), sehr lokal. 400–2400 m.
Beschreibung und Variation Oberseite bei ♂ leuchtend orangebraun; Hfl-Diskalregion meist ohne schwarze Zeichnung; schwarze Marginal- und Submarginallinien der Vfl-OS gleich breit; Postdiskallinie fein, in M2–M3 oft unterbrochen; schwarze Diskalzeichnung kräftig; Diskalstrich in Cu2–A variabel, aber deutlich schräg (vgl. *M. varia*). Regional und lokal sehr variabel, in Spanien OS-Zeichnung schärfer, im Kontrast zur intensiven Grundfarbe.
Flugzeit In höheren Lagen 1 Generation, Anfang Juni bis Juli; in tieferen Lagen 2 Generationen, Mai bis Juni und August bis September.
Lebensraum Offene, blüten- und grasreiche Stellen an Waldrändern.
Lebensweise Nahrungspflanzen *Plantago lanceolata, P. alpina, P. media*. Eiablage in Häufchen an Blattunterseite. Raupen fressen und überwintern gesellig, vereinzeln sich später.

Melitaea deione

Melitaea parthenoides

Melitaea deione

Melitaea parthenoides

Melitaea aurelia · Ehrenpreis-Scheckenfalter

Gesamtverbreitung M- und O-Europa, Türkei, Transkaukasien, S-Ural, N-Kasachstan, W-Sibirien, Tienschan.
▻ ***M. aurelia*** Nickerl, 1850, TF: Erlangen, Deutschland.
Syn.: *parthenie* Borkhausen, 1788 (ungültiges Homonym).
Verbreitung W-Frankreich bis Lettland, Balkan, N-Griechenland (Vernon-Gebirge, Rhodopen, sehr lokal). 100–1500 m. Nicht in Großbritannien, NW- und SW-Frankreich, N-Belgien, den Niederlanden, Fennoskandinavien, M- und S-Italien, Mazedonien.
Beschreibung und Variation Bei ♂ schwarze OS-Zeichnung oft grau überstäubt, Postdiskallinie im Vorderflügel vollständig (vgl. *M. parthenoides*), Abstände zwischen Marginal-, Submarginal-, Postdiskal- und Diskallinien etwa gleich (vgl. *M. parthenoides*); doppelte Saumlinie der Hfl-US gelb gefüllt. ♀ oberseits etwas blasser. Auf feuchten Torfböden oft dunklere Formen.
Flugzeit 1 Generation, Ende Juni bis Ende Juli.
Lebensraum Offene, gras- und blütenreiche Stellen mit einzelnen Sträuchern oder kleinen Bäumen; Torfmoosgesellschaften auf feuchtem Boden; Heiden.
Lebensweise Nahrungspflanze *Plantago lanceolata*. Eiablage in Häufchen an Blattunterseite. Raupen fressen und überwintern gesellig, vereinzeln sich später.

Melitaea britomartis · Östlicher Scheckenfalter

Gesamtverbreitung M- und O-Europa, M-Asien, Transbaikalgebiet, Mongolei, NO-China, Korea.
▻ ***M. britomartis*** Assmann, 1847, TF: Breslau, Polen.
Syn.: *veronicae* Dorfmeister, 1853.
Verbreitung S-, M- und O-Deutschland bis NO-Polen. SO-Schweden. Tschechien. Slowakei. O-Österreich. Schweiz. N-Italien, sehr lokal: Aosta-Tal, Susa-Tal, Turin, Lago Maggiore, Gardasee, Friaul-Venetien. Slowenien. Ungarn. N-Serbien. Rumänien. Bulgarien, sehr lokal: Stara Planina (Sliwen), Burgas. 300–900 m.
Beschreibung und Variation ♂ ähnelt oberseits *M. aurelia*; größer, Oberseite dunkler, schwarze Zeichnung kräftiger; Submarginalflecke der Hfl-US basalwärts oft dunkelbraun begrenzt, doppelte Saumlinien bräunlich oder dunkler gelb gefüllt als benachbarte helle Flecke (vgl. *M. aurelia*). Sichere Unterscheidung von *M. aurelia* manchmal nur durch Untersuchung der männlichen Genitalien möglich. Raupen und Puppen jedoch gut unterscheidbar.
Flugzeit Meist 1 Generation, Ende Mai bis Anfang August; in NW-Italien 2 Generationen, Mai bis Juni und Ende Juli bis Anfang August.
Lebensraum Warme, geschützte, gras- und gebüschreiche Stellen an Waldrändern.
Lebensweise Nahrungspflanzen *Plantago lanceolata, Veronica teucrium, Rhinanthus minor*. Eiablage in Häufchen an Blattunterseite. Raupen fressen und überwintern in Seidengespinst.

Melitaea asteria · Kleiner Scheckenfalter

Gesamtverbreitung Alpen.
▻ ***M. asteria*** Freyer, 1828, TF: Chur, Schweiz.
Verbreitung Sehr lokal. O-Schweiz: Graubünden (Engadin). Italien: O-Alpen mit Ortler. Österreich: Tirol bis Großglockner, Gurktaler Alpen. 2000–2700 m.
Beschreibung Klein, Oberseite bei beiden Geschlechtern oft stark grau bestäubt.
Flugzeit 1 Generation, Anfang Juli bis Ende August.
Lebensraum Alpine Matten.
Lebensweise Nahrungspflanze *Plantago alpina*. Eiablage in Haufen an Blattunterseite. Entwicklung dauert 2 Jahre.

Euphydryas maturna · Eschen-Scheckenfalter

Gesamtverbreitung M-, O-Europa, Kaukasus, Ural, O-Kasachstan, S- und W-Sibirien, Transbaikalgebiet, Mongolei.
▻ ***E. maturna*** (Linnaeus, 1758), TF: Schweden.
Verbreitung Allgemein sehr lokal, Populationen weit verstreut. Frankreich: Oise, Seine-et-Marne, Yonne, Nièvre, Allier, Saône-et-Loire, Côte-d'Or, Haute-Marne, Haute-Saône. Deutschland. Tschechien. Slowakei. Polen. SO-Schweden: Uppland, Dalarna, Västmanland. Baltikum. S-Finnland. Österreich. Ungarn. Rumänien. Slowenien. Kroatien. Serbien. Bosnien-Herzegowina. Albanien. W-Mazedonien: Sar Planina, Radika-Tal. Bulgarien: Ludogorie. 200–1000 m.
Flugzeit 1 Generation, Ende Mai bis Anfang Juli.
Lebensraum Kleine Lichtungen in Mischwald mit jungen Eschen, oft auf Kalk; Auwälder.
Lebensweise Nahrungspflanzen vor Überwinterung *Fraxinus excelsior, Betula, Salix*. Eiablage meist in nur einem Gelege an Blattunterseite. Raupen fressen und überwintern gesellig in Seidengewebe, mit dem sie im Herbst zu Boden fallen. Nach Überwinterung fressen Raupen einzeln an *F. excelsior* und niedrigen Pflanzen wie z. B. *Plantago, Veronica, Succisa*.
Verhalten Falter ruhen und schlafen auf Bäumen und bevorzugen Nektar von Sträuchern.
Naturschutz Rückgang in vielen Regionen (N-Frankreich, Bayern, SO-Schweden) aufgrund von Forstwirtschaft, Entwässerung und landwirtschaftlicher Nutzung der Lebensräume.

Melitaea aurelia

bei ♀ OS blasser, manchmal scheckig

Saumlinien der Hfl-US gelblich gefüllt, etwas dunkler als Randmonde

Diskal- und Postdiskalbinde auf Vfl-OS durchgehend

Melitaea britomartis

Postdiskallinie auf Vfl-OS durchgehend

orange Submarginalflecke der Hfl-US nach innen oft dunkelbraun gerandet

Saumlinien der Hfl-US gelblich braun gefüllt, dunkler als Randmonde

Melitaea asteria

Färbung und Zeichnung der OS und US bei ♂ und ♀ charakteristisch

nur in den Alpen

Euphydryas maturna

Färbung und Zeichnung der OS und US charakteristisch

Melitaea aurelia

Melitaea britomartis

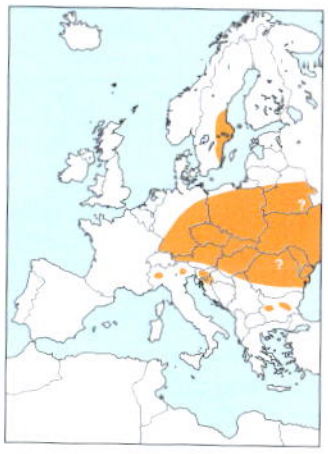

Melitaea asteria

Euphydryas maturna

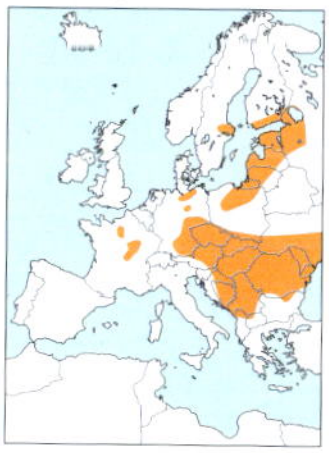

Euphydryas intermedia

Gesamtverbreitung Alpen, S- und M-Ural, S- und W-Sibirien, Transbaikalgebiet, Mongolei, Amur, NO-China, Sachalin, Korea.
▹ ***E. intermedia*** (Ménétries, 1859), TF: Sutschan, Korea. Syn.: *wolfensbergeri* Frey, 1880.
Verbreitung Frankreich: Haute-Savoie, Savoie, Isère, Hautes-Alpes. Schweiz: Wallis (Rhône-Tal) bis Engadin. Italien: N-Cottische Alpen, Ortler, Dolomiten. Österreich: Kärnten. Slowenien: Julische Alpen (Triglav). 1500–2400 m, meist 1700–2000 m. (Karte S. 217)
Beschreibung Blasse Diskalbinde der Hfl-US mit dünner schwarzer Mittellinie, oft unterbrochen (vgl. *E. cynthia*).
Flugzeit 1 Generation, Ende Juni bis Anfang August.
Lebensraum Kleine Lichtungen in lockerem Nadelwald, oft an Bachläufen mit Sträuchern wie *Juniperus, Rhododendron, Alnus*.
Lebensweise Nahrungspflanze *Lonicera caerulea*. Eiablage in Häufchen an Blattunterseite. Raupe überwintert, Entwicklung dauert 2 Jahre.

Euphydryas cynthia · Veilchen-Scheckenfalter

Gesamtverbreitung Alpen, Bulgarien.
▹ ***E. cynthia*** (Denis & Schiffermüller, 1775), TF: Wiener Gegend, Österreich.
Syn.: *alpicola* Galvagni, 1918.
Verbreitung Frankreich: Alpes-Maritimes bis Haute-Savoie. Schweiz: Wallis bis St. Gallen und Engadin. Italien: W-Ligurische Alpen, S-Alpen, Ortler bis Dolomiten. Österreich: W-Tirol, Niedere Tauern. Deutschland: Bayern (Alpen). Bulgarien: Pirin-Gebirge, Rila-Gebirge. 900–3000 m. (Karte S. 217)
Beschreibung und Variation ♂ Oberseite mit weißer Basal- und Diskalregion. ♀ ähnelt *E. intermedia*, aber ohne schwarze Mittellinie in der Diskalbinde, schwarze Punkte in orangeroter Postdiskalbinde der Hfl-OS und -US. In den Hohen Tauern *alpicola* Galvagni; kleiner, schwarze OS-Beschuppung ausgedehnter, rote Zeichnung reduziert, manchmal auf Vorderflügel fehlend. In Bulgarien *leonardi* Fruhstorfer (Rila-Gebirge) und *drenowskii* Röber (Pirin-Gebirge); beide groß, hell gezeichnet.
Flugzeit 1 Generation, Ende Juni bis Anfang August.
Lebensraum Offene Grashänge mit niedrigen Sträuchern.
Lebensweise Nahrungspflanzen *Plantago alpina, Viola calcarata*. Eiablage in Häufchen an Blattunterseite. Raupe überwintert, Entwicklung dauert 2 Jahre.

Euphydryas iduna

Gesamtverbreitung N-Fennoskandinavien, O-Türkei, Halbinsel Kola, Kaukasus, arktischer Ural, NO- und S-Sibirien, Jakutien, Mongolei, Altai.
▹ ***E. iduna*** (Dalman, 1816), TF: Schweden.
Verbreitung N-Fennoskandinavien, Polarkreis bis Nordpolarmeer. 300–700 m. (Karte S. 217)
Flugzeit 1 Generation, Ende Juni bis Mitte Juli.
Lebensraum Feuchte Heiden mit spärlichem Strauchbewuchs, oft in der Nähe von Wasserflächen; Hangmoore; in höheren Lagen trockenere, felsige Stellen.
Lebensweise Nahrungspflanzen *Veronica alpina, V. fruticans, Plantago, Vaccinium*. Eiablage in kleinen Häufchen an Blättern. Raupen fressen und überwintern in kleinen Gruppen in Seidengespinst.
Verhalten Schnell in Bodennähe fliegende ♂ erscheinen grau und *Pyrgus*-Arten sehr ähnlich.

Euphydryas desfontainii

Gesamtverbreitung Marokko, Algerien, Iberische Halbinsel.
▹ ***E. desfontainii*** (Godart, 1819), TF: Algerien.
Syn.: *baetica* Rambur, 1858.
Verbreitung Marokko: Mittlerer Atlas, Hoher Atlas, Rif-Atlas. Algerien: Sebdou, Daya, El Hacaiba, Tlemcen-Gebirge. 500–2800 m. S-Portugal: Algarve. Spanien: Burgos, W-Pyrenäen, Katalonien, Madrid bis Andalusien. Frankreich: O-Pyrenäen. 50–1800 m. (Karte S. 217)
Beschreibung und Variation Diskalregion der Vfl-US blassorange, schwarze Zeichnung kontrastreich (vgl. *E. aurinia*). Auf der Iberischen Halbinsel *baetica* Rambur; Diskalregion der Vfl-US gelb, aber variabel. In S-Portugal (Algarve 100–200 m) sehr große Falter, besonders ♀, helle Flecke in OS-Randbinde rudimentär; OS-Zeichnung bei ♀ weniger kontrastreich.
Flugzeit 1 Generation, Mitte April bis Anfang Juni.
Lebensraum Trockene, felsige oder grasige Schluchten und Hänge, oft zwischen Sträuchern; Blumenwiesen; ausgetrocknete Bachbetten; aufgelassenes Kulturland.
Lebensweise Nahrungspflanzen *Knautia, Dipsacus, Cephalaria, Scabiosa*. Eiablage in Häufchen an Blattunterseite. Raupen fressen und überwintern in Seidengespinst.

Euphydryas intermedia

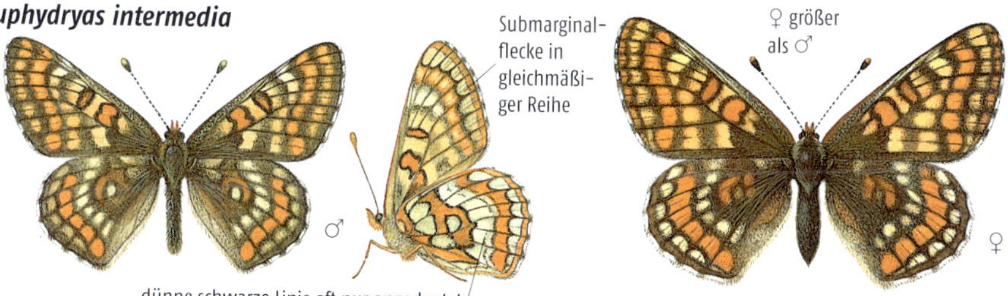

Euphydryas cynthia

Euphydryas iduna

Euphydryas desfontainii

Euphydryas aurinia · Goldener Scheckenfalter

Gesamtverbreitung Marokko, Algerien, Europa, Türkei, gemäßigte Klimabereiche Asiens, Korea.
▷ ***E. aurinia*** (Rottemburg, 1775), TF: Paris, Frankreich. Syn.: *merope* de Prunner, 1798 (ungültiges Homonym); *provincialis* Boisduval, 1828; *beckeri* Herrich-Schäffer, 1851; *debilis* Oberthür, 1909; *glaciegenita* Verity, 1928; *valentini* Nitsche, 1928.

Verbreitung Marokko: Mittlerer Atlas, Rif-Atlas. 300–1800 m. M-Algerien, sehr lokal: Blida, Col de Ben Chicao, Berrouaghi. 1000–1200 m. Von Portugal über fast ganz Europa mit Großbritannien und Irland, bis 62° N in Fennoskandinavien mit Öland und Gotland. 0–2600 m. Nicht in M- und S-Griechenland, auf Mittelmeerinseln, Apenninhalbinsel (außer Monti Aurunci und Monti del Matese).

Variation Färbung und Zeichnung zeigen starke Variation, daher wurden zahlreiche Unterarten und Formen beschrieben. Im S-Balkan und N-Griechenland *balcanica* Schawerda und *bulgarica* Fruhstorfer. Im Bergland Asturiens (N-Spanien) *kricheldorffi* Collier, teilt einige Merkmale mit *scotica* Robson (W-Schottland) und *iberica* Oberthür (Irland); beide oberseits stark verdunkelt, orange Postdiskalbinden im Kontrast zu gelblichen Diskalflecken. In SO-Frankreich und N-Italien *provincialis* Boisduval; Oberseite fast einfarbig hellorange, Postdiskalbinden etwas dunkler, schwarze Zeichnung fein; Unterseite sehr blass gelblich orange. Am Comer und Luganer See *comacina* Turati; kleiner und blasser. In Kroatien *rotunda* Röber, ähnlich wie *provincialis*, durchschnittlich größer. In Marokko, Algerien und auf der Iberischen Halbinsel *beckeri* Herrich-Schäffer; sehr groß, dunkler, Oberseite kräftiger schwarz gezeichnet; auf Hfl-US blasse Ringe um schwarze Punkte in Randbinde reduziert oder fehlend. In M-Algerien *barraguei* Betz; OS-Mediodiskalbinden und Vfl-Postdiskalbinde gelb, im Kontrast zur Grundfarbe, Unterseite blasser, Postdiskalbinde der Hfl-US blasser orange. In den Alpen *debilis* Oberthür; deutlich kleiner, Oberseite kontrastreich grau und hellgelb. In hohen Lagen der Zentralalpen *glaciegenita* Verity; Oberseite bei ♂ blassbräunlich gelb, intensiv grau bestäubt, orangerötliche Submarginal- und Zellflecke reduziert.

Flugzeit 1 Generation, April bis Juli; in den Alpen Ende Juni bis Ende August.

Lebensraum Verschieden. Blütenreiche, grasige Stellen; Laub- oder Nadelwaldränder oder Lichtungen; Heiden; geschützte Stellen an Gebirgshängen; feuchte alpine Matten.

Lebensweise Nahrungspflanzen *Succisa pratensis*, *Scabiosa*-Arten, *Cephalaria leucantha*, *Knautia arvensis*, *Gentiana*-Arten, *Primula hirsuta*, *Lonicera*-Arten. Eiablage in Häufchen an Blattunterseite. Raupen fressen und überwintern in Seidengespinst.

Naturschutz Vielerorts wurden Lebensräume durch Entwässerung oder Bewirtschaftung vernichtet. Es gibt einzelne Wiederansiedlungsversuche, z. B. in Brandenburg (Deutschland).

Euphydryas aurinia

OS-Scheckung und schwarze Zeichnung bei ♂ und ♀ variabel

Postdiskalbinde mit schwarzen Punkten

var. *debilis*
(Alpen, Pyrenäen)

var. *bulgarica*
(S-Balkan, N-Griechenland)

var. *beckeri*
(Spanien, Portugal, N-Afrika)

Euphydryas aurinia

Euphydryas intermedia

Euphydryas cynthia

Euphydryas iduna

Euphydryas desfontainii

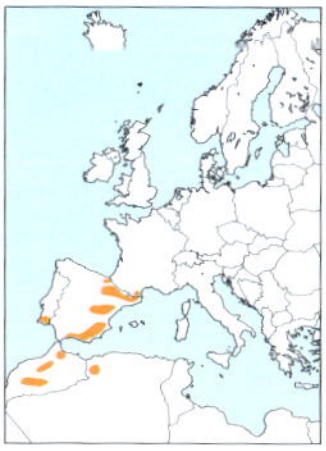

Satyrinae · Augenfalter

Diese Unterfamilie umfasst etwa ein Drittel aller europäischen Tagfalterarten. Die Falter sind überwiegend braun gefärbt und besitzen im Submarginal- bis Diskalbereich der Flügel Augenflecke (namensgebend). Die Adern sind an der Flügelbasis oft deutlich angeschwollen. Bei den Männchen befinden sich am 8. Abdominalsegment stäbchenartig umgebildete Duftschuppen (Julliensches Organ). Die Raupen sind am Kopf dick, zum Hinterende stark verjüngt, ihr »Schwanz« ist charakteristisch zweigeteilt. Soweit bekannt, fressen die Raupen aller europäischen Arten an Gräsern, meist nachts. Eine bemerkenswerte Gruppe ist die Gattung *Erebia* mit zahlreichen kleinen bis mittelgroßen braunen Faltern. Sie leben überwiegend im Gebirge, in den Hochgebirgen bis über 3000 m. In den Hochlagen haben sich viele endemische Arten entwickelt, allein in den Alpen mehr als ein Dutzend.

Melanargia galathea · Schachbrett

Gesamtverbreitung NW-Afrika, Europa, Türkei, Transkaukasien.
▹ *M. galathea* (Linnaeus, 1758), TF: Deutschland (Verity, 1953).
Verbreitung Von N-Spanien (Kantabrisches Gebirge bis W- und M-Pyrenäen) nach O über fast ganz Europa, nach N bis S-England und Litauen, nach S bis Sizilien, M-Griechenland und Türkei. 0–1750 m. Allgemein weit verbreitet und häufig, fehlt aber gebietsweise.
Beschreibung Auf Vfl-OS Zelle basal und distal schwarz, ohne schwarzen Querstrich in der Mitte (vgl. *M. russiae*); auf Unterseite distales Drittel der Zelle grau, zum weißen Umfeld hin schwarz begrenzt, basal leicht grau bestäubt (vgl. *M. lachesis*).
Variation Schwarze OS-Beschuppung variabel. Im S dunkle Formen vorherrschend (f. *procida* Herbst). In NO-Italien *magdalenae* Reichl; schwarze Zeichnung stärker ausgedehnt, überdeckt gelegentlich weiße Grundfarbe völlig. Grundfarbe manchmal gelb statt weiß, besonders bei f. *procida*. Bei *leucomelas* Esper ist Hfl-US einheitlich weiß, zeichnungslos, im Süden häufiger auftretend. Bei *galene* Ochsenheimer Hfl-US ohne Augenflecke.
Flugzeit 1 Generation, Juni bis Juli, selten Ende Mai bis Anfang September.
Lebensraum Verschieden. Grasige, blütenreiche Stellen mit Sträuchern.
Lebensweise Nahrungspflanzen *Brachypodium pinnatum, B. sylvaticum, Bromus erectus, Poa trivialis, Phleum pratense, Agrostis capillaris, Dactylis glomerata, Molinia caerulea, Helictotrichon pubescens, Festuca rubra*. Weibchen lässt Eier im Flug auf Gräser fallen.

Melanargia lucasi (ohne Bild)

Gesamtverbreitung NW-Afrika.
▹ *M. lucasi* (Rambur, 1858), TF: Bougie, Algerien; bei einigen Autoren als Unterart von *M. galathea* geführt.
Verbreitung Marokko. Algerien. Tunesien. 800–2600 m. Häufig und weit verbreitet.
Beschreibung Schwarze OS-Marginalzeichnung meist ausgedehnter, distaler Teil der Zelle grau, in Zelle durch schwarzen Querstrich begrenzt. Bei ♀ die Augenflecke der Hfl-US blau gekernt.
Variation Ausbildung der schwarzen Marginalzeichnung zeigt Ost-West-Gefälle, dunkelste Formen (*fumata* Mokhles) in Marokko.
Flugzeit 1 Generation, in tieferen Lagen Mitte Mai bis Juli; in höchsten Lagen Juni bis Anfang September.
Lebensraum Wie bei *M. galathea*.

Melanargia lachesis

Gesamtverbreitung Portugal, Spanien, S-Frankreich.
▹ *M. lachesis* (Hübner, 1790), TF: Languedoc, S-Frankreich.
Verbreitung Portugal und Spanien, weit verbreitet und häufig. Frankreich: O-Pyrenäen, Aude, Hérault, Gard. 0–160 m.
Beschreibung Zelle auf Vfl-OS weiß bis auf schwarze Bestäubung am distalen Ende (vgl. *M. galathea*), kein schwarzer Querstrich (vgl. *M. russiae*).
Variation Dunkle OS-Beschuppung variiert in Ausdehnung und Farbton von Bräunlich bis Schwarz; Unterseite weißlich oder gelblich. Bei f. *cataleuca* Staudinger Hfl-US einheitlich weiß, ähnlich wie *M. galathea* f. *leucomelas*.
Flugzeit 1 Generation, Anfang Juni bis Anfang August.
Lebensraum Trockene, grasige und blütenreiche Stellen mit Sträuchern.

Melanargia galathea

Stammform

f. *leucomelas* **f. *procida*** **f. *magdalenae***

Melanargia lachesis

M. galathea, *M. lucasi*

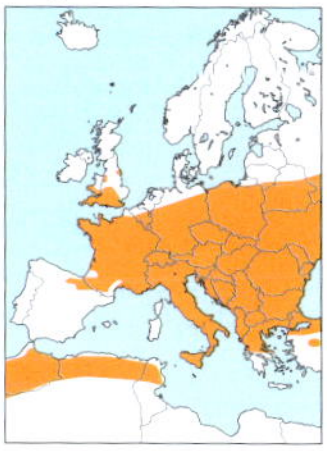

Melanargia lachesis

Melanargia russiae

Gesamtverbreitung SW- und SO-Europa, Italien, O-Türkei, Transkaukasien, S-Russland bis W-Sibirien, O-Kasachstan.
▹ ***M. russiae*** (Esper, 1783), TF: S-Russland.
Syn.: *japygia* Cyrillo, 1787; *suwarovius* Herbst, 1796; *cleanthe* Boisduval, 1833.
Verbreitung N-Portugal: Serra da Estrela. N-, M- und O-Spanien. S-Frankreich: O-Pyrenäen, S-Massif Central, Vaucluse, Alpes-de-Haute-Provence, Drôme, Hautes-Alpes. 600–1650 m. Italien: Apennin, Apulien, Kalabrien, N-Sizilien. 1000–1450 m. Albanien: Jablanica Planina. W-Mazedonien. NW-Griechenland. 1300–2100 m.
Beschreibung Zelle auf Vfl-OS mit Querstrich in der Mitte, durch schwarze oder graue Bestäubung oft unscharf (vgl. *M. galathea, M. lachesis, M. larissa*).
Variation In Portugal, Spanien und Frankreich *cleanthe* Boisduval; Falter größer; dunkle OS-Beschuppung variiert in Ausdehnung und Farbton von Dunkelbräunlich bis Schwarz. In S- und SO-Europa *japygia* Cyrillo; dunkle OS-Beschuppung ausgedehnter.
Flugzeit 1 Generation, Ende Juni bis Mitte August.
Lebensraum Trockene, grasige Stellen, oft Lichtungen mit Sträuchern in lockerem Kiefernwald; von Gräsern beherrschte Kalkfelshänge und offene Schluchten; seltener Geröllhänge mit kurzen Gräsern auf nicht basischen Böden.
Lebensweise Nahrungspflanzen *Stipa pennata, Aegilops geniculata, Brachypodium pinnatum, B. sylvaticum.*

Melanargia larissa

Gesamtverbreitung SO-Europa, Türkei, Transkaukasien, N-Iran.
▹ ***M. larissa*** (Geyer, 1828), TF: Insel Cres, Kroatien.
Syn.: *herta* Geyer, 1828; *lesbina* Wagner, 1962.
Verbreitung Kroatien: Dalmatinische Küste. S-Serbien. Albanien. Mazedonien. S-Bulgarien: Pirin-Gebirge, Rhodopen. Griechenland mit Korfu, Lefkas, Limnos, Lesbos, Siros. Europäischer Teil der Türkei. 0–2150 m, meist unter 1500 m.
Beschreibung und Variation Auf Vfl-OS Zelle in der Mitte mit schwarzem Querstrich und von dort bis Basis grau; großes graues Basalfeld im Vorder- und Hinterflügel. Gebietsweise, besonders in S-Dalmatien, dunkle Marginal- und Postdiskalzeichnung stark reduziert (f. *herta* Geyer), Zwischenformen häufig. In Griechenland treten ♀ mit hellgelblicher oder weißlicher Hfl-US auf (vgl. *M. galathea* f. *leucomelas*). Auf Limnos und Lesbos *lesbina* Wagner mit ausgedehnter dunkler OS-Beschuppung, überdeckt weiße Marginalflecke manchmal völlig.
Flugzeit 1 Generation, Ende Mai bis Anfang August.
Lebensraum Warme, trockene, gras- und blütenreiche Stellen, oft zwischen Sträuchern und Felsen in offenem Wald.

Melanargia russiae

Melanargia larissa

Melanargia russiae

var. *cleanthe*

var. *japygia*

Melanargia larissa

f. *herta*

Melanargia occitanica

Gesamtverbreitung NW-Afrika, SW-Europa.
▻ ***M. occitanica*** (Esper, 1793), TF: Toulouse, Frankreich. Syn.: *psyche* Hübner, 1800.
Verbreitung Marokko: Mittlerer Atlas, Hoher Atlas. W-Algerien, weit verbreitet, aber lokal. 500–2000 m. N- und M-Portugal. Spanien, weit verbreitet, aber lokal. Frankreich: O-Pyrenäen bis Ardèche und Provence, Korsika. Italien: Alpi Marittime, sehr lokal. 0–1500 m.
Beschreibung Adern auf Hfl-US bräunlich beschuppt, quer zu diesen bräunliche Linien.
Variation In Marokko und Algerien *pelagia* Oberthür; auf Vfl-OS Basis von M3–Cu1 immer weiß, Zellquerstrich scharf abgesetzt (vgl. Stammform). Marokkanische Populationen ähneln der Stammform, algerische hingegen *M. pherusa*.
Flugzeit 1 Generation, Ende April bis Ende Juni.
Lebensraum Warme, trockene, grasige und felsige Stellen.
Lebensweise Nahrungspflanzen *Brachypodium pinnatum, Dactylis glomerata, Lygeum spartum*.

Melanargia pherusa

Gesamtverbreitung Sizilien.
▻ ***M. pherusa*** (Boisduval, 1833), TF: Sizilien, Italien.
Verbreitung Endemisch im NW Siziliens, sehr lokal im Bergland südlich von Palermo. 600–1000 m.
Beschreibung und Variation Schwarze OS-Zeichnung reduziert, besonders im Hfl-Diskalbereich; Basis in M3–Cu1 immer weiß, Augenflecke im Hinterflügel beiderseits kleiner als bei *M. occitanica*, manchmal fehlend (f. *plesaura* Bellier); Adern auf Hfl-US sehr schwach bräunlich beschuppt.
Flugzeit und Lebensraum Wie bei *M. occitanica*.

Melanargia arge

Gesamtverbreitung Apenninhalbinsel, Sizilien.
▻ ***M. arge*** (Sulzer, 1776), TF: Königreich Sizilien (zu dem 1776 der Zentralapennin gehörte).
Verbreitung Italien: NO-Sizilien (Monti Nebrodi, Monti Peloritani), SW-Apenninhalbinsel, Monti di Tolfa, Monti della Laga bis S-Kalabrien. 350–1500 m. Nicht in O-Italien (außer Gargano und Halbinsel Salentina).
Beschreibung und Variation Ähnelt *M. pherusa*; Augenflecke ober- und unterseits blau gefüllt, schwarze Zeichnung feiner. Auf Hfl-US Adern schwarz; bogige dunkle Längslinie in A1+2–A3 berührt an beiden Enden Ader A1+2 (vgl. *M. ines*). In O-Italien f. *couzzana* Stauder mit reduzierter Zeichnung auf Hfl-US; in SW-Italien (Aspromonte) Übergangsformen (f. *turati* Rostagno).
Flugzeit 1 Generation, Anfang Mai bis Mitte Juni.
Lebensraum Trockene, felsige, grasbewachsene Stellen.

M. occitanica, M. pherusa

Melanargia arge

Melanargia occitanica

M. occitanica **var. *pelagia***
(Marokko, Algerien)

Melanargia pherusa
(NW-Sizilien)

Melanargia arge

Melanargia ines

Gesamtverbreitung Marokko, Algerien, Tunesien, Portugal, Spanien, N-Libyen.

▹ ***M. ines*** (Hoffmannsegg, 1804), TF: Spanien.

Verbreitung Weit verbreitet, lokal häufig. Marokko. Algerien. Tunesien. 300–2600 m. Portugal. Spanien: S-Kantabrisches Gebirge, Pyrenäen. 50–1500 m.

Beschreibung und Variation Augenflecke blau gefüllt. In hohen Lagen Marokkos *jehandezi* Oberthür mit kräftigerer schwarzer OS-Zeichnung.

Flugzeit 1 Generation, Ende Mai bis Ende Juni.

Lebensraum Trockene, grasige und felsige Stellen. Oft zusammen mit *M. occitanica*.

Lebensweise Nahrungspflanze in Spanien *Brachypodium pinnatum*.

Verhalten Männchen wurden im Hohen Atlas auf 2788 m beim Hilltopping beobachtet.

Hipparchia syriaca

Gesamtverbreitung SO-Europa, Türkei, Transkaukasien, Libanon, Syrien, Iran.

▹ ***H. (Hipparchia) syriaca*** (Staudinger, 1871), TF: Syrien, Zypern.

Verbreitung Kroatien: Dalmatinische Küste. SW-Serbien: Montenegro. Albanien. Mazedonien. Bulgarien. Griechenland mit Korfu, Kefalonia, Thassos, Lesbos, Chios, Samos, Rhodos. 0–1300 m.

Beschreibung Ähnelt *H. alcyone* und *H. fagi*. Sichere Unterscheidung ist nur durch Untersuchung der Genitalstrukturen möglich.

Variation Bei ♂ blasse Diskalbinde auf Vfl-OS oft dunkel bestäubt und undeutlich, besonders bei f. *ghigii* Turati auf Rhodos.

Flugzeit 1 Generation, Juni bis August, seltener Mai bis Mitte September.

Lebensraum Warme, trockene, strauchbewachsene Stellen in Wäldern, meist lichte Kiefernwälder; in Bulgarien trockenheiße Eichenwälder; in Griechenland trockenheiße Laub- oder Nadelwälder; auf Rhodos manchmal sehr kleine Lichtungen in dichten Kiefernwäldern.

Verhalten Männchen ruhen auf Steinen oder an Baumstämmen, wo sich manchmal mehrere Falter versammeln.

Melanargia ines

Hipparchia syriaca

Melanargia ines

charakteristische OS- und
US-Zeichnung

Hipparchia syriaca

nur in SO-Europa

blasse OS-
Postdiskalbinde
oft dunkel
bestäubt und
undeutlich

Hipparchia fagi · Großer Waldportier

Gesamtverbreitung N-Spanien, S- und M-Europa, N-Kaukasus, Wolga, S-Ural, W-Kasachstan.

▷ ***H. (Hipparchia) fagi*** (Scopoli, 1763), TF: Krain, Slowenien.

Verbreitung N-Spanien: Aragón, Katalonien. Frankreich: Vogesen. Belgien. SW-Deutschland: Baden-Württemberg (Kaiserstuhl). O-Österreich. Kroatien. Italien. Schweiz: Jura. Tschechien. Slowakei. Ungarn. Rumänien. Bulgarien. Mazedonien. Albanien. Balkan. S-Griechenland. Auch auf einigen Mittelmeerinseln wie Korsika, Sizilien, Lefkas. 50–1800 m, meist unter 1000 m.

Beschreibung Ähnelt *H. alcyone* und *H. syriaca*. Sichere Unterscheidung ist nur durch Untersuchung der Genitalstrukturen möglich.

Flugzeit 1 Generation, Anfang Juni bis Mitte September.

Lebensraum Grasige Waldlichtungen mit Gebüsch; Kiefernwaldsäume.

Lebensweise Nahrungspflanzen *Bromus erectus, Festuca rubra, Brachypodium pinnatum.*

Verhalten Falter ruhen oft gesellig im Schatten von Baumstämmen oder in Sträuchern.

Hipparchia alcyone · Kleiner Waldportier

Gesamtverbreitung SW-, M- und O-Europa, S-Norwegen, Ukraine.

▷ ***H. (Hipparchia) alcyone alcyone*** (Denis & Schiffermüller, 1775), TF: Wiener Gegend, Österreich.

Syn.: *hermione* Linnaeus, 1764 (Art wird in vielen neueren Quellen unter diesem Namen geführt); *aelia* Hoffmannsegg, 1804.

Verbreitung Portugal. Frankreich: O- und W-Pyrenäen, Massif Central, Basses-Alpes, Yonne, Saône-et-Loire, Jura. Italien: Ligurien, Zentralapennin, Aspromonte. Schweiz: Jura, Wallis, Tessin. Österreich. Ungarn. Rumänien. M- und O-Deutschland. Polen. Tschechien. Slowakei. S-Norwegen: Telemarken, Augder. Lettland. Litauen. Im Norden des Verbreitungsgebiets meist lokal und selten. 0–1600 m, meist über 500 m. Verbreitung in vielen Gebieten wegen möglicher Verwechslungen unsicher.

Beschreibung und Variation Ähnelt *H. fagi* und *H. syriaca*. Sichere Unterscheidung ist nur durch Untersuchung der Genitalstrukturen möglich. Färbung und Zeichnung variieren.

Flugzeit 1 Generation, Ende Juni bis Mitte August.

Lebensraum Felsige und grasige Waldlichtungen und -säume mit Gebüsch. In Norwegen ausgedehnte Felsformationen mit spärlichem, niedrigem Bewuchs und einzelnen Kiefern.

Lebensweise Nahrungspflanzen *Brachypodium pinnatum, B. sylvaticum, Festuca ovina.*

▷ ***H. (Hipparchia) alcyone genava*** (Fruhstorfer, 1908), TF: Wallis, Schweiz; bei einigen Autoren als eigenständige Art geführt.

Verbreitung SO-Frankreich. Schweiz: Wallis. Italien. Verbreitung ungenügend bekannt.

Beschreibung Von der nominotypischen Unterart anhand unterschiedlicher Stäbchenzahl im Julliensschen Organ abzutrennen: 8–12 Stäbchen bei *H. a. genava* gegenüber 15–30 Stäbchen bei *H. a. alcyone*.

Hipparchia fagi

Hipparchia alcyone

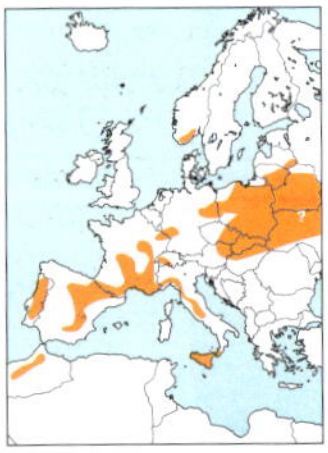

♀

Hipparchia fagi

Hipparchia alcyone

Hipparchia ellena

Gesamtverbreitung NW-Afrika.
▷ ***H. (Hipparchia) ellena*** (Oberthür, 1894), TF: Bône, Algerien. Bei einigen Autoren als Unterart von *H. alcyone* geführt.
Syn.: *caroli* Rothschild, 1933; *natasha* Hemming, 1933.
Verbreitung Marokko: Mittlerer Atlas (Azrou, Ifrane, Mischliffen, Aïn Leuh, Taghzeft, Zad, Aïn Kola, Rae El-Ma, Tizi-n-Treken, Timhadit, Daiet-Achlef, Djebel Hebri), Rif-Atlas (Chefchaoune, Djebel Lakraa, Ketama). 1000–2000 m. O-Algerien: Bône, Lambessa, Yakouren, Bou Youseff, Blida, Batna. W-Tunesien: Aïn Draham, Kroumirie. 1500–1800 m.
Beschreibung Postdiskalbinden oberseits weiß und klar begrenzt (vgl. *H. alcyone*).
Flugzeit 1 Generation, Ende Juni bis Anfang Oktober.
Lebensraum Steile Felshänge; lichte Wälder; Eichenwälder.
Lebensweise Nahrungspflanze *Brachypodium retusum*.

Hipparchia volgensis

Gesamtverbreitung S-Russland, Albanien, Mazedonien, Bulgarien, Griechenland.
▷ ***H. (Parahipparchia) volgensis*** (Mazochin-Porshnjakov, 1952), TF: Untere Wolga, Russland.
Syn.: *delattini* Kudrna, 1975; *muelleri* Kudrna, 1975.
Verbreitung Albanien. Rumänien. Mazedonien: Vardar-Tal und umliegende Flusssysteme. Bulgarien. Griechenland. Europäischer Teil der Türkei. 700–1450 m.
Beschreibung und Variation Äußerlich nicht von *H. semele* unterscheidbar; aber Unterschiede in den männlichen Genitalien. Befruchtete ♀ mit rudimentärer Sphragis (vgl. *H. christenseni, H. cretica*). Am Chelmos (Aroania-Gebirge) *muelleri* Kudrna; Oberseite etwas dunkler.
Flugzeit 1 Generation, Anfang Juni bis August.
Lebensraum Heiße, trockene und felsige Schluchten; Geröllfelder; trockene Gebüsche; lichte Kiefernwälder.

Hipparchia ellena

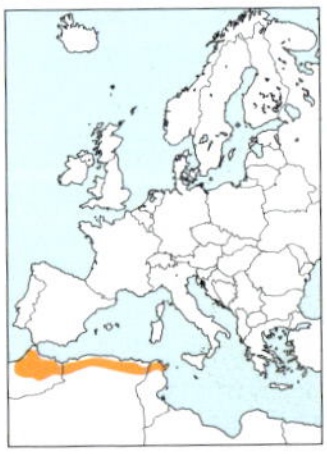

Hipparchia volgensis

Hipparchia ellena

nur in N-Afrika

Hipparchia volgensis

nur in SO-Europa

Hipparchia semele · Ockerbindiger Samtfalter

Gesamtverbreitung Europa bis 63° N in Fennoskandinavien.
▹ ***H. (Parahipparchia) semele*** (Linnaeus, 1758), TF: Schweden (Verity, 1953).
Syn.: *cadmus* Fruhstorfer, 1908; *wilkinsoni* Kudrna, 1977.
Verbreitung Weit verbreitet und häufig. Fast ganz Europa von Portugal bis S-Fennoskandinavien (einschließlich Fünen, Seeland, Lolland, Falster, Bornholm, Öland, Gotland und Aland), nach S bis Bulgarien. In Großbritannien, Skandinavien und im Baltikum überwiegend in den Küstengebieten. 0–2000 m. Nicht auf den Mittelmeerinseln (außer Sizilien). Verbreitung in O- und SO-Europa wegen möglicher Verwechslung mit verwandten Arten ungenau bekannt.
Beschreibung Sehr veränderlich, sichere Bestimmung manchmal nur durch Genitaluntersuchung möglich.
Variation Unterschiede in Größe, Zeichnung und Färbung scheinen von ökologischen Faktoren abzuhängen. Dunklere Formen auf Torfböden, hellere auf Kalkgestein. In M- und S-Europa f. *cadmus* Fruhstorfer; ♂ mit reduzierter orangegelber Postdiskalbinde auf Vfl-OS, oft nur in Cu1–Cu2 und M1–M2, die Augenflecke einschließend; auf Hinterflügel normal ausgebildete Postdiskalbinde; bei ♀ Postdiskalbinde der Vfl-OS deutlicher ausgebildet. Auf Sizilien f. *wilkinsoni* Kudrna; ähnlich wie Stammform, männlicher Genitalapparat größer.
Flugzeit 1 Generation, Juni bis September.
Lebensraum Verschieden. Heiden; Grasflächen mit Gebüsch; lichter Wald; Sanddünen; Küstenfelsen; trockene Felshänge und -schluchten.
Lebensweise Nahrungspflanzen Gräser wie *Festuca, Koeleria, Agrostis, Phleum, Ammophila, Calamagrostis, Deschampsia, Vulpia, Aira, Agropyron, Bromus, Briza, Sesleria, Lolium.*

Hipparchia leighebi (ohne Bild)

Gesamtverbreitung Äolische Inseln.
▹ ***H. (Parahipparchia) leighebi*** Kudrna, 1976, TF: Vulcano, Äolische Inseln, Italien. Bei einigen Autoren als Unterart von *H. semele* geführt.
Verbreitung Italien: Äolische Inseln (Vulcano, Panarea), weit verbreitet und sehr häufig. 0–500 m.
Beschreibung OS-Zeichnung leuchtend orange, deutlich ausgebildet. Ähnelt *H. semele* und *H. blachieri*. Duftschuppen 30 % länger als bei *H. semele*.
Flugzeit 1 Generation, Mitte Mai bis Anfang August.
Lebensraum Verschieden. Felshänge, Schluchten, Gebüsche, lichter Kiefernwald, Gärten.

Hipparchia cretica

Gesamtverbreitung Kreta.
▹ ***H. (Parahipparchia) cretica*** (Rebel, 1916), TF: Kreta, Griechenland.
Verbreitung Kreta, weit verbreitet und häufig. 100–1500 m.
Beschreibung Ähnelt *H. semele*; männlicher Genitalapparat größer, Duftschuppen verschieden. Befruchtete Weibchen mit vorstehender Sphragis (vgl. *H. christenseni, H. volgensis*).
Flugzeit 1 Generation, Mitte Mai bis Mitte August.
Lebensraum Trockene Felshänge mit Sträuchern und einzelnen Bäumen; Olivenhaine.
Verhalten Ruht bei Hitze an Schattenseite von Baumstämmen.

Hipparchia christenseni (ohne Bild)

Gesamtverbreitung Karpathos.
▹ ***H. (Parahipparchia) christenseni*** Kudrna, 1977, TF: Lastros, Karpathos, Griechenland.
Verbreitung Griechenland: Karpathos, am Lastros, Kali Limnos. 300–750 m.
Beschreibung Ähnelt *H. semele* und *H. cretica*; anhand von Merkmalen des männlichen Genitalapparats und der Duftschuppen unterscheidbar. Befruchtete Weibchen mit rudimentärer Sphragis (vgl. *H. volgensis, H. cretica, H. mersina, H. pellucida*).
Flugzeit 1 Generation, Juni.
Lebensraum Trockene, strauchbestandene, steinige Stellen, Kiefernwaldlichtungen.
Verhalten Falter ruhen oft an Stämmen von Kiefern, in baumlosen Gebieten an Steinen.

Hipparchia semele

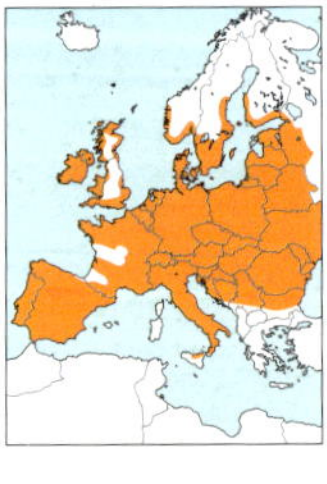

Hipparchia cretica

Hipparchia semele

♀

♂

Hipparchia cretica

nur auf Kreta

♀

befruchtetes ♀
mit vorstehender
Sphragis

♂

Hipparchia aristaeus

Gesamtverbreitung Mittelmeerinseln.
▷ *H. (Parahipparchia)* ***aristaeus*** (Bonelli, 1826), TF: Monti Gennargentu, Sardinien, Italien.
Syn.: *sardoa* Spuler, 1908.
Verbreitung Frankreich: Korsika. Italien: Sardinien, Capraia, Elba, Giglio, Ponza. 500–1800 m.
Beschreibung Groß, OS-Zeichnung leuchtend orange, deutlich ausgebildet.
Flugzeit 1 Generation, Juni bis Ende August.
Lebensraum Trockene Felslagen mit vereinzelten Sträuchern.

Hipparchia senthes

Gesamtverbreitung S-Balkan, Griechenland, Türkei.
▷ *H. (Parahipparchia)* ***senthes*** (Fruhstorfer, 1908), TF: Taygetos-Gebirge, S-Griechenland.
Verbreitung Mazedonien. S-Bulgarien. Griechenland mit Lefkas, Thassos, einigen Kykladen und ostägäischen Inseln. Europäischer Teil der Türkei. 50–1600 m.
Beschreibung Orangegelbe OS-Bereiche reduziert, graubraun bestäubt. Ähnelt *H. semele* und *H. volgensis*, Unterschiede in den männlichen Genitalien.
Flugzeit 1 Generation, Ende Mai bis Mitte August.
Lebensraum Trockene, felsige Stellen mit Sträuchern; Waldlichtungen mit Gebüsch.

Hipparchia algirica

Gesamtverbreitung NW-Afrika.
▷ *H. (Parahipparchia)* ***algirica*** (Oberthür, 1876), TF: Daya, Lambessa, Collo, Algerien.
Verbreitung Marokko. Algerien. Tunesien. Weit verbreitet und häufig. 1200–2400 m.
Beschreibung Ähnelt *H. senthes* und *H. semele*.
Flugzeit Generationsverlauf ungenügend bekannt; Nachweise von Ende April bis Oktober. In hohen Lagen 1 Generation, Juni bis Juli.
Lebensraum Trockene Felshänge mit spärlicher Vegetation, gras- und blütenreiche Stellen.
Lebensweise Nahrungspflanze *Lygeum spartum*.

H.-aristaeus-Gruppe

Hipparchia maderensis

Gesamtverbreitung Madeira.
▷ *H. (Parahipparchia)* ***maderensis*** (Bethune-Baker, 1891), TF: Madeira, Portugal.
Verbreitung Portugal: Endemisch auf Madeira, lokal (Aira de Serrado, Poiso, Pico Arieiro). 800–1800 m.
Beschreibung Bei ♂ helle OS-Zeichnung dunkelbraun bestäubt, auffällige weiße Postdiskalbinde auf Hfl-US. Bei ♀ OS-Zeichnung deutlicher ausgebildet.
Flugzeit 1 Generation, Ende Juli bis September.
Lebensraum Südexponierte, steile Felshänge in lichtem Laub- oder Nadelwald.
Lebensweise Nahrungspflanzen *Holcus*- und *Agrostis*-Arten.

Hipparchia blachieri (ohne Bild)

Gesamtverbreitung Malta, Sizilien.
▷ *H. (Parahipparchia)* ***blachieri*** (Fruhstorfer, 1908), TF: Sizilien, Italien.
Syn.: *siciliana* Oberthür, 1915; *vallettai* Valletta, 1971; *vallettae* Kudrna, 1975.
Verbreitung Endemisch auf Malta und Sizilien. 700–1900 m.
Beschreibung Orangegelbbraune OS-Postdiskalbereiche ausgedehnt. Äußerlich nicht von *H. leighebi* unterscheidbar, aber Unterschiede in den männlichen Genitalien.
Flugzeit 1 Generation, Mitte Juni bis August.
Lebensraum Trockene Felshänge mit spärlicher Vegetation.

Hipparchia sbordonii (ohne Bild)

Gesamtverbreitung Ponza-Inselgruppe im Tyrrhenischen Meer.
▷ *H. (Parahipparchia)* ***sbordonii*** Kudrna, 1984, TF: Ponza, Italien.
Verbreitung Italien: Endemisch auf der Ponza-Inselgruppe.

Hipparchia neapolitana (ohne Bild)

Gesamtverbreitung S-Italien.
▷ *H. (Parahipparchia)* ***neapolitana*** (Stauder, 1921), TF: Neapel, Italien.
Syn.: *blacherioides* Stauder, 1921; *ballettoi* Kudrna, 1984.
Verbreitung Italien: Kampanien.

Artengruppe um *Hipparchia aristaeus*

Hipparchia aristaeus
(Korsika, Sardinien, Capraia, Elba, Giglio)

Hipparchia algirica
(N-Afrika)

Hipparchia senthes
(S-Balkan)

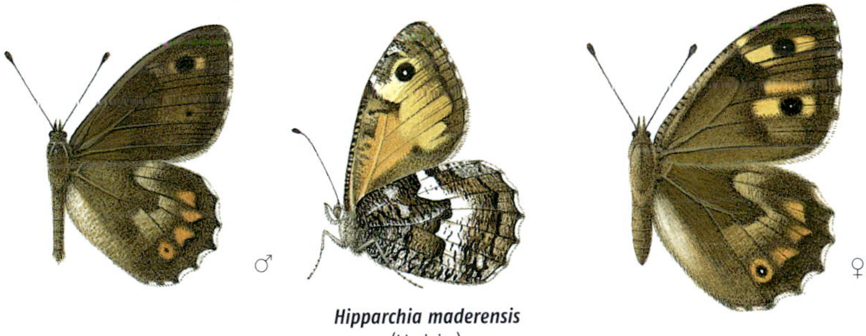

Hipparchia maderensis
(Madeira)

Hipparchia azorinus

Gesamtverbreitung Azoren.
▹ ***H. (Parahipparchia) azorinus*** (Strecker, 1898), TF: Azoren, Portugal.
Syn.: *picoensis* Le Cerf, 1935; *ohshimai* Esaki, 1936; *caldeirense* Oehmig, 1981; *occidentalis* de Sousa, 1982; *cenjonatura* de Sousa, 1982; *jorgense* Oehmig, 1983; *barbara* de Sousa, 1985; *minima* de Sousa, 1985.
Verbreitung Portugal: Azoren. Oberhalb 500 m.
Variation Auf jeder Insel eine andere Form, bei einigen Autoren als Unterarten geführt. Auf Pico die Stammform; auf Faial *ohshimai* Esaki; auf São Jorge *jorgense* Oehmig; auf Terceira *barbara* de Sousa; auf Flores *occidentalis* de Sousa; auf Corvo *minima* de Sousa. Bei Formen der zentralen Inselgruppe ♂ mit Duftschuppenfleck auf Vfl-OS; ♂ von der westlichen Inselgruppe ohne Duftschuppen.
Flugzeit 1 Generation, Juni bis Oktober.
Lebensraum Lichte Gebüsche *(Juniperus brevifolia)*, Brachland, Weideland.
Lebensweise Nahrungspflanzen *Festuca*-Arten.
Verhalten Falter fliegen auch bei ungünstiger Witterung (tiefe Temperaturen, Nebel, leichter Regen, starker Wind).

Hipparchia miguelensis (ohne Bild)

Gesamtverbreitung Azoren.
▹ ***H. (Parahipparchia) miguelensis*** (Le Cerf, 1935), TF: São Miguel, Azoren, Portugal.
Verbreitung Portugal: Östliche Inselgruppe der Azoren (São Miguel, (?)Santa Maria). 600–1000 m.
Beschreibung ♂ mit Duftschuppenfleck auf Vfl-OS.
Flugzeit 1 Generation, Ende Juni bis Ende September.
Lebensraum Wie bei *H. azorinus*.
Lebensweise und Verhalten Wie bei *H. azorinus*.

Hipparchia mersina

Gesamtverbreitung Griechenland (O-Ägäische Inseln), Türkei.
▹ ***H. (Parahipparchia) mersina*** (Staudinger, 1871), TF: Mersina, SW-Türkei.
Syn.: *malickyi* Kudrna, 1977.
Verbreitung Griechenland: Lesbos, Samos. 150–1150 m.
Beschreibung Duftschuppen bei ♂ lang und schmal. Befruchtete ♀ mit rudimentärer Sphragis (vgl. *H. pellucida* und *H. christenseni*).
Flugzeit 1 Generation, Mitte Mai bis August.
Lebensraum Lichte, trockene Grasstellen zwischen Felsen, Sträuchern, Bäumen.

♂

Hipparchia azorinus

nur auf den Azoren

f. *occidentalis*
(Flores)

Hipparchia mersina

nur auf Lesbos
und Samos

Hipparchia neomiris

Gesamtverbreitung Korsika, Sardinien, Elba, Capraia.
▹ ***H. (Hipparchia) neomiris*** (Godart, 1822), TF: Korsika, Frankreich.
Verbreitung Frankreich: Korsika (Soccia, Cap Corse, La Face, Haut Asco, Tattone, Col de Sorba, Vizzavona). Italien: Sardinien (Monti di Alà, Monti del Gennargentu, Fonni, Lanusei, Seulo), Capraia, Elba (Monte Peronne, Monte Maolo, Monte Capanne). 300–2000 m.
Flugzeit 1 Generation, Juni bis August.
Lebensraum Offene, felsige Hänge mit niedrigem Bewuchs und Sträuchern, meist in der Nähe von Kiefernwäldern.

Hipparchia pellucida

Gesamtverbreitung Griechenland (O-Ägäische Inseln), Türkei, Zypern, N-Irak, N-Iran, Krim, Transkaukasien.
▹ ***H. (Parahipparchia) pellucida*** (Stauder, 1924), TF: Terter, Aserbaidschan.
Verbreitung Griechenland: Lesbos, Ikaria. 400–700 m. Beschreibung: Befruchtete ♀ mit großer Sphragis (vgl. *H. mersina, H. christenseni*).
Flugzeit 1 Generation, Mai bis Juli.
Lebensraum Trockene, grasige Felshänge oder Geröllfelder mit einzelnen Sträuchern; trockene sanfte Hänge auf steinigem Grund mit niedriger, spärlicher Vegetation und einzelnen Kiefern.

Hipparchia hansii var. *powelli*

Gesamtverbreitung Siehe *H. hansii*, S. 240.
▹ ***H. (Neohipparchia) hansii*** var. ***powelli*** (Oberthür, 1915), TF: Djebel Amour, Algerien.
Verbreitung M- und O-Algerien, selten und lokal: Aflou, Guelt-es-Stel, Djebel Amour, El Bayadh. 1100–1200 m.
Beschreibung Ähnelt der Stammform von *H. hansii*; bei beiden Geschlechtern Vfl-Apex spitzer. Bei ♂ Oberseite dunkler und Augenflecke undeutlich, gelblich umringt; auf Vfl-US Postdiskalbereich braun, Augenflecke gelb umringt; weißliche Postdiskalbinde der Hfl-US schmal, nach innen scharf schwarz begrenzt, nach außen undeutlich, Adern weißlich grau.
Flugzeit 1 Generation, August bis Oktober.
Lebensraum Trockene heiße Felslagen mit spärlicher Vegetation.
Lebensweise Nahrungspflanze *Lygeum spartum*.

Hipparchia neomiris

H. hansii var. *powelli*

Hipparchia hansii var. *powelli*

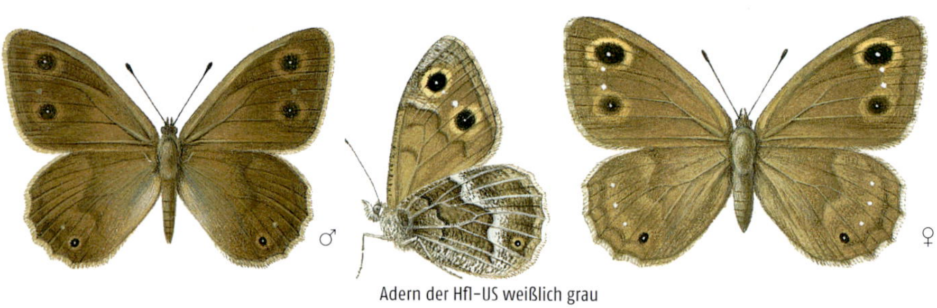

Hipparchia neomiris

nur auf Korsika, Sardinien, Capraia, Elba

♂ ♀

Hipparchia pellucida

(Lesbos und Ikaria)

♂

♀

Hipparchia statilinus · Kleine Rostbinde

Gesamtverbreitung NW-Afrika, S- und M-Europa bis Ostseeküste, S-Russland, Vorderasien.

▹ ***H. (Neohipparchia) statilinus*** (Hufnagel, 1766), TF: Berlin, Deutschland.

Verbreitung Marokko. Algerien. Tunesien. 900–2500 m. Von S-Europa (mit europäischem Teil der Türkei, Sizilien, Elba, Korfu, Thassos) bis NW-Frankreich, Polen, Litauen und Schweden. Häufig und weit verbreitet in Portugal, Spanien, SO-Frankreich, M- und S-Italien, S-Balkan, Griechenland. Sehr lokal in SW- und M-Frankreich, Deutschland, Tschechien, Slowakei, Ungarn. 0–1400 m. Nicht in Großbritannien.

Beschreibung und Variation Hfl-US variabel; Submarginallinie oft undeutlich (vgl. *H. fatua*); Färbung variiert von Dunkelgraubraun über Mittelgrau bis Hellgraubraun oder Blassgrau; Linienverlauf ebenfalls variabel. In N-Afrika *sylvicola* Austaut mit dunkelgraubrauner Hfl-US, Randbinde dunkler braun. In S-Spanien ähnliche Formen.

Flugzeit 1 Generation, Ende Juni bis Oktober, im S meist Ende Juli bis Anfang August. In N-Deutschland frische Falter Mitte August.

Lebensraum Trockene, heiße Felslagen oder Sanddünen, oft zwischen Sträuchern oder in lichtem Kiefernwald, seltener Laub- oder Mischwald.

Lebensweise Nahrungspflanzen *Bromus erectus, B. sterilis, Bothriochloa ischaemum, Stipa pennata, Lygeum spartum*.

Hipparchia fatua

Gesamtverbreitung S-Balkan, Griechenland, Türkei, Transkaukasien, Syrien, Libanon, Israel, Jordanien.

▹ ***H. (Neohipparchia) fatua*** (Freyer, 1844), TF: Gediz, Provinz Kütahya, W-Türkei (Kudrna 1977).

Syn.: *allionii* Hübner, 1824 (ungültiges Homonym).

Verbreitung Vereinzelt, lokal häufig. S-Kroatien. S-Bosnien-Herzegowina. SW-Serbien. Mazedonien. Albanien. S-Bulgarien. Griechenland mit Lefkas und den meisten Ägäischen Inseln (außer Korfu und Kreta). Europäischer Teil der Türkei. 0–600 m.

Beschreibung Ähnelt *H. statilinus*. Größer, Hfl-US dicht und fein schwarz gemasert, Linien kontrastreich (vgl. *H. statilinus*).

Flugzeit 1 Generation, Ende Mai bis Anfang Oktober.

Lebensraum Heiße, trockene, steinige Schluchten und felsige Hänge, oft mit Sträuchern und schütterem Nadelwald; Olivenhaine; Obstkulturen.

Lebensweise Raupen fressen nach Überwinterung nur an gut beschatteten, robusten, hohen Gräsern.

Verhalten Falter ruhen oft im Schatten von Baumstämmen.

Hipparchia statilinus

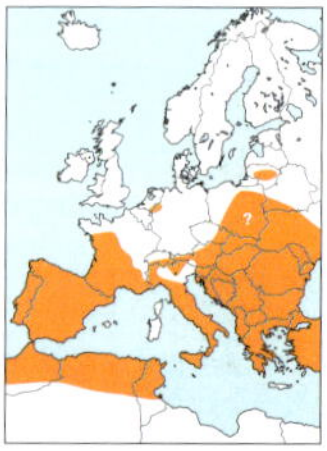

Hipparchia fatua

Hipparchia statilinus

♂ mit spezifischen weißen Punkten
in M2–M3 und M3–Cu1

♂

♀

Submarginallinie
auf Hfl-OS und -US
undeutlich

♂

Stammform

♂

var. sylvicola
(N-Afrika)

♀

Stammform

Hipparchia fatua

♂

Submarginallinie auf Hfl-OS
und -US deutlich ausgebildet

Basal- und Diskallinie der
Hfl-US deutlich ausgebildet

Hipparchia hansii

Gesamtverbreitung Marokko, Algerien, Tunesien, NW-Libyen.
▷ *H. (Neohipparchia)* ***hansii*** (Austaut, 1879), TF: Daya, Algerien.
Verbreitung Marokko: Anti-Atlas, Mittlerer Atlas (Tizi-Tanout-ou-Fillali, Azrou, Aïn Leuh, Tirhboula, Foum Khereg), Hoher Atlas (Djebel Ayachi, Tizi-n-Talhremt, Tizi-n-Test). Algerien: El Mizab, Sebdou, Blida. Tunesien: Tunis, Korbous, Cap Bon. 1000–2100 m.
Beschreibung und Variation Ähnelt *H. statilinus*; Duftschuppenfleck auf Vfl-OS kleiner. Flügelzeichnung bei beiden Geschlechtern variabel. Merkmale der männlichen Genitalien und Duftschuppen erlauben Abgrenzung von *H. statilinus* – beide Arten kommen manchmal zusammen vor. In M- und O-Algerien *powelli* Oberthür, siehe S. 236.
Flugzeit 1 Generation, Ende August bis November.
Lebensraum Felshänge mit spärlicher Vegetation.

Hipparchia wyssii

Gesamtverbreitung Kanarische Inseln.
▷ *H. (Pseudotergumia)* ***wyssii*** (Christ, 1889), TF: Teneriffa, Kanaren, Spanien.
Verbreitung Teneriffa, weit verbreitet, aber lokal im zentralen Bergland. 1400–2000 m.
Beschreibung Augenflecke der Oberseite ohne helles Zentrum.
Flugzeit 1 Generation, Anfang Juni bis Anfang September.
Lebensraum Felsschluchten in Kiefernwäldern.

Hipparchia bacchus

Gesamtverbreitung Kanarische Inseln.
▷ *H. (Pseudotergumia)* ***bacchus*** Higgins, 1967, TF: El Hierro, Kanaren, Spanien.
Verbreitung El Hierro, nur Frontera und Sabinosa. 300–1500 m.
Beschreibung Augenflecke und weiße Punkte der Vfl-OS größer als bei *H. wyssii*.
Flugzeit 1 Generation, Mitte Juli bis Ende August.
Lebensraum Sehr steile, grasbewachsene Felshänge und an deren Fuß befindliche Weinberge.

Hipparchia hansii

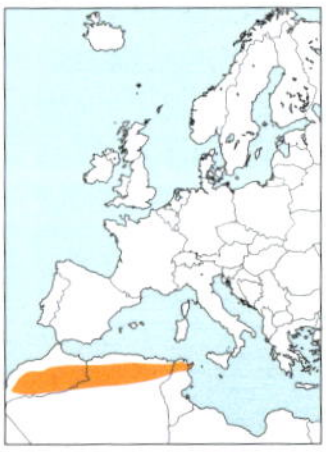

Hipparchia gomera (ohne Bild)

Gesamtverbreitung Kanarische Inseln.
▷ *H. (Pseudotergumia)* ***gomera*** Higgins, 1967, TF: La Gomera, Kanaren, Spanien.
Verbreitung N und W von La Gomera; meist in Küstengebieten (Barranco de Argaga, Barranco de Arure, Vallehermoso, Hermigua, Agulo). 200–300 m.
Flugzeit 1 Generation, Ende Mai bis Anfang September.
Lebensraum Felsschluchten und Felshänge; steile gras- oder strauchbewachsene Hänge; Weinberge; Sträucher am Rande von Lorbeerwäldern.

Hipparchia tilosi (ohne Bild)

Gesamtverbreitung Kanarische Inseln.
▷ *H. (Pseudotergumia)* ***tilosi*** Manil, 1984, TF: Los Tilos, La Palma, Kanaren, Spanien.
Verbreitung NO von La Palma: Barranco del Agua, Los Tilos, Santa Cruz, Barranco de las Nieves, La Cumbrecita. 400–1300 m.
Flugzeit 1 Generation, Ende Juli bis Anfang September.
Lebensraum Felsschluchten in Lorbeer- oder Kiefernwäldern.

Hipparchia tamadabae (ohne Bild)

Gesamtverbreitung Kanarische Inseln.
▷ *H. (Pseudotergumia)* ***tamadabae*** Owen & Smith, 1992, TF: Pinar de Tamadaba, Gran Canaria, Kanaren, Spanien.
Verbreitung Gran Canaria: Pinar de Tamadaba, Morgan, Pozo Nieves, Tiraiana, Maspalomas, Roque Nublo, Barranco de los Palmitos. 400–2000 m.
Beschreibung Bei 50 % der ♂ und 100 % der ♀ Apikalaugenflecke der Vfl-US weiß gekernt.
Flugzeit 1 Generation, Anfang April bis Anfang September.
Lebensraum Felsschluchten in Kiefernwäldern.

Hipparchia hansii

nur in N-Afrika

Diskalbereich der Vfl-OS meist deutlich abgesetzt

♂ ♀

nur auf den Kanarischen Inseln

♂

Hipparchia wyssii

♀

Hipparchia wyssii

♀

Hipparchia bacchus
(El Hierro)

Hipparchia fidia

Gesamtverbreitung NW-Afrika, SW-Europa.
▹ ***H. (Pseudotergumia) fidia*** (Linnaeus, 1767), TF: Barbarie, Algerien.
Verbreitung Weit verbreitet, aber lokal. Marokko: Mittlerer Atlas, Hoher Atlas. Algerien. Tunesien. 1000–2200 m. Iberische Halbinsel (außer W-Pyrenäen und N-Spanien). Balearen: Mallorca. Frankreich: O-Pyrenäen bis Ardèche und Provence. NW-Italien: Alpi Marittime. 0–1400 m.
Beschreibung und Variation Hfl-US mit deutlich gezackter weißer Diskallinie, diese nach innen breit schwarz begrenzt; Adern hell. In NW-Afrika *albovenosa* Austaut; Adern der Hfl-US deutlich blasser.
Flugzeit 1 Generation; in Europa Ende Juni bis Ende August, in NW-Afrika Juli bis Oktober.
Lebensraum Heiße Felshänge mit Sträuchern; trockene Böschungen mit Sträuchern und spärlichem, niedrigem Bewuchs; felsige Stellen in lichtem Wald.
Lebensweise Nahrungspflanzen *Cynodon dactylon, Dactylis glomerata, Brachypodium* sp., *Poa annua, P. pratensis, Milium multiflorum, Piptatherum* sp.

Chazara briseis · Berghexe

Gesamtverbreitung NW-Afrika, Spanien, M-Europa bis 50° N, Türkei, Iran, Afghanistan bis NW-China.
▹ ***C. briseis*** (Linnaeus, 1764), TF: Deutschland.
Verbreitung Weit verbreitet. Marokko. Algerien. Tunesien. 0–2500 m. Von Spanien (außer extremer N und W) über Frankreich und Italien bis Balkan, nach N bis S-Polen, nach S bis Griechenland und Türkei. 0–2000 m. Nicht in Portugal, NW- und N-Frankreich, den Niederlanden, N-Deutschland, S-Italien und Mittelmeerinseln (außer Sizilien).
Variation In S-Europa OS-Zeichnung bei ♀ manchmal ledergelb oder hellbräunlich statt weiß (f. *pirata* Esper). In SO-Europa Hfl-US bei ♀ manchmal rosa bestäubt.
Flugzeit 1 Generation, Ende Mai bis Oktober.
Lebensraum Trockene, oft heiße, steinige, auch grasbewachsene Stellen zwischen Sträuchern.
Lebensweise Nahrungspflanzen *Bromus erectus, Festuca ovina.*

Hipparchia fidia

Chazara briseis

Hipparchia fidia

Vfl-Fransen deutlich gescheckt

♀

♂

Hfl-US mit charakteristischer Zeichnung und Färbung

Chazara briseis

OS- und US-Zeichnung bei ♂ und ♀ charakteristisch

♂

♀

Chazara prieuri

Gesamtverbreitung Spanien, Marokko, Algerien.
▷ ***C. prieuri*** (Pierret, 1837), TF: Bougi (Bejaïa), Algerien.
Verbreitung Lokal, meist sehr selten. Marokko: Mittlerer Atlas (Col du Zad), Hoher Atlas (Tizi-n-Talrhemt, Aït Oumghar, Djebel Ayachi). Algerien: Sebdou, Télagh, Beni-Ounit, Sidi-bel-Abbes, Djebel Senalba, Dejebel Metlili, El Bayadh, Aflou, Djelfa. 1200–2000 m. Spanien: Provinzen Granada (Sierra de Baza, Sierra de la Sagra), Murcia, (Sierra de Espuña), Teruel (Montes Universales), Madrid, Huesca, Zaragoza, Alicante. 900–1450 m.
Beschreibung und Variation ♂ mit deutlichem ledergelbem Fleck in Zelle der Vfl-OS; Adern auf Hfl-US auffallend hell (vgl. *C. briseis*). In Spanien OS-Zeichnung bei 50 % der ♀ rötlich gelb statt weiß (f. *uhagonis* Oberthür).
Flugzeit 1 Generation; in NW-Afrika Juni bis Juli, in Spanien Mitte Juli bis Mitte August.
Lebensraum Trockene, heiße Felsschluchten mit Sträuchern; trockene, grasbewachsene, steinige Hänge in lichtem Nadelwald.
Lebensweise Nahrungspflanzen *Lygeum spartum* und andere Gräser.

Pseudochazara atlantis

Gesamtverbreitung Marokko.
▷ ***P. atlantis*** (Austaut, 1905), TF: Hoher Atlas, Marokko.
Verbreitung Marokko: Anti-Atlas (Tizi-n-Melloul, Tizi-n-Tieta), Hoher Atlas (Tizi-n-Talrhemt, Imilchit, Oukaïmeden), Mittlerer Atlas (Col du Taghzeft, Col du Zad, Tizi-Tarhzeft), W-Rif-Atlas (Bab Taza, Djebel Lakraa). 1600–3000 m.
Beschreibung und Variation Weiße Punkte in M2–M3 und M3–Cu1 der Vfl-OS machmal verkümmert (im Hohen Atlas bei 50 % der Falter); Fransen nicht oder nur wenig gescheckt; Duftschuppen variieren bei Individuen derselben Population, Schuppenbasis rund oder verbreitert; Zeichnung und Färbung lokal variierend. Die Formen *benderi* Weiss und *colini* Wyatt weichen von der Stammform nur geringfügig in Färbung und Größe ab und gehören zur Variationsbreite.
Flugzeit 1 Generation, Mitte Juni bis Anfang August.
Lebensraum Kahle Felshänge.

Chazara prieuri

Pseudochazara atlantis

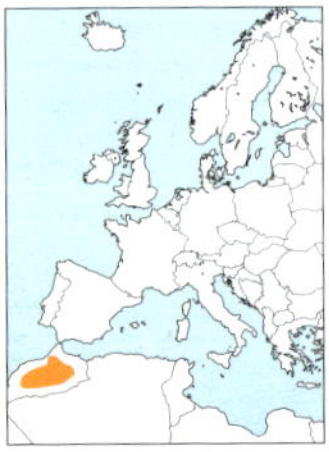

♀

Chazara prieuri

OS- und US-Zeichnung bei ♂ und ♀ charakteristisch

nur in Spanien, Marokko und Algerien

♂

♀

f. *uhagonis*

♀

Pseudochazara atlantis

nur in Marokko

♂

Pseudochazara graeca

Gesamtverbreitung Griechenland, Mazedonien.
▷ *P. graeca* (Staudinger, 1870), TF: Parnass und Chelmos-Gebirge, Griechenland.
Verbreitung Mazedonien: Pelister. Griechenland: Olymp und Dirfis, Pindos-Gebirge (Smolikas-Massiv bis Parnass), Chelmos-Gebirge, Panachaikon-Gebirge, Menalon, Taygetos-Gebirge. (?)Bulgarien. 1000–2200 m.
Beschreibung Auf Vfl-OS in M2–M3 und M3–Cu1 manchmal weiße Postdiskalpunkte vorhanden; Basis der Duftschuppen rund.
Variation Je nach geologischer Beschaffenheit des Lebensraums geringfügige Variation in Färbung der Hfl-US. Im Smolikas-Massiv, Timfi-Gebirge und am Katara-Pass *coutsisi* Brown (= *zagoriensis* Aussem); Oberseite graubraun übergossen, Augenflecke oft nicht weiß gekernt, Unterseite dunkler.
Flugzeit 1 Generation, Mitte Juli bis Ende August.
Lebensraum Meist offene Grasfluren zwischen Kalkfels oberhalb der Waldgrenze; trockene Grashänge zwischen Sträuchern und lichtem Wald; im Smolikas-Massiv grauer, brüchiger, metamorpher Fels.

Pseudochazara williamsi

Gesamtverbreitung Spanien.
▷ *P. williamsi* (Romei, 1927), TF: Sierra Nevada, S-Spanien.
Verbreitung S-Spanien: Sierra Nevada, Sierra de los Filabres, Sierra de Gádor, Sierra de María, Sierra de Guillimona. 1400–2700 m.
Beschreibung und Variation Fransen gescheckt; Vfl-OS ohne weiße Submarginalpunkte in M2–M3 und M3–Cu1; Duftschuppenbasis stufig. In der Sierra de María f. *aislada* Eitschberger & Steiniger; größer und blasser. In der Sierra de Gádor f. *augustini* Weiss; etwas kleiner, Unterseite bräunlich.
Flugzeit 1 Generation, Ende Juni bis Ende Juli.
Lebensraum Trockene Grashänge mit kahlen steinigen Stellen; auf grauen oder graubraunen, nicht basischen Böden.
Lebensweise Nahrungspflanze *Festuca ovina*.

Pseudochazara graeca

Pseudochazara williamsi

Pseudochazara graeca

nur in Mazedonien und Griechenland

Stammform

f. *coutsisi*

Pseudochazara williamsi

nur in S-Spanien

Pseudochazara geyeri

Gesamtverbreitung Albanien, Mazedonien, Griechenland, Türkei.
▷ *P. geyeri* (Herrich-Schäffer, 1846), TF: Ararat, Türkei. Syn.: *occidentalis* Rebel & Zerny, 1931.
Verbreitung Albanien: Berge am Ohrid-See. SW-Mazedonien: Galicica Planina, Pelister-Massiv. NW-Griechenland: Malimadi, Triklarion-Gebirge. (?)Bulgarien. 1450–1700 m.
Beschreibung Fransen gescheckt, Vfl-OS ohne weiße Submarginalpunkte in M2–M3 und M3–Cu1; Duftschuppenbasis bauchig.
Flugzeit 1 Generation, Mitte Juli bis Ende August.
Lebensraum Trockene, felsige, grasbewachsene Kalksteinhänge oberhalb der Waldgrenze.

Pseudochazara amymone

Gesamtverbreitung Griechenland.
▷ *P. amymone* Brown, 1976, TF: Ioannina, Griechenland.
Verbreitung NW-Griechenland: Ioannina.
Beschreibung Bei ♂ Vfl-OS und -US mit kleinen weißen Punkten in M3–Cu1. Duftschuppenbasis bauchig, stufig.
Flugzeit und Lebensraum Die wenigen bekannten Falter wurden im Juli 1975 auf felsigem Grund in 650 m Höhe gefangen.

Pseudochazara cingovskii

Gesamtverbreitung Mazedonien.
▷ *P. cingovskii* Gross, 1973, TF: Prilep, Mazedonien.
Verbreitung Mazedonien: Pletvar-Massiv bei Prilep (südlich von Skopje). 1000–1200 m.
Beschreibung Vfl-OS und -US mit deutlichen länglichen weißen Punkten in M3–Cu1. Fransen gescheckt. Duftschuppenbasis stufig.
Flugzeit 1 Generation, Ende Juli bis Anfang August.
Lebensraum Trockener, weißer Kalkfels mit spärlichem Bewuchs.

Pseudochazara geyeri

Pseudochazara amymone

Pseudochazara cingovskii

♀

Pseudochazara geyeri

(SO-Europa)

♂ ♀

♂ und ♀ mit charakteristischen Zackenlinien auf Hfl-OS und -US

Adern auf Hfl-US auffallend hell

Pseudochazara amymone

nur in NW-Griechenland

♂ ♀

Hfl-OS mit breiter orange-gelber Postdiskalbinde, dunkler Saum scharf abgesetzt

Pseudochazara cingovskii

nur in Mazedonien

♂

Pseudochazara orestes

Gesamtverbreitung Griechenland, Bulgarien.
▹ ***P. orestes*** de Prins & van der Poorten, 1981, TF: Drama, Griechenland.
Verbreitung N-Griechenland: Falakron-Gebirge, Menikion-Gebirge, Orvilos. Bulgarien: Pirin-Gebirge. 800–1800 m.
Beschreibung Vfl-OS und -US mit meist deutlichen kleinen weißen Punkten in M3–Cu1. Fransen gescheckt. Duftschuppenbasis stufig.
Flugzeit 1 Generation, Mitte Juni bis Ende Juli.
Lebensraum Trockene, heiße, meist südexponierte, steile Kalkklippen oder steile Hänge; sanfte Hänge mit größeren ebenen Felsflächen zwischen Laubholzgebüsch *(Carpinus, Quercus, Fraxinus, Ulmus)*.
Lebensweise Eiablage an beschatteten dürren Blättern von Horstgräsern, die in Spalten oder unter Felsüberhängen wachsen.
Verhalten Bei großer Hitze ziehen sich Männchen und Weibchen in schattige und kühle Felsspalten oder unter Felsüberhänge zurück.

Pseudochazara mniszechii

Gesamtverbreitung NW-Griechenland, Türkei, N-Iran, Armenien.
▹ ***P. mniszechii*** (Herrich-Schäffer, 1851), TF: Türkei. Syn.: *tisiphone* Brown, 1980.
Verbreitung Sehr lokal. NW-Griechenland: S-Vernon-Gebirge, Grammos-Gebirge, Pindos-Gebirge, N-Smolikas-Massiv. S-Albanien. 1000–1500 m.
Beschreibung Vfl-OS und -US mit deutlichen länglichen weißen Punkten in M3–Cu1. Fransen gescheckt. Duftschuppenbasis stufig.
Flugzeit 1 Generation, Mitte Juli bis Ende August.
Lebensraum Trockene Hänge aus grauem, brüchigem, metamorphem Gestein mit lockerem Gebüsch oder lichtem Wald und Stellen mit niedrigem, schütterem Bewuchs. In allen bekannten Lebensräumen kommt als Nektarquelle eine robuste, purpurn blühende Distel vor.
Verhalten Männchen und Weibchen sitzen meist auf kahlem Boden, weniger auf Steinen. Falter schlafen zwischen großen Steinen verborgen.

Pseudochazara orestes

Pseudochazara mniszechii

Pseudochazara orestes

nur in N-Griechenland, SW-Bulgarien

♂

Hfl-US mit markanter weißer Postdiskalbinde

OS-Binden leuchtend orange, scharf begrenzt

♀

Pseudochazara mniszechii

(NW-Griechenland, S-Albanien)

OS-Postdiskalbinden intensiv orange

♂

♀

Pseudochazara anthelea

Gesamtverbreitung Albanien, Mazedonien, Bulgarien, Griechenland, Türkei, N-Irak.

▹ ***P. anthelea anthelea*** (Hübner, 1824), TF: Türkei.

Verbreitung Albanien. Bosnien-Herzegowina. Mazedonien. Griechenland mit Lesbos, Samos, Kos, Kalimnos, Chios, Rhodos. 550–1500 m.

Beschreibung und Variation Bei ♂ auf Vfl-OS deutlicher schwarzer Duftschuppenfleck in der Zelle; Duftschuppen klein mit gerundeter Basis; Fransen deutlich gescheckt. ♀ deutlich größer, Oberseite mit orangebraunen Binden. Auf Rhodos (am Ataviros) ♀-Form *atavirensis* Coutsis als Übergangsform zu ssp. *amalthea* Frivaldszky.

Flugzeit 1 Generation, Ende Mai bis Anfang Juli.

Lebensraum Trockene, steinige Hänge und Schluchten, meist auf Kalk; in tieferen Lagen oft Stellen zwischen Sträuchern und lichte Kiefern- und Laubwälder.

Verhalten Männchen sehr territorial, nehmen oft »Beobachtungsstellung« auf Felsen ein.

▹ ***P. anthelea amalthea*** Frivaldszky, 1845, TF: Kreta, Griechenland.

Verbreitung SW-Bulgarien: Struma-Tal. Griechenland mit Kreta. 500–1800 m.

Beschreibung und Variation ♂ ähnelt der nominotypischen Unterart; ♀ mit blassgelben oder weißen Binden auf Oberseite; manchmal mit kleinen weißen Punkten in M2–M3 und M3–Cu1.

Flugzeit, Lebensraum, Verhalten Wie bei nominotypischer Unterart.

Lebensweise Eier sind deutlich kleiner als die anderer europäischer *Pseudochazara*-Arten.

Oeneis glacialis · Gletscherfalter

Gesamtverbreitung Alpen.

▹ ***O. (Oeneis) glacialis*** (Moll, 1783), TF: Zillertal, Österreich.

Syn.: *aello* Hübner, 1804.

Verbreitung Frankreich: Alpes-Maritimes bis Haute-Savoie. Schweiz: Wallis bis Engadin. Alpen in Italien (mit Dolomiten), Deutschland (Bayern) und Österreich (einschließlich Karnische Alpen). 1400–2900 m.

Beschreibung und Variation Adern der Hfl-US weiß (vgl. *O. norna*). Augenflecke und OS-Färbung des ♂ variieren.

Flugzeit 1 Generation, Anfang Juni bis Mitte August.

Lebensraum Trockene Grasstellen zwischen Felsen und Geröll.

Lebensweise Nahrungspflanze *Festuca ovina*. Entwicklungszyklus dauert 2 Jahre.

Pseudochazara anthelea

Oeneis glacialis

Pseudochazara anthelea

OS- und US-Zeichnung und -Färbung bei ♂ und ♀ charakteristisch

bei ♂ auffälliger schwarzer Duftschuppenfleck auf Vfl-OS

♂

♀

Pseudochazara anthelea anthelea

♀

Pseudochazara anthelea amalthea
(Balkan-Halbinsel, Kreta)

Oeneis glacialis

♂

nur in den Alpen

♀

♀

markante weiße Adern auf Hfl-US

Farbvariation

Oeneis norna

Gesamtverbreitung Fennoskandinavien, Halbinseln Kola und Jamal, Ural, Sibirien, Baikalgebiet, Japan.
▷ ***O. (Oeneis) norna*** (Becklin, 1791), TF: Lappland.
Syn.: *oeno* Boisduval, 1832; *patrushevae* Korshunov, 1985.
Verbreitung Norwegen: 62–70° N. W-Schweden: Jämtland bis Torne Lappmark. NW-Finnland, lokal, aber weit verbreitet. 250–800 m.
Variation Größe, Form, Zeichnung und Färbung variabel. Oberseite gelbgrau und braungrau. Kleine und hell gefärbte Falter ähneln manchmal *O. bore*, sind aber oberseits nie so grau.
Flugzeit 1 Generation, Mitte Juni bis Mitte Juli.
Lebensraum Heideartige Randgebiete von Mooren, oft mit Birkenbüschen; moorige und felsige Hänge mit Sträuchern; feuchte Waldlichtungen mit Gras und Moos. Fliegt an einigen Plätzen in M-Schweden zusammen mit *Oeneis jutta*.
Lebensweise Nahrungspflanzen *Phleum pratense, Poa alpina, Carex*-Arten, *Nardus*-Arten. Entwicklungszyklus dauert 2 Jahre.

Oeneis bore

Gesamtverbreitung Fennoskandinavien, Halbinsel Kola, arktischer Ural, arktisches Sibirien, N-Amerika.
▷ ***O. (Oeneis) bore*** (Schneider, 1792), TF: Lappland.
Verbreitung Sehr lokal. N-Fennoskandinavien, 67° N bis Nordpolarmeer. 100–1000 m.
Beschreibung Oberseite ausgesprochen grau getönt, ohne den wärmeren Braunton von *O. norna*. Augenflecke fehlen, nur ein kleiner, runder, sehr blasser Postdiskalpunkt auf Vfl-OS und -US in M1–M2 (bei *O. norna* nicht vorhanden), manchmal jedoch sehr undeutlich.
Flugzeit 1 Generation, Mitte Juni bis Ende Juli.
Lebensraum Feuchte grasbewachsene oder moorige Stellen mit kleinen kahlen Felserhebungen, die von den Faltern als Treffpunkt genutzt werden.
Lebensweise Nahrungspflanze *Festuca ovina*. Entwicklungszyklus dauert 2 Jahre.
Verhalten Männliche und weibliche Falter ruhen manchmal längere Zeit auf Felsen, auch bei Sonnenschein; können sich selbst bei starkem Wind an ungeschützten Felsen festhalten.

Oeneis jutta

Gesamtverbreitung Fennoskandinavien, Baltikum, Halbinsel Kola, Ural, Sibirien, N-Mongolei, Amur, Jakutien, Madagan, N-Amerika.
▷ ***O. (Oeneis) jutta*** (Hübner, 1806), TF: Lappland.
Verbreitung Norwegen: 61–65° N (außer SW-Region). Schweden, lokal häufig: 58–68° N. Finnland. Baltikum. Polen.
Flugzeit 1 Generation, Anfang Juni bis Mitte Juli.
Lebensraum Von Gräsern beherrschte Feuchtgebiete, vor allem mit *Carex* sp., meist an offenen Wasserflächen, oft am Rand von Kiefernwäldern.
Verhalten Falter ruhen oft an Kiefernstämmen.

Oeneis norna

Oeneis bore

Oeneis jutta

♀

Oeneis norna

Oeneis bore

Oeneis jutta

Satyrus actaea

Gesamtverbreitung SW-Europa.
▹ *S. actaea* (Esper, 1781), TF: S-Frankreich.
Verbreitung N-Portugal: Serra da Estrela. Spanien, weit verbreitet, lokal häufig. S-Frankreich: O-Pyrenäen bis Provence, nach N bis Savoie und Puy-de-Dôme. NW-Italien: Alpi Marittime, Cottische Alpen. 100–2000 m.
Beschreibung ♂ auf Vfl-OS mit nur einem hell gekernten Augenfleck, unterhalb der Zelle mit Duftschuppenfleck in M3–A (vgl. *S. ferula*).
Variation Bei ♂ Oberseite meist schwarzbraun bis schwarz, manchmal braun. Bei ♀ Oberseite öfter braun. Hfl-US oft blass, Diskal- und Postdiskalbinden heben sich aber gut ab. Bei ♀ Vfl-OS oft mit kleinen weißen Punkten in M2–M3 und M3–Cu1.
Flugzeit 1 Generation, Anfang Juni bis Ende August.
Lebensraum Trockene, grasige, oft felsige Hänge; in tieferen Lagen Stellen zwischen Felsen und Gebüsch mit einzelnen Bäumen.

Satyrus ferula · Weißkernauge

Gesamtverbreitung Marokko, S-Europa, Türkei, Mittlerer Osten, Iran, Transkaukasien, Ukraine, S-Ural, Kasachstan, SW-Sibirien, W-China.
▹ *S. ferula ferula* (Fabricius, 1793), TF: Italien.
Syn.: *bryce* Hübner, 1800; *cordula* Fabricius, 1793.
Verbreitung Spanien: Provinz Lérida (Val d'Aran, Río Esera, Río Noguera). Frankreich: Pyrenäen bis Dordogne in kleinen, weit verstreuten Populationen, häufiger im Massif Central, nach O bis Provence und Basses-Alpes. Italien: Alpenvorgebirge, Zentralapennin, Kalabrien. Österreich. S-Schweiz: Wallis, Tessin. Nach SO bis Balkan und Griechenland. 400–1800 m.
Beschreibung Oberseite des ♂ schwarzbraun, mit 2 hell gekernten Augenflecken, ohne Duftschuppenfleck (vgl. *S. actaea*). Oberseite des ♀ mit orangebrauner Binde.
Variation Beide Geschlechter variieren in der Färbung. In Lebensräumen auf Karbonatgestein ist Hfl-US bei ♀ kontrastreich weiß und grau marmoriert.
Flugzeit 1 Generation, Mitte Juni bis Anfang August.
Lebensraum In höheren Lagen offene, grasige und felsige Hänge; in tieferen Lagen oft Waldlichtungen mit Gebüsch.
Lebensweise Nahrungspflanze in Griechenland und der Schweiz *Festuca ovina*. Bei kühler, feuchter und trüber Witterung fressen Raupen auch am Tag.
▹ ***S. ferula atlantea*** (Verity, 1927), TF: Meknes, Marokko.
Syn.: *meknesensis* Strand, 1927.
Verbreitung Marokko: W-Marokko, weit verbreitet, aber lokal, Rif-Atlas. 1500–3000 m.
Beschreibung Vfl-OS bei ♂ ohne Duftschuppenfleck, sonst wie *S. actaea*.
Flugzeit 1 Generation, Ende Juni bis Mitte September.
Lebensraum Trockene Grasfluren oder Felshänge mit spärlicher Vegetation.

Satyrus actaea

Satyrus ferula

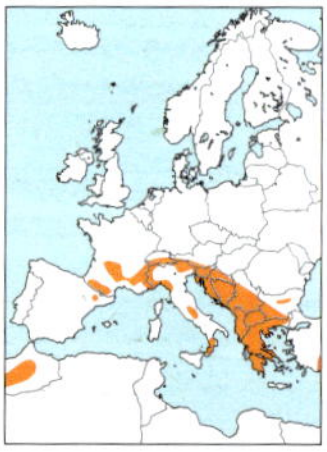

Satyrus actaea

Satyrus ferula

Minois dryas · Blauäugiger Waldportier

Gesamtverbreitung N-Spanien, M- und SO-Europa, Türkei, gemäßigte Klimabereiche W- und M-Asiens, Mongolei, Japan.
▹ ***M. dryas*** (Scopoli, 1763), TF: Krain, Slowenien.
Syn.: *phaedra* Linnaeus, 1764.
Verbreitung N-Spanien, sehr lokal: Kantabrisches Gebirge, Pyrenäen. Frankreich, vereinzelt, im O und SO häufiger. N-Italien. Schweiz. Österreich. Von S-Deutschland bis N-Polen, nach S bis Balkan, Griechenland und Türkei. 100–1600 m.
Beschreibung Bei ♂ Oberseite schwarzbraun mit 2 blau gekernten Augenflecken; Hfl-Außenrand gewellt. ♀ heller braun, Augenflecke größer, Hfl-Außenrand stärker gewellt.
Variation Bei ♀ Größe der Augenflecke auf Vfl-OS variabel.
Flugzeit 1 Generation, Ende Juni bis Anfang September.
Lebensraum Grasige Laubwaldsäume mit Gebüsch, oft feuchte Stellen.
Naturschutz Vielerorts durch Trockenlegung von Feuchtgebieten verschwunden oder stark gefährdet.

Brintesia circe · Weißer Waldportier

Gesamtverbreitung M- und S-Europa, Türkei, Iran, Himalaja.
▹ ***B. circe*** (Fabricius, 1775), TF: Europa (Deutschland, Verity, 1953).
Syn.: *proserpina* Denis & Schiffermüller, 1775.
Verbreitung Weit verbreitet und häufig. Vom Mittelmeerraum, einschließlich Korsika, Sardinien, Sizilien, Thassos, Lesbos, und dem europäischen Teil der Türkei über fast ganz Europa bis S-Polen und S-Deutschland. 0–1650 m.
Beschreibung Oberseite schwarzbraun mit weißer Postdiskalbinde, die im Vorderflügel in einzelne Flecke aufgelöst ist.
Flugzeit 1 Generation, Anfang Juni bis Mitte September.
Lebensraum Trockenes Grasland mit Sträuchern; Kulturland.
Lebensweise Nahrungspflanzen *Festuca ovina, Bromus erectus*. Weibchen lässt Eier während des Flugs fallen.

Minois dryas

Brintesia circe

♀

Minois dryas

Vfl-OS und -US bei ♂ und ♀ mit blau gekernten Augenflecken variabler Größe

Hfl-Zeichnung variabel, manchmal undeutlich, dunkle Submarginalbinde meist vorhanden

Brintesia circe

OS- und US-Zeichnung bei ♂ und ♀ charakteristisch

Berberia abdelkader

Gesamtverbreitung Marokko, Algerien, Tunesien, NW-Libyen.

▹ ***B. abdelkader*** (Pierret, 1837), TF: Provinz Oran (Constantine), Algerien.

Verbreitung Marokko: Hoher Atlas, Mittlerer Atlas. N-Algerien: Aures-Gebirge. W-Tunesien. 200–2300 m.

Beschreibung Bei ♂ Oberseite mittel- bis dunkelbraun; Vfl-OS, subapikaler Augenfleck in M1–M2 groß, hellblau gekernt; Augenfleck in Cu1–Cu2 kleiner, manchmal nur angedeutet, selten fehlend; runde hellblaue Postdiskalflecke in M2–M3 und M3–Cu1, manchmal auch in R5–M1; in Apexnähe ein cremeweißer, gelblicher oder hellbrauner Wisch, manchmal bis Cu1–Cu2 reichend, den dortigen Augenfleck einschließend; Hfl-US mit deutlicher schwarzbrauner Mediobasal- und Diskallinie, bei Ader M3 gewinkelt. ♀ ähnlich, Zeichnung deutlicher ausgebildet, Außenrand der Vfl-OS oft goldbraun; Hfl-US blasser, auffallend weiß geädert.

Variation Von O-Algerien (Bou-Saada bis Djebel Metlili und Aures-Massiv) bis W-Tunesien in 700–1100 m Höhe *nelvai* Seitz (= *marteni* Chneour); Vfl-Apex oberseits cremeweiß, meist den apexnahen Augenfleck einschließend, manchmal bis Postdiskal-Augenfleck in Cu1–Cu2 (wenn vorhanden) reichend; Augenflecke der Hfl-OS in M1–M2 und Cu1–Cu2, wenn vorhanden, meist von hellen oder goldenen Schuppen umgeben, die sich gelegentlich bis zum Außenrand fortsetzen. Unterseite ähnlich wie bei Stammform; Augenfleck am Apex auf Vfl-US von weißlichen Schuppen umgeben, die gelegentlich bis zur Kosta und am Außenrand bis Ader Cu2 reichen. In einem kleinen Gebiet im Mittleren Atlas (1900–2300 m) *taghzefti* Wyatt, Übergangsform zwischen Stammform und *nelvai* Seitz. In W-Algerien (1200 m) *saharae* Slaby, etwa 60 % der ♂ mit Übergängen zu oder nicht unterscheidbar von *taghzefti*, die anderen 40 % wie die Stammform.

Flugzeit 1 Generation, Juni bis Anfang November.

Lebensraum Offene Felshänge und sandige Stellen mit reichlichen Beständen der Nahrungspflanze.

Lebensweise Nahrungspflanze *Stipa tenacissima*, (?)*S. parviflora*.

Verhalten Falter saugen Nektar an *Colchicum autumnale*.

Berberia lambessanus

Gesamtverbreitung Marokko, Algerien, Tunesien, (?)Libyen.

▹ ***B. lambessanus*** (Staudinger, 1901), TF: Lambessa, Algerien.

Verbreitung Marokko: Hoher Atlas, Mittlerer Atlas, Rif-Atlas. N-Algerien: Aures-Gebirge. NO-Tunesien: Cap Bon. 50–3160 m.

Beschreibung Bei ♂ Oberseite fast schwarz, helle Apikalbestäubung kaum sichtbar, blaue Postdiskalflecke zwischen den Augenflecken oval bis tropfenförmig, größer als bei *B. abdelkader*. Bei ♀ alle Zeichnungen deutlicher ausgebildet.

Flugzeit 1 Generation, April bis November.

Lebensraum Wie bei *B. abdelkader*, aber vegetationsreicher und mit lichtem Wald.

Lebensweise Nahrungspflanze *Ampelodesmos mauretanica*, (?)*Stipa parviflora*. Eiablage an abgestorbenen Blättern nahe der Basis der Nahrungspflanze.

Berberia abdelkader

Berberia lambessanus

Berberia abdelkader

bei ♂ heller Subapex um Augenfleck In M1–M2 variabel, reicht manchmal bis Cu1–Cu2

Berberia lambessanus

bei ♂ Vfl-OS sehr dunkel ohne helle Zeichnung, blaue Submarginalflecke länglich

Arethusana arethusa · Rotbindiger Samtfalter

Gesamtverbreitung Marokko, S-Europa, Türkei bis Tienschan.

▹ ***A. arethusa*** (Denis & Schiffermüller, 1775), TF: Wiener Gegend, Österreich.

Syn.: *erythia* Hübner, 1805; *dentata* Staudinger, 1871; *boabdil* Rambur, 1842; letztere bei einigen Autoren als Unterart geführt.

Verbreitung W-Marokko: Hoher Atlas (Toubkal-Massiv, sehr lokal). 2400–2700 m. Iberische Halbinsel. Frankreich. N-Italien. (?)Schweiz. S-Deutschland (sehr lokal und selten). NO-Italien. O-Österreich. Slowakei bis Balkan, Griechenland und Türkei. 0–2000 m.

Beschreibung und Variation Zeichnung variabel. Orangefarbige OS-Binden oft in Flecke aufgelöst und undeutlich. Hfl-US bräunlich, mit schwarzen Schuppen bestreut, blasse Diskalbinde diffus, variabel. In Marokko, Spanien, Frankreich und Italien *dentata* Staudinger; orangefarbige OS-Binden breiter und deutlich ausgebildet, nach außen gezackt; Postdiskalregion der Vfl-US basalwärts mit brauner Querlinie; Hfl-US heller, deutlich schwarz gestrichelt, Adern hellgrau oder gelblich. In Marokko *aksouali* Wyatt; ähnlich wie *dentata*, Hfl-US gelblich braun. In Andalusien (Sierra Nevada, Sierra de Alfacar, Sierra de Almijara, Sierra de Los Filabres) *boabdil* Rambur; orangefarbige OS-Postdiskalbinden stark reduziert, Postdiskalregion der Vfl-US mit unregelmäßiger schwarzbrauner Linie, weiße Diskalbinde und weiße Adern der Hfl-US deutlich.

Flugzeit 1 Generation, Ende Juni bis Mitte September.

Lebensraum Grasige, gebüschreiche Stellen; Waldränder; Felsschluchten; trockenheiße Grasflächen zwischen Sträuchern und Kalkfelsen.

Erebia ligea · Weißbindiger Mohrenfalter

Gesamtverbreitung N-Europa, von M-Europa bis zum Ural, Sibirien, Altai, Transbaikalgebiet, Amur, Kamtschatka, Japan.

▹ ***E. ligea*** (Linnaeus, 1758), TF: Schweden (Verity, 1953).

Syn.: *dovrensis* Strand, 1902.

Verbreitung Frankreich: Massif Central, Alpes-Maritimes bis Vogesen. Alpen. Karpaten. Balkan. N-Griechenland (Varnous-Gebirge, Vernon-Gebirge, Rhodopen). Fennoskandinavien mit Öland. Baltikum. 0–1800 m.

Beschreibung ♂ mit Duftschuppenfleck auf Vfl-OS (vgl. *E. euryale*).

Variation Rötliche OS-Postdiskalbinden variieren in Farbe und Breite. Augenflecke variabel in Größe und Zahl, manchmal klein und ohne weißen Kern. In N-Fennoskandinavien f. *dovrensis* Strand; kleiner, OS-Postdiskalbinden reduziert, Augenflecke kleiner, meist nicht weiß gekernt, weiße Binde auf Hfl-US reduziert, meist auf R–M2 beschränkt. In S-Skandinavien Übergänge zur Stammform.

Flugzeit 1 Generation, Mitte Juli bis Ende August.

Lebensraum Geschützte, grasige und blütenreiche, meist feuchte Waldlichtungen mit Farnen.

Lebensweise Nahrungspflanzen *Carex sylvatica, C. strigosa*. Ei oder Raupe überwintert. In Fennoskandinavien dauert Entwicklungszyklus 2 Jahre.

Arethusana arethusa

Erebia ligea

f. *dovrensis*
(N-Skandinavien)

Arethusana arethusa

♂ ♀

Stammform

♂

var. ***boabdil***
(SO-Spanien)

♀

var. ***dentata***

Hfl-US des ♂ auffallend weiß geädert

♂

dunkle Form

Erebia ligea

Duftschuppenfleck des ♂ auf Vfl OS undeutlich

Fransen deutlich gescheckt

♂ ♀

Hfl-US mit charakteristischer Weißzeichnung

Erebia euryale · Bergwald-Mohrenfalter

Gesamtverbreitung Europäische Gebirge von N-Spanien bis Balkan, Karpaten, Halbinsel Kanin, Ural.
▷ ***E. euryale*** (Esper, 1805), TF: Riesengebirge, Polen/Tschechien.
Syn.: *adyte* Hübner, 1822; *ocellaris* Staudinger, 1861.
Verbreitung Weit verbreitet, lokal häufig. Kantabrisches Gebirge, W- und O-Pyrenäen, Massif Central, Jura, Alpen, Böhmerwald, Karpaten, Zentralapennin, Dinaric Planina bis zu Gebirgen des Balkans und N-Griechenlands (Varnous-Gebirge, Falakron-Gebirge, Rhodopen). 750–2500 m, meist 1200–2000 m.
Beschreibung ♂ ohne Duftschuppenfleck auf Vfl-OS (vgl. *E. ligea*); Augenflecke auf Oberseite meist ungekernt, auf Unterseite weiß gefüllt; Postdiskalbinde der Hfl-US an Ader M3 manchmal mit kleinem weißem Wisch. ♀ mit deutlicher breiter weißer oder gelblicher Postdiskalbinde.
Variation Beträchtliche lokale und regionale Variationen führten zur Beschreibung vieler Formen. In Haute-Savoie, W- und M-Schweiz, Alpen N-Österreichs, Böhmerwald, Hoher Tatra, NW-Karpaten *isarica* Heyne; Oberseite des ♂ mit länglichen, nicht weiß gefüllten Augenflecken; Postdiskalbinde der Hfl-US variabel, meist undeutlich; ♀ ähnlich wie Stammform gezeichnet. In der S-Schweiz *adyte* Hübner; Augenflecke meist weiß gekernt, Hfl-US des ♂ dunkler, in M2–M3 meist eine Kerbe in der rotbraunen Binde; bei ♀ helle Postdiskalbinde der Hfl-US mit hellen Schuppen bestreut, weiße Zeichnung deutlicher ausgebildet. In SO-Österreich und Dolomiten *ocellaris* Staudinger; ♂ mit reduzierter OS-Zeichnung, Augenflecke klein, rötlich umringt, ungekernt, manchmal fehlend; bei ♀ OS-Zeichnung deutlicher ausgebildet, gelegentlich aber ganz fehlend; Zeichnung der Hfl-US bei beiden Geschlechtern ähnlich wie bei Stammform.
Flugzeit 1 Generation, Ende Juli bis August.
Lebensraum Grasbewachsene, blütenreiche Kiefernwaldlichtungen; Grashänge über der Waldgrenze.
Lebensweise Nahrungspflanzen *Sesleria albicans, Festuca ovina, F. rubra, F. alpina, Poa nemoralis, Carex flacca, C. ferruginea, Calamagrostis varia.*

Erebia eriphyle

Gesamtverbreitung Zentraler Bereich der Alpen.
▷ ***E. eriphyle*** (Freyer, 1836), TF: Grimsel-Pass, Schweiz.
Syn.: *tristis* Herrich-Schäffer, 1848.
Verbreitung Weit verbreitet, aber sehr lokal. Schweiz: Berner Alpen, Lepontinische Alpen bis Alpstein und Engadin. Deutschland: Allgäuer Alpen (Nebelhorn). Österreich: Lechtaler Alpen, Ötztaler Alpen, Stubaier Alpen, Hohe Tauern (Großglockner), Niedere Tauern, Saualpe, Koralpe. Italien: Ortler, Dolomiten. 1200–2250 m.
Beschreibung Auf Hfl-OS rötlicher Fleck in M2–M3 konstant, die übrigen variabel. Vfl-US oft mit rötlicher Bestäubung von Postdiskalbinde bis Flügelbasis. Auf Hfl-US rötliche Flecke in M1–Cu2 variabel, ohne schwarze Mittelpunkte, Fleck in M2–M3 größer und immer vorhanden (vgl. *E. manto* f. *pyrrhula* und *E. melampus*).
Variation In den O-Alpen *tristis* Herrich-Schäffer; intensiver gefärbt, alle Zeichnungen deutlicher ausgebildet.
Flugzeit 1 Generation, Ende Juni bis Mitte August.
Lebensraum Feuchte, geschützte, kräuterreiche Bergwiesen und alpine Matten, oft in der Nähe von Kiefernbeständen; offene Flächen zwischen Sträuchern in Felsschluchten.
Lebensweise Nahrungspflanzen *Anthoxanthum odoratum, Deschampsia cespitosa.* Entwicklungszyklus dauert 2 Jahre.

Erebia euryale

Erebia eriphyle

Erebia euryale

Erebia eriphyle

nur in den Alpen

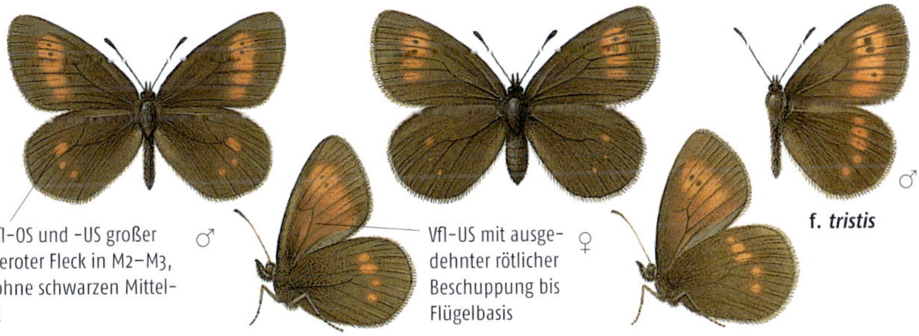

Erebia manto · Gelbgefleckter Mohrenfalter

Gesamtverbreitung Europäische Gebirge.
▷ *E. manto* (Denis & Schiffermüller, 1775), TF: Wiener Gegend, Österreich.
Syn.: *constans* Eiffinger, 1908; *pyrrhula* Frey, 1880; beide bei einigen Autoren als Unterart geführt.
Verbreitung Spanien: Picos de Europa, Pyrenäen. Frankreich: Pyrenäen, Massif Central, Alpes-Maritimes (sehr lokal), NO-Isère bis Haute-Savoie, Vogesen. Zentralalpen bis Julische Alpen. Karpaten. Bosnien Herzegowina: Vlasic Planina, Vranica Planina, Jahorina Planina. 900–2500 m.
Beschreibung Oberseite und Unterseite ohne Augenflecke.
Variation Individuell, lokal und regional in Größe und Zeichnung variabel. In den O-Alpen und Dolomiten *pyrrhula* Frey; sehr klein, dunkel, alle Zeichnungen stark reduziert, manchmal fehlend. In den Vogesen *vogesica* Christ; ♂ größer, rote Postdiskalbinden der Oberseite matter, kräftig entwickelt, schwarze Punkte am Vfl-Apex rudimentär oder fehlend, Postdiskalbinde der Hfl-US gleichmäßig breit; ♀ ähnlich, Farbe der US-Zeichnung variiert von Blassgelb bis intensiv Orangegelb, seltener Weiß (f. *bubastis* Meissner, tritt in der Schweiz gebietsweise regelmäßig auf). In N-Spanien und den Pyrenäen *constans* Eiffinger; bei ♂ Ober- und Unterseite fast schwarz, US-Zeichnung meist rudimentär oder fehlend; ♀ blasser, Zeichnung der Hfl-US oft nur andeutungsweise erkennbar. Die Form *serotina* Descimon & de Lesse gilt als Hybride von *E. manto* f. *constans* und *E. epiphron* f. *fauveaui*. Nur ♂ sind bekannt, die im September bei Cauterets in etwa 1000 m Höhe flogen. Diese anscheinend seltene Hybride ähnelt stark der lokalen Form von *E. epiphron*, aber Augenflecke in M1–M2 und M2–M3 auf Vfl-OS weiß gekernt, Augenflecke der Hfl-OS rot umringt, manchmal weiß gekernt, Postdiskalbinde der Vfl-US deutlich ausgebildet; Hfl-US dunkelbraun mit blasser Postdiskalbinde; rot umringte Augenflecke klein, nicht weiß gefüllt.
Flugzeit 1 Generation, Anfang Juli bis Anfang September.
Lebensraum Feuchte, blütenreiche Wiesen; Waldlichtungen; in Hochlagen Hänge und Weiden mit mäßig hohen Gräsern.
Lebensweise Nahrungspflanze *Festuca rubra*. Entwicklungszyklus dauert 2 Jahre.

Erebia flavofasciata

Gesamtverbreitung Südliche Zentralalpen.
▷ *E. flavofasciata* Heyne, 1895, TF: Campolungo-Pass, Tessin, Schweiz.
Verbreitung Sehr lokal, meist häufig. N-Italien: Piemont (Val Formazza, Val di Dévero, Val Antigorio, Monte Castello, Val di Tóggia, Passo di San Giácomo). S-Schweiz: Tessin (Naret-Pass, Sassello-Pass, Campo di Torba, Campolungo-Pass), Graubünden (Val Calanca, San-Bernardino-Pass, Julier-Pass, Schafberg, Tscherva-Gletscher, Bernina-Pass). Österreich: NW-Tirol. 1800–2600 m.
Beschreibung Auf Hfl-US gelbe Postdiskalbinde mit schwarzen Punkten.
Variation Im Engadin *thiemei* Bartel; kleinere und oft weniger rötliche Postdiskalflecke auf Oberseite; gelbe Postdiskalbinde der Hfl-US etwas schmaler, selten in Augenfleckringe aufgelöst.
Flugzeit 1 Generation, Ende Juni bis Mitte August.
Lebensraum Ungeschützte, grasbewachsene oder felsige Hänge; Gräser meist mäßig hoch.
Lebensweise Nahrungspflanze *Festuca ovina*. Entwicklungszyklus dauert 2 Jahre.

Erebia manto

Erebia flavofasciata

Erebia manto

Erebia flavofasciata

nur in S-Schweiz und N-Italien

Erebia epiphron · Knochs Mohrenfalter

Gesamtverbreitung Gebirge Europas (außer M- und S-Spanien, M- und S-Griechenland, Mittelmeerinseln).
▷ *E. epiphron* (Knoch, 1783), TF: Brocken, Harz, Deutschland.
Syn.: *aetheria* Esper, 1805; *mnemon* Haworth, 1812; *fauveaui* de Lesse, 1947; alle 3 bei einigen Autoren als Unterart geführt.
Verbreitung Spanien: Kantabrisches Gebirge, Sierra de la Demanda, Sierra de Cebollera, Pyrenäen. Frankreich: Pyrenäen, Basses-Alpes, Hautes-Alpes, Vogesen, Massif Central, Cevennen, Auvergne. Deutschland und Österreich: Alpen. Italien: Dolomiten. Gebirge in Slowenien, W-Kroatien, Bosnien-Herzegowina und SW-Serbien. Tschechien: Riesengebirge bis Altvatergebirge. S-Polen und N-Slowakei: Hohe Tatra. Rumänien: Karpaten, Retyezat-Gebirge. Mazedonien: Sar Planina, Jakupica Planina, Pelister. NW-Griechenland: Varnous-Gebirge. Großbritannien: NW-England (Cumbrian Mountains), Schottland (Grampian Mountains, Ben Nevis, Ben Vain, Ben Lomond, Newtonmore). 350–2700 m. (Karte S. 270)
Beschreibung Stammform (wohl ausgestorben, früher nur aus dem Harz bekannt) groß, Zeichnung deutlich ausgebildet. ♂ mit breiter rostfarbener Postdiskalbinde auf Vfl-OS, meist durchgehend, manchmal in einzelne Flecke aufgelöst, die Augenflecke in M1–Cu2 einschließen; Postdiskalbinde der Hfl-OS ähnlich, schließt Augenflecke in M2–Cu2 ein; Hfl-US mit rot umringten Augenflecken. ♀ stärker gezeichnet, rötliche Postdiskalflecke der Hfl-US oft zusammenfließend; schwarze Augenflecke der Oberseite und Hfl-US manchmal mit kleinem weißem Mittelpunkt.
Variation Art variiert individuell, lokal (Höhenlage, ökologische Anpassung), regional und saisonal sehr stark, daher wurden zahlreiche Formen und Unterarten beschrieben. In den Vogesen *mackeri* Fuchs (= *vogesiaca* Goltz); ähnelt der Stammform, kleiner, rostrote Postdiskalbinde der Vfl-OS schmaler, meist in einzelne Flecke aufgelöst, rot umringte Augenflecke der Hfl-US reduziert. In Großbritannien und Teilen Frankreichs *mnemon* Haworth (= *scotica* Cooke); ähnelt *mackeri*, kleiner, dunkler, rötliche Postdiskalbinde der Vfl-OS meist in längliche, etwa rechteckige Flecke aufgelöst; Augenflecke der Ober- und Unterseite in Größe und Zahl variabel, meist sehr klein, manchmal fehlend; Hfl-US selten mit blasserer Postdiskalregion. Im Massif Central ähnliche Formen – *cebennica* Leraut und *mixta* de Lesse. In den Alpen und Dolomiten *aetheria* Esper; ähnelt *mnemon*, alle Zeichnungen schwach entwickelt, bei ♂ roter Fleck und Augenfleck in M3–Cu1 der Vfl-OS oft reduziert; bei ♀ Augenflecke auf der Vfl-OS manchmal mit kleinem Mittelpunkt; beide Geschlechter mit blasser Postdiskalregion auf Hfl-US – besonders in Lebensräumen, wo auch *Erebia christi* vorkommt. In den Hochlagen der Zentralalpen (Engadin, W-Österreich, Dolomiten oberhalb 1800 m) *nelamus* Boisduval; kleiner, ♂ mit dunklerer Oberseite, alle Zeichnungen stark reduziert, rötliche Postdiskalbinden der Vfl-OS oft undeutlich, 2 kleine Augenflecke am Apex einschließend, diese sind oft rudimentär oder fehlen; Hfl-US ohne Augenflecke. In den Alpi Marittime, Apuanischen Alpen und im Zentralapennin *cydamus* Fruhstorfer; größer, ähnelt *mnemon*, aber etwas anders gezeichnet. In den Pyrenäen *fauveaui* de Lesse; ähnelt *mackeri*, größer, Vfl-Apex spitzer, OS-Postdiskalbinde und (nicht weiß gefüllte) Augenflecke deutlich ausgebildet. Von N-Spanien bis Andorra *pyrenaica* Herrich-Schäffer; Zeichnung meist reduziert. Im Asturischen Gebirge *valdeonica* Hospital; Postdiskalbinden der Vfl-OS deutlich, Augenflecke klein, manchmal fehlend; rötliche Postdiskalflecke und Augenflecke der Hfl-OS manchmal fehlend. In den tschechischen Gebirgen *silesiana* Meyer-Dür; alle Zeichnungen etwas reduziert, rötliche Postdiskalflecke der Hfl-US bei ♂ undeutlich oder fehlend, bei ♀ nicht zusammenfließend. In den Karpaten und der Hohen Tatra *transsylvanica* Rebel; ähnelt *silesiana*, Postdiskalbinde der Vfl-OS deutlich, oft fast bis Innenrand reichend; Augenflecke klein, Zahl variiert, in M1–M2 und M2–M3 meist vorhanden; Postdiskalzeichnung und Augenflecke der Hfl-OS meist deutlich, auf Unterseite sind Augenflecke rot umringt. In SW-Rumänien *retyezatensis* Warren; ähnelt *transsylvanica*, orangegelbe Postdiskalbinde der Vfl-OS von R5 bis M3 breiter, manchmal strahlenförmig zur Zelle ausgedehnt. In SO-Europa *roosi* Arnscheid & Sterba; bei ♂ rostrote Postdiskalflecke in R5–M3 der Vfl-OS zusammenstoßend und breiter als die in Cu1–A, Augenfleck in M3–Cu1 fehlt meist; rot umringte Postdiskalflecke der Hfl-US in Zahl und Größe variabel, meist rudimentär, manchmal fehlend; Augenflecke fehlen meist, Postdiskalregion manchmal etwas blasser. In der Sar Planina oberhalb 2300 m sind regelmäßig kleine dunkle Formen zu finden, die f. *nelamus* entsprechen.
Flugzeit 1 Generation, Mitte Juni bis Mitte August.
Lebensraum Geschützte Schluchten oder Senken an offenen Grashängen mit vielen mäßig hohen Grasarten; feuchte oder morastige Hänge; auf Granitfels.
Lebensweise Nahrungspflanze *Nardus stricta*. In höheren Lagen dauert Entwicklungszyklus 2 Jahre.

Erebia epiphron

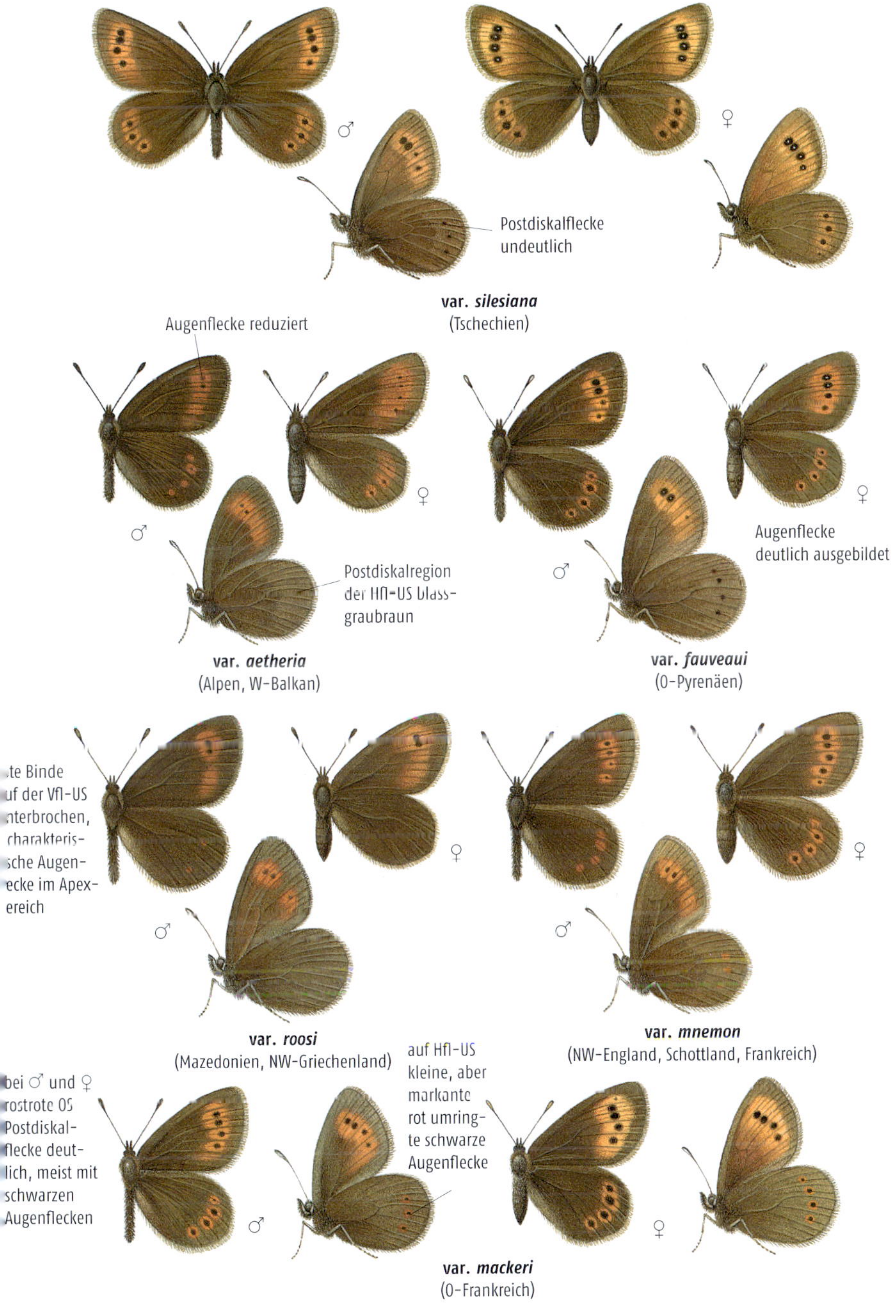

Erebia claudina

Gesamtverbreitung Österreichische O-Alpen.
▷ ***E. claudina*** (Borkhausen, 1789), TF: Österreich. Syn.: *arete* Fabricius, 1787 (ungültiges Homonym).
Verbreitung Österreich: Hohe Tauern (Mallnitz), Salzburger Alpen (Weißpriachtal), Niedere Tauern, Seetaler Alpen (Zirbitzkogel), Saualpe. 1800–2300 m.
Beschreibung Hfl-OS mit 2–5 weißen Postdiskalpunkten, auf Unterseite meist 6.
Flugzeit 1 Generation, Juli bis Anfang August; gebietsweise alle 2 Jahre sehr selten oder fehlend.
Lebensraum Grashänge verschiedener Ausprägung, meist oberhalb der Waldgrenze.
Lebensweise Nahrungspflanze *Deschampsia cespitosa*. Da Falter nur alle 2 Jahre auftreten, ist zweijähriger Entwicklungszyklus anzunehmen.

Erebia orientalis

Gesamtverbreitung Bulgarien, Serbien.
▷ ***E. orientalis*** Elwes, 1900, TF: Rila-Gebirge, Bulgarien.
Verbreitung Bulgarien: Stara Planina, Rila-Gebirge, Pirin-Gebirge. Serbien: Stara Planina. 1800–2600 m.
Beschreibung und Variation Vorderflügel schmal mit spitzem Apex. Bei ♂ rötliche Diskalflecke in M1–M3 der Vfl-OS etwas größer, schwarze Punkte einschließend; Hfl-OS und -US mit deutlichen, orangerot umringten, runden Postdiskalflecken mit weißem Zentrum. Bei ♀ Ober- und Unterseite graubraun, Postdiskalbinden gelborange, eingeschlossene weiß gekernte Augenflecke deutlich ausgebildet; Diskal- und Basalregion der Vfl-OS rötlich braun bestäubt. Im Pirin-Gebirge *infernalis* Varga, der Stammform sehr ähnlich.
Flugzeit 1 Generation, Ende Juni bis Mitte Juli, seltener von Anfang Juni bis Anfang August.
Lebensraum Grasflächen nahe der Waldgrenze.

Erebia christi

Gesamtverbreitung SW-Schweiz, NW-Italien.
▷ ***E. christi*** Rätzer, 1890, TF: Laggintal, Simplon, Schweiz.
Verbreitung SW-Schweiz: südlich des Simplon-Passes, sehr lokal, nicht häufig, Rossbodental, Eggental, Laggintal, Zwischenbergental. NW-Italien: Piemont (Véglia Alp). 1300–2100 m.
Beschreibung Augenflecke in R5–Cu1 der Vfl-OS nicht weiß gefüllt, in gerader Linie angeordnet (vgl. *E. epiphron* f. *aetheria*).
Flugzeit 1 Generation, Ende Juni bis Anfang August.
Lebensraum Steile, grasige Felshänge, oft zwischen einzelnen Bäumen und niedrigen Sträuchern.
Lebensweise Nahrungspflanze *Festuca ovina*. Entwicklungszyklus dauert 2 Jahre, Falter treten alle 2 Jahre häufiger auf.
Naturschutz An einigen Orten im Rückgang begriffen.

Erebia melampus · Kleiner Mohrenfalter

Gesamtverbreitung Alpen.
▷ ***E. melampus*** (Fuessly, 1775), TF: Schweiz.
Verbreitung Weit verbreitet, allgemein häufig. Fast im gesamten Alpenraum, von Alpes Maritimes bis S-Bayern, O-Österreich und Dolomiten. 800–2400 m.
Beschreibung und Variation Orangerote Flecke auf Vfl-OS unregelmäßig angeordnet, meist mit kleinen schwarzen Punkten in M1–M3, manchmal auch in M3–Cu2; Hfl-OS meist mit 4 Postdiskalflecken mit oder ohne schwarze Punkte, Fleck in M2–M3 ist der größte (vgl. *E. sudetica*).
Flugzeit 1 Generation, Anfang Juli bis Mitte September.
Lebensraum Feuchte oder trockene Bergwiesen und alpine Matten, Grashänge, Waldlichtungen.
Lebensweise Nahrungspflanzen *Anthoxanthum odoratum, Festuca ovina, Poa nemoralis.*

Erebia epiphron

Erebia claudina

Erebia orientalis

Erebia christi

Erebia melampus

Erebia claudina

nur in österreichischen Alpen

Hfl-OS und -US mit markanten weißen Submarginalpunkten, unregelmäßig angeordnet

Erebia orientalis

nur in Bulgarien und Serbien

bei ♂ und ♀ deutliche Augenflecke auf Hfl-US

Erebia christi

nur in SW-Schweiz, NW-Italien

rote Postdiskalbinde in M3 Cu1 nicht eingeschnürt, kleine längliche schwarze Punkte bilden eine Gerade

Diskalregion der Vfl-US rötlich

blasse Postdiskalregion der Hfl-US scharf abgegrenzt

Erebia melampus

nur in den Alpen

Postdiskalflecke auf Hfl-OS und -US bei ♂ und ♀ in unregelmäßiger Reihe, größter Fleck in M2–M3

Erebia pharte · Unpunktierter Mohrenfalter

Gesamtverbreitung Alpen, Hohe Tatra.
▹ ***E. pharte*** (Hübner, 1804), TF: Alpen der Schweiz.
Syn.: *eupompa* Fruhstorfer, 1918; *phartina* Staudinger, 1894; beide bei einigen Autoren als Unterart geführt.
Verbreitung Frankreich: N der Alpes-Maritimes bis Haute-Savoie, Vogesen. Schweiz. NW- und NO-Italien (Cottische Alpen). S-Deutschland. Österreich und W-Slowenien: Julische Alpen. S-Polen und N-Slowakei: Hohe Tatra. Rumänien: Karpaten. 1000–2500 m, meist oberhalb 1400 m.
Beschreibung Orangerote Postdiskalbinden der Ober- und Unterseite deutlich ausgebildet, von braunen Adern durchschnitten, stets ohne Augenflecke und ohne schwarze Punkte.
Variation Von W-Tirol ostwärts *eupompa* Fruhstorfer; größer, Postdiskalbinden intensiver, auf Vfl-OS in R5–M2 basalwärts manchmal strahlenförmig. Im gesamten Verbreitungsgebiet oberhalb 1800 m (selten darunter) *phartina* Staudinger; kleiner, Postdiskalzeichnung stark reduziert, selten gänzlich fehlend.
Flugzeit 1 Generation, Anfang Juli bis Ende August.
Lebensraum Trockene oder feuchte Bergwiesen und alpine Matten; in tieferen Lagen gras- und blütenreiche Lichtungen in Wäldern.
Lebensweise Nahrungspflanzen *Carex ferruginea, C. flacca, Festuca ovina, F. quadriflora, F. rubra, Nardus stricta.* Entwicklungszyklus dauert 2 Jahre.

Erebia sudetica

Gesamtverbreitung Europa.
▹ ***E. sudetica*** Staudinger, 1861, TF: »Schlesisches Gebirge«, Tschechien.
Syn.: *liorana* de Lesse, 1947; bei einigen Autoren als Unterart oder eigenständige Art geführt.
Verbreitung Frankreich: Monts du Cantal, O-Isère, M-Savoie. Schweiz, sehr lokal: Berner Alpen (Grindelwald). Tschechien: Altvatergebirge (Praded). Polen: Hohe Tatra. Rumänien: Karpaten mit Retyezat- und Radna-Gebirge. 1200–2000 m.
Beschreibung Rötliche Postdiskalbinden der Ober- und Unterseite mit schwarzen Punkten in gerader Reihe, nur von braunen Adern unterbrochen (vgl. *E. melampus*).
Variation In Frankreich und der Schweiz *liorana* de Lesse; Postdiskalzeichnung der Hfl-US besteht aus etwas kleineren rötlichen Flecken mit schwarzen Punkten, meist auf M1–Cu2 beschränkt.
Flugzeit 1 Generation, Ende Juni bis August.
Lebensraum Feuchte Wiesen mit hohen Gräsern in geschützten Waldlagen.
Lebensweise Nahrungspflanze *Anthoxanthum odoratum.*

Erebia aethiops · Graubindiger Mohrenfalter

Gesamtverbreitung M- und O-Europa, N-Türkei, Transkaukasien, Ural, Altai, W-Sibirien.
▹ ***E. aethiops*** (Esper, 1777), TF: S-Deutschland.
Verbreitung Schottland, NW-England, sehr lokal. Frankreich: Massif Central, Cevennen, zentraler Osten (vereinzelt in Allier, Cher, Nièvre, O-Provence, Lorraine). Belgien bis Lettland, Schweiz, Balkan und N-Griechenland (Rhodopen). N-Italien: Alpen. 0–2000 m, meist 300–1500 m. Nicht in N-Deutschland und Fennoskandinavien.
Beschreibung Bei beiden Geschlechtern rötliche Postdiskalbinde der Vfl-OS in M3–Cu1 eingeschnürt. Postdiskalbinde der Hfl-US bei ♂ silbergrau, bei ♀ gelblich braun.
Variation Regional und lokal variabel in Größe und in Ausbildung der Postdiskalzeichnung, im S größer. In Schottland *caledonia* Verity; kleiner, Flügel schmaler, Postdiskalbinde der Vfl-OS schmaler, oft in M3–Cu1 unterbrochen, Augenfleck dort fehlend; Hfl-US meist wie bei Stammform. Am Monte Baldo rote OS-Postdiskalbinden oft zu schmalen Ringen reduziert, die ebenfalls stark reduzierten Augenflecke am Vfl-Apex einschließend.
Flugzeit 1 Generation, Ende Juli bis Mitte September.
Lebensraum Heiden mit lockerem Baumbestand, Moore, Feuchtwiesen, gras- und blütenreiche Waldlichtungen und -ränder.
Lebensweise Nahrungspflanzen *Molinia caerulea, Sesleria caerulea, Carex sempervirens, Bromus erectus, Brachypodium pinnatum, Calamagrostis epigejos, Dactylis glomerata, Festuca ovina, Luzula nivea, Poa trivialis, Anthoxanthum odoratum, Briza media.*

Erebia pharte

Erebia sudetica

Erebia aethiops

Erebia pharte

bei ♂ und ♀ rote Postdiskalzeichnung auf OS und US
stets ohne Augenflecke und ohne schwarze Punkte

Erebia sudetica

♂ und ♀ mit charakteristischer
Postdiskalbinde auf OS und US

Erebia aethiops

♂ mit Duftschuppenfleck, Post-
diskalbinde in M3–Cu1 eingeschnürt

Erebia triarius

Gesamtverbreitung Europa.
▹ *E. triarius* (de Prunner, 1798), TF: Exilles, Piemont, Italien.
Syn.: *evias* Godart, 1823; *hispanica* Gumppenberg, 1888.
Verbreitung N-Portugal: Serra de Gerez. Spanien: Sierra Madrona, Montes de Toledo, Sierra de Gredos, Sierra de Guadarrama, Montes Universales, Sierra de la Demanda, Sierra de Cebollera, Kantabrisches Gebirge, W-Pyrenäen (sehr lokal). Andorra. Frankreich: Pyrenäen, Alpes-Maritimes bis Vaucluse, Isère und Savoie. Italien: Ligurische Alpen, Cottische Alpen bis Trentino-Alto Adige. S- und O-Schweiz. S-Österreich. W-Slowenien: Julische Alpen. S-Bosnien-Herzegowina. S-Serbien. Albanien. 400–2500 m.
Beschreibung und Variation Auf Vfl-OS Augenfleck in R–M1 (fast immer vorhanden) nahezu in einer Linie mit Augenflecken in M1–M3. Hfl-US sehr dunkel, erscheint durch undeutliche schwarze Einsprenkelungen etwas rau (vgl. *E. meolans*). Postdiskalbinde der Vfl-OS variiert in Farbe und Form, meist 5 Augenflecke einschließend, diese in R5–M1 und M3–Cu1 manchmal zu schwarzen Punkten reduziert, selten fehlend. In Spanien *hispanica* Gumppenberg; kleiner, OS-Postdiskalbinden blasser, zu Gelborange tendierend, auf Vfl-OS am Apex breiter, gegen Cu2 spitz zulaufend, ähnlich wie bei Stammform; Postdiskalbinde auf Vfl-US rötlich, dunkler als auf Oberseite; bei ♀ Oberseite blasser braun.
Flugzeit 1 Generation, Mitte April bis Mitte Juli.
Lebensraum Grasige Waldlichtungen mit Gebüsch in Felslagen; in Spanien oft kleine Lichtungen in lockeren Kiefernwäldern auf Karbonatgestein.
Lebensweise Nahrungspflanzen *Festuca ovina, Poa pratensis, P. alpina, Stipa pennata.*

Erebia embla

Gesamtverbreitung NO-Europa, NW-Russland, Ural, Sibirien, N- und O-Altai, Transbaikalgebiet, Jakutien, Mongolei, Kamtschatka, Sachalin, N-Korea.
▹ *E. embla* (Thunberg, 1791), TF: Västerbotten, Schweden.
Verbreitung S- und N-Norwegen: Hedmark, Finnmark. Schweden: Dalarna bis Torne Lappmark. Finnland. Estland. NO-Lettland, sehr lokal. 100–400 m.
Flugzeit 1 Generation, Mitte Juni bis Juli.
Lebensraum Feuchtgebiete mit dauerhaften Wasserflächen, Grasbülten, Seggen, Weiden, oft in lichten Kiefern- oder Birkenwäldern.
Lebensweise Nahrungspflanzen *Carex* sp., *Deschampsia* sp.

Erebia disa

Gesamtverbreitung Zirkumpolar – arktisches Europa, Halbinseln Kola, Jamal und Tschukotka; arktischer und subarktischer Ural, N- und W-Sibirien, Transbaikalgebiet, Mongolei, Jakutien, Magadan, arktisches N-Amerika.
▹ *E. disa* (Thunberg, 1791), TF: Lappland.
Verbreitung Fennoskandinavien von 65° N bis Finnmark. 300–500 m.
Beschreibung Vfl-OS mit ungekernten, orange umringten, schwarzen Postdiskalflecken. Hfl-OS einfarbig braun.
Flugzeit 1 Generation, Anfang Juni bis Ende Juli.
Lebensraum Moore und andere Feuchtgebiete mit trockenen Stellen oder Heiden, meist mit Sträuchern oder kleinen Bäumen und kleinen dauerhaften Wasserflächen.
Lebensweise Entwicklungszyklus dauert 2 Jahre.

Erebia triarius

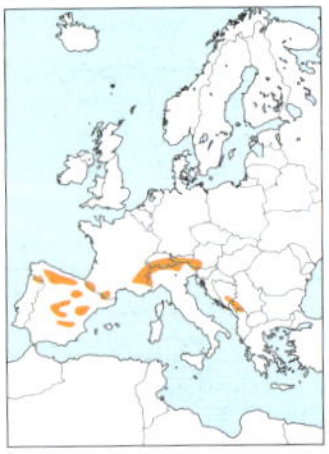

Erebia embla

Erebia disa

Erebia triarius

Stammform **var. *hispanica***

Erebia embla

Erebia disa

Erebia medusa · Rundaugen-Mohrenfalter

Gesamtverbreitung Europa, NW-Türkei, Transkaukasien, S-Sibirien, Mongolei, N-China.
▷ ***E. medusa*** (Denis & Schiffermüller, 1775), TF: Wiener Gegend, Österreich.
Syn.: *brigobanna* Fruhstorfer, 1917; *psodea* Hübner, 1804; *hippomedusa* Ochsenheimer, 1820.
Verbreitung Weit verbreitet und lokal häufig im SO, sonst vereinzelt. M- und O-Frankreich: Cher und Allier bis Ardennen und Savoie, Alpes-de-Haute-Provence. S-Belgien: Ardennen. N-Italien, Ligurische Alpen. Schweiz. Österreich. Nach N bis N-Deutschland und N-Polen, nach S bis S-Balkan, N-Griechenland und Türkei. 300–2300 m.
Beschreibung Unterseite der Fühlerkolbenspitzen ledergelb (vgl. *E. oeme*).
Variation Klinale Variation der Größe und Zeichnung je nach Höhenlage und geografischer Lage. In SO-Europa *psodea* Hübner (= *euphrasia* Fruhstorfer; *botevi* Slaby); größer, orangegelbe Postdiskalflecke der Ober- und Unterseite intensiver, größer, oft zusammenfließend, besonders bei ♀; Augenflecke größer. Zwischenformen auf dem NW-Balkan. In den O-Alpen oberhalb 1800 m *hippomedusa* Ochsenheimer; klein, alle Zeichnungen reduziert. In mittleren Höhenlagen Übergangsformen.
Flugzeit 1 Generation, Anfang Mai bis Anfang August.
Lebensraum Verschieden. Feuchte, nasse, grasige, blütenreiche Lichtungen oder Ränder von Laub-, Misch- oder Nadelwald, oft reich an Farnen; Grashänge oder Schluchten oberhalb der Waldgrenze.
Lebensweise Nahrungspflanzen *Festuca ovina, F. rubra, Bromus erectus, Milium effusum*. In höheren Lagen dauert Entwicklungszyklus 2 Jahre.

Erebia polaris

Gesamtverbreitung N-Norwegen und N-Finnland, Ural, N-Sibirien, Jakutien.
▷ ***E. polaris*** Staudinger, 1861, TF: Lappland. Bei einigen Autoren als Unterart von *E. medusa* geführt.
Verbreitung Arktisches Norwegen und Finnland, überwiegend in Küstengebieten von 69° N bis zum Nordpolarmeer. 0–400 m, meist unter 200 m.
Beschreibung Ähnelt *E. medusa*; Augenflecke kleiner, Hfl-US mit blasser Postdiskalbinde, oft undeutlich, manchmal fehlend.
Flugzeit 1 Generation, Ende Juni bis Ende Juli.
Lebensraum Feuchtwiesen in küstennahen Flusstälern, grasige Lichtungen in lockerem Birkengebüsch.

Erebia alberganus

Gesamtverbreitung N-Spanien, Alpen, Apennin (Abruzzen), Bulgarien.
▷ ***E. alberganus*** (de Prunner, 1798), TF: Piemont, Italien.
Syn.: *phorcys* Freyer, 1836; bei einigen Autoren als Unterart geführt.
Verbreitung Spanien: Kantabrisches Gebirge. Alpen: Von Alpes-Maritimes über Isère, Cottische Alpen, S- und SO-Schweiz (Walliser Alpen, Berner Alpen, Lepontinische Alpen, Ober- und Unterengadin) bis Dolomiten und Hohe Tauern. Italien: Ligurische Alpen, Abruzzen. Mazedonien: Korab Planina. Bulgarien: Stara Planina. 900–2200 m.
Variation In den Hochlagen der O-Alpen *caradjae* Caflisch; klein, Zeichnung stark reduziert, aber längliche Postdiskalflecke sind vorhanden (vgl. *E. medusa* f. *hippomedusa*). In den W-Alpen *tyrsus* Fruhstorfer; oft sehr groß mit deutlich ausgebildeter Zeichnung. Zwischenformen lokal häufig. In Bulgarien *phorcys* Freyer; alle Zeichnungen sehr deutlich, längliche gelbe Postdiskalflecke der Hfl-US zur Flügelbasis hin ausgedehnt; Augenflecke orange umringt.
Flugzeit 1 Generation, Mitte Juni bis Ende August.
Lebensraum Warme, blütenreiche Wiesen, oft in geschützten Waldlagen; süd- oder westexponierte Grashänge.
Lebensweise Nahrungspflanzen *Festuca ovina, Anthoxanthum odoratum*.

Erebia medusa

Erebia polaris

Erebia alberganus

Erebia medusa

Erebia polaris

Erebia alberganus

Erebia pluto · Eismohrenfalter

Gesamtverbreitung Alpen, Zentralapennin.
▷ *E. pluto* (de Prunner, 1798), TF: Val Varodisiana, Piemont, Italien.
Syn.: *glacialis* Esper, 1804 (ungültiges Homonym); *alecto* Hübner, 1804; *nicholli* Oberthür, 1896; *oreas* Warren, 1933; *belzebub* Costa, 1839.
Verbreitung Frankreich: Alpes-Maritimes, Basses-Alpes, Hautes-Alpes, Haute-Savoie. N- und NW-Italien: Cottische Alpen bis Alpi Graie, Ortler-Gruppe, Brenta-Grüppe, Monte Baldo. Österreich: W-Tirol bis Kitzbühler Alpen, Hohe Tauern, Ortler, Dolomiten, Karnische und Julische Alpen, Ötztaler Alpen. S- und O-Schweiz: Walliser Alpen, Lepontinische Alpen bis O-Engadin, Berner Alpen bis Glarner Alpen und Alpstein. 1800–3000 m.
Beschreibung Bei ♂ Oberseite einfarbig seidig schwarz, Postdiskalregion des Vorderflügels mit Spur dunkelbrauner Bestäubung, sonst ungezeichnet. Bei ♀ Oberseite variabel, manchmal dunkelgraubraun, meist mit blassbräunlichen Postdiskalflecken, diese im Vorderflügel gelegentlich zu einem Band verschmolzen.
Variation Im Zentralapennin (Gran Sasso) *belzebub* Costa; ähnlich wie Stammform, kleinste Rasse dieser Art, Vorderflügel schmaler, ♀ auf Vfl-US mit breiterer, kupferbrauner Postdiskalbinde. In Österreich *alecto* Hübner; bei ♂ Oberseite einfarbig dunkelbraun oder schwarz, weiß gekernte Augenflecke in M1–M2 und M2–M3 sowie in M2–Cu2 auf Hfl-OS, Postdiskalregion auf Vfl-US rötlich bestäubt; bei ♀ Augenflecke der Hfl-OS variabel. An der Ortler-Gruppe *velocissima* Fruhstorfer; alle Zeichnungen deutlicher, bei beiden Geschlechtern OS-Postdiskalbinde breit, Augenflecke am Apex meist deutlich, aber variabel und manchmal fehlend. In den Julischen Alpen *triglavensis* Schawerda; bei ♂ Postdiskalbinde der Vfl-US besonders stark ausgeprägt. In den Dolomiten *dolomitana* Schawerda; sehr variabel, lokal mit Übergängen zur Stammform oder f. *nicholli*. An der Brenta-Gruppe *nicholli* Oberthür; bei ♂ Ober- und Unterseite seidig dunkelbraun oder schwarz, auf Vfl-OS weiß gekernte Augenflecke in M1–Cu2, in M1–M3 gleich groß, in M3–Cu2 kleiner, aber ebenfalls gleich groß und leicht nach außen gerückt, Augenflecke der Hfl-OS in M2–Cu2 gleich groß, auf Unterseite ebenso; bei ♀ Oberseite dunkelbraun, Augenflecke von schmalen, undeutlichen rötlichen Postdiskalbinden umgeben, Diskalregion der Vfl-US rötlich braun, Hfl-US braun, Adern deutlich dunkler. Am Monte Baldo *burmanni* Wolfsberger; etwas stärker gezeichnet und weniger variabel. In Haute-Savoie, der Schweiz und den Ötztaler Alpen *oreas* Warren; bei ♂ Oberseite seidig dunkelbraun, Vfl-OS mit variabler dunkelroter Postdiskalbinde, manchmal nur angedeutet, Hfl-OS gelegentlich mit undeutlicher rötlicher Postdiskalzeichnung, rötliche Postdiskalbinde der Vfl-US nach innen scharf begrenzt, Basal- und Diskalregion dunkler rot bestäubt. Im O-Engadin Übergänge zu *velocissima*. Im Berner Oberland *anteborus* Fruhstorfer mit Übergängen zur Stammform.
Flugzeit 1 Generation, Ende Juni bis Ende August.
Lebensraum Steile Geröllfelder; Moränen; auf Karbonatgestein.
Lebensweise Nahrungspflanzen *Festuca quadriflora, F. alpina, Poa minor*. Eiablage meist an Felsen oder abgestorbenen verholzten Stängeln, mitunter in einiger Entfernung von nächster Nahrungspflanze. Entwicklungszyklus dauert 2 Jahre.
Verhalten Aktivität der Falter ist großteils auf felsiges, vegetationsfreies Gelände beschränkt. Männchen saugen manchmal an feuchten Bodenstellen. Falter ruhen bei kühlem und trübem Wetter mitunter längere Zeit mit geöffneten Flügeln auf Felsen.

Erebia pluto

Erebia pluto

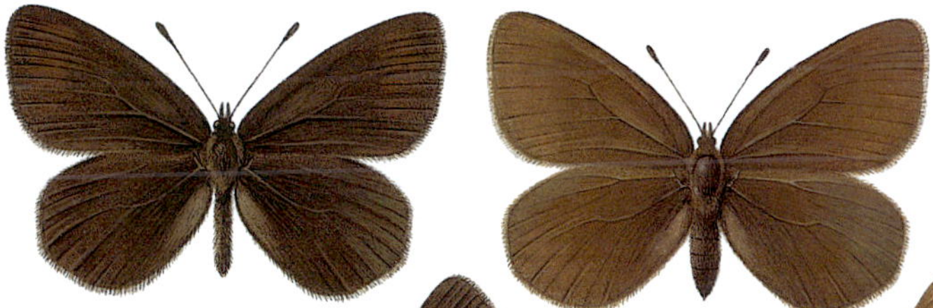

bei ♂ OS seidig schwarz, selten mit Anflug von Braun

Stammform

winzige Augenflecke vorhanden

f. *alecto*

OS und US mit deutlichen Augenflecken

f. *nicholli*

f. *velocissima*

f. *oreas*

Erebia gorge

Gesamtverbreitung Mitteleuropäische Gebirge, Pyrenäen, Alpen.
▷ ***E. gorge*** (Hübner, 1804), TF: Schweiz und Tirol, Österreich.
Syn.: *erynis* Esper, 1805; *triopes* Speyer, 1865; *ramondi* Oberthür, 1909.
Verbreitung Spanien, Kantabrisches Gebirge, Pyrenäen. Frankreich: Pyrenäen, Basses- und Hautes-Alpes, Haute-Savoie. Alpen der S- und M-Schweiz und N-Italiens, Alpen in Bayern und Österreich, Dolomiten, Julische Alpen; Velebit-Gebirge, Dinarisches Gebirge, Rudoka Planina, Pirin-Gebirge, Rila-Gebirge, Karpaten, Apuseni-Gebirge, Hohe Tatra, Apennin. 1800–3000 m.
Beschreibung ♂ mit unauffälligem Duftschuppenfleck auf Vfl-OS, rötliche Diskalbinde mit seidigem Glanz, am Apex 2 weiß gefüllte Augenflecke, eventuelle weitere Augenflecke sehr klein; Hfl-US scheckig dunkelgrau oder graubraun und hellgrau. Bei beiden Geschlechtern Hfl-Außenrand unregelmäßig, meist mit deutlicher »Nase« an Ader M3 (gutes Erkennungszeichen).
Variation Im Kantabrischen Gebirge und in den Pyrenäen *ramondi* Oberthür; ähnelt der Stammform, aber mit 4–5 Augenflecken auf Hfl-OS und -US. Dort ebenfalls auftretende Falter mit einem weiteren Augenfleck in R–M1 ähneln *triopes*. Im Kantabrischen Gebirge oft sehr groß (*gigantea* Oberthür). In den Alpen der Schweiz und Italiens *triopes* Speyer; ähnelt *ramondi*, alle Augenflecke kräftiger ausgebildet, auf Vfl-OS in R5–M3 gleich groß, einander berührend und auf einer Geraden liegend, Augenflecke in M3–Cu2 kleiner. In SO-Frankreich und NW-Italien *erynis* Esper; wie Stammform, aber ohne Augenflecke. In den Apuanischen Alpen und im Zentralapennin *carboncina* Verity; kleiner, dunkler, Postdiskalbinden schmaler, Augenflecke sehr klein, oft fehlend. In den Karawanken, S-Bosnien-Herzegowina, S-Serbien und Karpaten Übergangsformen zu *erynis*; Postdiskalbinde der Vfl-OS in M1–M3 oft bis Zelle ausgedehnt (*karwendeli* Zusanek, *hercegovinensis* Rebel, *vagana* Lorkovic, *rudkowskyi* Bang-Haas, *fredericikoenigi* Varga). In Albanien und Serbien *albanica* Rebel; bei ♂ Postdiskalbinde der Vfl-OS kurz und schmal, etwas diffus, kleine weiß gekernte Augenflecke nur in M1–M3, auf Unterseite ähnlich; Hfl-OS einfarbig schwarz, zeichnungslos, Hfl-US einheitlich dunkelbraun mit undeutlicher grauer Randbinde. An SW-Verbreitungsgrenze (Bulgarien, Pirin-Gebirge) Falter größer, sonst von Stammform nicht unterscheidbar.
Flugzeit 1 Generation, Ende Juni bis Ende August.
Lebensraum Geröllfelder; Moränen; auf Karbonatgestein.
Lebensweise Nahrungspflanzen *Poa minor, P. alpina, Sesleria albicans, Festuca alpina*. Entwicklungszyklus dauert 2 Jahre.

Erebia aethiopellus

Gesamtverbreitung W-Alpen (Frankreich, Italien).
▷ ***E. aethiopella*** (Hoffmannsegg, 1806), TF: Piemont, Italien.
Syn.: *gorgophone* Bellier, 1863.
Verbreitung Alpen SO-Frankreichs und NW-Italiens: Alpes-Maritimes bis Hautes-Alpes und Cottische Alpen. 1800–2400 m.
Beschreibung ♂ mit deutlichem Duftschuppenfleck auf Vfl-OS von Ader M2 bis Innenrand, basalwärts bis Zelle. Postdiskalbinde bis Zellende reichend, meist mit 2 kleinen weiß gekernten Augenflecken in M1–M3; Postdiskalbinde der Hfl-OS ohne Augenflecke, auf Hfl-US Binde hell (vgl. *E. mnestra*).
Flugzeit 1 Generation, Mitte Juli bis Ende August.
Lebensraum Offene grasige Hänge und Täler.
Lebensweise Nahrungspflanze *Festuca paniculata*.

Erebia gorge

Erebia aethiopellus

Erebia gorge

Erebia aethiopellus

Erebia rhodopensis

Gesamtverbreitung SO-Europa.
▷ *E. rhodopensis* Nicholl, 1900, TF: Rila-Gebirge, Bulgarien.
Verbreitung Sehr lokal. Mazedonien: Sar Planina. Serbien. Bulgarien: Stara Planina, Rila-Gebirge, Pirin-Gebirge, Rhodopen. Griechenland: Grammos-Gebirge. 1800–2600 m.
Beschreibung und Variation Ähnelt *E. aethiopellus;* weiß gekernte Augenflecke am Apex der Vfl-OS und -US stärker ausgeprägt. Auf der Sar Planina *sharsta* Higgins; Hfl-US heller, grau mit weißer Rieselung.
Flugzeit 1 Generation, Juli bis August.
Lebensraum Offene Grashänge; strauch- und baumfreie Gebiete.

Erebia mnestra

Gesamtverbreitung Alpen.
▷ *E. mnestra* (Hübner, 1804), TF: Alpen der Schweiz.
Verbreitung Meist sehr lokal und selten. Frankreich: Isère, Hautes-Alpes, Savoie, Haute-Savoie. Italien: Cottische Alpen, Ortler-Gruppe, Adamello-Gruppe. S- und SO-Schweiz: Wallis bis Engadin. Österreich: Ötztaler Alpen, Salzburger Alpen, Karwendel. 1500–2600 m.
Beschreibung ♂ mit undeutlichem Duftschuppenfleck auf Vfl-OS; Postdiskalbinde in M1–M3 bis Zellende verbreitert; am Apex keine Augenflecke oder nur kleine schwarze Punkte; Postdiskalbinde der Hfl-OS durch Adern unterbrochen, meist nur von M1 bis Cu1 und ohne Augenflecke; braune Randzone der Vfl-US scharf begrenzt, Diskal- und Basalregion einheitlich rötlich und zeichnungslos; Hfl-US einheitlich braun, selten mit undeutlicher blasser Postdiskalbinde (vgl. *E. aethiopellus*).
Flugzeit 1 Generation, Anfang Juli bis Mitte August.
Lebensraum Steilhänge mit hohen und borstigen Gräsern.
Lebensweise Nahrungspflanzen *Festuca, Sesleria albicans.* An manchen Orten dauert der Entwicklungszyklus 2 Jahre.

Erebia gorgone

Gesamtverbreitung Pyrenäen.
▷ *E. gorgone* Boisduval, 1833, TF: Pyrenäen.
Verbreitung Spanien und Frankreich: Hochlagen der Pyrenäen. Andorra. 1500–2450 m.
Beschreibung Bei ♂ Oberseite dunkelbraun, Postdiskalbinden dunkelrotbraun, von dunklen Adern unterbrochen, Vorderflügel mit deutlichem Duftschuppenfleck vom Innenrand bis Ader M1; ♀ heller, Hfl-US mit markanten hellen Adern (vgl. *E. gorge* und *E. pronoe*).
Flugzeit 1 Generation, Mitte Juli bis Ende August.
Lebensraum Grasige Stellen zwischen Felsen und kleinen Geröllflächen; Steilhänge mit Gräsern, auch hochwüchsigen Arten.

Erebia epistygne

Gesamtverbreitung Spanien, Frankreich.
▷ *E. epistygne* (Hübner, 1819), TF: Provence, Frankreich.
Verbreitung Spanien: Montes Universales, Serranía de Cuenca, Sierra de Javalambre, Sierra de Calderesos, Sierra de Guadalajara, Montseny-Gebirge, (?)M-Pyrenäen. Frankreich, weit verbreitet, aber lokal: SW-Cevennen, Provence. 450–2300 m.
Variation In Spanien *viriathus* Sheldon; Hfl-US etwas grauer.
Flugzeit 1 Generation, Ende März bis Ende Mai.
Lebensraum Grasige und felsige Lichtungen in offenem Wald; trockene, oft flache Stellen mit kleinen Felsen und einzelnen Kiefern, kurzen Gräsern und einzelnen kleinen Sträuchern; auf Karbonatgestein.
Lebensweise Nahrungspflanze *Festuca ovina.*

Erebia rhodopensis

Erebia mnestra

Erebia gorgone

Erebia epistygne

Erebia rhodopensis

Erebia mnestra

Erebia gorgone

Erebia epistygne

Die folgenden 7 Arten sind in der *Erebia-tyndarus*-Artengruppe zusammengefasst und äußerlich kaum unterscheidbar. Soweit bekannt, kommt jede Art in einem anderen Lebensraum vor – bei scheinbaren Überschneidungen werden meist verschiedene Höhenlagen bewohnt. Anhand der männlichen Genitalien lassen sich die Arten sicher bestimmen.

Erebia tyndarus · Schillernder Mohrenfalter

Gesamtverbreitung NW-Alpen.
▹ ***E. tyndarus*** (Esper, 1781), TF: Scheidegg, Schweiz.
Verbreitung Weit verbreitet und häufig. Walliser Alpen (Col Ferret), Berner Alpen, Engadin, Ortler-Gruppe, Allgäuer Alpen bis Brenner. Hautes-Alpes (Col d'Izoard). 1200–2700 m.
Beschreibung und Variation Bei ♂ Oberseite dunkelbraun, Vfl-OS mit deutlichem messingfarbenem oder grünem Schimmer, bei frischen Faltern gut sichtbar, Vfl-Apex leicht gerundet, apexnaher rotbrauner Fleck in M1–M3 meist mit 2 weiß gekernten Augenflecken; Hfl-OS manchmal mit kleinen rotbraunen Postdiskalflecken ohne Augenringe; Hfl-US variabel grau und braun gestrichelt.
Flugzeit 1 Generation, Anfang Juli bis Ende August, manchmal bis Anfang Oktober.
Lebensraum In tieferen Lagen Graslichtungen in Kiefernwäldern; oberhalb der Waldgrenze grasige, steinige und felsige Flächen.
Lebensweise Nahrungspflanzen *Nardus stricta, Festuca ovina*.

Erebia cassioides

Gesamtverbreitung Gebirge N-Spaniens, Pyrenäen, Alpen, Apennin, Dinarisches Gebirge, Balkan.
▹ ***E. cassioides cassioides*** (Reiner & Hochenwarth, 1792), TF: Heiligenblut, Österreich.
Verbreitung Spanien: Kantabrisches Gebirge, Pyrenäen. NW-Italien und W-Schweiz: Walliser Alpen, Berner Oberland bis Faulhorn und Grindelwald. Österreich: Hohe und Niedere Tauern. Italien: Dolomiten. Rumänien: Retyezat-Gebirge. Albanien. Mazedonien: Sar Planina, Osogovske Planina, Placenska Planina. Bulgarien: Stara Planina, Rila-Gebirge, Pirin-Gebirge. Griechenland. 1600–2600 m.
Beschreibung Ähnelt *E. tyndarus*. Vfl-Außenrand gerader, Apex spitzer, rotbraune Diskalbinde reicht meist nicht bis Cu1 und nicht bis in Zelle. Die beiden weiß gekernten Augenflecke etwas größer, berühren einander. Rötliche Postdiskalflecke und Augenflecke der Hfl-OS deutlicher ausgebildet.
Flugzeit 1 Generation, Ende Juni bis Anfang September.
Lebensraum Grashänge; grasige Stellen zwischen Felsen und Geröll.
Lebensweise Nahrungspflanzen *Festuca ovina* und andere Gräser. Geschlechter anhand von Farbunterschieden der Raupen und Puppen unterscheidbar.
▹ ***E. cassioides arvernensis*** Oberthür, 1908, TF: Auvergne, Frankreich. Bei einigen Autoren als eigenständige Art geführt.
Verbreitung Frankreich: Pyrenäen, Massif Central, Alpes-Maritimes bis Isère und Haute-Savoie. Italien: Apennin.
Beschreibung Ähnelt der nominotypischen Unterart. Die beiden Augenflecke der Vfl-OS größer, deutlich weiß gefüllt, besonders bei ♀; manchmal 1 oder 2 weitere Augenflecke oder schwarze Punkte in M2–Cu2. Bei ♀ Hfl-US meist gelblich.

Erebia hispania

Gesamtverbreitung Endemisch in der Sierra Nevada.
▹ ***E. hispania*** Butler, 1868, TF: Sierra Nevada, Spanien. War früher mit *E. ronduoi* zu einer Art zusammengefasst.
Verbreitung Spanien: Sierra Nevada.
Beschreibung Oberseite mittelbraun, kräftig gezeichnet, Vorderflügel mit markanter orangegelber Postdiskalbinde (vgl. *E. cassioides*) mit 2 weiß gekernten Augenflecken.
Flugzeit 1 Generation, Mitte Juni bis Ende August.
Lebensraum Offene, grasige und felsige Hänge.
Lebensweise Nahrungspflanzen *Festuca ovina* und andere Gräser.

Erebia rondoui

Gesamtverbreitung Endemisch in den Pyrenäen.
▹ ***E. rondoui*** Oberthür, 1908, TF: Hochpyrenäen. Bei einigen Autoren als Unterart von *E. hispania* geführt.
Verbreitung Spanien, Frankreich, Andorra: Pyrenäen. 1650–2900 m.
Beschreibung und Variation Kleiner als *E. hispania*, Vfl-Außenrand weniger gerundet, OS-Zeichnung deutlicher, besonders bei f. *goya* Fruhstorfer in den O-Pyrenäen.
Flugzeit 1 Generation, Anfang Juli bis Mitte August.
Lebensraum Offene, grasige und felsige Hänge.

Erebia tyndarus

Erebia cassioides

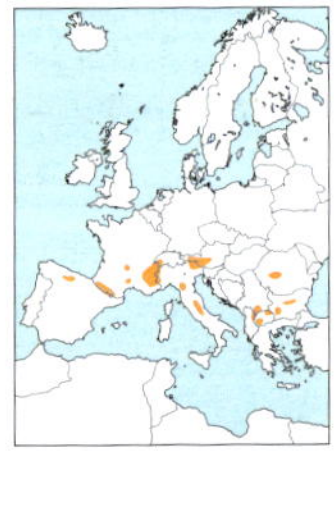

Erebia tyndarus

Erebia cassioides

Erebia hispania

nur in Sierra Nevada (Spanien)

E. hispania, E. rondoui

Erebia rondoui
(nur in den Pyrenäen)

Erebia nivalis

Gesamtverbreitung Zentralalpen.
▷ ***E. nivalis*** Lorkovic & de Lesse, 1954, TF: Großglockner, Österreich.
Verbreitung Schweiz, sehr lokal: Faulhorn, Grindelwald. NO-Italien: Alpi Atesine (Val di Vizze). Österreich: Östlich der Ötztaler Alpen, Brenner-Pass, Stubaier Alpen, Zillertaler Alpen, Hohe Tauern, Niedere Tauern. 2100–2600 m.
Beschreibung ♂ mit stumpfem Vfl-Apex; rotbraune Diskalbinde der Vfl-OS in M1–M3 bis Zelle verbreitert, darin eingeschlossen 2 kleine weiß gekernte Augenflecke, die einander nicht berühren. Postdiskalzeichnung der Hfl-OS klein oder fehlend, Hfl-US leuchtend blaugrau.
Flugzeit 1 Generation, Anfang Juli bis Ende August.
Lebensraum Grasflächen zwischen Kalkfelsen.
Lebensweise Nahrungspflanze *Festuca quadriflora*. Entwicklungszyklus dauert 2 Jahre.

Erebia calcaria

Gesamtverbreitung Alpen.
▷ ***E. calcaria*** Lorkovic, 1949, TF: Julische Alpen, Slowenien.
Verbreitung NO-Italien: Pieve di Cadore (Monte Cavallo, Monte Santo). Österreich und W-Slowenien: Karawanken, Julische Alpen (Triglav). Oberhalb 1450 m.
Beschreibung Ähnelt *E. tyndarus*. Bei ♂ Oberseite dunkler braun; die beiden Augenflecke am Apex meist sehr klein. Hfl-US heller, silbergrau.
Flugzeit 1 Generation, Mitte Juli bis Ende August.
Lebensraum Grasige Felshänge.
Lebensweise Nahrungspflanzen *Festuca ovina* und andere Gräser.

Erebia ottomana

Gesamtverbreitung Frankreich (Massif Central), NO-Italien, S-Balkan, N- und M-Griechenland, N-Türkei.
▷ ***E. ottomana*** Herrich-Schäffer, 1847, TF: Kleinasien. Syn.: *balcanica* Rebel, 1913; *bureschi* Warren 1936; *tardenota* Praviel, 1941; alle 3 bei einigen Autoren als Unterart geführt.
Verbreitung Weit verbreitet, lokal häufig. Frankreich: Massif Central. NO-Italien: Monte Baldo. S-Kroatien: Velebit-Gebirge. S-Bosnien-Herzegowina. S-Serbien. Albanien. Mazedonien. Bulgarien. N- und M-Griechenland. 850–2450 m, meist 1400–2000 m.
Beschreibung und Variation Sehr variabel. Oberseite in der Postdiskalregoion meist stark gezeichnet. Auf dem Balkan und in Griechenland wurden diverse Unterarten beschrieben wie *bulgarica* Drenowsky (= *bureschi* Warren), *drenowskyi* Varga, *durmitorensis* Warren, *balcanica* Rebel, die jedoch in der Variationsbreite zu liegen scheinen. Im Massif Central *tardenota* Praviel; klein, bei ♂ Oberseite dunkelbraun, Augenflecke der Vfl-OS klein; beide Geschlechter mit meist stark gezeichneter Hfl-US. Am Monte Baldo *benacensis* Dannehl; bei ♂ Oberseite sehr dunkel, rötliche Postdiskalzeichnung der Vfl-OS zu dünnen Ringen mit sehr kleinen Augenflecken reduziert; Postdiskalbinde der Hfl-OS nur angedeutet; beide Geschlechter mit sehr stark gezeichneter Hfl-US.
Flugzeit 1 Generation, Mitte Juli bis August.
Lebensraum Ungeschützte, grasbedeckte Hänge oder Ebenen höherer Lagen; unter der Waldgrenze kleine feuchte, grasige Lichtungen in Buchen-, Nadel- oder Mischwäldern.
Lebensweise Nahrungspflanzen *Festuca ovina* und andere Gräser. Geschlechter anhand von Farbunterschieden der Raupen und Puppen unterscheidbar.

Erebia nivalis

Erebia calcaria

Erebia ottomana

Erebia nivalis

nur in den Alpen

bei ♂ Postdiskalbinde zur Zelle hin verbreitert

bei ♀ Hfl-US kontrastreich marmoriert, Adern hell

Hfl-US bei ♂ leuchtend blaugrau

Erebia calcaria

♂ dunkelbraun, Binde reduziert, Augenflecke sehr klein

nur in den SO-Alpen

bei ♂ Hfl-US silbergrau

Erebia ottomana

meist stark gezeichnet, alle Zeichnungselemente variabel

var. *benacensis*
(Monte Baldo)

Erebia pronoe

Gesamtverbreitung Pyrenäen, Alpen, Karpaten, Dinarisches Gebirge, Balkan.
▹ *E. pronoe* (Esper, 1780), TF: Steiermark, Österreich.
Syn.: *pitho* Hübner, 1804; *vergy* Ochsenheimer, 1807.
Verbreitung Spanien, Frankreich, Andorra: Pyrenäen. O-Frankreich: N-Isère, N-Savoie, Haute-Savoie, Jura, Doubs. Schweiz: Jura, Berner Oberland, Glarner Alpen, Albula, Wallis, Tessin. Italien: Cottische Alpen, Alpi Orobie bis Dolomiten. Deutschland: Bayern (Alpen). Österreichische Alpen bis Julische Alpen. Dinarisches Gebirge. Mazedonien: Sar Planina, Vraca Planina, Plackovica Planina. Bulgarien: Stara Planina, Rila-Gebirge. Slowakei und Polen: Hohe Tatra. Rumänien: Karpaten. 900–2800 m.
Beschreibung und Variation Bei ♂ Hfl-US mit silbergrauer Postdiskalbinde und dunkelviolettem oder purpurrotem Schimmer, im Kontrast dazu die breite bräunliche Diskalbinde; Flügelbasis wie Postdiskalbinde gefärbt, jedoch variabel, manchmal undeutlich. Bei ♀ Hfl-US blasser, Binden kontrastreicher. In den Zentralpyrenäen *glottis* Fruhstorfer; rötliche Postdiskalbinden der Oberseite reduziert, deutliche Augenflecke am Vfl-Apex, ♂ mit undeutlich gezeichneter Hfl-US. In der Schweiz *vergy* Ochsenheimer; Postdiskalbinden und Augenflecke der Vfl-OS stark reduziert, manchmal fehlend; Hfl-US kontrastärmer gezeichnet. In den Zentralalpen viele Übergangsformen zur Stammform. Ebenfalls in der Schweiz (Wallis, Tessin) und in N-Italien *psathura* Fruhstorfer mit etwas anderem Bindenverlauf auf Hfl-US.
Flugzeit 1 Generation, Ende Juni bis Ende September.
Lebensraum Feuchte Grashänge oder Waldlichtungen, oft mit Bachläufen.
Lebensweise Nahrungspflanzen *Festuca ovina, F. quadriflora.*

Erebia melas

Gesamtverbreitung S-Europa.
▹ *E. melas* (Herbst, 1796), TF: Perzenieska, Banat, Rumänien.
Syn.: *leonhardi* Fruhstorfer, 1918.
Verbreitung SW-Slowenien: Nanos. W-Kroatien: Velebit-Gebirge. Bosnien-Herzegowina. Serbien: Montenegro, Rtanj Planina. N-Albanien. Rumänien: Apuseni-Gebirge, SW-Karpaten, Retyezat-Gebirge, Hagimas-Gebirge, Transsylvanien. Mazedonien: Sar Planina, Jablanica Planina, Placenska Planina, Kozuf Planina. Bulgarien: Stara Planina, Rila- und Pirin-Gebirge. Griechenland: Falakron-Gebirge, Olymp, Timfristos-Gebirge, Parnass, Timfi-Gebirge. 200–2800 m, meist oberhalb 1500 m.
Beschreibung Oberseite bei ♂ samtschwarz oder schwarzbraun, Vfl-OS mit 2 weiß gekernten Augenflecken am Apex, oft weiterer Augenfleck in Cu1–Cu2; Hfl-OS meist mit Augenflecken in M2–Cu2; Hfl-US undeutlich dunkelgrau gescheckt mit undeutlicher blasser Randbinde. ♀ etwas brauner, Hfl-US bräunlich mit grauer Strichelung.
Variation Im Apuseni-Gebirge *runcensis* König; beide Geschlechter stärker gezeichnet, bei ♀ orangerote Postdiskalbinde breiter, bis Ader A reichend, Augenflecke größer; auf Hfl-OS Augenflecke in M2–A3 in orangeroter Binde liegend; auf Vfl-US reicht Postdiskalbinde bis zur Diskalregion; Hfl-US hellgrau gestrichelt, dunklere Diskalregion von unregelmäßiger dunkler Linie begrenzt, Augenflecke groß, Randbinde blasser. Im Hagimas-Gebirge *carpathicola* Popescu-Gorj als Zwischenform von *melas* und *runcensis*. In SW-Slowenien und im Velebit-Gebirge *leonhardi* Fruhstorfer; etwas kleiner, bei ♂ Hfl-US fast schwarz; ♀ dunkelgraubraun, Augenflecke reduziert, rötliche Postdiskalbinde der Vfl-OS undeutlich oder fehlend; Hfl-US braun, dunkler braun gescheckt. Im S-Balkan und in Griechenland *schawerdae* Fruhstorfer; ♂ wie *leonhardi*, Augenflecke der Hfl-OS reduziert, ♀ bräunlich, manchmal hellgraubraun, Augenflecke kleiner, rötliche Postdiskalbinden im Vorderflügel sehr undeutlich, oft fehlend.
Flugzeit 1 Generation, Mitte Juli bis Mitte September.
Lebensraum Felshänge mit spärlichem Grasbewuchs.

Erebia pronoe

Erebia melas

Erebia pronoe

♂ mit charakteristisch gezeichneter Hfl-US, violett schimmernd

Vfl-OS bei ♂ sehr dunkel, rötlich braune Postdiskalzeichnung klein und schwach

Stammform

var. *vergy*
(Schweiz)

Erebia melas

OS- und US-Färbung und -Zeichnung bei ♂ und ♀ charakteristisch

var. *schawerdae*

Erebia lefebvrei

Gesamtverbreitung Spanien und Frankreich (Pyrenäen, Kantabrisches Gebirge).
▹ ***E. lefebvrei*** (Boisduval, 1828), TF: Pyrenäen.
Syn.: *pyrenaea* Oberthür, 1884; *astur* Oberthür, 1884; beide bei einigen Autoren als Unterart geführt.
Verbreitung Spanien: Picos de Europa, Sierra de la Demanda, O-Pyrenäen. Frankreich: Zentralpyrenäen, O-Pyrenäen. 1700–2700 m.
Beschreibung ♂ ober- und unterseits pechschwarz, rötliche Postdiskalbinde der Vfl-OS diffus, variabel, manchmal fehlend; Vorder- und Hinterflügel oberseits mit 3–5 weiß gekernten Augenflecken in Außenrandnähe, Unterseite ähnlich gezeichnet. ♀ blasser, insgesamt stärker gezeichnet.
Variation In den O-Pyrenäen *pyrenaea* Oberthür; Zeichnung bei beiden Geschlechtern meist reduziert; bei ♂ Vfl-OS generell ohne rötliche Postdiskalbinde, bei ♂ Binde nur angedeutet; Hfl-OS bei ♂ meist ohne Augenflecke, aber variabel. Im Gebiet der Picos de Europa *astur* Oberthür; ähnlich wie *pyrenaea*, Zeichnung im Durchschnitt noch mehr reduziert, jedoch zu variabel, daher einzelne Individuen beider Populationen nicht sicher unterscheidbar.
Flugzeit 1 Generation, Ende Juni bis Ende August.
Lebensraum Steile Geröllfelder mit Grassäumen; Felshänge; auf Karbonatgestein.

Erebia scipio

Gesamtverbreitung Alpen in SO-Frankreich, NW-Italien.
▹ ***E. scipio*** Boisduval, 1832, TF: Basses-Alpes, Frankreich.
Verbreitung Sehr lokal. SO-Frankreich: Alpes-Maritimes, Alpes-de-Haute-Provence, Vaucluse, Drôme, Hautes-Alpes, Savoie. NW-Italien: Alpi Marittime. 1400–2500 m.
Flugzeit 1 Generation, Ende Juli bis Ende August.
Lebensraum Steile Felshänge mit spärlichem Grasbewuchs, Geröllfelder, Moränen; auf Karbonatgestein.
Lebensweise Nahrungspflanze *Helictotrichon sedenense*.

Erebia lefebvrei

Erebia scipio

Erebia lefebvrei

nur in den Pyrenäen und im Kantabrischen Gebirge

Zeichnung variabel, rötliche Postdiskalbinde kann bei ♂ fast gänzlich fehlen

Augenflecke auf Hfl nah am Außenrand

Stammform

bei ♂ OS- und US-Zeichnung reduziert oder fehlend

var. astur (Picos de Europa)

Erebia scipio

bei ♂ und ♀ Postdiskalbinde der Hfl-US ohne Augenflecke

Hfl-US gleichmäßig blass-graubraun

Hfl-US gleichmäßig dunkelbraun

Erebia stirius

Gesamtverbreitung SO-Alpen, Dinarisches Gebirge.
▷ ***E. stirius*** (Godart, 1824), TF: Klagenfurt, Kärnten, Österreich.
Syn.: *nerine* Freyer, 1831; *morula* Speyer, 1865.
Verbreitung Vom Monte Baldo über Brenta-Gruppe und Dolomiten bis Karawanken, Julische Alpen; Kapela- und Velebit-Gebirge. 700–1800 m.
Beschreibung und Variation Ähnelt *E. styx*; brauner Randstreifen auf Vfl-US zum Innenrand hin etwas schmaler werdend, in Cu2–A nicht verbreitert (vgl. *E. styx*). Bei ♂ Hfl-US dunkelbraun, durch viele dunkle Schuppen etwas aufgeraut wirkend. In den Hochlagen der Dolomiten *morula* Speyer; kleiner, alle Zeichnungen reduziert, an einigen Orten mit Übergängen zur Stammform.
Flugzeit 1 Generation, Ende Juli bis Anfang September.
Lebensraum Felsige und grasige Hänge; meist auf Karbonatgestein.
Lebensweise Nahrungspflanze *Sesleria caerulea*.

Erebia styx · Freyers Alpenmohrenfalter

Gesamtverbreitung SO-Schweiz, N-Italien, S-Deutschland, Österreich, W-Slowenien.
▷ ***E. styx*** (Freyer, 1834), TF nicht angegeben.
Syn.: *reichlini* Herrich-Schäffer, 1860; *triglites* Fruhstorfer, 1918; *trentae* Lorkovic, 1952.
Verbreitung Lokal in der SO-Schweiz: Tessin (Monte Generoso). Italien: Monte Generoso bis Dolomiten. Deutschland: Allgäuer Alpen. Österreich: Karwendel, Zillertaler Alpen. Nach O bis W-Slowenien: Julische Alpen (Trentadal, Mojstrovka-Pass). 600–2200 m.
Beschreibung und Variation Ähnelt *E. stirius*; brauner Randstreifen auf Vfl-US etwa gleichmäßig breit, in Cu2–A deutlich basalwärts verbreitert (gutes Erkennungszeichen, vgl. *E. stirius*). ♂ auf Hfl-US mit weniger dunklen Schuppen, dadurch »glatter« erscheinend. In den Alpi Orobie und am Monte Generoso *triglites* Fruhstorfer; stärker gezeichnet, Postdiskalbinde und Augenflecke der Vfl-OS größer, Augenflecke auf Hfl-US manchmal fehlend. In den Julischen Alpen *trentae* Lorkovic; ähnlich wie *triglites*, aber noch stärker gezeichnet, Augenflecke groß, leuchtend weiß gefüllt; ♀ mit variabel gefärbter Unterseite.
Flugzeit 1 Generation, Anfang Juli bis Anfang September.
Lebensraum Trockenwarme, steile Felshänge, meist mit einzelnen Sträuchern und Bäumen; auf Karbonatgestein.
Lebensweise Nahrungspflanze *Sesleria albicans*. In höheren Lagen dauert Entwicklungszyklus 2 Jahre.

Erebia stirius

Erebia styx

Erebia stirius

Erebia styx

♂ mit undeutlicher Postdiskalbinde auf Vfl-US, dunkler Rand in Cu2–A verbreitert

Stammform

var. *triglites*

var. *trentae*
(Julische Alpen)

Erebia montanus

Gesamtverbreitung Alpen, Apennin.

▷ ***E. montanus*** (de Prunner, 1798), TF: Piemont, Italien. Syn.: *homole* Fruhstorfer, 1918; *goante* Esper, 1805.

Verbreitung Allgemein weit verbreitet und häufig. Von Alpes-Maritimes/Alpi Marittime entlang des Hauptalpenkamms bis Allgäuer Alpen, Ötztaler Alpen und Dolomiten. Auch in den Apuanischen Alpen und im Zentralapennin. 1100–2500 m.

Beschreibung und Variation Ähnelt *E. styx;* brauner Randstreifen auf Vfl-US nach innen wellenförmig. In den O-Alpen *goante* Esper; Oberseite stärker gezeichnet, Hfl-US bei ♂ dunkler, aber variabel. In den Apuanischen Alpen (Monte Tambura) *vandellii* Casini; Falter größer, Hfl-US dunkler.

Flugzeit 1 Generation, Mitte Juli bis Mitte September.

Lebensraum Verschieden. Blütenreiche Bergwiesen und alpine Matten; Waldlichtungen; felsige Grashänge; trockene oder feuchte Lebensräume; meist auf Karbonatgestein.

Lebensweise Nahrungspflanzen *Nardus stricta, Festuca alpina, F. ovina.*

Erebia zapateri

Gesamtverbreitung O-Spanien (Montes Universales).

▷ ***E. zapateri*** Oberthür, 1875, TF: Sierra de Albarracín, Spanien.

Verbreitung O-Spanien: Guadalajara (Sierra de Albarracín), Cuenca (Tragacete, Valdemeca, Ciudad Encantada, Valdecabras), Teruel (Albarracín, La Losilla, Colomarde, Moscardon, Griegos, Orihuela de Tremedel, Noguera, Bronchales, Sierra de Javalambre). 1050–1650 m.

Beschreibung ♂ oberseits dunkelbraun, Vfl-OS mit breiter, leuchtend orangegelber Postdiskalbinde; auf Hfl-OS wenig oder keine rötliche Postdiskalzeichnung (vgl. *E. neoridas*).

Flugzeit 1 Generation, Ende Juli bis Anfang September; Weibchen erscheinen 10–12 Tage nach den ersten Männchen (vgl. *E. neoridas*).

Lebensraum Grasige Kiefernwaldlichtungen mit spärlichem Strauchbewuchs; kleine Lichtungen mit hohen Gräsern und Gebüsch in Kiefern- oder Eichenwald; steiniger Grund mit kurzen Gräsern in lockeren Kiefernbeständen; auf basischen Böden, meist auf Karbonatgestein.

Lebensweise Überwinterte Raupen wurden an 3 verschiedenen *Poa*-Arten gefunden. Raupen am Körperende ohne Spitzen.

Erebia neoridas

Gesamtverbreitung NO-Spanien, S-Frankreich, NW- und M-Italien.

▷ ***E. neoridas*** (Boisduval, 1828), TF: Grenoble, Frankreich. Syn.: *sibyllina* Verity, 1913.

Verbreitung Spanien: Huesca (Valle d'Arazas), Lérida (Sierra di Cadi), Barcelona (Sierra del Montseny), Gerona (Sierra Gallabara). Andorra. Frankreich: M- und O-Pyrenäen, Gavarnie, Col du Tourmalet, Pic Carlit, Canigou-Massiv, Massif Central, Alpes-Maritimes bis Vaucluse, Isère und Haute-Savoie. Italien: Alpi Marittime, nach N bis Susa, Apuanische Alpen und Zentralapennin. 500–1600 m.

Beschreibung Ähnelt *E. zapateri*; Postdiskalbinde der Vfl-OS matt rötlich braun, am Apex etwas reduziert, innere Grenze gerade verlaufend und bis Ader A reichend. Augenflecke deutlicher, ein weiß gekernter Augenfleck in Cu1–Cu2. Postdiskalflecke auf Hfl-OS oft zusammenfließend, mit Augenflecken in M2–Cu2.

Variation Individuell und lokal variabel. In Monti Sibillini *sibyllina* Verity; sehr klein, OS-Postdiskalbinde rotbraun, Augenflecke deutlich; Hfl-US kontrastreich gezeichnet.

Flugzeit 1 Generation, Anfang August bis Anfang Oktober; Weibchen erscheinen etwa 2 Wochen nach den ersten Männchen (vgl. *E. zapateri*).

Lebensraum Grasige Stellen mit Gebüsch; offene Waldgebiete.

Lebensweise Nahrungspflanzen *Digitaria sanguinalis, Poa annua, P. pratensis, Festuca ovina.*

Erebia montanus

Erebia zapateri

Erebia neoridas

Erebia montanus

Hfl-US spezifisch gesprenkelt, helle Adern treten bei ♀ deutlicher hervor

Randstreifen der Vfl-US nach innen deutlich wellenförmig

Stammform **var. *goante*** (O-Alpen)

Erebia zapateri

bei ♂ Postdiskalbinde der Vfl-US leuchtend orangegelb

nur in O-Spanien

geringe oder keine rötliche Zeichnung der Hfl-OS

Erebia neoridas

bei ♂ Postdiskalbinde der Vfl-OS matt rötlich braun

Randbinde der Hfl-OS von Adern unterbrochen

Postdiskalbinde der Hfl-US scharf begrenzt, besonders bei ♀

Erebia oeme · Doppelaugen-Mohrenfalter

Gesamtverbreitung Gebirge M- und S-Europas.
▷ ***E. oeme*** (Hübner, 1804), TF: Tirol, Österreich.
Syn.: *spodia* Staudinger, 1871; *lugens* Staudinger, 1901.
Verbreitung Spanien: Pyrenäen (Puerto de Beñasque, Valle d'Arán). Frankreich: Pyrenäen (Col d'Aubisque bis Canigou-Massiv), Massif Central (weit verstreute Populationen), Isère, Ain, Savoie, Haute-Savoie, Jura. Andorra. Schweiz: S-Jura, Berner Alpen bis St. Gallen und Engadin. Italien: Ortler-Gruppe, Dolomiten. Alpen in S-Deutschland (Bayern), Österreich und W-Slowenien. Kroatien: Velebit-Gebirge. S-Balkan und N-Griechenland (Rhodopen). Slowakei: N-Karpaten. 900–2000 m.
Beschreibung und Variation Unterseite der Fühlerkolbenspitze schwarz (vgl. *E. medusa*); auf Oberseite und Hfl-US orangerötliche Zeichnungen und Augenflecke deutlich ausgebildet, aber variabel. In der Schweiz *lugens* Staudinger; Postdiskal- und Augenflecke kleiner. In den Allgäuer Alpen und N-Tirol gebietsweise Übergänge zur Stammform. In O-Österreich, auf dem Balkan und in Griechenland *spodia* Staudinger; größer, stärker gezeichnet; bei ♀ auf Hfl-US zusammenfließende gelbliche Postdiskalflecke, weiß gekernte Augenflecke groß. Besonders stark gezeichnete Formen sind *pacula* Fruhstorfer und *vetulonia* Fruhstorfer.
Flugzeit 1 Generation, Mitte Juni bis Mitte August.
Lebensraum Feuchtwiesen, Bergmoore, Uferbereiche von Fließgewässern mit reichlichen Beständen hoher Gräser; in tieferen Lagen feuchte Waldlichtungen mit Gebüsch.
Lebensweise Nahrungspflanzen *Poa alpina, P. pratensis, P. nemoralis, Festuca rubra, Carex flacca, C. sempervirens, Briza media, Molinia caerulea*. In Hochlagen dauert Entwicklungszyklus 2 Jahre.

Erebia meolans · Gelbbindiger Mohrenfalter

Gesamtverbreitung Gebirge Europas.
▷ ***E. meolans*** (de Prunner, 1798), TF: Piemont, Italien.
Syn.: *stygne* Ochsenheimer, 1808; *valesiaca* Elwes, 1898; *bejarensis* Chapman, 1902; *calaritas* Fruhstorfer, 1918.
Verbreitung N- und M-Spanien: Sierra de Bejar, Sierra de Gredos, Sierra de Guadarrama, Sierra de la Demanda, Kantabrisches Gebirge, Pyrenäen. Andorra. Frankreich: Pyrenäen, Massif Central, Alpes-Maritimes bis Jura und Vogesen. Schweiz. Italien: W-Ligurische Alpen bis Cottische Alpen, Walliser Alpen, Tessin, Ortler-Gruppe, Apuanische Alpen, Zentralapennin. Deutschland: Südlich des Thüringer Walds. Österreich: W-Tirol, Hochschwab. 600–2300 m, meist unterhalb 1500 m.
Beschreibung Auf Vfl-OS in R5–M1 meist ein kleiner Augenfleck, dieser liegt näher am Außenrand als die großen Augenflecke in M1–M3. Hfl-US sehr dunkel, glatt erscheinend (vgl. *E. triaria*).
Variation In M-Spanien *bejarensis* Chapman; größer, heller, kräftig gezeichnet, Vfl-OS mit Augenflecken von R5 bis Cu2. Von dort zum Kantabrischen Gebirge und den Pyrenäen allmähliche Übergänge zur Stammform. In den Vogesen, der Schweiz und den O-Alpen *stygne* Ochsenheimer; Zeichnung etwas reduziert, aber mit lokalen Variationen. Bei f. *valesiaca* Elwes rote OS-Postdiskalzeichnung nur angedeutet oder fehlend, manchmal zu schmalen Ringen um die beiden Augenflecke am Vfl-Apex reduziert. An einigen Lokalitäten in den Walliser Alpen überwiegt diese Form gelegentlich.
Flugzeit 1 Generation, Ende Mai bis Mitte August.
Lebensraum Grasige, blütenreiche Waldlichtungen.
Lebensweise Nahrungspflanzen *Agrostis capillaris, Deschampsia flexuosa, Nardus stricta, Festuca ovina*.

Erebia oeme

Erebia meolans

Erebia oeme

Erebia meolans

Erebia palarica

Gesamtverbreitung NW-Spanien.
▹ ***E. palarica*** Chapman, 1905, TF: Pajares, Kantabrisches Gebirge, Spanien.
Verbreitung NW-Spanien: Kantabrisches Gebirge (Provinzen León, Oviedo, Palencia, Santander). 1050–1650 m.
Beschreibung Ähnelt *E. meolans*, aber größer – größter europäischer Vertreter der Gattung *Erebia*; Hfl-US erscheint etwas rau.
Flugzeit 1 Generation, Ende Mai bis Ende Juli.
Lebensraum Kleine Grasstellen in Ginster- oder Baumheidebeständen, in Tälern und an Hängen; auf nicht basischen Böden.
Verhalten Weibchen leben im Gras verborgen.

Erebia pandrose · Graubrauner Mohrenfalter

Gesamtverbreitung: Arktische Bereiche Europas, Alpen, Halbinseln Kola und Kanin, arktischer Ural, Altai, Sajan, Mongolei.
▹ ***E. pandrose*** (Borkhausen, 1788), TF: Steiermark, Österreich.
Syn.: *lappona* Thunberg, 1791.
Verbreitung Spanien: Pyrenäen. Andorra. Frankreich: O-Pyrenäen, Alpes-Maritimes bis Haute-Savoie. Weit verbreitet und häufig in den Alpen. Italien: Zentralapennin, Monti della Laga. W-Slowenien: Julische Alpen. Rumänien: Karpaten. Bosnien-Herzegowina: Vranica Planina, Prenj Planina. S-Serbien: Montenegro, Sinjajevina Planina. Mazedonien: Sar Planina, Jakupica Planina. Bulgarien: Rila-Gebirge, Rhodopen. Fennoskandinavien. 1600–3100 m, in Skandinavien bis 1200 m, an der Polarmeerküste nahe Meeresniveau.
Beschreibung und Variation Siehe *E. pandrose*. Rötliche Postdiskalzeichnung der Vfl-OS oft reduziert, selten fehlend; Augenflecke in M1–M3 manchmal fehlend oder zu winzigen Punkten reduziert; Hfl-US blass silbergrau bis dunkelgrau oder graubraun; Linien variabel von deutlich bis fehlend.
Flugzeit 1 Generation, Anfang Juni bis Mitte August; in Lappland Falterschlupf etwa ab Mitte Juli.
Lebensraum Hänge und offene Täler mit kurzen Gräsern und einzelnen Felsstellen; feuchte oder moorige Hanglagen mit niedrigen Sträuchern.
Lebensweise Nahrungspflanzen *Festuca, Poa, Sesleria*. Entwicklungszyklus dauert 2 Jahre.

Erebia sthennyo

Gesamtverbreitung Pyrenäen (Frankreich, Spanien).
▹ ***E. sthennyo*** Graslin, 1850, TF: Bagnères-de-Bigorre, Pyrenäen, Frankreich.
Verbreitung Spanien: M-Pyrenäen. Frankreich: Pic du Midi d'Ossau bis Pic du Midi de Bigorre und Luchon, Port de Salau bis Andorra. Oberhalb 1800 m.
Beschreibung Ähnelt *E. pandrose*, Augenflecke auf Vfl-OS näher am Außenrand, keine oder rudimentäre dunkle Diskallinie und Zellstriche; keine oder rudimentäre dunkle Linien auf Vfl-US. Hfl-US bei ♂ blass, fast einheitlich grau, ungezeichnet; bei ♀ graubraun, Zeichnung undeutlich oder fehlend.
Flugzeit 1 Generation, Ende Juni bis Anfang August.
Lebensraum Grashänge mit felsigen Stellen.

Erebia palarica

Erebia pandrose

Erebia sthennyo

Proterebia afra

Maniola jurtina

Maniola nurag

Erebia palarica

Erebia pandrose

Erebia sthennyo

Proterebia afra

Gesamtverbreitung Kroatien (Dalmatien), NW-Griechenland, Türkei, Krim, Wolgagebiet, S-Ural, NW- und O-Kasachstan.
▷ *P. afra* (Fabricius, 1787), TF: S-Russland.
Syn.: *afer* Esper, 1783 (Name nicht verfügbar); *phegea* Borkhausen, 1788; *dalmata* Godart, 1824; letztere bei einigen Autoren als Unterart geführt.
Verbreitung Kroatien: Dalmatinische Küste, Insel Korcula. NW-Griechenland: Vegoritis-See, Askion-Gebirge, Vourinos-Gebirge. 150–1250 m. (Karte S. 298)
Beschreibung und Variation Hinterflügel an Basis der Ader Sc mit kleiner Verzweigung zum Vorderrand (vgl. *Erebia*). Beide Geschlechter in Färbung, Zahl der Augenflecke und Größe variabel.
Flugzeit 1 Generation, Ende April bis Ende Mai.
Lebensraum Trockene, oft flache und gewellte Grashänge mit einzelnen Felsplatten und Sträuchern, besonders Wacholder; auf Karbonatgestein.
Lebensweise Die nicht haftenden Eier werden im Schwebeflug grüppchenweise in Horste der Nahrungspflanze (*Festuca ovina*) geworfen, oder Weibchen setzt sich auf äußere Halme und legt 2–3 Eier ins Horstinnere.
Verhalten Weibchen besuchen Blüten von *Globularia* und gelbblütigen *Asteraceae*.

Maniola jurtina · Großes Ochsenauge

Gesamtverbreitung Kanarische Inseln, NW-Afrika, Europa, Türkei, N-Irak, N-Iran bis NW-Kasachstan, S- und M-Ural, W-Sibirien.
▷ *M. jurtina* (Linnaeus, 1758), TF: Schweden (Verity, 1953).
Syn.: *hispulla* Esper, 1805; *splendida* White, 1872.
Verbreitung Weit verbreitet und häufig. Kanarische Inseln. NW-Afrika. Fast ganz Europa südlich 63° N einschließlich Balearen, Korsika, Sardinien, Capri, Malta, Korfu, Lefkas, Kithera, Kreta, meiste Inseln der W-Ägäis sowie Limnos und Psara. 0–2500 m. (Karte S. 298)
Variation Größe und Zahl der Augenflecke auf Hfl-US variabel. Auf Kanaren, in NW-Afrika, Portugal, Spanien und SW-Frankreich *hispulla* Esper; größer, ♂ wie Stammform; bei ♀ orangegelbe OS-Zeichnung ausgedehnter, US-Zeichnung insgesamt kräftiger, kontrastreicher, auf Hfl-US breite Postdiskalbinde hell abgesetzt, nach innen deutlich orangegelb begrenzt. Übergangsformen in S-Frankreich, S-Italien und S-Griechenland. Auf den Orkney-Inseln, Insel Man, Irland und Scilly-Inseln sowie in NW-Schottland mit Hebriden *splendida* White; größer, ♂ oberseits dunkelbraun, orangegelbe Postdiskalregion der Vfl-OS schließt Augenfleck am Apex oft ein und reicht bis Cu2 und in M1–M3 manchmal bis Zelle; bei ♀ erstreckt sich orangegelbe Postdiskalbinde der Vfl-OS bis in Diskalregion; Diskalregion der Hfl-OS meist orange bestäubt.
Flugzeit 1 Generation, Ende Mai bis September; in Schottland und Skandinavien Mitte Juni bis Mitte Juli; in S-Portugal (Algarve) Mitte April bis September; auf den Kanaren Ende März bis Ende September.
Lebensraum Verschieden. Grasige, strauchbewachsene, oft blütenreiche Stellen mit hohen Gräsern; Kulturland; Waldränder und -lichtungen; Heiden.
Lebensweise Nahrungspflanzen *Poa pratensis, Lolium pratense, Festuca rubra, F. arundinacea, Agrostis stolonifera, A. canina, Bromus erectus, Brachypodium pinnatum, Holcus lanatus, Helictotrichon pubescens, Alopecurus pratensis, Anthoxanthum odoratum*. Färbung der Puppe variiert von Blassgrün bis Dunkelpurpurrot.

Maniola megala (ohne Bild)

Gesamtverbreitung Griechenland (Lesbos), Türkei.
▷ *M. megala* (Oberthür, 1909), TF: Akbes, Provinz Hatay, Türkei.
Verbreitung In Europa nur auf der Ägäisinsel Lesbos.
Beschreibung Ähnelt *M. jurtina* aus dem Mittelmeerraum; aber größer, Hfl-Außenrand stärker gewellt. ♂ mit mehr und größeren Augenflecken auf Hfl-US. Bei ♀ Oberseite dunkler braun, US-Zeichnung dunkler, aber scharf begrenzt und kontrastreich. (Als Beschreibungsgrundlage dienten Individuen aus der Türkei.)
Flugzeit In Griechenland ungenügend bekannt; in der Türkei 1 Generation, Anfang Mai bis September mit Sommerruhe.

Maniola nurag

Gesamtverbreitung Endemisch auf Sardinien.
▷ *M. nurag* Ghiliani, 1852, TF: Gennargentu, Sardinien, Italien.
Verbreitung Sardinien. Oberhalb 500 m. (Karte S. 298)
Beschreibung Ähnelt *M. jurtina* f. *hispulla*; aber beide Geschlechter kleiner. Orangegelbe OS-Zeichnung ausgedehnter, besonders bei ♀. ♂ mit deutlichem Duftschuppenfleck auf Vfl-OS. ♀ stärker und schärfer gezeichnet.
Flugzeit 1 Generation, Ende Mai bis Anfang August; bei Weibchen wohl Sommerruhe.
Lebensraum Grasige, blütenreiche Stellen zwischen Sträuchern und Felsen.

Proterebia afra

Zeichnung und Färbung bei ♂ und ♀ charakteristisch

bei ♂ und ♀ Hfl-US mit auffallend hellen Adern

Maniola jurtina

♂ mit deutlichem Duftschuppenfleck auf Vfl-OS

Stammform

var. *hispulla*

Maniola nurag

♂ mit spezifischem markantem Duftschuppenfleck auf Vfl-OS

nur auf Sardinien

Maniola chia (ohne Bild)

Gesamtverbreitung Griechenland (Ägäische Inseln Chios und Inousses).
▹ ***M. chia*** Thomson, 1987, TF: Chios, Griechenland.
Verbreitung In Europa nur von den Ägäischen Inseln Chios und Inousses bekannt, dort weit verbreitet und häufig. 50–500 m.
Beschreibung Einzelne Falter äußerlich nicht von *M. jurtina* aus dem Mittelmeerraum unterscheidbar; anhand der Genitalien und biochemischen Merkmale bestimmbar. Von Chios und Inousses sind keine anderen *Maniola*-Arten bekannt.
Flugzeit 1 Generation, Ende Mai bis Ende September mit Sommerruhe.
Lebensraum Grasige, felsige und gebüschreiche Stellen; Kulturland.

Maniola telmessia

Gesamtverbreitung Griechenland (Ägäische Inseln), Türkei, Jordanien, Israel, Libanon, Irak, SW-Iran.
▹ ***M. telmessia*** (Zeller, 1847), TF: Marmaris, Provinz Mugla, Türkei (Olivier, 1933).
Verbreitung In Europa nur von den Ägäischen Inseln bekannt. 0–1000 m.
Beschreibung und Variation Ähnelt *M. jurtina*, die jedoch im Verbreitungsgebiet von *M. telmessia* in der östlichen Ägäis nicht vorkommt. Bei ♂ schließt orangegelbe Postdiskalbinde der Vfl-OS den Augenfleck am Apex ein, reicht bis Ader Cu2 und bei M1–M3 bis Zelle. Auf Karpathos orangefarbige OS-Zeichnung ausgedehnter, bei ♂ auf Vorderflügel beschränkt.
Flugzeit 1 Generation, Ende Mai bis Ende September mit Sommerruhe.
Lebensraum Grasige, felsige und gebüschreiche Stellen; Kulturland.

Maniola halicarnassus (ohne Bild)

Gesamtverbreitung SW-Türkei, Griechenland (Ägäisinsel Nissiros).
▹ ***M. halicarnassus*** Thomson, 1990, TF: Bodrum, Provinz Mugla, SW-Türkei.
Verbreitung In Europa nur von der Ägäisinsel Nissiros bekannt. 50–100 m.
Beschreibung Ähnelt *M. jurtina*. Bei ♂ auf Vfl-OS großer, deutlicher schwarzer Duftschuppenfleck, vom Innenrand zur Zelle spitz zulaufend, dreieckig. ♀ äußerlich nicht von *M. telmessia* unterscheidbar, aber beide Geschlechter im Durchschnitt größer als *M. telmessia*. Männlicher Genitalapparat anders als bei *M. megala*, *M. chia* und *M. jurtina*. (Als Beschreibungsgrundlage dienten Individuen aus der Türkei.)
Flugzeit In der SW-Türkei 1 Generation, Ende Mai bis Anfang September mit Sommerruhe.
Lebensraum Blütenreiche Stellen mit Gebüsch. Kommt zusammen mit *M. telmessia* vor.

Hyponephele maroccana

Gesamtverbreitung Marokko.
▹ ***H. maroccana maroccana*** (Blachier, 1908), TF: Hoher Atlas, Marokko.
Verbreitung Marokko: Hoher Atlas (Toubkal-Massiv, Djebel Aourach). 1700–2800 m.
Beschreibung Bei ♂ reicht orangefarbiger Postdiskalfleck auf Vfl-OS oft bis Basalregion; Augenfleck am Apex groß, ein weiterer kleiner meist in Cu1–Cu2; Duftschuppenfleck schmal, leicht gekrümmt; Hfl-US graubraun.
Flugzeit 1 Generation, Juni bis August.
Lebensraum Felslagen mit spärlicher Vegetation.
Verhalten Falter wurden beim Hilltopping am Gipfel des Adra-n-Guinnous (2788 m) beobachtet.
▹ ***H. maroccana nivelli*** (Oberthür, 1920), TF: Djebel Hebri, Tizi-n-Taghzeft, Mittlerer Atlas, Marokko.
Verbreitung Marokko: Mittlerer Atlas (Tizi-n-Taghzeft, Col du Zad, Djebel Hebri), Rif-Atlas (Djebel Lakraa, Djebel Tidiquin). 1800–2200 m.
Beschreibung Ähnelt der nominotypischen Unterart, aber kleiner, Bei ♂ orangefarbige Postdiskalregion der Vfl-OS reduziert, Augenfleck am Apex klein, Augenfleck in Cu1–Cu2 nur angedeutet oder fehlt; Hfl-US blasser graubraun. Bei ♀ Augenflecke der Oberseite etwas reduziert.
Flugzeit, Lebensraum, Lebensweise Wie bei nominotypischer Unterart.

Hyponephele lycaon · Kleines Ochsenauge

Gesamtverbreitung Europa, Türkei, Israel, Libanon bis M-Asien und Jenissej-Tal, Kirgisien.
▹ ***H. lycaon*** (Rottemburg, 1775), TF: Berlin, Deutschland.
Verbreitung In SW- und SO-Europa weit verbreitet und lokal häufig. Von N-Portugal, Spanien (außer SW), S-Frankreich (außer Küstengebiete) über N-Italien, S-Schweiz, Österreich, M-, O- und N-Deutschland nach N bis Finnland, nach S bis Balkan und Griechenland. 0–2100 m. Nicht in NW-Europa, Skandinavien, S-Apennin, Türkei und Mittelmeerinseln (außer N-Sizilien).
Beschreibung ♂ auf Vfl-OS mit schmalem Duftschuppenfleck, der bei Adern Cu1 und Cu2 unterbrochen ist (vgl. *H. lupina*).
Variation Hfl-US variabel gefärbt, meist grau oder graubraun, in Gebieten mit Karbonatgestein oft weißlich.
Flugzeit 1 Generation, Juni bis August.
Lebensraum Verschieden. Gebüschreiche und grasige Stellen; zwischen Felsen.
Lebensweise Nahrungspflanzen *Festuca ovina*, *F. rubra*, *Bromus erectus*, *Stipa pennata*.
Verhalten Bei Hitze suchen Falter im Schatten von Sträuchern, Felsüberhängen oder unter Baumwurzeln an Böschungen Schutz.

Maniola telmessia

deutlicher Duft-schuppenfleck

orange Postdiskalbinde zur Zelle hin verbreitert

♂

Augenflecke auf Hfl-US gelb umringt

Augenfleck am Apex kräftig, ♀ manchmal mit 2 weißen Punkten

♀

Hyponephele maroccana

♂ mit deutlichem Duftschuppenfleck auf Vfl-OS

♂

Hfl sehr blass gelblich grau, körnig

Hfl fast zeichnungslos

nur in Marokko

♀

Hyponephele lycaon

schmaler Duftschuppenfleck von Adern durchschnitten, Augenfleck ungekernt

bei ♀ gelbe Diskalregion von Postdiskalbinde getrennt

bei ♀ kräftige dunkle Augenflecke ungekernt

♂

♀

Hyponephele maroccana

Hyponephele lycaon

Hyponephele lupinus

Gesamtverbreitung NW-Afrika, S-Europa, Türkei, Israel, Jordanien, Libanon, Irak bis Tienschan und Altai.
▷ ***H. lupinus*** (O. Costa, 1836), TF: Otranto, SO-Italien. Syn.: *rhamnusia* Freyer, 1845; bei einigen Autoren als Unterart geführt.
Verbreitung Marokko und Algerien, lokal häufig. N-Portugal: Serra da Estrela. S-, M- und NO-Spanien. Frankreich, sehr lokal: Aude bis Hautes-Alpes und Alpes-Maritimes. Italien: N- und Zentralapennin, Halbinsel Salentina, Kalabrien (Aspromonte), N-Sizilien. Kroatien: Dalmatinische Küste, Insel Krk. Ungarn: Deliblat, Flamenda. SO-Rumänien: Donaudelta. S-Serbien. Mazedonien. S-Bulgarien. Griechenland mit Lesbos, Chios, Kos, Rhodos und Kreta. Europäischer Teil der Türkei. 0–2400 m.
Beschreibung Bei ♂ Oberseite gelbbraun mit Goldschimmer, Duftschuppenfleck im Vorderflügel breit, nicht von Adern durchschnitten (vgl. *H. lycaon*), Hfl-Außenrand gewellt.
Variation In N-Afrika, auf der Iberischen Halbinsel und in SO-Frankreich *mauritanica* Oberthür; bei ♂ Oberseite dunkelgraubraun, nur schwach gold schimmernd; bei ♀ Oberseite etwas blasser. Auf Sizilien, Balkan und in Griechenland *rhamnusia* Freyer; ähnlich wie Stammform, größer, bei ♂ Oberseite blasser, Diskal- und Postdiskalregion mehr gelbbraun, Duftschuppenfleck deutlich; ♀ wie Stammform.
Flugzeit 1 Generation, Mitte Mai bis Mitte August; Weibchen mit Sommerruhe.
Lebensraum Trockenheiße, grasige und gebüschreiche Stellen.

Aphantopus hyperantus · Brauner Waldvogel

Gesamtverbreitung Europa, N-Kaukasus, S- und M-Ural, S- und W-Sibirien, Mongolei, Amur, NO-China, Korea.
▷ ***A. hyperantus*** (Linnaeus, 1758), TF: Schweden (Verity, 1953).
Verbreitung Von N-Spanien (Kantabrisches Gebirge bis O-Pyrenäen) über fast ganz Europa, nach N bis Irland, Großbritannien und bis 65° N in Fennoskandinavien, nach S bis N-Griechenland (Mazedonien, Thessalien, sehr lokal). 0–1600 m. Nicht auf der Apenninhalbinsel und den Mittelmeerinseln.
Beschreibung und Variation Hfl-US ohne Postdiskal- und Saumlinie; gelb umringte Augenflecke in R–M2 zur Basis hin versetzt, kein Augenfleck in M2–M3 (vgl. *Coenonympha oedippus*). In N-Großbritannien kleiner, Ober- und Unterseite gelbbraun mit Grauton. In S-England und M-Europa vereinzelt f. *arete* Müller; Augenflecke klein, auf Hfl-US manchmal durch kleine weiße Punkte ersetzt. In SO-Europa groß, insgesamt kräftig gezeichnet, Unterseite heller mit messinggoldenem Schimmer.
Flugzeit 1 Generation, Mitte Juni bis Ende August.
Lebensraum Grasige Waldlichtungen mit Gebüsch.
Lebensweise Nahrungspflanzen *Brachypodium sylvaticum, B. pinnatum, Phleum pratense, Dactylis glomerata, Festuca rubra, Bromus erectus, B. hordeaceus, Cynosurus cristatus, Poa pratensis, P. nemoralis, Carex hirta, C. strigosa, C.* (?)*sylvatica, C. brizoides, C. panicea, Agrostis capillaris, Milium effusum, Elymus repens, Holcus mollis, H. lanatus, Deschampsia cespitosa, Molinia caerulea, Arrhenatherum elatius, Calamagrostis epigejos*. Die nicht haftenden Eier werden im langsamen, niedrigen Flug abgeworfen. Raupen bevorzugen gut beschattete Stellen.

Pyronia janiroides

Gesamtverbreitung NO-Algerien, W-Tunesien.
▷ ***P. janiroides*** (Herrich-Schäffer, 1851), TF: »Spanien« (irrtümlich statt Algerien angegeben).
Verbreitung Weit verbreitet, lokal häufig. NO-Algerien. W-Tunesien. 500–1500 m.
Beschreibung ♂ auf Vfl-OS mit Duftschuppenfleck, der basalwärts an orangefarbige Postdiskalbinde angrenzt. Postdiskalbinde der Hfl-OS breit. Hfl-US mit 2–4 gelblichen Augenflecken in M1–Cu2; Augenfleck in Cu1–Cu2 oft mit kleinem schwarzem Mittelpunkt (vgl. *Maniola jurtina*).
Flugzeit 1 Generation, Juli bis Anfang September.
Lebensraum Trockene, grasige und steinige Stellen zwischen Sträuchern.
Lebensweise Nahrungspflanze *Poa annua*.

Hyponephele lupinus

Aphantopus hyperantus

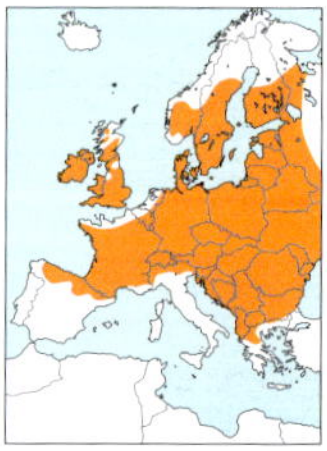

Pyronia janiroides

Hyponephele lupinus

Duftschuppenfleck auf Vfl-OS breit, nicht von Adern durchschnitten

♂ mit golden schimmernder OS

♂

♀

Stammform

♂

var. *rhamnusia*
(Sizilien, Balkan, Griechenland)

Aphantopus hyperantus

♂

♂ und ♀ mit markanten Augenflecken

♀

Pyronia janiroides

schmale orange Binde von breitem Duftschuppenfleck begrenzt

Hfl-OS mit breiter oranger Postdiskalbinde

♂

bei ♂ Augenflecke der Hfl-US ungekernt

Augenflecke der Vfl-OS verschmolzen, meist weiß gekernt, Diskalregion orange getönt

nur in NO-Algerien, W-Tunesien

♀

Pyronia tithonus · Rotbraunes Ochsenauge

Gesamtverbreitung Marokko, Europa von Spanien bis Großbritannien, Balkan, Griechenland, W-Türkei.
▹ *P. tithonus* (Linnaeus, 1767), TF: Deutschland.
Verbreitung Marokko, sehr lokal: Rif-Atlas, Ketama. Von der Iberischen Halbinsel über fast ganz Europa, nach N bis S-Irland, England, N-Deutschland, M-Polen, nach S bis Griechenland und Türkei. Allgemein sehr häufig, fehlt aber in einzelnen Regionen M-Europas. 0–1700 m. Nicht in S-Italien und nicht auf den Mittelmeerinseln (außer Korsika, Sardinien, Malta).
Variation In S-Europa, besonders an heißen Orten, *decolorata* Fruhstorfer; Hfl-US oft blass ledergelb.
Flugzeit 1 Generation, Anfang Juli bis Anfang September.
Lebensraum Grasige, blumen- und gebüschreiche, oft feuchte Stellen, meist in der Nähe von Laub- oder Kiefernwald.
Lebensweise Nahrungspflanzen *Phleum pratense, Poa annua, P. nemoralis, P. trivialis, P. pratensis, Elymus repens, Agrostis capillaris, A. canina, Festuca ovina, F. rubra, F. pratensis, Lolium perenne, Dactylis glomerata, Milium effusum*. Die nicht haftenden Eier werden meist während des Fluges in grasreiche Vegetation abgeworfen, manchmal auch an Grashorsten oder anderen niedrigen Pflanzen abgelegt. Raupen bevorzugen gut beschattete Stellen.

Pyronia cecilia

Gesamtverbreitung Marokko, Algerien, Tunesien, Libyen, Portugal, Spanien, S-Frankreich, Italien, SW-Balkan, W-Griechenland, NW-Türkei.
▹ *P. cecilia* (Vallantin, 1894), TF: Marokko.
Syn.: *ida* Esper, 1785 (ungültiges Homonym).
Verbreitung Marokko. Algerien. Tunesien. Portugal. Spanien: Südlich des Kantabrischen Gebirges und W-Pyrenäen. Frankreich: Pyrenäen bis Ardèche und Alpes-Maritimes, Korsika. Italien: Wenige isolierte Populationen im N, weit verbreitet südlich von Modena, Sardinien, Elba, Giglio, Sizilien. Balkan: Westliche Küstengebiete. Albanien. W- und S-Griechenland mit Korfu und Lefkas, sehr lokal. Europäischer Teil der Türkei. 0–2000 m.
Beschreibung Duftschuppenfleck des ♂ auf Vfl-OS deutlich segmentiert.
Variation Im W des Verbreitungsgebiets Hfl-US kontrastreich hellgrau und weiß marmoriert; im O matter grau mit bräunlichen Tönen.
Flugzeit 1 Generation, Anfang Juni bis Mitte August.
Lebensraum Trockenheiße felsige Gebiete mit Sträuchern und spärlichem Grasbewuchs.

Pyronia bathseba

Gesamtverbreitung Marokko, Algerien, W-Tunesien, SW-Europa.
▹ *P. bathseba* (Fabricius, 1793), TF: Barbarie, Marokko.
Syn.: *pasiphae* Esper, 1781 (ungültiges Homonym); *pardilloi* de Sagarra, 1924, bei einigen Autoren als Unterart geführt.
Verbreitung Weit verbreitet, lokal häufig. Marokko. Algerien. W-Tunesien. Portugal und Spanien: Südlich des Kantabrischen Gebirges. Frankreich: O-Pyrenäen bis Ardèche und Var. 300–1700 m.
Variation In Europa *pardilloi* de Sagarra; meist größer, blasse Postdiskalbinde der Hfl-US breiter, Augenflecke deutlicher ausgebildet; Zwischenformen kommen in ganz Spanien vor.
Flugzeit 1 Generation, Ende April bis Juli.
Lebensraum Grasige, gebüschreiche Stellen in lichtem Wald.
Lebensweise Nahrungspflanze *Brachypodium sylvaticum*.

Pyronia tithonus
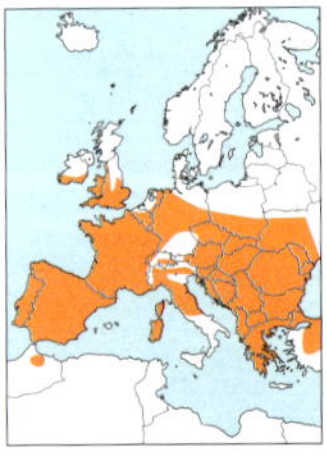

Pyronia cecilia

Pyronia bathseba

Pyronia tithonus

Pyronia cecilia

Pyronia bathseba

Coenonympha tullia · Großes Wiesenvögelchen

Gesamtverbreitung M-, N- und O-Europa, gemäßigte Klimabereiche Asiens, N-Amerika.
▷ ***C. tullia*** (Müller, 1764), TF: Fridrichsdal, Dänemark. Syn.: *philoxenus* Esper, 1780; *suecica* Hemming, 1936; *tiphon* Rottemburg, 1775; *demophile* Freyer, 1844; *rothliebii* Herrich-Schäffer, 1851; *scotica* Staudinger, 1901; die letztgenannten 4 bei einigen Autoren als Unterarten geführt.
Verbreitung Irland. Großbritannien mit Hebriden und Orkney-Inseln. O- und NO-Frankreich. Belgien: Ardennen. NW-Schweiz: Nördlich des Rhône-Tales bis Jura. Österreich. Deutschland. Nach N bis Baltikum, Fennoskandinavien und Ostseeinseln, nach S bis Balkan. 0–800 m.
Beschreibung und Variation Sehr variabel und formenreich. Oberseite blassgelblich bis ockergelb oder bräunlich; Augenflecke auf Oberseite und Hfl-US deutlich, reduziert oder fehlend; Basal- und Diskalfärbung der Hfl-US hell- oder dunkelbraun, seltener grau; weißliche Postdiskalzeichnung der Hfl-US kräftig bis rudimentär. In N-England, Belgien und vereinzelt in Deutschland *rothliebii* Herrich-Schäffer; Hfl-US dunkel mit großen Augenflecken. Weit verbreitet von Frankreich bis Baltikum *tiphon* Rottemburg; auf Hfl-OS keine oder nur kleine undeutliche Augenflecke. In Schottland *scotica* Staudinger; auf Hfl-US keine oder nur kleine blasse Augenflecke; Oberseite an einigen Lokalitäten sehr blass. In N-Fennoskandinavien *demophile* Freyer; Vfl-OS hell gelblich braun mit dunkleren Schatten zum Außenrand; Hfl-OS einheitlich dunkler, auf Hfl-US Augenflecke klein, aber meist vorhanden. In Bosnien-Herzegowina *lorkovici* Sirajic & Carnelutti; ähnelt *rothliebii*, meist größer, Vfl-Länge ♂ 18–23 mm, ♀ 18–25 mm.
Flugzeit 1 Generation, Mitte Juni bis Anfang August.
Lebensraum Hochmoore, Deckenmoore, feuchte Heiden, Randbereiche von Feuchtgebieten; meist mit einzelnen Bäumen (Birke, Kiefer), niedrigen Sträuchern (Weide, Heidelbeere) und Wollgras. Nicht auf basischen oder fruchtbaren Böden.
Lebensweise Nahrungspflanzen u. a. *Rhynchospora alba, Eriophorum vaginatum, E. angustifolium, Carex rostrata.* Im Norden des Verbreitungsgebiets dauert Entwicklungszyklus 2 Jahre.
Naturschutz Gefährdung der Lebensräume durch direkte Eingriffe und Entwässerungsmaßnahmen, auch im näheren Umland.

Coenonympha rhodopensis

Gesamtverbreitung M-Italien, S-Balkan, N-Griechenland.
▷ ***C. rhodopensis*** Elwes, 1900, TF: Rila-Gebirge, Bulgarien. Syn.: *occupata* Rebel, 1903; *italica* Verity, 1913.
Verbreitung Italien: Zentralapennin (Monti Sibillini, Monte Terminillo, Abruzzen), Monte Baldo. W-Kroatien: Velebit-Gebirge. Bosnien-Herzegowina: Vranica Planina, Jahorina Planina. S-Serbien: Mokra Planina, Hajia Planina. Mazedonien. Bulgarien: Stara Planina, Osogowo-Gebirge, Witoscha-Gebirge, Slawjanka-Gebirge, Pirin-Gebirge, Rila-Gebirge, Rhodopen. N-Griechenland: Varnous-Gebirge, Voras-Gebirge, Orvilos, Vrontous-Gebirge, Falakron-Gebirge, Rhodopen. 1400–2200 m.
Beschreibung und Variation Bei beiden Geschlechtern Vfl-US ohne helle Postdiskallinie (vgl. *C. tullia*); auf Hfl-US heller Fleck in M1–M3 stets vorhanden; Augenflecke in R–M1, M3–Cu1 und Cu1–Cu2 vorhanden, manchmal klein. In Italien und einigen Gebirgen Bulgariens und Griechenlands *italica* Verity; alle Augenflecke auf Hfl-US gleich groß und komplett vorhanden.
Flugzeit 1 Generation, Mitte Juni bis Ende Juli.
Lebensraum Windexponierte Grasflächen oder Hänge oberhalb der Waldgrenze; feuchte Waldlichtungen.

Coenonympha tullia

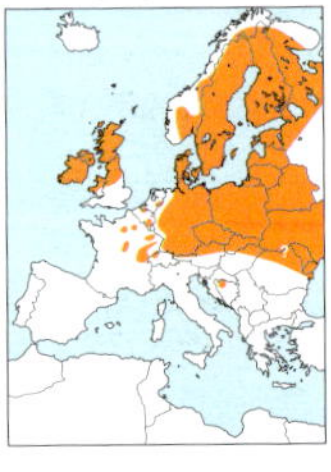

Coenonympha rhodopensis

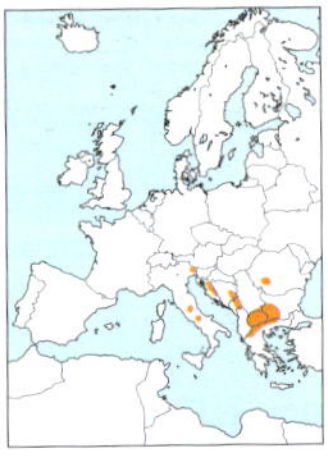

Coenonympha tullia

Stammform

var. *rothliebii* (N-England, Belgien)

var. *scotica* (Schottland)

var. *tiphon*

Coenonympha rhodopensis

Coenonympha pamphilus Kleines Wiesenvögelchen

Gesamtverbreitung N-Afrika, Europa, Türkei, Mittlerer Osten bis W-Mongolei.
▹ ***C. pamphilus*** (Linnaeus, 1758), TF: Schweden.
Syn.: *lyllus* Esper, 1805; bei einigen Autoren als Unterart geführt.
Verbreitung NW-Afrika. Fast ganz Europa, nach N bis Großbritannien und Irland, Fennoskandinavien bis 69° N, nach S bis Mittelmeerinseln. 0–2700 m. Nicht auf Atlantischen Inseln, Kreta und Inseln der SO-Ägäis.
Variation Hfl-US variabel, gelblich weiß, grau oder bräunlich; Augenflecken gelegentlich reduziert oder fehlend. In S-Europa stellenweise f. *marginata* Rühl mit breiteren dunklen Flügelrändern, besonders in Sommergenerationen. In NW-Afrika und SW-Europa f. *lyllus* Esper; Oberseite mit breiten dunklen Randstreifen; Vfl-US mit diffusem schwärzlichem Randstreifen von M1 bis Innenrand und gerader blasser Postdiskalbinde, die nach innen rötlich braun begrenzt ist; auf Hfl-US Basal- und Diskalregion hellsandbraun, nach außen manchmal deutlich dunkel begrenzt, Postdiskalregion blassgelblich, Augenflecke undeutlich, fehlen meist.
Flugzeit Mehrere Generationen, Februar bis November.
Lebensraum Grasland unterschiedlichster Ausprägung.
Lebensweise Nahrungspflanzen *Festuca ovina, F. rubra, Poa annua, Anthoxanthum odoratum, Cynosurus cristatus, Dactylis glomerata, Nardus stricta*. Ein Teil der Raupen der 1. Generation überwintert zusammen mit denen der letzten Generation. Raupenfärbung variabel, grünlich oder rötlich braun.

Coenonympha thyrsis

Gesamtverbreitung Endemisch auf Kreta.
▹ ***C. thyrsis*** (Freyer, 1845), TF: Kreta, Griechenland.
Verbreitung Kreta, weit verbreitet, lokal häufig. 0–1800 m.
Beschreibung Neben Flügelzeichnung und Generationsverlauf unterscheidet sich die Art von *C. pamphilus* durch Merkmale der männlichen Genitalien und Fühlermerkmale.
Variation In Hochlagen kleiner, schwarzer OS-Randstreifen schmaler, US-Zeichnung kontrastärmer.
Flugzeit Generationsverlauf ungenügend bekannt, meist Anfang Mai bis Anfang Juli, aber auch Ende Juli, August und Anfang Oktober.
Lebensraum Grasland unterschiedlicher Ausprägung, bevorzugt offenbar etwas feuchte Gebiete.

Coenonympha corinna

Gesamtverbreitung Korsika, Sardinien, Elba, W-Italien.
▹ ***C. corinna corinna*** (Hübner, 1804), TF: Sardinien, Italien.
Verbreitung Korsika, Capraia, Sardinien, weit verbreitet, lokal häufig. 0–2000 m, meist unter 1200 m.
Beschreibung und Variation Helle Postdiskalbinde der Hfl-US gezackt, Augenflecke rudimentär oder fehlend außer in R5–M1 und M3–Cu1. In M2–Cu2 Augenflecke, wenn vorhanden, in gerader Reihe. Ab 2. Generation Oberseite mit breiterem Randstreifen, dieser auf Vfl-OS an Ader Cu1 manchmal nach innen spitz auslaufend. Auf der Insel Capraia f. *trettaui* Gross als Übergangsform zu *C. corinna elbana*.
Flugzeit Mehrere Generationen, Mitte Mai bis August.
Lebensraum Grasige, trockene, gebüschreiche Stellen, lichte Wälder, Feldraine.
▹ ***C. corinna elbana*** Staudinger, 1901, TF: Elba.
Verbreitung W-Italien: Inseln Elba, Giglio und Giannutri, Küstengebiete der Toskana. 0–800 m.
Beschreibung Auf Vfl-US dunkle Marginal- und Submarginallinien deutlich; helle Postdiskalbinde der Hfl-US deutlich breiter und von M2 bis Cu2 annähernd gerade, Augenflecke meist komplett vorhanden (vgl *C. corinna corinna*).
Flugzeit Mehrere Generationen, Anfang Mai bis September.
Lebensraum Grasige, gebüschreiche Stellen.

Coenonympha pamphilus

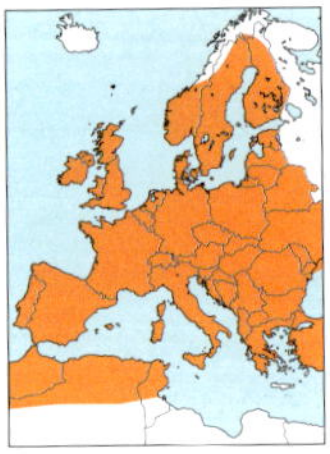

Coenonympha thyrsis

C. corinna corinna

C. corinna elbana

Coenonympha pamphilus

Coenonympha thyrsis

Coenonympha corinna

Coenonympha corinna corinna

Coenonympha corinna elbana

Coenonympha dorus

Gesamtverbreitung NW-Afrika, SW-Europa bis M-Italien.
▷ *C. dorus* (Esper, 1782), TF: Toulouse, Frankreich. Syn.: *bieli* Staudinger, 1901; *aquilonia* Higgins, 1968; beide bei einigen Autoren als Unterart geführt.
Verbreitung NO-Marokko. W-Algerien. Portugal. Spanien. Andorra. Frankreich: O-Pyrenäen bis Lozère, Haute-Alpes und Alpes-Maritimes. Italien: Alpi Marittime, Apennin. 100–1700 m.
Beschreibung Augenflecke der Hfl-OS von M2 bis A1+2 bilden eine charakteristische, nach innen konvexe Linie (vgl. *C. vaucheri*).
Variation In NW-Spanien und N-Portugal *bieli* Staudinger; bei ♂ Oberseite dunkelgraubraun, Augenflecke nur angedeutet, US-Zeichnung kontrastärmer; US-Augenflecke klein. Ähnliche Formen auch in S-Frankreich. In M-Italien *aquilonia* Higgins; bei ♂ Vfl-OS mit schmaler gelblich brauner Postdiskalbinde; Augenflecke auf Hfl-US klein, aber alle vorhanden. In W-Algerien *austauti* Oberthür; Augenfleck am Apex der Vfl-OS groß, dunkel, ungekernt, orange umringt; Augenflecke auf Hfl-OS komplett vorhanden, schwarz, ungekernt; diese auf Hfl-US weiß gekernt, orange umringt, silbergraue Marginallinie deutlich, weiße Diskalbinde geradliniger verlaufend, Marginalregion von M3 bis A1+2 deutlich hellgelb.
Flugzeit 1 Generation, Anfang Juni bis Mitte August.
Lebensraum Trockene, grasige und gebüschreiche Stellen, oft Waldlichtungen; trockenheiße Felshänge und Schluchten, meist zwischen Sträuchern.
Lebensweise Nahrungspflanzen *Agrostis*-Arten, *Festuca ovina*.

Coenonympha fettigii

Gesamtverbreitung NW-Afrika.
▷ *C. fettigii* Oberthür, 1874, TF: Telaghre, Provinz Oran, Algerien. Bei einigen Autoren als Unterart von *C. dorus* geführt.
Verbreitung Marokko: Mittlerer Atlas, Hoher Atlas, Rif-Atlas. Algerien. Tunesien. 800–2200 m.
Beschreibung und Variation Bei ♂ gelbbraune Postdiskalbinde der Vfl-OS manchmal bis Zelle verbreitert; Augenflecke auf Hfl-OS und -US stark reduziert oder fehlend. In Algerien und Tunesien *nicholasi* Rothschild; orange Postdiskalregion bei ♂ ausgedehnter, bei ♀ brauner Randstreifen schmaler. In W-Marokko *inframaculata* Oberthür; sehr variabel, besonders im Rif-Atlas.
Flugzeit 1 Generation, Mitte Juni bis Ende August.

Coenonympha vaucheri

Gesamtverbreitung Marokko.
▷ *C. vaucheri* Blachier, 1905, TF: Hoher Atlas, Marokko.
Verbreitung Marokko: Hoher Atlas, Mittlerer Atlas, Rif-Atlas. 1800–3000 m, vereinzelt über 4000 m.
Beschreibung Oberseite bei ♂ orange, manchmal kräftig braun bestäubt; am Apex der Vfl-OS großer dunkler, ungekernter Augenfleck, meist oval und von M1 bis M3 reichend; Augenflecke der Hfl-OS groß, schwarz, ungekernt, von M2 bis A1+2 fast geradlinig angeordnet (vgl. *C. dorus*), gelegentlich ein kleinerer Augenfleck in M1–M2, dieser leicht nach innen versetzt. US-Zeichnung sehr kontrastreich. Vfl-US heller orange mit blassgelber Diskalregion; Augenfleck am Apex mit 2 silberweißen Punkten. Hfl-US dunkelgraubraun mit weißlichem Dreieckfleck in Zelle und breiter weißlicher Postdiskalbinde, diese an Ader M3 pfeilförmig bis Saum auslaufend; weiß gekernte Augenflecke von R bis A1+2. ♀ ähnlich, größer, blasser, oberseits meist ohne dunkle Bestäubung, Zeichnung schärfer.
Variation Im Mittleren Atlas *annoceuri* Wyatt; meist kleiner, Oberseite heller (ohne dunkle Bestäubung), Augenflecke kleiner. Im Rif-Atlas *rifensis* Weiss; klein, Ober- und Unterseite blasser, Augenfleck am Apex der Vfl-OS durchschnittlich kleiner; Hfl-US etwas kontrastärmer. Im Hohen Atlas *beraberensis* Lay & Rose; größer, OS-Postdiskalregion heller und mehr gelblich, Postdiskalzeichnung schärfer, dunkler Randstreifen sehr kräftig, Augenfleck am Apex der Vfl-OS und -US größer und deutlicher, Basal- und Postdiskalregion der Vfl-US farblich scharf und kontrastreich abgegrenzt; Hfl-US wie bei Stammform.
Flugzeit 1 Generation, Ende Mai bis August oder September.
Lebensraum Grashänge; trockene Felshänge mit spärlicher Vegetation; heiße Täler und Felsschluchten.

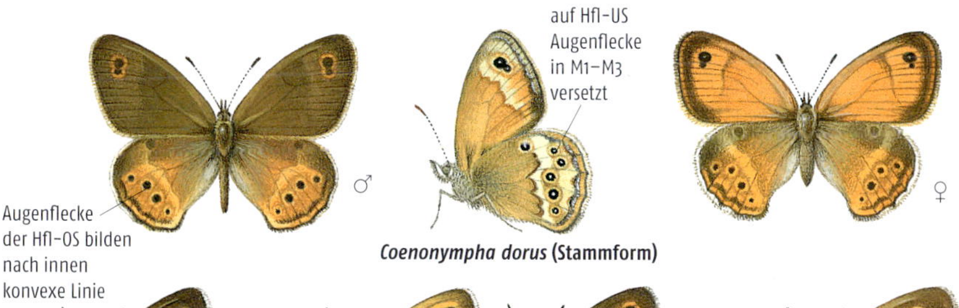

Coenonympha dorus **(Stammform)**

Coenonympha dorus **var.** ***bieli***
(NW-Spanien, N-Portugal)

Coenonympha fettigii
(NW-Afrika)

Coenonympha dorus **var.** ***austauti***
(W Algerien)

Coenonympha vaucheri

OS- und US-Zeichnung bei ♂ und ♀ charakteristisch

nur in Marokko

C. dorus, C. fettigii

Coenonympha vaucheri

Coenonympha arcania Weißbindiges Wiesenvögelchen

Gesamtverbreitung Europa, Türkei, S-Russland, S- und M-Ural, Transkaukasien.
▹ ***C. arcania*** (Linnaeus, 1761), TF: Schweden.
Syn.: *amyntas* Poda, 1761.
Verbreitung Von N- und M-Spanien über fast ganz Europa, nach N bis S-Norwegen (Oslo-Fjord), S-Schweden (südlich von Uppland, auch Öland und Gotland), nach S bis N- und M-Griechenland und Türkei. 50–1800 m.
Beschreibung und Variation Auf Hfl-US auffällige weißliche Postdiskalbinde mit unregelmäßigem Verlauf und große Augenflecke, wobei derjenige in R–M1 nach innen neben der Postdiskalbinde liegt (vgl *C. gardetta*). In O-Spanien *chlorinda* de Sagarra; Innenrand der Hfl-OS orangebraun, manchmal bis zum Analwinkel reichend.
Flugzeit 1 Generation, Mitte Mai bis Mitte August.
Lebensraum Grasige, blüten- und gebüschreiche Stellen; Waldlichtungen.
Lebensweise Nahrungspflanzen *Poa pratensis, Melica ciliata, Holcus lanatus.*

Coenonympha gardetta · Alpenwiesenvögelchen

Gesamtverbreitung Frankreich, Italien, Schweiz, Deutschland, Österreich, Slowenien, N-Balkan.
▹ ***C. gardetta gardetta*** (de Prunner, 1798), TF: Val Varaita, Alpes-Maritimes, Frankreich.
Syn.: *satyrion* Esper, 1804; *philea* Hübner, 1800 (ungültiges Homonym); *neoclides* Hübner, 1805.
Verbreitung Frankreich: NO-Massif Central, Alpes-Maritimes, Basses-Alpes. Italien: Cottische Alpen bis Dolomiten. S-Schweiz: Wallis bis Engadin. Deutschland: Bayern (Alpen). Österreich: Tirol, Karawanken. Slowenien. Bosnien-Herzegowina. SW-Serbien. Albanien. 800–2900 m, selten unter 1500 m.
Beschreibung und Variation Oberseite stark oder gänzlich grau übertönt; Augenflecke der Hfl-US nicht gelb umringt, meist in weißer Postdiskalbinde liegend (vgl. *C. gardetta darwiniana*). In tieferen Lagen f. *macrophthalmica* Galvagni; Vfl-OS oft mit orangebrauner Basalbestäubung und kleinem Augenfleck am Apex; Augenflecke der Hfl-US größer.
Flugzeit 1 Generation, Ende Juni bis Mitte September.
Lebensraum In höheren Lagen ungeschützte Bergwiesen oder alpine Matten, in tieferen Lagen Grashänge mit einzelnen Bäumen und Sträuchern.
▹ ***C. gardetta darwiniana*** Staudinger, 1871, TF: Wallis, Schweiz. Bei einigen Autoren als eigenständige Art geführt.
Verbreitung Frankreich, sehr lokal: Alpes-Maritimes, Alpes-de-Haute-Provence. S-Schweiz: Alpentäler (Wallis bis Graubünden). Italien: Südtirol bis Dolomiten. 800–2100 m.
Beschreibung Augenflecke der Hfl-US gelb umringt, Augenfleck in R–M1 liegt in weißer Postdiskalbinde (vgl. *C. arcania*).
Flugzeit 1 Generation, Anfang Juni bis August.
Lebensraum Blütenreiche Grasflächen.

Coenonympha arcanioides

Gesamtverbreitung Marokko, N-Algerien, N-Tunesien.
▹ ***C. arcanioides*** (Pierret, 1837), TF: Oran, Algerien.
Verbreitung Lokal, aber weit verbreitet von Küstenbergen bis Nordhängen des Mittleren Atlas. Marokko. N-Algerien. N-Tunesien. 0–1800 m.
Beschreibung Vfl-OS rötlich gelb, Randstreifen dunkelgraubraun, am Apex einen kleinen ungekernten Augenfleck einschließend. Hfl-OS dunkelgraubraun mit orangefarbiger Marginallinie im Analwinkel. Vfl-US in der orangefarbigen Diskalregion verdunkelt, deutlich von blasserer Postdiskalbinde abgesetzt; Apex und Innen- und Außenrand grau, im Apex ein großer, deutlicher, gelb umringter Augenfleck mit weißem Kern. Hfl-US dunkelbraun mit etwas unregelmäßig verlaufender weißer Postdiskalbinde; kleine weiß gekernte Augenflecke in M1–A1+2 meist vorhanden. Vfl- und Hfl-US mit metallisch glänzender Submarginallinie. ♀ größer, Oberseite blasser.
Flugzeit Mehrere Generationen, April bis September.
Lebensraum Trockene, felsige Grasfluren zwischen Sträuchern, oft Schluchten mit Oleander- und Ginstersträuchern.

Coenonympha arcania

C. gardetta darwiniana

C. gardetta gardetta

Coenonympha arcanioides

Coenonympha arcania

Coenonympha gardetta

Coenonympha gardetta darwiniana
(nur in den Alpen)

Coenonympha gardetta gardetta

Coenonympha arcanioides

nur in Marokko, N-Algerien
und N-Tunesien

Coenonympha leander

Gesamtverbreitung S-Balkan, N-Griechenland, Türkei, NW-Iran, Transkaukasien, S-Ural.
▹ ***C. leander*** (Esper, 1784), TF: Wolga, Russland.
Verbreitung Lokal häufig. Rumänien: S-Karpaten. Albanien. Mazedonien. Serbien. Bulgarien. N-Griechenland: Varnous-Gebirge, Vernon-Gebirge, Askion-Gebirge, Pindos-Gebirge, O-Thrakien. 350–1900 m.
Flugzeit 1 Generation, Mitte Mai bis Anfang August; in NO-Griechenland ab Mitte April.
Lebensraum Warme, gras- und blütenreiche Waldränder und Waldlichtungen mit Gebüsch.

Coenonympha orientalis

Gesamtverbreitung Balkan.
▹ ***C. orientalis*** Rebel, 1910, TF: O-Bosnien. Bei einigen Autoren als Unterart von *C. leander* oder *C. gardetta* geführt.
Verbreitung Sehr lokal. Albanien. Bosnien-Herzegowina. Serbien. Montenegro. N-Griechenland: Epirus, Pindos-Gebirge. 800–2000 m.
Beschreibung Ähnelt *C. leander*, aber weiße Ringe der Augenflecke verschmolzen und zu markanter Postdiskalbinde verbreitert.
Flugzeit und Lebensraum Wie bei *C. leander*.

Coenonympha glycerion
Rotbraunes Wiesenvögelchen

Gesamtverbreitung Europa, Russland, N-Kasachstan, Mongolei.
▹ ***C. glycerion glycerion*** (Borkhausen, 1788), TF nicht angegeben.
Syn.: *iphis* Denis & Schiffermüller, 1775 (ungültiges Homonym).
Verbreitung Frankreich: O-Pyrenäen, Massif Central, Provence bis Ardennen. Italien: W-Ligurische Alpen bis Cottische Alpen, Südtirol, Zentralapennin. Von Schweiz nach N bis S-Finnland, nach S bis N-Griechenland (Rhodopen). 250–2100 m, meist unter 1800 m.
Beschreibung Hfl-US mit fleckartig aufgelöster weißer Binde in M2–M3 und Cu2–A1+2, weiß gekernte Augenflecke verschieden groß und variabel, orangefarbige Marginallinie im Analwinkel.
Variation Zeichnung der Hfl-US, Größe und Zahl der Augenflecke unterliegt regionaler Variation. In höheren Lagen f. *bertolis* de Prunner ohne Augenflecke auf Hfl-US.
Flugzeit 1 Generation, Anfang Juni bis Ende August.
Lebensraum Grasflächen mit Gebüsch; Waldlichtungen.
Lebensweise Nahrungspflanzen *Brachypodium sylvaticum, Cynosurus cristatus, Briza media, Melica ciliata, Bromus erectus, B. hordeaceus.*
▹ ***C. glycerion iphioides*** Staudinger, 1870, TF: Kastilien, Spanien. Bei einigen Autoren als eigenständige Art geführt.
Verbreitung Spanien: Kantabrisches Gebirge und Pyrenäen bis Montes Universales. Portugal. 600–1600 m.
Beschreibung und Variation Ähnelt der nominotypischen Unterart; größer, auf Hfl-US alle 6 Augenflecke vorhanden. In Hochlagen der Pyrenäen und Montes Universales f. *pearsoni* Romei als Übergangsform. Dunklere, etwas grauere Formen auf feuchten sauren Böden.
Flugzeit und Lebensraum Wie bei nominotypischer Unterart.

Coenonympha hero · Waldwiesenvögelchen

Gesamtverbreitung M-, N- und O-Europa, S- und M-Ural, W-Sibirien, Mongolei, Amur, Korea, Japan.
▹ ***C. hero*** (Linnaeus, 1761), TF: S-Schweden.
Verbreitung Sehr zerstreute kleine Populationen. Frankreich: Allier, Nièvre, Saône-et-Loire, Ain, Jura, Haut-Rhin, Bas-Rhin, Seine-et-Marne, Meuse, Moselle. Belgien. Niederlande. Luxemburg. Schweiz. S- und O-Deutschland. N-Österreich. Tschechien. Slowakei. Polen. S-Fennoskandinavien. Dänemark: Seeland. Baltikum. 50–700 m.
Beschreibung Oberseite sehr dunkelbraun, Augenflecke auf Hfl-OS deutlich erkennbar. Auf Hfl-US Augenfleck in R–M1 nicht nach innen versetzt, unregelmäßige helle Postdiskalbinde verläuft basalwärts von Augenflecken, Marginallinien deutlich silbergrau und orange (vgl. *C. oedippus*).
Flugzeit 1 Generation, Mitte Mai bis Anfang Juli.
Lebensraum Feuchte oder nasse Wiesen, meist auf unfruchtbaren Torfböden; seltener Waldlichtungen oder Blumenwiesen.
Lebensweise Nahrungspflanzen *Leymus arenarius, Hordeum marinum, Hordelymus europaeus.*
Naturschutz Stark gefährdet, vielerorts im Rückgang begriffen, hauptsächlich wegen Zerstörung des Lebensraums durch Aufforstung mit Kiefern oder Pappeln.

C. leander, C. orientalis

Coenonympha glycerion

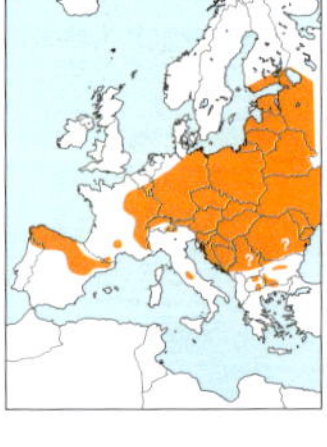

Coenonympha hero

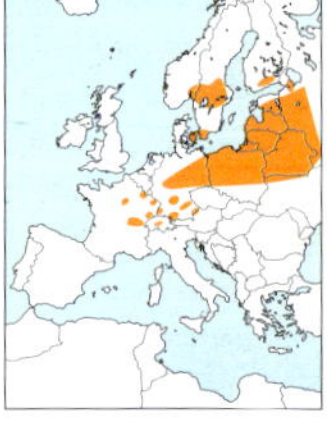

Coenonympha leander

Coenonympha orientalis

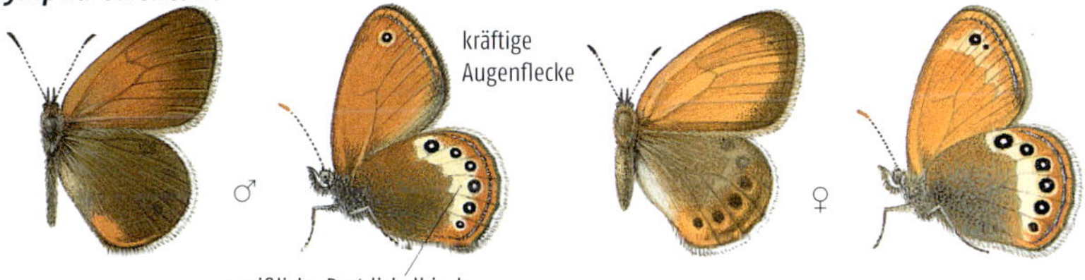

Coenonympha glycerion

C. glycerion glycerion

C. glycerion iphioides (N-Spanien)

Coenonympha hero

Coenonympha oedippus · Moorwiesenvögelchen

Gesamtverbreitung Europa, W-Russland, Ural, S- und W-Sibirien, N-Kasachstan, Mongolei, China, Japan.
▷ ***C. oedippus*** (Fabricius, 1787), TF: S-Russland.
Syn.: *hungarica* Rebel, 1900; bei einigen Autoren als Unterart geführt.
Verbreitung Sehr vereinzelt und lokal. Frankreich: Pyrénées-Atlantiques bis Charante-Maritime und Charante, Sarthe, Seine-et-Marne, Savoie, Isère. Rheintal in Luxemburg, Liechtenstein, Schweiz, Österreich. Deutschland: Oberbayern. Italien: Varese, Treviso, Friuli-Venezia, Giulia. Slowenien. Kroatien. Polen. Ungarn. Bulgarien. 150–500 m.
Beschreibung und Variation Auf Hfl-US Augenfleck in R–M1 nach innen versetzt (vgl. *C. hero*), der oft sehr kleine Augenfleck in M1–M2 nicht nach innen versetzt (vgl. *A. hyperanthus*); die basalwärts von den Augenflecken verlaufende helle Binde variabel, manchmal fehlend. In Österreich und Ungarn stellenweise *hungarica* Rebel; Augenflecke auf Ober- und Unterseite reduziert, können bei ♀ oberseits gelegentlich fehlen.
Flugzeit 1 Generation, Anfang Juni bis Anfang August.
Lebensraum Feuchte Wiesen und Ränder von Feuchtgebieten und lichten Gebüschen, stets in der Nähe von Flüssen oder Seen.
Lebensweise Nahrungspflanzen *Poa palustris, P. pratensis, P. annua.*
Naturschutz Stark gefährdete Art; Gefährdungsursachen ähnlich wie bei *C. hero.*

Pararge aegeria · Waldbrettspiel

Gesamtverbreitung N-Afrika, Europa, Türkei, Israel, Syrien, Transkaukasien, S- und M-Ural.
▷ ***P. aegeria*** (Linnaeus, 1758), TF: S-Europa und Algerien.
Syn.: *vulgaris* Zeller, 1847; *egerides* Staudinger, 1871; *tircis* Godart, 1821 (bei einigen Autoren als Unterart geführt).
Verbreitung Weit verbreitet und häufig. Madeira. NW-Afrika: N-Küste bis S-Hänge des Hohen Atlas. Von der Iberischen Halbinsel über ganz Europa, einschließlich Mittelmeerinseln, Britische Inseln, Fennoskandinavien bis 64° N und Baltikum. 0–2500 m.
Beschreibung Vfl-Außenrand unter dem Apex konkav (vgl. *P. xiphioides, P. xiphia*).
Variation Grundfarbe bei beiden Geschlechtern der Stammform orange, bei *tircis* Godart gelblich weiß. Dazwischen verschiedene Übergangsformen. Stammform im S des Verbreitungsgebiets. In außergewöhnlich heißen Sommern tritt Stammform vereinzelt auch in nördlicheren Gebieten wie M-England auf, wo sonst *tircis* Godart vorherrscht. In NW-Afrika variiert Hfl-US von Blassledergelb bis Dunkelrötlichbraun.
Flugzeit 2–3 Generationen, Ende Februar bis Anfang Oktober.
Lebensraum Laub-, Nadel- oder Mischwälder; an heißen Orten in S-Europa häufig baumgesäumte Flüsse und Bäche.
Lebensweise Nahrungspflanzen *Brachypodium sylvaticum, B. pinnatum, Holcus lanatus, Cynodon dactylon, Agrostis gigantea, Dactylis glomerata, Elymus repens.* Raupe oder Puppe überwintert.
Verhalten Bevorzugt schattige Stellen mit einzelnen Sonnenflecken, wo ♂ häufig auf besonnten Blättern oder auf dem Waldboden zu beobachten sind. ♂ mit starkem Revierverhalten.

Pararge xiphioides

Gesamtverbreitung Kanarische Inseln.
▷ ***P. xiphioides*** Staudinger, 1871, TF: Kanarische Inseln, Spanien.
Verbreitung Kanaren: La Gomera, La Palma, Teneriffa, Gran Canaria. 200–2000 m.
Beschreibung Vfl-Außenrand gerade; Hfl-US mit weißem Balken von Kosta bis Zelle (vgl. *P. xiphia*).
Flugzeit Mehrere Generationen, ganzjährig.
Lebensraum Lorbeer- und Kastanienwälder, seltener Kiefernwälder oder Bananenplantagen.
Lebensweise Nahrungspflanzen *Brachypodium sylvaticum, B. pinnatum, Carex divulsa, Agrostis capillaris, Luzula forsteri, Piptatherum miliaceum, Dactylis glomerata.*

Coenonympha oedippus

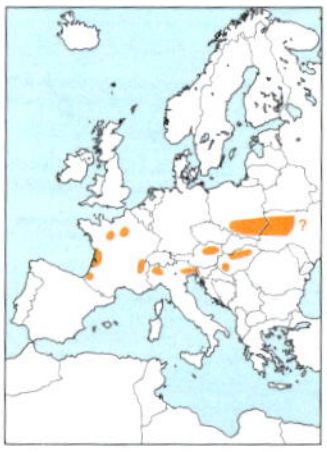

Pararge aegeria

Coenonympha oedippus

Pararge aegeria

Stammform

f. *tircis*

Pararge xiphioides

nur auf den Kanarischen Inseln

Pararge xiphia

Gesamtverbreitung Madeira.
▹ *P. xiphia* (Fabricius, 1775), TF: Madeira, Portugal.
Verbreitung Madeira. 0–1000 m.
Beschreibung Vfl-Außenrand leicht konvex; Hfl-US mit kleinem weißem Fleck an Kosta (vgl. *P. xiphioides*).
Flugzeit Mehrere Generationen, ganzjährig, im Juni und August weniger zahlreich.
Lebensraum Lorbeer- und Kastanienwälder.
Lebensweise Nahrungspflanzen *Brachypodium sylvaticum, Holcus lanatus, Agrostis gigantea.*

Lasiommata megera · Mauerfuchs

Gesamtverbreitung N-Afrika, Europa, Türkei, Israel, Libanon, Syrien, Irak, Iran, Transkaukasien, Turkmenien.
▹ ***L. megera*** (Linnaeus, 1767), TF: Österreich und Dänemark.
Verbreitung Weit verbreitet und häufig. N-Afrika. Fast ganz Europa von Irland, S-Schottland, S-Skandinavien (mit Ostseeinseln), Litauen und Lettland nach S bis zur Iberischen Halbinsel, S-Griechenland, Türkei und östlichen Mittelmeerinseln. 0–3000 m.
Beschreibung Oberseite orangebraun mit dunkelbrauner Gitterzeichnung, Vfl-OS mit 2 Querstrichen in Zelle (vgl. *L. maera*).
Variation In N-Europa Hfl-US bräunlich, in S-Europa grau. Auf Balearen und Sizilien Übergänge zu *L. paramegaera.*
Flugzeit 2 oder 3 Generationen, Anfang April bis Oktober.
Lebensraum Verschieden. Grasige Felshänge und Schluchten, Blumenwiesen, Waldlichtungen; meist auf steinigem oder kiesigem Grund.
Lebensweise Nahrungspflanzen *Dactylis glomerata, Agrostis capillaris, A. gigantea, Deschampsia flexuosa, Holcus lanataus, Festuca ovina, Brachypodium sylvaticum, B. pinnatum.*
Verhalten Schlafstellen der Falter bevorzugt unter Fels- oder Böschungsüberhängen.

Lasiommata paramegaera

Gesamtverbreitung Westliche Mittelmeerinseln.
▹ ***L. paramegaera*** (Hübner, 1824), TF nicht angegeben. Syn. *tigelius* Bonelli, 1826.
Verbreitung Korsika, Sardinien, Capraia, Montecristo und Balearen.
Beschreibung Ähnelt *L. megera*, aber kleiner, auf Vfl-OS dunkle Postdiskallinien zwischen Zelle und Innenrand feiner oder nur angedeutet; auf Hfl-OS fehlt die unregelmäßige Postdiskalbinde.

Lasiommata petropolitana · Braunscheckauge

Gesamtverbreitung Gebirge von Pyrenäen bis Fennoskandinavien, über N-Türkei nach N-Sibirien zum Amur.
▹ ***L. petropolitana*** (Fabricius, 1787), TF: St. Petersburg, Russland.
Verbreitung Lokal. Höhere Gebirgszüge Europas von Pyrenäen über Alpen und Karpaten bis Balkan und N-Griechenland. Norwegen. Schweden mit Gotland. Finnland. Lettland. Estland. 100–2250 m.
Beschreibung Hfl-OS mit unregelmäßiger Diskallinie (vgl. *L. maera*).
Flugzeit 1 Generation, Ende April bis Anfang August. Im Süden des Verbreitungsgebiets eventuell 2 Generationen.
Lebensraum Grasige, steinige, sandige oder felsige Hänge und Schluchten; Waldlichtungen und -ränder.
Lebensweise Nahrungspflanzen *Calamagrostis epigejos, Festuca ovina, Dactylis glomerata.* Raupe oder Puppe überwintert.
Verhalten Falter ruhen oft auf kahlem Boden oder liegenden Baumstämmen. Schützende Felsüberhange oder Baumwurzeln an Böschungen sind bevorzugte Schlaf- und Ruhestellen.

Postdiskallinien auf Vfl-OS in Cu1–A sehr fein oder fehlend

Lasiommata paramegaera

L. megera, L. paramegaera

Lasiommata petropolitana

L. maera, L. meadewaldoi

Lopinga achine

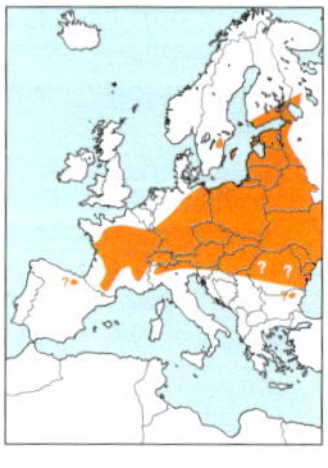

Pararge xiphia

Lasiommata megera

Lasiommata petropolitana

Lasiommata maera · Braunauge

Gesamtverbreitung N-Afrika und Europa bis W-Sibirien und Tienschan.
▷ *L. maera* (Linnaeus, 1758), TF: Schweden (Verity 1953). Syn.: *monotonia* Schneider, 1885; *hiera* Fabricius, 1777.
Verbreitung Marokko: Mittlerer Atlas, Rif-Atlas. Algerien: Djurdjura-Massiv. (?)Tunesien. Von Iberischer Halbinsel (außer SW), Sizilien, Griechenland und dem europäischen Teil der Türkei (mit Inseln) über fast ganz Europa, nach N bis 68° N in Fennoskandinavien (mit Öland). 0–2500 m. Nicht in Großbritannien, den Niederlanden, N-Deutschland, N-Finnland, auf Balearen, Korsika, Sardinien und Kreta. (Karte S. 320)
Beschreibung und Variation Oberseite braun, Postdiskalbinde orange, bei ♀ auch Diskalregion orange; Zelle mit 1 Querstrich (vgl. *L. megera*); Hfl-OS ohne Diskallinie (vgl. *L. petropolitana*). Hfl-US variabel hellgrau oder graubraun. In Fennoskandinavien f. *borealis* Fuchs; kleiner, dunkler, Orangefärbung reduziert. Auf der Iberischen Halbinsel und in der Mittelmeerregion f. *adrasta* Illiger; Oberseite bei ♀ mit sehr großem Orangeanteil.
Flugzeit Im Norden 1 Generation, Mitte Juni bis Ende August; im Süden 2 Generationen von Ende April bis Ende September. In NW-Afrika eventuell 3 Generationen.
Lebensraum Trockene, grasige, felsige und steinige Stellen, auch Steilhänge und Geröllfelder.
Lebensweise Nahrungspflanzen *Glyceria fluitans, Deschampsia flexuosa, Calamagrostis epigejos, C. arundinacea, C. varia, Nardus stricta, Hordeum marinum, Agrostis capillaris, Luzula luzuloides, Holcus mollis, Festuca rubra, F. ovina.*
Verhalten Falter wurden im Hohen Atlas und in der Sierra Nevada auf 2900 m beim Hilltopping beobachtet.

Lasiommata meadewaldoi

Gesamtverbreitung Marokko (Hoher Atlas).
▷ *L. meadewaldoi* (Rothschild, 1917), TF: Tizi Gourzá, Marokko. Bei einigen Autoren als Unterart von *L. maera* geführt.
Syn.: *alluaudi* Oberthür, 1922.
Verbreitung Marokko: Hoher Atlas (Toubkal-Massiv). 2100–3700 m, meist 2200–3200 m.
Beschreibung Ähnelt *L. maera*; größer (Vfl-Länge des ♂ 27–30 mm, ♀ bis 32 mm). ♂ oberseits rostbraun, Vfl-US matt orangegelb, Ränder grau; Hfl-US grau, braun bestäubt. ♀ oberseits und auf Vfl-US matt orangegelbbraun; Hfl-US graubraun. Bei ♂ und ♀ Ober- und Unterseite mit leuchtend weiß gefüllten Augenflecken.
Flugzeit (?)1 Generation, meist Mitte Juni bis August, Einzelnachweise auch Ende Mai bis Anfang September.
Lebensraum Felshänge, kahle Bergrücken, steile Grashänge.

Lopinga achine · Gelbringfalter

Gesamtverbreitung M-Europa, Russland, nördliches M-Asien, Amur, Ussuri, Japan.
▷ *L. achine* (Scopoli, 1763), TF: Krain, Slowenien.
Syn.: *deianira* Linnaeus, 1764.
Verbreitung Sehr vereinzelt und lokal. N-Spanien: Vizcaya. Von Frankreich ostwärts über ganz M-Europa, nach N bis S-Schweden, S-Finnland und Baltikum, nach S bis Bulgarien. 200–1500 m. Nicht in Großbritannien, den Niederlanden, Dänemark. (Karte S. 320)
Variation Blasse US-Postdiskalbinden sehr variabel.
Flugzeit 1 Generation, Anfang Juni bis Ende Juli.
Lebensraum Grasige, meist kleine Lichtungen in Laubwäldern, oft mit Gebüsch; Hecken am Rand von Kiefernwäldern/-forsten.
Lebensweise Nahrungspflanzen *Brachypodium sylvaticum, B. pinnatum.*
Naturschutz Vielerorts im Rückgang begriffen.

Lasiommata meadewaldoi (Marokko)

♂

Lasiommata maera

Stammform

f. *adrasta*

f. *borealis* (Skandinavien)

Lopinga achine

Ypthima asterope

Gesamtverbreitung Griechenland (Ägäis), Türkei, Zypern, Mittlerer Osten bis Indien, nach S bis Südafrika.
▷ *Y. asterope* (Klug, 1832), TF: Syrien, Arabien.
Verbreitung Griechenland: Nur von Ägäischen Inseln Samos, Rhodos, Symi und Kastellorizo bekannt. 0–250 m.
Flugzeit Mehrere Generationen, Anfang April bis Ende Oktober.
Lebensraum Heiße, steinige und grasige Stellen; trockene Flussbetten.

Kirinia roxelana

Gesamtverbreitung SO-Europa, Türkei, Zypern, Israel, Libanon, Syrien, N-Irak, N-Iran.
▷ *K. roxelana* (Cramer, 1777), TF: Istanbul, Türkei.
Verbreitung Weit verbreitet, aber lokal. SW-Kroatien: Dalmatinische Küste. S-Bosnien-Herzegowina. Serbien. S-Rumänien. Albanien. Mazedonien. Bulgarien. Griechenland mit Korfu, Lefkas und meisten Ägäischen Inseln. Europäischer Teil der Türkei. 0–1750 m. Nicht auf Kreta.
Beschreibung ♂ mit kräftigem Duftschuppenfleck auf Vfl-OS.
Flugzeit 1 Generation, Ende April bis September. Bei befruchteten ♀ und einem Teil der ♂ offenbar Sommerruhe während der heißesten und trockensten Monate.
Lebensraum Trockenheiße Stellen mit Gebüsch, oft in lichtem Kiefernwald.
Lebensweise Eiablage in Borkenritzen gut beschatteter Bäume oder Sträucher. Frisch geschlüpfte Raupen gehen zuweilen vor Nahrungsaufnahme in eine kurze Sommerruhe. Verhalten: Falter halten sich oft im Schatten von Sträuchern, Dickichten oder kleinen Bäumen auf, wohin sie sich bei Störung schnell wieder zurückziehen. Bei Hitze und Windstille versammeln sich Falter in der Dämmerung zahlreich auf Steinen trockener Wasserläufe.

Kirinia climene

Gesamtverbreitung SO-Europa, Türkei, Ukraine, Kaukasus, N-Iran.
▷ *K. climene* (Esper, 1783), TF: Untere Wolga, S-Russland.
Verbreitung Sehr lokal und vereinzelt. O-Serbien. SW-Rumänien. NO-Albanien. Mazedonien: Skopje, Gostiyar, Ohrid-See, Prespa-See. NW-Bulgarien: Stara Planina. NW-Griechenland. 700–1600 m.
Beschreibung ♂ ohne Duftschuppenfleck auf Vfl-OS.
Variation Postdiskalbinde der Hfl-OS variabel, manchmal fehlend; bei ♀ Hfl-US meist gelblich, seltener grau.
Flugzeit 1 Generation, Mitte Juni bis Ende Juli.
Lebensraum Grasige Lichtungen mit Gebüsch in Laub- oder Mischhochwald.
Lebensweise Raupen fressen an robusten breitstieligen Gräsern. Größere Raupen ruhen gut getarnt unterhalb des jungen Blütenstands.
Verhalten Falter fliegen oft im Kronenbereich der Bäume und schlafen dort am Stamm oder an der Unterseite dickerer Äste.

Kirinia roxelana

Kirinia climene

♂

Ypthima asterope

Kirinia roxelana

Kirinia climene

Hesperiidae Latreille 1809 · Dickkopffalter

Die Falter dieser weltweit verbreiteten und artenreichen Familie fallen durch ihren breiten Kopf auf. Um die Komplexaugen herum befindet sich eine kranzartige Struktur, die für diese Gruppe typisch ist. Die Flügeladern sind weitgehend unverzweigt. Alle Vertreter dieser Familie haben einen charakteristischen Flug: Einige fliegen sehr schnell und nah am Boden, andere haben einen leicht hüpfenden Flug. Einige Arten sind Wanderfalter.

Pyrginae

Die Falter dieser Unterfamilie sind graubraun bis schwärzlich mit einem weißlichen Fleckenmuster und meist schwer bestimmbar. In Ruhestellung sind die Flügel flach ausgebreitet. Bei den Männchen haben die Vorderflügel eine Kostalfalte mit Duftschuppen, die Hinterbeine auffallend lange Behaarung. Die Weibchen besitzen am 7. Hinterleibssegment ein Pheromonorgan, das unter der Lupe manchmal als kleine Erhebung sichtbar ist. Die Raupen fressen an zweikeimblättrigen Pflanzen.

Pyrgus malvae · Kleiner Würfeldickkopf

Gesamtverbreitung Europa, NW-Türkei, Tienschan, Mongolei, N-China, Korea.
▹ *P. malvae* (Linnaeus, 1758), TF: Insel Åland, Finnland.
Verbreitung Von W-Frankreich nach N bis S-Großbritannien, Fennoskandinavien und Baltikum bis 65° N, nach S bis S-Griechenland mit Lesbos und Türkei. 0–1900 m.
Variation Zuweilen, besonders in Griechenland, Vfl-OS mit vergrößerten und manchmal zusammenfließenden weißen Flecken.
Flugzeit 1–2 Generationen, Mai bis Anfang Juli oder April bis Anfang Juni und Ende Juli bis August.
Lebensraum Verschieden. Blütenreiche Grasfluren.
Lebensweise Nahrungspflanzen *Potentilla*-Arten, *Fragaria vesca, Agrimonia eupatoria, Rubus* sect. *Rubus*. Puppe überwintert.

Pyrgus malvoides (ohne Bild)

▹ *P. malvoides* (Elwes & Edwards, 1897), TF: Biarritz, Frankreich.
Verbreitung Iberische Halbinsel, W- und S-Frankreich mit Korsika. SO-Schweiz. SW-Österreich. S-Deutschland (Bayern, sehr lokal). Slowenien. Italien mit Istrien und Sizilien. 0–1800 m. Nicht auf den Balearen und Sardinien. Beschreibung und Variation: Ähnelt stark *P. malvae*. In M-Spanien weiße OS-Flecke bei 2. Generation oft reduziert.
Flugzeit 2 Generationen, April bis Juni und Ende Juli bis August; in höheren Lagen 1 Generation, Juni bis Juli.
Lebensraum Wie *P. malvae*.
Lebensweise Nahrungspflanze in S-Spanien *Potentilla pennsylvanica*. Puppe überwintert.

Pyrgus alveus · Sonnenröschen-Würfeldickkopf

Gesamtverbreitung NW-Afrika, Europa, Türkei, Transkaukasien, S- und W-Sibirien, Ural, Transbaikalgebiet, Mongolei, China.
▹ *P. alveus* (Hübner, 1803), TF: Deutschland.
Syn.: *scandinavicus* Strand, 1903; *ballotae* Oberthür, 1910; *alticola* Rebel, 1909; *accreta* Verity, 1925; *centralitaliae* Verity, 1920; *trebevicensis* Warren, 1926; die 3 letztgenannten sind bei einigen Autoren als Unterarten oder eigenständige Arten geführt.
Verbreitung Marokko und Algerien: Mittlerer und Hoher Atlas. Von den Gebirgen der Iberischen Halbinsel über fast ganz M- und SO-Europa, nach N bis 63° N in Fennoskandinavien, nach S bis Griechenland. 800–2800 m.
Variation Sehr variantenreich. In S-Griechenland (Chelmos-Gebirge) größer, Oberseite bei ♂ und ♀ auffällig weißlich gelb beschuppt. Auf der Iberischen Halbinsel, in Frankreich und Italien *centralhispaniae* Verity. Im Apennin *centralitaliae* Verity. Im Kantabrischen Gebirge *accreta* Verity. In Norwegen und Schweden *scandinavicus* Strand; kleiner, weiße OS-Zeichnung etwas größer und schärfer. In Marokko und Algerien *numidus* Oberthür.
Flugzeit 1 Generation, Juni bis August; in NW-Afrika Ende Mai bis Ende Juni.
Lebensraum Blumenwiesen; Waldlichtungen; geschützte Schluchten oder Senken an subalpinen Hängen; blütenreiche Grashänge; in höheren Lagen kahler, steiniger Grund mit feuchten Senken oder geschützten Bachläufen.
Lebensweise Nahrungspflanzen *Helianthemum nummularium* und andere *Helianthemum*- und *Potentilla*-Arten, *Agrimonia eupatoria*. Eiablage an Blüten oder Blättern. Jungraupe oder Ei überwintert.

Pyrgus malvae

US gelblich grün oder rötlich braun

auf Hfl-OS eine Reihe markanter weißer Submarginalflecke

helle Diskalflecke in M3–Cu2 reduziert oder fehlend

Pyrgus alveus

OS dunkelgraubraun, oft gelblich bestäubt, weiße Flecke klein

Hfl-US oliv bis grünlich grau, weiße Diskalzeichnung kräftig

Hfl-OS undeutlich gezeichnet

Stammform

weiße Zeichnung kräftiger, schärfer

OS oft ausgedehnt weißlich bestäubt

var. *centralhispaniae*
(N-Portugal, Spanien)

var. *scandinavicus*
(Norwegen, Schweden)

P. malvae, P. malvoides

Pyrgus alveus

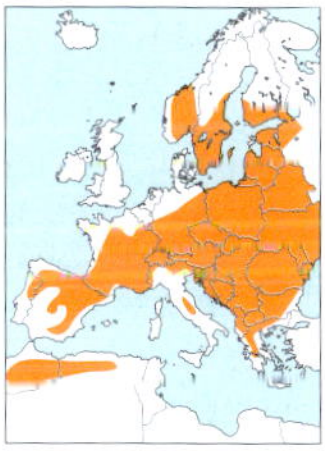

Pyrgus armoricanus Mehrbrütiger Würfeldickkopf

Gesamtverbreitung N-Afrika, Europa, Türkei, Transkaukasien, NW-Asien, S-Ural.
▷ ***P. armoricanus*** (Oberthür, 1910), TF: Rennes, Frankreich.
Verbreitung Marokko: Mittlerer Atlas. Algerien. Von der Iberischen Halbinsel, Sardinien, Korsika, Sizilien über ganz M- und S-Europa, nach N bis Dänemark (Seeland und Bornholm) und S-Schweden (Skåne), nach S bis Griechenland mit Kithira und Kreta und Türkei. 50–1800 m.
Beschreibung Erkennungsmerkmale sind hellere OS-Tönung und gelbliche Färbung der Hfl-US (vgl. *P. alveus*).
Variation In NW-Afrika *maroccanus* Picard; größer, stärker gezeichnet.
Flugzeit 2 Generationen, Mai bis Juni und Juli bis Ende August; im Norden des Verbreitungsgebiets 1 Generation, Juni bis Juli. In den Pyrenäen auch Ende April nachgewiesen. Auf Sardinien im Oktober am häufigsten.
Lebensraum Grasige Felsschluchten und Hänge; oft trockenheiße, blütenreiche Stellen mit Gebüsch.
Lebensweise Nahrungspflanzen *Potentilla*-Arten, *Helianthemum nummularium*. Eiablage an Blüten oder Blättern.

Pyrgus bellieri

Gesamtverbreitung NO-Spanien, S-Frankreich, M-Italien.
▷ ***P. bellieri bellieri*** (Oberthür, 1910), TF: Larche, Basses-Alpes, Frankreich.
Syn.: *P. foulquieri* Oberthür, 1910.
Verbreitung Spanien: Katalonien, sehr lokal. S-Frankreich: Massif Central, Aveyron bis Bouches-du-Rhône, Var, Alpes-Maritimes, Isère und Savoie, Korsika. Italien: Alpi Marittime bis Cottische Alpen, Apennin, sehr lokal. 500–1800 m.
Beschreibung Ähnelt *P. alveus* var. *centralhispaniae*, helle Zeichnung der Hfl-OS stärker ausgeprägt, Postdiskalflecke größer; Hfl-US gelblich braun.
Flugzeit 1 Generation, Mitte Juli bis August.
Lebensraum Blütenreiche Grasfluren.
Lebensweise Nahrungspflanzen *Helianthemum*-Arten.
▷ ***P. bellieri picenus*** (Verity, 1920), TF: Italien. Bei einigen Autoren als eigenständige Art oder als Synonym von *P. bellieri* geführt.
Verbreitung M-Italien.
Beschreibung Kleiner als nominotypische Unterart, Oberseite blasser, Hfl-US gelblich, schwach gelblich braun gescheckt.

Pyrgus warrenensis

Gesamtverbreitung M- und O-Alpen.
▷ ***P. warrenensis*** (Verity, 1928), TF: Graubünden, Schweiz.
Verbreitung Weit verbreitet, aber sehr lokal. Schweiz: Albula-Pass, Julier-Pass, Bernina-Pass. Italien: Ortler-Gruppe, Dolomiten. Österreich: Brenner-Pass, Hohe Tauern. 1800–2600 m.
Beschreibung Ähnelt *P. alveus*; kleiner, weniger kontrastreich gezeichnet.
Flugzeit 1 Generation, Juli bis August.
Lebensraum Geschützte Senken, Schluchten und Hänge, alpine Matten.
Lebensweise Nahrungspflanze *Helianthemum oelandicum* ssp. *alpestre*.

Pyrgus serratulae Schwarzbrauner Würfeldickkopf

Gesamtverbreitung Spanien und M-Europa bis Griechenland, Türkei, Kaukasus, S- und M-Sibirien, Mongolei, Transbaikalgebiet.
▷ ***P. serratulae*** (Rambur, 1839), TF: Spanien.
Verbreitung Spanien: Sierra Nevada, Sierra de Segura, Kantabrisches Gebirge, Sierra de la Demanda, Sierra de Guadarrama, Serranía de Cuenca, Montes Universales, Pyrenäen. Über Frankreich mit Korsika, Belgien, Deutschland bis Dänemark, S-Litauen, Lettland. N-Italien und Apennin. Balkan. S-Griechenland. Europäischer Teil der Türkei. 50–2400 m. Nicht in den Niederlanden und N-Deutschland.
Beschreibung Unterseite bei ♂ und ♀ charakteristisch gefärbt und gezeichnet.
Variation In SO-Europa f. *major* Staudinger, allgemein größer. Auch an anderen heißen und tiefer gelegenen Orten in S-Europa vereinzelt große Formen.
Flugzeit 1 Generation, Mitte Mai bis Juli; in den M-Pyrenäen ab Ende April.
Lebensraum Blütenreiche Grasfluren des Offenlands; feuchte Waldlichtungen; in tieferen Lagen trockenheiße Gebüsche.
Lebensweise Nahrungspflanzen *Potentilla*-Arten.

Pyrgus armoricanus

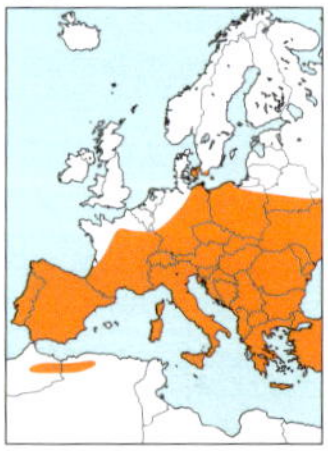

Pyrgus bellieri

Pyrgus warrenensis

Pyrgus serratulae

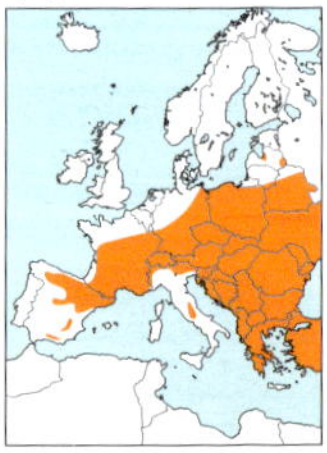

Pyrgus armoricanus

Pyrgus bellieri

Pyrgus warrenensis

Pyrgus serratulae

P. cirsii, P. carlinae

Pyrgus onopordi

Pyrgus cinarae

Pyrgus sidae

Pyrgus carlinae

Gesamtverbreitung Endemisch in den SW-Alpen.
▷ *P. carlinae* (Rambur, 1839), TF: Alpen.
Verbreitung Alpen SO-Frankreichs und NW-Italiens (Alpes-Maritimes bis Savoie). SW-Schweiz: Wallis bis Tessin. Österreich. 950–1900 m, vereinzelt bis 2900 m.
Flugzeit 1 Generation, Ende Juli bis August.
Lebensraum Blütenreiche Wiesen; grasige Waldlichtungen.
Lebensweise Nahrungspflanzen *Potentilla*-Arten.

Pyrgus cirsii · Spätsommer-Würfeldickkopf

Gesamtverbreitung Portugal, Spanien, S- und M-Frankreich, Schweiz, S-Deutschland, Österreich, O-Türkei, Armenien.
▷ *P. cirsii* (Rambur, 1839), TF: Fontainebleau, Frankreich.
Verbreitung Portugal und Spanien, weit verbreitet und häufig. S- und M-Frankreich. Niederlande. Schweiz: Vaud, Wallis, Jura. S-Deutschland, sehr vereinzelt und lokal. Österreich. Slowenien. NW-Italien. 300–1600 m. (Karte S. 329)
Beschreibung Ähnelt *P. carlinae*; weiße OS-Zeichnung stärker ausgebildet.
Variation Färbung der Hfl-US lokal und regional verschieden.
Flugzeit 1 Generation, Ende Juli bis August.
Lebensraum Blütenreiche Wiesen; grasige Waldlichtungen.
Lebensweise Nahrungspflanzen *Potentilla*-Arten.

Pyrgus onopordi

Gesamtverbreitung Marokko, Algerien, SW-Europa.
▷ *P. onopordi* (Rambur, 1839), TF: Granada, Spanien.
Verbreitung Marokko: Mittlerer Atlas, Hoher Atlas, Rif-Atlas. Algerien. Portugal und Spanien, weit verbreitet. S-Frankreich: O-Pyrenäen bis etwa 46° N im Rhône-Tal. Italien. 0–2800 m. (Karte S. 329)
Beschreibung Bei ♂ und ♀ Hfl-US mit großen weißen ambossförmigen Flecken in M1–M3.
Flugzeit 2–3 Generationen, April bis Anfang Oktober.
Lebensraum Blütenreiche Wiesen, geschützte Bachläufe und Schluchten in offenem Grasland.
Lebensweise Nahrungspflanzen *Potentilla*- und *Helianthemum*-Arten; in S-Spanien (Sierra Nevada) *Malva neglecta*. Eiablage an Blattoberseite.

Pyrgus cinarae

Gesamtverbreitung Spanien, S-Balkan, Griechenland, Türkei, S-Ural.
▷ *P. cinarae* (Rambur, 1839), TF: Sarepta, Russland.
Syn.: *clorinda* Warren, 1927; bei einigen Autoren als Unterart geführt.
Verbreitung M-Spanien, sehr lokal: Cuenca (Montes Universales). Albanien. Mazedonien. Bulgarien. N-Griechenland. Europäischer Teil der Türkei. 750–1600 m. (Karte S. 329)
Variation In M-Spanien *clorinda* Warren; Ober- und Unterseite mehr gelblich, besonders Hfl-US bei ♂.
Flugzeit 1 Generation, Mitte Juni bis Anfang August; in Spanien Mitte Juli bis Anfang September.
Lebensraum Blütenreiche Grasfluren des Offenlands; trockenes, felsiges Gelände; blütenreiche, grasige Kiefernwaldlichtungen mit Gebüsch. Oft zusammen mit *P. sidae*, *P. serratulae* und in trockeneren Gebieten mit *Spialia phlomides*.
Lebensweise Nahrungspflanzen in Griechenland *Potentilla recta*, *P. hirta*. Eiablage an Blütenknospen.

Pyrgus sidae

Gesamtverbreitung Spanien, SO-Frankreich, M-Italien, Balkan, Türkei, Iran, Transkaukasien, NW-Asien, S-Ural, NW-Kasachstan, W-Tienschan.
▷ *P. sidae* (Esper, 1784), TF: Wolga, S-Russland.
Syn.: *occidua* Verity, 1925.
Verbreitung W-Spanien: Sierra de Gredos. SO-Frankreich. Italien: NW-Küste, Modena bis Golf von Gaeta, Belluno. Kroatien: Istrien. S-Bosnien-Herzegowina. S-Serbien. S-Rumänien. Bulgarien. Albanien. N-Griechenland. Europäischer Teil der Türkei. 50–1750 m, meist über 600 m. (Karte S. 329)
Variation In Spanien, Frankreich und Italien *occidua* Verity; kleiner, OS-Fleckenmuster weniger deutlich, gelbe Diskalbinde der Hfl-US meist blasser. Zwischenformen nicht selten.
Flugzeit 1 Generation, Mitte Mai bis Anfang Juli; in NO-Griechenland nahe Meeresniveau Anfang April bis Mai.
Lebensraum Grasige, blütenreiche Böschungen und Wiesen; Felsschluchten und Hänge.
Lebensweise Nahrungspflanzen *Potentilla*-Arten. Eiablage an Blüten.

Pyrgus carlinae (SW-Alpen)

Pyrgus cirsii

Pyrgus onopordi

Pyrgus cinarae

Stammform

var. *clorinda* (M-Spanien)

Pyrgus sidae

Stammform

var. *occidua* (W-Spanien)

Pyrgus carthami
Steppenheiden-Würfeldickkopf

Gesamtverbreitung SW- und M-Europa, Balkan, N-Griechenland, Türkei, Ural, S-Russland, M-Asien, Iran, Turkmenien.
▹ *P. carthami* (Hübner, 1813), TF: Bayern, Deutschland. Syn.: *fritillarius* Poda, 1761.
Verbreitung Von NO-Portugal, Spanien, Italien (Zentralapennin, Kalabrien), N-Griechenland (Falakron- und Menikion-Gebirge) und dem europäischen Teil der Türkei über M- und O-Europa, nach N bis S-Litauen. 600–1800 m. Nicht in Großbritannien, N-Deutschland und auf den Mittelmeerinseln.
Beschreibung Bei ♂ Hfl-OS mit meist deutlichen länglichen weißen Submarginalflecken; auf Hfl-US weiße Zeichnung hellgrau begrenzt.
Variation In S-Spanien f. *nevadensis* Oberthür; weiße OS-Zeichnung kräftiger, auf Hfl-US schärfer begrenzt.
Flugzeit 1 Generation, Ende Juni bis September.
Lebensraum Geschützte Schluchten und Senken an offenen Grashängen; Blumenwiesen, oft zwischen Felsen, Sträuchern oder in lichtem Wald.
Lebensweise Nahrungspflanzen *Potentilla*-Arten. Eiablage einzeln an Blattoberseite. Jungraupe überwintert.

Pyrgus andromedae
Silberwurz-Würfeldickkopf

Gesamtverbreitung Europa.
▹ *P. andromedae* (Wallengren, 1853), TF: Dovre, Norwegen.
Verbreitung Spanien und Frankreich: Pyrenäen. Alpen Frankreichs, Italiens, der Schweiz, Deutschlands und Österreichs. Slowenien: Julische Alpen. Norwegen: Finnmark, Troms, Nordland, Nord-Trondelag. Schweden: Torne Lappmark. S-Bosnien-Herzegowina. SW-Serbien: Montenegro. Mazedonien: Sar Planina. 25–3000 m.
Beschreibung Zeichnung der Hfl-US erinnert an ein Ausrufezeichen, bestehend aus einem rundlichen weißen Fleck und einem weißen Strich in Cu2–A1+2.
Flugzeit 1 Generation, in Skandinavien Mitte Juni bis Juli; in M- und SO-Europa meist Juli, Nachweise von Mitte Mai bis Ende August.
Lebensraum Geschützte Grasfluren in offenen Moorgebieten, Heiden, alpine Rasen.
Lebensweise: Nahrungspflanze *Dryas octopetala*.

Pyrgus cacaliae

Gesamtverbreitung M- und SO-Europa.
▹ *P. cacaliae* (Rambur, 1839), TF: Alpen.
Verbreitung Pyrenäen in Spanien, Frankreich und Andorra. Alpen in Frankreich, Italien, der Schweiz, Deutschland und Österreich. Rumänien: Bucegi-Gebirge. Bulgarien: Rila-Gebirge. 1800–2800 m.
Beschreibung Weiße OS-Zeichnung bei beiden Geschlechtern kleinfleckig, US-Zeichnung unscharf, kein weißer Basalfleck in Cu1–Cu2 (vgl. *P. andromedae*).
Flugzeit 1 Generation, Juni bis August.
Lebensraum Geschützte Senken und Schluchten in offenen alpinen Rasen, oft um niedrige Sträucher.
Lebensweise Nahrungspflanzen *Potentilla*-Arten, *Sibbaldia*-Arten.

Pyrgus centaureae

Gesamtverbreitung N-Fennoskandinavien, arktisches Russland, Altai, S- und O-Sibirien, Mongolei, Transbaikalgebiet, arktisches N-Amerika, nach S bis Rocky Mountains und Appalachen.
▹ *P. centaureae* (Rambur, 1839), TF: Lappland.
Verbreitung Norwegen, Schweden und Finnland von 60° N bis zum Nordkap. Weit verbreitet, in den Küstengebieten allgemein fehlend. 0–950 m.
Beschreibung Hfl-US mit auffälligen weißen Adern.
Flugzeit 1 Generation, Mitte Juni bis Juli.
Lebensraum und Lebensweise Feuchtgebiete wie Moore und feuchte Heiden mit großen Beständen der Nahrungspflanze *Rubus chamaemorus*.

Pyrgus carthami

Pyrgus andromedae

Pyrgus cacaliae

Pyrgus centaureae

Pyrgus carthami

Pyrgus andromedae

Pyrgus cacaliae

Pyrgus centaureae

Spialia sertorius · Wiesenknopf-Würfeldickkopf

Gesamtverbreitung N-Afrika, S-Europa, W-Asien, Altai, Tibet, Amur.
▹ ***S. sertorius*** (Hoffmannsegg, 1804), TF: Deutschland. Syn.: *sao* Hübner, 1803 (ungültiges Homonym); *hibiscae* Hemming, 1936.
Verbreitung Marokko: Anti-Atlas, Hoher Atlas, Mittlerer Atlas, Rif-Atlas. Algerien. Tunesien. Von Portugal, Spanien und Italien über Mitteleuropa bis Polen, Slowakei, Ungarn. Weit verbreitet und häufig. 0–2500 m.
Variation Unterseite bei 1. Generation cremegelb, bei 2. Generation rötlich. In NW-Afrika *ali* Oberthür; Oberseite blasser, helle Flecke größer; Hfl-US rötlich braun mit dunkleren Strichen, weißer Diskoidalfleck deutlich, weiße Randflecke länglich, Adern hellbraun.
Flugzeit 2 Generationen, April bis Juni und Mitte Juli bis Anfang September; in NW-Afrika teilweise 3 Generationen, Ende Februar bis Oktober.
Lebensraum Verschieden. Auf Meeresniveau trockenheiße und blütenreiche Gebüsche; in höheren Lagen Grashänge, Blumenwiesen, Waldlichtungen, Gebüsche; in NW-Afrika felsige, blütenreiche Hänge und Schluchten, ausgetrocknete Wasserläufe.
Lebensweise Nahrungspflanze *Sanguisorba minor*, in NW-Afrika *S. minor* ssp. *magnolii*.

Spialia therapne

Gesamtverbreitung Endemisch auf Korsika und Sardinien.
▹ ***S. therapne*** (Rambur, 1832), TF: Korsika, Frankreich.
Verbreitung Korsika und Sardinien. 0–1500 m.
Beschreibung und Variation Ähnelt *S. sertorius*; kleiner, Zellfleck der Vfl-OS etwa viereckig. Hfl-US rötlich braun, Randzeichnung reduziert.
Flugzeit 2 Generationen, Ende April bis Mitte Juni und August bis Anfang September.
Lebensraum Grasige, blütenreiche Stellen, oft zwischen niedrigen Sträuchern und Felsen.

Spialia orbifer

Gesamtverbreitung Sizilien, O-Europa, Balkan, Mittlerer Osten, Afghanistan, S-Russland, S-Ural, Tienschan.
▹ ***S. orbifer*** (Hübner, 1823), TF: Ungarn.
Verbreitung Slowakei, Ungarn, Kroatien. Bosnien-Herzegowina. Mazedonien. Serbien. Albanien. Rumänien. Bulgarien. Griechenland. Europäischer Teil der Türkei. Italien: Sizilien. 0–2000 m. Nicht auf den Kykladen, Kreta oder Karpathos. Schließt sich an das Verbreitungsgebiet von *S. sertorius* an.
Variation Unterseite bei 1. Generation cremegelb, bei 2. Generation rötlich oder rostbraun.
Flugzeit 2 Generationen, Mitte April bis Juni und Mitte Juli bis August.
Lebensraum Wie *S. sertorius*.
Lebensweise Nahrungspflanze *Sanguisorba minor*. Eiablage einzeln zwischen Blütenknospen. Raupen fressen anfangs innerhalb der Blüten. Verpuppung zwischen gerollten Stängelblättern.

Spialia phlomidis

Gesamtverbreitung S-Balkan, Griechenland, Türkei, N-Israel, Libanon, Syrien, N-Iran, S-Russland, Transkaukasien.
▹ ***S. phlomides*** (Herrich-Schäffer, 1845), TF: Türkei.
Verbreitung Vereinzelt und selten. Albanien. Mazedonien. Bulgarien. Griechenland. 650–1650 m, meist unter 1000 m.
Flugzeit 1 Generation, Ende Mai bis Juni.
Lebensraum Trockenheiße, oft felsige Stellen; trockenes Grasland mit kleinen Sträuchern; meist auf basischen Böden.
Lebensweise Nahrungspflanzen *Convolvulus*-Arten.

Spialia doris

Gesamtverbreitung Marokko, Ägypten, Arabien, Somalia, Indien.
▹ ***S. doris doris*** (Walker, 1870), TF: Tajora, Ägypten.
▹ ***S. doris daphne*** Evans, 1949, TF: Ziz-Tal, Hoher Atlas, Marokko.
Verbreitung Marokko, weit verbreitet, aber lokal: Anti-Atlas, Hoher Atlas. 400–1750 m.
Flugzeit 2 Generationen, Ende März bis Mai und Ende August bis September.
Lebensraum Sehr heiße, trockene Schluchten mit sehr karger Vegetation.
Lebensweise Nahrungspflanzen *Convolvulus*-Arten.
Verhalten Flug sehr schnell und tief.

S. sertorius, S. therapne

Spialia orbifer

Spialia sertorius
(Stammform)

S. sertorius* var. *ali
(N-Afrika)

Spialia therapne
(Korsika, Sardinien)

Spialia orbifer

Spialia phlomidis

Spialia phlomidis

Spialia doris

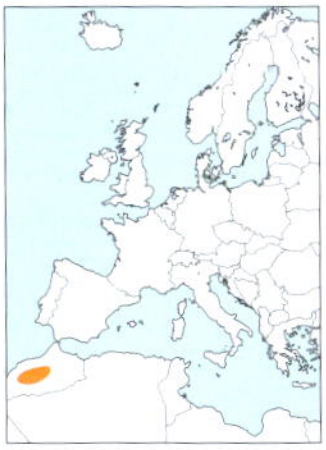

Spialia doris daphne

nur in Marokko

Muschampia tessellum

Gesamtverbreitung SO-Europa, Türkei, Mittlerer Osten bis S-Sibirien, Mongolei, N-China.

▷ ***M. tessellum*** (Hübner, 1803), TF: S-Russland.

Verbreitung Mazedonien. Rumänien. Bulgarien. NW-Griechenland: Vernon-Gebirge, Kerkeni-Gebirge, Askion-Gebirge, Olymp, Insel Symi. Europäischer Teil der Türkei. 800–1100 m.

Variation Vfl-OS gelegentlich mit einem zusätzlichen Paar undeutlicher, länglicher weißer Flecke in Cu2–A (vgl. *M. cribrellum*); Hfl-US gelblich, manchmal blass zartgrün.

Flugzeit 1 Generation, Mitte Mai bis Mitte August; Anfang Juni am häufigsten.

Lebensraum Offene, sonnige und blütenreiche Grasflächen.

Lebensweise Nahrungspflanze *Phlomis samia* und andere *Phlomis*-Arten. Jungraupe überwintert.

Muschampia cribrellum

Gesamtverbreitung Balkan, Kaukasus, S-Sibirien, S-Ural, Kasachstan, Altai, Mongolei, Amur, N- und W-China.

▷ ***M. cribrellum*** (Eversmann, 1841), TF: S-Russland.

Verbreitung Rumänien: Cluj, Hunedoara. Mazedonien: Skopje. Bulgarien. 800–850 m.

Beschreibung Ähnelt *M. tessellum*; kleiner, weiße OS- und US-Zeichnung deutlicher, Vfl-OS mit 2 Paaren länglicher weißer Flecke in Cu2–A.

Flugzeit 1 Generation, Mitte Mai bis Mitte Juni.

Lebensraum Trockene, blütenreiche Grasfluren mit einzelnen Sträuchern.

Lebensweise Nahrungspflanzen *Potentilla*-Arten.

Muschampia proto

Gesamtverbreitung NW-Afrika, Portugal, Spanien, S-Europa, Türkei.

▷ ***M. proto*** (Ochsenheimer, 1808), TF: Portugal.

Verbreitung Marokko: Mittlerer Atlas. Algerien. Portugal. Spanien. S-Frankreich. Italien: Monte Gargano, Kalabrien, N-Sizilien. Mazedonien. Griechenland mit Kithira, Karpathos, Symi. 0–1700 m.

Variation US-Grundfarbe jahreszeitlich verschieden, besonders bei ♀: Frühjahrsgeneration grünlich, Sommergeneration bräunlich, orange oder rosa. In N-Afrika und gelegentlich in S-Spanien f. *fulvosatura* Verity; groß, kräftig gezeichnet.

Flugzeit 1 Generation, April bis Oktober.

Lebensraum Blütenreiche Stellen, besonders zwischen gemischten Strauchbeständen an trockenen Felshängen oder auf trockenem Grasland.

Lebensweise Nahrungspflanzen *Phlomis crinita, P. bovei, P. fruticosa, P. lychnitis, P. herba-venti.*

Muschampia mohammed

Gesamtverbreitung Marokko, Algerien.

▷ ***M. mohammed*** (Oberthür, 1887), TF: Sebdou, Lambessa, Algerien.

Verbreitung Marokko, sehr lokal: Mittlerer Atlas (Azrou, Ifrane, Oulmès). Algerien: Teniet-el-Haad, Sebdou, Tlemcen, Lambessa, Aures-Gebirge, Djurdjura-Massiv. 1500–1800 m.

Beschreibung und Variation Ähnelt *M. proto*. Hfl-Außenrand deutlicher gewellt, Adern bräunlich, auf Hfl-US großer heller perlmuttartiger Diskalfleck. Hfl-US bei 1. Generation dunkelbraun, bei 2. Generation rötlich braun.

Flugzeit 2–3 Generationen, März bis Oktober.

Lebensraum Felsige, blütenreiche Stellen.

Lebensweise Nahrungspflanzen *Phlomis crinita, P. bovei.*

Muschampia tessellum

Muschampia cribrellum

Muschampia proto

Muschampia mohammed

Muschampia tessellum

Muschampia cribrellum

Muschampia proto

Muschampia mohammed

Muschampia leuzeae

Gesamtverbreitung Algerien.
▻ *M. leuzeae* (Oberthür, 1881), TF: Mascara, Algerien.
Verbreitung Algerien, lokal und selten: Blida, Chrea, Col de Ben-Chicao, Teniet-el-Haad, Djurdjura-Massiv. 1200–2000 m.
Beschreibung Ähnelt *M. proto*. Oberseite dunkelgrau, Diskoidalfleck der Vfl-OS sehr groß. Hfl-US netzartig gezeichnet.
Flugzeit 1 Generation, Mitte Mai bis Juli.
Lebensraum Trockene, blütenreiche Grasfluren.
Lebensweise Nahrungspflanzen *Phlomis*-Arten.

Carcharodus alceae · Malven-Dickkopf

Gesamtverbreitung S- und M-Europa, Türkei, Jemen, S- und M-Ural, W-Kasachstan, Turkestan, N-Pakistan, N-Indien, Altai, Tienschan.
▻ *C. alceae* (Esper, 1780), TF: Deutschland.
Verbreitung In Europa südlich 50° N weit verbreitet und häufig, auch auf den meisten Mittelmeerinseln. 0–2000 m. Nicht aus NW-Afrika bekannt.
Beschreibung ♂ ohne Haarbüschel auf Vfl-US. Nach äußeren Merkmalen nicht von *C. tripolina* unterscheidbar; Unterschiede in den männlichen Genitalien.
Flugzeit 3 oder mehr Generationen, Anfang April bis Oktober.
Lebensraum Verschieden. Meist offene, blütenreiche Stellen, oft mit hohen Gräsern und lichtem Strauchbestand; trockenheißes felsiges Gelände.
Lebensweise: Nahrungspflanzen *Malva sylvestris, M. neglecta, M. moschata, M. pusilla, M. alcea, Alcea rosea*. Erwachsene Raupe überwintert an Basis der Nahrungspflanze.
Verhalten Männchen nehmen eine ungewöhnliche Ruhehaltung ein, indem sie die Flügelflächen unter die Ebene des Brustabschnitts senken und zugleich den Hinterleib anheben. Dieses Verhalten zeigen auch andere Arten der Gattung.

Carcharodus tripolina (ohne Bild)

Gesamtverbreitung N-Afrika, SW-Portugal, SW-Spanien.
▻ *C. tripolina* (Verity, 1925), TF: Garian-Plateau, Libyen.
Verbreitung Marokko. Algerien. Tunesien. Weit verbreitet von Sahara bis Nordküste. S-Portugal und S-Spanien: Küstengebiete von Lissabon bis Cádiz. 0–2500 m. Exakte Verbreitungsgrenze zu *C. alceae* nicht bekannt.
Beschreibung ♂ ohne Haarbüschel auf Vfl-US. Nach äußeren Merkmalen nicht von *C. alceae* unterscheidbar; Unterschiede in den männlichen Genitalien.
Flugzeit Mehrere Generationen, März bis September.
Lebensraum Trockenheiße blütenreiche Grasfluren, Felsschluchten und Hänge.
Lebensweise Nahrungspflanze *Malva sylvestris*.
Naturschutz Intensive Eingriffe des Menschen an der Südküste der Iberischen Halbinsel stellen eine bedeutende Gefahr für diese Art dar.

Carcharodus lavatherae · Ziest-Dickkopf

Gesamtverbreitung N-Afrika, Europa bis 47° N, Türkei, Transkaukasien, S-Ural.
▻ *C. lavatherae* (Esper, 1783), TF: S-Frankreich.
Syn.: *tauricus* Reverdin, 1915; bei einigen Autoren als Unterart geführt.
Verbreitung Marokko, lokal und selten: Mittlerer Atlas. Algerien. Von Spanien über S-Frankreich (einschließlich Massif Central), S-Schweiz, Österreich, Kroatien, Italien (außer nördliche Ebene) bis Balkan. In M-Europa sehr lokal, vor allem südliche Alpentäler. In Deutschland nur im Mittelrheintal. Slowakei. Ungarn. Bosnien-Herzegowina. S-Serbien. Albanien. Mazedonien. Rumänien. Bulgarien. NW-Griechenland. Europäischer Teil der Türkei: Gelibolu. 200–1600 m.
Beschreibung ♂ ohne Haarbüschel auf Vfl-US. Oberseite bei beiden Geschlechtern grünlich oder gelblich braun, dunkler marmoriert; Innenrand der Vfl-OS oft deutlich rötlich braun oder mattorange. Hfl-US weißlich, meist cremegelb getönt, Zeichnung verwaschen.
Variation In SO-Europa *tauricus* Reverdin; Oberseite grau oder graubraun, Unterseite kalkweiß.
Flugzeit 1 Generation, Mitte Mai bis Ende Juli.
Lebensraum Heiße Felsschluchten oder trockene Grashänge mit Sträuchern.
Lebensweise Nahrungspflanzen *Stachys recta, S. germanica, S. arvensis, S. plumosa*. Eiablage einzeln an Blütenkelchen. Jungraupe überwintert im Schutz abgestorbener Blätter an der Basis der Nahrungspflanze. Verpuppung im zuletzt bewohnten Blattgehäuse.
Verhalten Bei großer Hitze saugen Männchen oft zahlreich an feuchtem Boden.

Muschampia leuzeae

Carcharodus alceae

Carcharodus lavatherae

Muschampia leuzeae

Carcharodus alceae

Carcharodus tripolina

Carcharodus lavatherae

Carcharodus baeticus

Gesamtverbreitung Iberische Halbinsel, S-Frankreich, W-Schweiz, NW-Italien und M-Apennin.
▹ *C. baeticus* (Rambur, 1839), TF: Andalusien, Spanien. Syn.: *boeticus* auct.; *marrubii* Rambur, 1840.
Verbreitung Portugal. Spanien: Südlich der Pyrenäen. Frankreich: O-Pyrenäen, Cevennen, Provence. SW-Schweiz: Wallis. Italien: Piemont, Zentralapennin, Sizilien. Im O eher zerstreut. 500–1600 m.
Beschreibung ♂ mit Haarbüschel auf Vfl-US. Hfl-US bei beiden Geschlechtern mit spezifischem weißem Netzmuster.
Variation Oberseite bei späteren Generationen zunehmend blasser, Spätsommergeneration schließlich hellsandbraun. Färbung des Haarbüschels folgt derselben Tendenz und ist bei späteren Generationen immer kleiner.
Flugzeit In der Schweiz 1 Generation, Juli; in S-Spanien 3 Generationen, Mai bis Juni, Juli und August bis September.
Lebensraum Trockenheiße Schluchten mit spärlicher Vegetation und Sträuchern.
Lebensweise Nahrungspflanzen *Marrubium vulgare, Ballota hirsuta*. Jungraupe überwintert.

Carcharodus stauderi

Gesamtverbreitung N-Afrika bis Türkei, N-Iran und Afghanistan.
▹ *C. stauderi* Reverdin, 1913, TF: El Kantara, Algerien.
Verbreitung In N-Afrika weit verbreitet. Marokko. Algerien. Tunesien. In Europa nur Griechenland: Inseln Kos, Symi, Rhodos. 0–2400 m.
Beschreibung und Variation ♂ mit Haarbüschel auf Vfl-US. Ähnelt *C. baeticus*; Zeichnung insgesamt sehr variabel.
Flugzeit Mehrere Generationen; in NW-Afrika März bis Oktober, in der Ägäis Mai bis Juni.
Lebensraum Trockenheiße, felsige und blütenreiche Stellen.
Lebensweise Nahrungspflanzen in N-Afrika *Marrubium vulgare, Ballota hirsuta, Phlomis floccosa*; auf der Halbinsel Sinai *Phlomis aurea*.

Carcharodus floccifera · Heilziest-Dickkopf

Gesamtverbreitung Marokko, Spanien, S- und SO-Europa, O-Türkei, Transkaukasien, S-Sibirien, S-Ural, Kasachstan, Altai.
▹ *C. floccifera* (Zeller, 1847), TF: Sizilien, Italien.
Syn.: *altheae* Hübner, 1803 (ungültiges Homonym); *alchymillae* Hemming, 1936.
Verbreitung Marokko, sehr lokal, selten: W-Rif-Atlas. Spanien, vereinzelt, sehr lokal in Gebirgen. S-Frankreich: Massif Central, Alpen. Italien mit Sizilien und Sardinien. S-Deutschland, sehr lokal. Schweiz. Österreich. Kroatien. S-Polen. N-Ungarn. Slowenien: Julische Alpen. M- und S-Balkan, weit verbreitet, aber lokal. Bosnien-Herzegowina. SW-Serbien. Albanien. Mazedonien. Rumänien. SW-Bulgarien. Griechenland. 1000–2000 m.
Beschreibung Ähnelt *C. orientalis*; oft größer, Oberseite dunkler grau; Hfl-US dunkler, bei frischen Faltern oft mit bläulichen oder violetten Tönen, weißlicher Streifen und Diskoidalfleck deutlich. ♂ mit deutlichem dunklem Haarbüschel auf Vfl-US.
Flugzeit 2 Generationen, Ende Mai bis Juni und Ende Juli bis August.
Lebensraum Blütenreiche Grashänge oder Wiesen; Felsschluchten; Waldlichtungen, oft feuchte Stellen. Deutliche Vorliebe für eher kühle und feuchte Bedingungen, wie sie in höheren Lagen vorherrschen.
Lebensweise Nahrungspflanzen *Stachys officinalis, S. alpina, S. recta, S. germanica, S. palustris, S. sylvatica, S. scardica*. Jungraupe überwintert an der Basis der Nahrungspflanze. Verpuppung im zuletzt bewohnten Blattgehäuse.
Verhalten Falter ruhen oft an Spitze hoher Stängel.

Carcharodus orientalis

Gesamtverbreitung SO-Europa, Türkei, Ungarn, N-Iran, S-Ural.
▹ *C. orientalis* Reverdin, 1913, TF: S-Griechenland.
Verbreitung N-Ungarn. S-Kroatien: Dalmatinische Küste. S-Serbien. Albanien. Mazedonien. Bulgarien: Stara Planina. Griechenland mit Korfu, Kithera, Kea, Skyros, Limnos, Lesbos, Samos, Kos, Kalimnos. Europäischer Teil der Türkei. 25–1650 m.
Beschreibung und Variation Unterseite blass mit undeutlicher weißer Zeichnung (vgl. *C. floccifera*). ♂ mit deutlichem Haarbüschel auf Vfl-US. Größe und OS-Färbung der Falter sehr variabel.
Flugzeit 2–3 Generationen, April bis August.
Lebensraum Trockenheiße, felsige und blütenreiche Hänge, Schluchten oder Grasland, oft zwischen einzelnen Sträuchern (vgl. *C. floccifera*).

Carcharodus baeticus

Carcharodus stauderi

Carcharodus floccifera

Carcharodus orientalis

Carcharodus baeticus

Carcharodus stauderi

Carcharodus floccifera

Carcharodus orientalis

Erynnis tages · Leguminosen-Dickkopf

Gesamtverbreitung Europa bis 62° N, ostwärts bis zum Amur.
▹ *E. tages* (Linnaeus, 1758), TF: Europa.
Verbreitung Weit verbreitet und häufig von S-Europa und der Türkei bis Irland, S-Schottland, S-Skandinavien (mit Seeland, Öland, Gotland), Estland (mit Dagö und Ösel), Lettland, Litauen. 50–200 m. In Irland und Großbritannien im Rückgang. Nicht in S-Portugal, Gibraltar, SW-Spanien und meisten Mittelmeerinseln (außer Korsika, Korfu). **Beschreibung und Variation** ♂ mit Kostalfalte auf Vfl-OS (vgl. *E. marloyi*). Oberseite variabel blassbraun (f. *brunnea* Tutt) bis dunkelbraun mit dunklem, graublauem Schimmer (f. *clarus* Caradja). OS-Zeichnung variabel, verwaschen bis kontrastreich. In W-Irland f. *baynesi* Higgins; Oberseite hellbraun, Zeichnung kontrastreich. Dunklere Formen meist in höheren Lagen, wie z. B. Schweiz oberhalb 1500 m. **Flugzeit** In N- und M-Europa meist 1 Generation, Ende April bis Mitte Juni; in S-Europa 2 Generationen, Anfang April bis Anfang Juni und Ende Juni bis Ende August. In günstigen Jahren auch in N-Europa partielle 2. Generation. **Lebensraum** Verschieden. Grasfluren, Blumenwiesen. **Lebensweise** Nahrungspflanzen *Lotus corniculatus, L. uliginosus, Hippocrepis comosa*. Eiablage einzeln an Blattoberseite. Raupe lebt in schützendem Blattgehäuse. Erwachsene Raupe überwintert, Verpuppung im zeitigen Frühjahr.

Erynnis marloyi

Gesamtverbreitung S-Balkan, Türkei, Libanon, Syrien, N-Irak, N-Iran, Transkaukasien.
▹ *E. marloyi* (Boisduval, 1834), TF: Peloponnes, S-Griechenland.
Verbreitung Albanien. Mazedonien. Bulgarien. Griechenland mit Korfu, Lesbos, Chios, Samos. Europäischer Teil der Türkei. 600–2000 m. **Beschreibung** ♂ ohne Kostalfalte auf Vfl-OS (vgl. *E. tages*). **Flugzeit** 1 Generation, Mitte Mai bis Ende Juni. **Lebensraum**: Trockene Schluchten, Felshänge; auf Karbonatgestein, meist Kalk. **Lebensweise** Nahrungspflanzen *Pyrus spinosa, Prunus*-Arten. **Verhalten** Weibchen saugen gern an *Thymus*-Blüten Nektar. Beim Hilltopping können manchmal 20 und mehr Falter beobachtet werden. Falter sind besonders scheu und störungsanfällig.

Heteropterinae

Die Vertreter dieser Unterfamilie teilen viele Merkmale mit den Hesperiinae. Die Falter haben einen schlankeren und längeren Körper als andere Dickkopffalter. Die Raupen fressen an einkeimblättrigen Pflanzen.

Carterocephalus palaemon Gelbwürfeliger Dickkopffalter

Gesamtverbreitung M-, N- und O-Europa, M- und N-Asien bis Japan, N-Amerika.
▹ *C. palaemon* (Pallas, 1771), TF: Russland.
Verbreitung Von N-Pyrenäen über M- und N-Frankreich, N-Italien nach N bis zum Polarkreis, nach S bis N-Griechenland (Rhodopen). Großbritannien: W-Schottland. 200–1600 m. **Beschreibung** Unterseite der Fühlerkolbenbasis bei ♂ dunkel, bei ♀ gelb. **Flugzeit** 1 Generation, Mitte Mai bis Juni, in höheren Lagen bis Juli. **Lebensraum** Grasige Waldlichtungen, oft feuchte Stellen. **Lebensweise** Nahrungspflanzen sind Gräser wie *Molinia caerulea, Calamagrostis epigejos, Brachypodium sylvaticum, B. pinnatum, Bromus ramosus, Dactylis glomerata, Alopecurus pratensis, Phleum pratense*. Eiablage einzeln an Grashalmen. Raupe lebt in tunnelförmig eingerolltem Grashalm. Erwachsene Raupe überwintert, Verpuppung im zeitigen Frühjahr.

Carterocephalus silvicola · Golddickkopffalter

Gesamtverbreitung NO-Deutschland, N-Polen, Baltikum, Fennoskandinavien bis Sibirien, Amur, Japan.
▹ *C. silvicola* (Meigen, 1829), TF: Braunschweig, Deutschland.
Syn.: *silvius* Knoch, 1781 (ungültiges Homonym).
Verbreitung NO-Deutschland. N-Polen. Baltikum, weit verbreitet und häufig. Dänemark: Lolland. Norwegen, sehr vereinzelt bis 69° N. Schweden bis zum Polarkreis. Finnland, weit verbreitet und häufig. 0–(?)200 m. **Flugzeit** 1 Generation, Ende Mai bis Ende Juni. **Lebensraum** Feuchte, sonnige, geschützte und blumenreiche Waldlichtungen; in N-Deutschland häufig grasige Dammwege in Moor- und Bruchwäldern. **Lebensweise** Nahrungspflanzen sind Gräser wie *Bromus ramosus, Brachypodium sylvaticum*, (?) *Milium effusum, Cynosurus cristatus*.

Heteropterus morpheus Spiegelfleck-Dickkopffalter

Gesamtverbreitung N-Spanien, Großteil M-Europas, Italien, Dänemark, Schweden, Litauen, Balkan, SO-Bulgarien, NW-Türkei, M-Asien, Amur, Korea.
▹ *H. morpheus* (Pallas, 1771), TF: Samara, S-Russland.
Syn.: *steropes* Denis & Schiffermüller, 1775.
Verbreitung N-Spanien. Frankreich: Pyrénées-Atlantiques, Nièvre, Bretagne, Somme. S-Belgien. N-Niederlande. Italien: Lazio, Piemont, Dolomiten, Triest. Von M- und N-Deutschland und Dänemark (nur Lolland und Falster) bis Lettland, Litauen, Schweden (nur S-Skåne) und

(Fortsetzung siehe Seite 344)

Erynnis tages

Erynnis marloyi

Carterocephalus palaemon

Carterocephalus silvicola

Erynnis tages

Erynnis marloyi

Carterocephalus palaemon

Carterocephalus silvicola

(Fortsetzung von Heteropterus morpheus, Seite 342)

Finnland. Tschechien. Österreich. Schweiz. Kroatien. Ungarn. Balkan. Bulgarien. Europäischer Teil der Türkei. 0–1000 m. **Flugzeit** 1 Generation, Ende Juni bis Juli. **Lebensraum** Waldlichtungen mit hohem Gras, meist feuchte Stellen; oft in der Nähe von nassen Heiden. **Lebensweise** Nahrungspflanzen sind Gräser wie *Calamagrostis canescens, Brachypodium sylvaticum, Molinia caerulea, Phragmites australis*. Eiablage an Stielen. Raupe lebt in eingerolltem Grashalm. Halbwüchsige Raupe überwintert darin.

Hesperiinae

Die Flügel der Falter sind überwiegend orangebraun gefärbt und werden in Ruhehaltung senkrecht über dem Körper aneinandergelegt. Die Raupen fressen an einkeimblättrigen Pflanzen.

Thymelicus acteon
Mattscheckiger Braundickkopf

Gesamtverbreitung NW-Afrika, Europa bis 54° N, Türkei, Zypern, Israel, Jordanien, Libanon, Irak, Iran.
▹ ***T. acteon*** (Rottemburg, 1775), TF: Landsberg an der Warthe, Deutschland.
Syn.: *heydeni* Plotz, 1884.
Verbreitung Marokko. Algerien. Tunesien. Häufig und weit verbreitet in fast ganz Europa bis 54° N. Großbritannien: Nur an der Küste von Dorset (S-England). Mittelmeerinseln außer Balearen, Korsika, Sardinien, Malta. Nach N bis NO-Deutschland, NW-Polen. 0–1800 m. **Variation** In NW-Afrika f. *oranus* Evans, Oberseite dunkler, tendiert zu Grünlich oder Graubraun. Ähnlich gefärbte Rassen in Spanien, auf Elba, Kreta und anderen Mittelmeerinseln. **Flugzeit** 1 Generation, Mitte Mai bis Anfang August. **Lebensraum** Grasige und blütenreiche Stellen, meist zwischen Sträuchern; oft trockenheiße Orte. **Lebensweise** Nahrungspflanzen sind Gräser wie *Brachypodium pinnatum, B. sylvaticum, Elymus repens, Calamagrostis epigejos*. Eiablage in einer Reihe an Blattunterseite. Frisch geschlüpfte Raupe überwintert in Kokon am Blatt.

Thymelicus christi

Gesamtverbreitung Kanarische Inseln.
▹ ***T. christi*** (Rebel, 1894), TF: Kanarische Inseln, Spanien. Bei einigen Autoren als Unterart oder Synonym von *T. acteon* geführt.
Verbreitung Kanarische Inseln: El Hierro, La Palma, La Gomera, Teneriffa, Gran Canaria. 100–1000 m. **Beschreibung** Oberseite bräunlich, orangegelbe Flecke der Vfl-OS kräftig ausgebildet. **Flugzeit** 2–3 Generationen, Februar bis Ende September. **Lebensraum** Blütenreiche grasige Stellen am Rand von Lorbeerwäldern.

Thymelicus hamza

Gesamtverbreitung Marokko, Algerien, Tunesien, Libyen.
▹ ***T. hamza*** (Oberthür, 1876), TF: Oran, Algerien.
Verbreitung Weit verbreitet, aber lokal. Marokko. Algerien. Tunesien. 500–2400 m. **Beschreibung** Ähnelt stark *T. acteon*; Vfl-OS selten mit orangefarbigen Postdiskalflecken; Hfl-US grau mit keilförmigem orangefarbigem Fleck vom Außenrand bis Flügelbasis bei Ader Cu2. **Flugzeit** 1 Generation, Mai bis Ende Juni. **Lebensraum** Blütenreiches Grasland; Felsschluchten, Hänge.

Thymelicus hyrax

Gesamtverbreitung Griechenland, Türkei, Iran, Syrien, Libanon, Israel.
▹ ***T. hyrax*** (Lederer, 1861), TF: Antakya, Türkei.
Verbreitung Griechenland: S-Parnass, Askion-Gebirge, Inseln Samos, Chios, Lesbos, Rhodos. 0–800 m. **Beschreibung** Ähnelt *T. sylvestris*; Unterseite intensiver grünlich. **Flugzeit** 1 Generation, Ende April bis Ende Juni. **Lebensraum** Trockenheiße Felslagen.

Heteropterus morpheus

Thymelicus acteon

Thymelicus hamza

Thymelicus hyrax

Heteropterus morpheus

♂ mit feinem Duftschuppenstrich auf Vfl-OS

Thymelicus acteon

Thymelicus christi
(Kanaren)

Thymelicus hamza

nur in N-Afrika

Duftschuppenstrich kurz und kräftig

Thymelicus hyrax

Duftschuppenstrich kurz, bei Cua unterbrochen

Thymelicus lineola Schwarzkolbiger Braundickkopf

Gesamtverbreitung N-Afrika, Europa, M-Asien, Tienschan, Amur. In N-Amerika eingeschleppt.
▷ ***T. lineola*** (Ochsenheimer, 1808), TF: Deutschland.
Verbreitung Marokko. Algerien. Ganz Europa bis S-England, S-Fennoskandinavien, Baltikum, nach S bis Sizilien, Korsika, Türkei. 0–2200 m. Nicht auf Sardinien.
Beschreibung Ähnelt *T. sylvestris*; kleiner, Adern meist deutlich schwarz beschuppt, besonders in Marginalregion. Duftschuppenstrich des ♂ auf Vfl-OS kurz, bei Ader Cu2 unterbrochen. Unterseite der Fühlerkolbenspitze schwarz oder dunkelbraun (vgl. *T. sylvestris*).
Variation In N-Afrika f. *semicolon* Staudinger, Oberseite mit breiteren schwarzen Randstreifen und deutlich schwarz beschuppten Adern.
Flugzeit 1 Generation, Mai bis August.
Lebensraum Blütenreiche Stellen mit hohen Gräsern; Waldlichtungen; Gebüsche; Offenland. Fast immer zusammen mit *T. sylvestris* im selben Lebensraum.
Lebensweise Nahrungspflanzen sind Gräser wie *Phleum pratense, Holcus mollis, Calamagrostis epigejos, Dactylis glomerata, Agrostis capillaris, Brachypodium pinnatum, B. sylvaticum, Arrhenatherum elatius, Triticum aestivum, Alopecurus pratensis, Carex acutiformis, Lolium perenne, Phalaris arundinacea, Anthoxanthum odoratum, Elymus repens*. Eiablage zwischen Blattansatz und Stiel. Überwintert als voll entwickelte Raupe in Eihülle.

Thymelicus sylvestris Braunkolbiger Braundickkopf

Gesamtverbreitung NW-Afrika, Europa, Türkei, Mittlerer Osten, Iran, Kaukasus, S-Ural.
▷ ***T. sylvestris*** (Poda, 1761), TF: Graz, Österreich.
Syn.: *flavus* Brünnich, 1763; *thaumas* Hufnagel, 1766.
Verbreitung Weit verbreitet und sehr häufig. Marokko. Algerien. Von Spanien, Sizilien, Türkei und Griechenland (mit Korfu, Kithera, Limnos, Lesbos, Chios, Samos, Kalimnos, Kos, Symi) nach N bis Wales, England, Dänemark und Baltikum. 0–2600 m. Nicht auf den Balearen, Korsika, Sardinien und Kreta.
Beschreibung Ähnelt *T. lineola*; meist größer, Adern auf Oberseite weniger deutlich schwarz beschuppt; Duftschuppenstrich des ♂ reicht bis Ader Cu1. Unterseite der Fühlerkolbenspitze orangebraun (vgl. *T. lineola*).
Variation Duftschuppenfleck des ♂ selten reduziert oder fehlend. In S-Europa f. *syriaca* Tutt; größer, Oberseite heller.
Flugzeit 1 Generation, Mai bis Juli.
Lebensraum Verschieden. Blütenreiche Waldlichtungen oder Gebüsche mit hohen Gräsern.
Lebensweise Nahrungspflanzen sind Gräser wie *Holcus lanatus, H. mollis, Phleum pratense, Brachypodium sylvaticum*. Eiablage in kleinen Haufen. Eiraupe überwintert in Kokon an Grashalm.

Hesperia comma · Kommafalter

Gesamtverbreitung NW-Afrika, Europa, Türkei, gemäßigte Klimabereiche Asiens bis Amur, NW-Amerika.
▷ ***H. comma*** (Linnaeus, 1758), TF: Schweden.
Verbreitung Weit verbreitet und häufig. Marokko. Algerien. Fast ganz Europa außer Tieflagen im S der Iberischen Halbinsel, M- und N-Skandinavien und Baltikum. 0–2800 m. Fehlt in weiten Teilen Italiens. Nicht auf Mittelmeerinseln (außer N-Sizilien).
Variation In Lappland und höheren Lagen M-Europas f. *catena* Staudinger; kleiner, Oberseite dunkler gelbbraun bis braun, Unterseite dunkler grün. In N-Afrika f. *benuncus* Oberthür; OBerseite heller, silberweiße Postdiskalflecke auf Hfl-US oft zusammenfließend, auch Basalflecke miteinander verbunden; Adern der Hfl-US blasser, manchmal weiß.
Flugzeit 1 Generation, Ende Juni bis Mitte September.
Lebensraum Offene, blütenreiche Stellen mit kurzen Gräsern und reichlich *Festuca ovina*.
Lebensweise Nahrungspflanzen *Festuca ovina, Lolium perenne, Nardus stricta*. Eiablage einzeln. In N- und M-Europa überwintert Ei oder Eiraupe; im Mittelmeerraum überwintert erwachsene Raupe zwischen Graswurzeln. In Alaska dauert Entwicklungszyklus 2 Jahre.

Ochlodes sylvanus · Rostfarbiger Dickkopffalter

Gesamtverbreitung Europa, Türkei, gemäßigte Klimabereiche Asiens, Japan.
▷ ***O. sylvanus*** (Esper, 1777), TF nicht angegeben.
Syn.: *faunus* Turati, 1905. Früher oft verwendeter, aber unzutreffender Name: *O. venatus* (Bremer & Grey, 1853) – nur in Asien verbreitete Art, nicht konspezifisch mit *O. sylvanus*.
Verbreitung Weit verbreitet und häufig. Fast ganz Europa bis 64° N. 0–1800 m. Nicht in N-Afrika, Irland und auf Mittelmeerinseln (außer Korsika, Sizilien, Korfu).
Variation In Hochlagen und kälteren, nördlichen Gebieten f. *alpinus* Hoffmann; kleiner und dunkler.
Flugzeit 1 Generation, Juni bis August.
Lebensraum Sonnige, grasige Waldränder und Lichtungen, meist mit einigen Laubbäumen und Brombeersträuchern; feuchte Lebensräume, oft mit reichlich Farnen, vor allem *Pteridium aquilinum*.
Lebensweise Nahrungspflanzen sind Gräser wie *Dactylis glomerata, Molinia caerulea, Brachypodium pinnatum, Poa pratensis, Festuca arundinacea, Calamagrostis epigejos, Luzula pilosa, Holcus lanatus, Elymus repens, Juncus effusus, Agrostis capillaris, Phleum pratense*. Eiablage an Blattunterseite. Raupe frisst in einem tunnelförmig zusammengezogenen und mit Seide ausgekleideten Blatt. Jungraupe überwintert.
Verhalten Falter saugen Nektar an Brombeerblüten und sonnen sich oft auf den Brombeerblättern.

Thymelicus lineola

Thymelicus sylvestris

Hesperia comma

Ochlodes sylvanus

Thymelicus lineola

Thymelicus sylvestris

Hesperia comma

Ochlodes sylvanus

Gegenes nostrodamus

Gesamtverbreitung Küstengebiete am Mittelmeer, Türkei, Mittlerer Osten, Arabien, Irak, Iran, Afghanistan, Pakistan, NW-Indien.
▻ ***G. nostrodamus*** (Fabricius, 1793), TF: Barbarie, Algerien.
Verbreitung Sehr lokal und vereinzelt, vorwiegend an Mittelmeerküsten. Marokko: N-Küste, Hoher Atlas. Algerien. Tunesien. Spanien: S-Küste bis Soria und Zaragoza, Mallorca. Frankreich: Korsika. W-Italien mit Sardinien, Elba, NW-Sizilien. W-Kroatien: Dalmatinische Küste. SW-Serbien: Zelenika. Albanien. Mazedonien. Griechenland: Küstengebiete, NW-Pindos-Gebirge, Kreta (dort stellenweise zusammen mit *G. pumilio*). 0–1880 m.
Beschreibung An Kosta der Hfl-US sehr feine, lange und dichte Behaarung (vgl. *G. pumilio*).
Flugzeit 2–3 Generationen, Ende April bis Oktober. 1. Generation meist selten.
Lebensraum Trockenheiße Schluchten; steinige und sandige Überschwemmungsebenen von Flüssen, meist mit sehr spärlicher Vegetation.
Lebensweise *Poaceae* wie *Aeluropus*- und *Panicum*-Arten (auf Halbinsel Sinai).
Verhalten Falter fliegen sehr schnell und niedrig. Männchen sitzen oft in praller Sonne auf Steinen oder am Boden. Weibchen sitzen morgens an hohen Gräsern oder Blütenstielen.

Gegenes pumilio

Gesamtverbreitung Küstengebiete am Mittelmeer, ostwärts bis Iran und Himalaja, vereinzelt in Afrika.
▻ ***G. pumilio*** (Hoffmannsegg, 1804), TF: Neapel, Italien.
Syn.: *pygmaeus* Cyrillo, 1787 (ungültiges Homonym); *aetna* Boisduval, 1840; *lefebvrei* Rambur, 1842.
Verbreitung Meist sehr lokal, vorwiegend an Mittelmeerküsten. Algerien. Tunesien: Aïn Draham. S-Spanien mit Mallorca. Frankreich: Alpes-Maritimes, Korsika. W-Italien mit Sardinien, Elba, Sizilien. Malta. S-Kroatien: Heretva-Tal. SW-Serbien. Albanien. Griechenland: Küstengebiete, Pindos-Gebirge, Timfristos, Korfu (Pantokrator), Spetsai, Paros, Kreta (dort stellenweise zusammen mit *G. nostrodamus*), Samos, Kos, Rhodos, Kastellorizo. 0–1800 m.
Beschreibung An Kosta der Hfl-US nur kurze spärliche Behaarung.
Flugzeit 2–3 Generationen, April bis Ende Oktober. 1. Generation meist selten.
Lebensraum und Verhalten Wie bei *G. nostrodamus*.
Lebensweise Nahrungspflanzen *Ehrhartia erecta, Cynodon dactylon, Hyparrhenia hirta, Imperata cylindrica.*

Borbo borbonica

Gesamtverbreitung SW-Spanien, Gibraltar, Afrika, Madagaskar, Mauritius und Réunion, Ägypten, Israel, Libanon, Syrien.
▻ ***B. borbonica*** (Boisduval, 1833), TF: Réunion.
Syn.: *zelleri* Lederer, 1855; bei einigen Autoren als Unterart geführt.
Verbreitung Sehr lokal in Küstengebieten. Marokko: Rabat, Kenitra, Larache, Tanger. Algerien: Algier. SW-Spanien: Algeciras. Gibraltar. 0–50 m.
Beschreibung Diskalflecke der Vfl-OS durchscheinend, Fleck in Cu2–A gelblich. Vfl-US braun, Hfl-US gelblich braun, Palpen ledergelb. ♀ größer, 3 kleine blasse, aber deutliche Postdiskalflecke auf Hfl-US (vgl. *Gegenes nostrodamus* und *G. pumilio*).
Flugzeit Generationsverlauf unbekannt; Falter fliegen von Juni bis November, am häufigsten von August bis Oktober.
Lebensraum Trockenheiße, felsige Küstenschluchten und Sanddünen mit spärlicher Vegetation.
Lebensweise Nahrungspflanzen *Poaceae* wie *Leersia oryzoides, Sorghum halepense.*
Verhalten Wanderfalter.

Pelopidas thrax

Gesamtverbreitung Griechenland (Ägäische Inseln), Zypern, Türkei, Israel, Libanon, Syrien, Irak, Arabien, Afrika, Kaschmir, Ferner Osten.
▻ ***P. thrax*** (Hübner, 1821), TF: Java.
Verbreitung Griechenland: Samos, Rhodos. 0–75 m.
Beschreibung Vfl-OS des ♂ mit schmalem, weißlichem Duftschuppenstreifen. Durchscheinende Flecke anders als bei *Gegenes nostrodamus* und *G. pumilio*.
Flugzeit Genauer Generationsverlauf unbekannt; in Griechenland Juni; in der Türkei 2 Generationen, Mai bis Juli und Ende September bis Mitte Oktober.
Lebensraum Trockenheiße, grasige Stellen in tief liegenden Küstengebieten.
Lebensweise Nahrungspflanze in N-Afrika *Panicum miliaceum*. Im Libanon gelegentlich Getreideschädling.
Verhalten Flug langsam und kraftvoll – Wanderfalter.

Gegenes nostrodamus

Gegenes pumilio

Borbo borbonica

Pelopidas thrax

Gegenes nostrodamus

Gegenes pumilio

Borbo borbonica

Checkliste der Arten

PAPILIONIDAE Ritterfalter

Papilioninae Schwalbenschwänze

- *Papilio machaon* Schwalbenschwanz ❑
- *Papilio saharae* ❑
- *Papilio hospiton* ❑
- *Papilio alexanor* ❑
- *Iphiclides podalirius* Segelfalter ❑

Parnassiinae Osterluzei- und Apollofalter

- *Zerynthia (Zerynthia) polyxena* Osterluzeifalter ❑
- *Zerynthia (Zerynthia) rumina* ❑
- *Zerynthia (Allancastria) cerisy* ❑
- *Zerynthia (Allancastria) cretica* ❑
- *Archon apollinus* Falscher Apollo ❑
- *Parnassius apollo* Apollo ❑
- *Parnassius phoebus* Hochalpen-Apollo ❑
- *Parnassius mnemosyne* Schwarzer Apollo ❑

PIERIDAE Weißlinge

Pierinae Echte Weißlinge

- *Aporia crataegi* Baumweißling ❑
- *Pieris brassicae* Großer Kohlweißling ❑
- *Pieris wollastoni* ❑
- *Pieris cheiranthi* ❑
- *Pieris rapae* Kleiner Kohlweißling ❑
- *Pieris mannii* Karstweißling ❑
- *Pieris ergane* ❑
- *Pieris napi* Grünaderweißling ❑
- *Pieris segonzaci* ❑
- *Pieris balcana* ❑
- *Pieris bryoniae* Bergweißling ❑
- *Pieris krueperi* Krüpers Weißling ❑
- *Pontia edusa* Resedaweißling ❑
- *Pontia daplidice* ❑
- *Pontia chloridice* ❑
- *Pontia callidice* Alpenweißling ❑
- *Euchloe (Euchloe) crameri* ❑
- *Euchloe (Euchloe) simplonia* ❑
- *Euchloe (Euchloe) ausonia* ❑
- *Euchloe (Euchloe) insularis* ❑
- *Euchloe (Euchloe) tagis* ❑
- *Euchloe (Euchloe) falloui* ❑

Euchloe (Euchloe) belemia ☐
Euchloe (Euchloe) hesperidum ☐
Euchloe (Euchloe) eversi ☐
Euchloe (Euchloe) grancanariensis ☐
Euchloe (Elphinstonia) charlonia ☐
Euchloe (Elphinstonia) bazae ☐
Euchloe (Elphinstonia) penia ☐
Anthocharis cardamines Aurorafalter ☐
Anthocharis euphenoides ☐
Anthocharis belia ☐
Anthocharis damone ☐
Anthocharis gruneri ☐
Zegris (Zegris) eupheme ☐
Colotis (Colotis) evagore ☐

Coliadinae Gelblinge

Catopsilia florella ☐
Colias phicomone ☐
Colias tyche ☐
Colias palaeno Hochmoorgelbling ☐
Colias chrysotheme ☐
Colias aurorina ☐
Colias myrmidone ☐
Colias sulitelma ☐
Colias hyale Goldene Acht ☐
Colias alfacariensis ☐
Colias crocea Postillion ☐
Colias erate ☐
Colias caucasica ☐
Gonepteryx rhamni Zitronenfalter ☐
Gonepteryx cleopatra ☐
Gonepteryx maderensis ☐
Gonepteryx cleobule ☐
Gonepteryx farinosa ☐

Dismorphiinae Leguminosenweißlinge

Leptidea sinapis Tintenfleckweißling ☐
Leptidea reali, L. juvernica ☐
Leptidea duponcheli ☐
Leptidea morsei ☐

LYCAENIDAE Bläulinge

Aphnaeinae

Cigaritis zohra ☐
Cigaritis siphax ☐

- *Cigaritis allardi* ❑
- *Apharitis myrmecophila* ❑

Theclinae Zipfelfalter

- *Thecla betulae* Nierenfleck ❑
- *Favonius quercus* Blauer Eichenzipfelfalter ❑
- *Laeosopis roboris* ❑
- *Satyrium acaciae* Kleiner Schlehenzipfelfalter ❑
- *Satyrium ilicis* Brauner Eichenzipfelfalter ❑
- *Satyrium esculi* ❑
- *Satyrium spini* Kreuzdornzipfelfalter ❑
- *Satyrium w-album* Ulmenzipfelfalter ❑
- *Satyrium pruni* Pflaumenzipfelfalter ❑
- *Satyrium ledereri* ❑
- *Callophrys rubi* Brombeerzipfelfalter ❑
- *Callophrys avis* ❑
- *Tomares nogelii* ❑
- *Tomares ballus* ❑
- *Tomares mauretanicus* ❑

Lycaeninae Feuerfalter

- *Lycaena helle* Blauschillernder Feuerfalter ❑
- *Lycaena phlaeas* Kleiner Feuerfalter ❑
- *Lycaena dispar* Großer Feuerfalter ❑
- *Lycaena virgaureae* Dukatenfalter ❑
- *Lycaena ottomanus* ❑
- *Lycaena tityrus* Brauner Feuerfalter ❑
- *Lycaena bleusei* ❑
- *Lycaena alciphron* Violetter Feuerfalter ❑
- *Lycaena thersamon* ❑
- *Lycaena thetis* ❑
- *Lycaena phoebus* ❑
- *Lycaena hippothoe* Kleiner Ampferfeuerfalter ❑
- *Lycaena candens* ❑

Polyommatinae Echte Bläulinge ❑

- *Lampides boeticus* Großer Wanderbläuling ❑
- *Cacyreus marshalli* Pelargonienbläuling ❑
- *Leptotes pirithous* Kleiner Wanderbläuling ❑
- *Cyclyrius webbianus* ❑
- *Tarucus theophrastus* ❑
- *Tarucus rosacea* ❑
- *Tarucus balkanica* ❑
- *Azanus ubaldus* ❑
- *Azanus jesous* ❑
- *Zizeeria knysna* ❑

Zizeeria karsandra ❑
Cupido (Everes) argiades Kurzschwänziger Bläuling ❑
Cupido (Everes) decolorata ❑
Cupido (Everes) alcetas ❑
Cupido (Cupido) minimus Zwergbläuling ❑
Cupido (Cupido) osiris Kleiner Alpenbläuling ❑
Cupido (Cupido) lorquinii ❑
Celastrina argiolus Faulbaumbläuling ❑
Glaucopsyche (Glaucopsyche) alexis Alexis-Bläuling ❑
Glaucopsyche (Glaucopsyche) melanops ❑
Turanana taygetica ❑
Phengaris alcon Enzian-Ameisenbläuling ❑
Phengaris rebeli ❑
Phengaris arion Thymian-Ameisenbläuling ❑
Phengaris teleius Heller Wiesenknopf-Ameisenbläuling ❑
Phengaris nausithous Dunkler Wiesenknopf-Ameisenbläuling ❑
Iolana iolas Blasenstrauchbläuling ❑
Pseudophilotes baton Graublauer Bläuling ❑
Pseudophilotes panoptes ❑
Pseudophilotes vicrama ❑
Pseudophilotes abencerragus ❑
Pseudophilotes barbagiae ❑
Pseudophilotes bavius ❑
Scolitantides orion Fetthennenbläuling ❑
Chilades trochylus ❑
Maurus vogelii ❑
Plebejus (Plebijides) martini ❑
Plebejus (Plebijides) allardi ❑
Plebejus (Plebijides) sephirus ❑
Plebejus (Plebijides) trappi ❑
Plebejus (Plebijides) hesperica ❑
Plebejus (Plebejus) argus Argus-Bläuling ❑
Plebejus (Plebejidea) loewii ❑
Plebejus (Plebejus) idas Idas-Bläuling ❑
Plebejus (Plebejus) bellieri ❑
Plebejus (Plebejus) argyrognomon Kronwickenbläuling ❑
Plebejus (Vacciniina) optilete Hochmoorbläuling ❑
Plebejus (Kretania) psylorita ❑
Plebejus (Kretania) eurypilus ❑
Plebejus (Albulina) orbitulus Heller Alpenbläuling ❑
Plebejus (Agriades) glandon Dunkler Alpenbläuling ❑
Plebejus (Agriades) zullichi ❑
Plebejus (Agriades) aquilo ❑
Plebejus (Agriades) pyrenaica ❑
Plebejus (Agriades) dardanus ❑
Aricia eumedon Storchschnabelbläuling ❑

- *Aricia agestis* Kleiner Sonnenröschenbläuling ❑
- *Aricia artaxerxes* Großer Sonnenröschenbläuling ❑
- *Aricia cramera* ❑
- *Aricia montensis* ❑
- *Aricia morronensis* ❑
- *Aricia anteros* ❑
- *Aricia nicias* ❑
- *Cyaniris semiargus* Rotkleebläuling ❑
- *Polyommatus (Neolysandra) coelestina* ❑
- *Polyommatus (Agrodiaetus) iphigenia* ❑
- *Polyommatus (Agrodiaetus) damon* Weißdolchbläuling ❑
- *Polyommatus (Agrodiaetus) dolus* ❑
- *Polyommatus (Agrodiaetus) fulgens* ❑
- *Polyommatus (Agrodiaetus) admetus* ❑
- *Polyommatus (Agrodiaetus) fabressei* ❑
- *Polyommatus (Agrodiaetus) humedasae* ❑
- *Polyommatus (Agrodiaetus) violetae* ❑
- *Polyommatus (Agrodiaetus) aroaniensis* ❑
- *Polyommatus (Agrodiaetus) ripartii* ❑
- *Polyommatus (Agrodiaetus) nephohiptamenos* ❑
- *Polyommatus (Agrodiaetus) orphicus* ❑
- *Polyommatus (Agrodiaetus) eleniae* ❑
- *Polyommatus (Agrodiaetus) menalcas* ❑
- *Polyommatus (Agrodiaetus) galloi* ❑
- *Polyommatus (Polyommatus) escheri* ❑
- *Polyommatus (Polyommatus) amandus* Vogelwickenbläuling ❑
- *Polyommatus (Polyommatus) thersites* Esparsettenbläuling ❑
- *Polyommatus (Polyommatus) dorylas* Wundkleebläuling ❑
- *Polyommatus (Polyommatus) golgus* ❑
- *Polyommatus (Polyommatus) nivescens* ❑
- *Polyommatus (Polyommatus) atlantica* ❑
- *Polyommatus (Polyommatus) icarus* Hauhechelbläuling ❑
- *Polyommatus (Polyommatus) andronicus* ❑
- *Polyommatus (Polyommatus) eros* Eros-Bläuling ❑
- *Polyommatus (Meleageria) daphnis* Zahnflügelbläuling ❑
- *Polyommatus (Lysandra) coridon* Silbergrüner Bläuling ❑
- *Polyommatus (Lysandra) caelestissima* ❑
- *Polyommatus (Lysandra) hispana* ❑
- *Polyommatus (Lysandra) albicans* ❑
- *Polyommatus (Lysandra) bellargus* Himmelblauer Bläuling ❑
- *Polyommatus (Lysandra) punctifera* ❑

RIODINIDAE **Würfelfalter**

- *Hamearis lucina* Schlüsselblumen-Würfelfalter ❑

NYMPHALIDAE Edelfalter

Libytheinae Schnauzenfalter

- *Libythea celtis* Zürgelbaum-Schnauzenfalter ❑

Danainae Monarchfalter

- *Danaus (Danaus) plexippus* Monarch ❑
- *Danaus (Anosia) chrysippus* Kleiner Monarch ❑

Charaxinae

- *Charaxes jasius* Erdbeerbaumfalter ❑

Apaturinae Schillerfalter

- *Apatura iris* Großer Schillerfalter ❑
- *Apatura ilia* Kleiner Schillerfalter ❑
- *Apatura metis* ❑
- *Thaleropis ionia* ❑

Limenitidinae Eisvögel

- *Limenitis populi* Großer Eisvogel ❑
- *Limenitis reducta* Blauschwarzer Eisvogel ❑
- *Limenitis camilla* Kleiner Eisvogel ❑
- *Neptis sappho* Schwarzbrauner Trauerfalter ❑
- *Neptis rivularis* Schwarzer Trauerfalter ❑

Nymphalinae Echte Edelfalter

- *Nymphalis antiopa* Trauermantel ❑
- *Nymphalis polychloros* Großer Fuchs ❑
- *Nymphalis xanthomelas* ❑
- *Nymphalis vaualbum* ❑
- *Aglais io* Tagpfauenauge ❑
- *Aglais urticae* Kleiner Fuchs ❑
- *Aglais ichnusa* ❑
- *Vanessa atalanta* Admiral ❑
- *Vanessa vulcania* ❑
- *Vanessa cardui* Distelfalter ❑
- *Vanessa virginiensis* ❑
- *Polygonia c-album* C-Falter ❑
- *Polygonia egea* ❑
- *Araschnia levana* Landkärtchen ❑
- *Hypolimnas misippus* ❑

Heliconiinae Perlmuttfalter

- *Issoria (Issoria) lathonia* Kleiner Perlmuttfalter ❑
- *Argynnis (Pandoriana) pandora* Kardinal ❑
- *Argynnis (Argynnis) paphia* Kaisermantel ❑

Argynnis (Argyronome) laodice Grünlicher Perlmuttfalter ❑
Argynnis (Mesoacidalia) aglaja Großer Perlmuttfalter ❑
Argynnis (Mesoacidalia) lyauteyi ❑
Argynnis (Fabriciana) adippe Feuriger Perlmuttfalter ❑
Argynnis (Fabriciana) niobe Mittlerer Perlmuttfalter ❑
Argynnis (Fabriciana) elisa ❑
Brenthis hecate Saumfleck-Perlmuttfalter ❑
Brenthis daphne Brombeer-Perlmuttfalter ❑
Brenthis ino Mädesüß-Perlmuttfalter ❑
Boloria (Boloria) pales Hochalpen-Perlmuttfalter ❑
Boloria (Boloria) napaea ❑
Boloria (Boloria) aquilonaris Hochmoor-Perlmuttfalter ❑
Boloria (Boloria) graeca ❑
Boloria (Proclossiana) eunomia Randring-Perlmuttfalter ❑
Boloria (Clossiana) euphrosyne Silberfleck-Perlmuttfalter ❑
Boloria (Clossiana) titania Natterwurz-Perlmuttfalter ❑
Boloria (Clossiana) selene Braunfleckiger Perlmuttfalter ❑
Boloria (Clossiana) chariclea ❑
Boloria (Clossiana) freija ❑
Boloria (Clossiana) dia Magerrasen-Perlmuttfalter ❑
Boloria (Clossiana) polaris ❑
Boloria (Clossiana) thore Bergwald-Perlmuttfalter ❑
Boloria (Clossiana) frigga ❑
Boloria (Clossiana) improba ❑

Melitaeinae Scheckenfalter

Melitaea cinxia Wegerich-Scheckenfalter ❑
Melitaea arduinna ❑
Melitaea phoebe Flockenblumen-Scheckenfalter ❑
Melitaea punica ❑
Melitaea telona ❑
Melitaea aetherie ❑
Melitaea didyma Roter Scheckenfalter ❑
Melitaea deserticola ❑
Melitaea trivia ❑
Melitaea diamina Baldrian-Scheckenfalter ❑
Melitaea athalia Gemeiner Scheckenfalter ❑
Melitaea deione ❑
Melitaea varia ❑
Melitaea parthenoides Westlicher Scheckenfalter ❑
Melitaea aurelia Ehrenpreis-Scheckenfalter ❑
Melitaea britomartis Östlicher Scheckenfalter ❑
Melitaea asteria Kleiner Scheckenfalter ❑
Euphydryas maturna Eschen-Scheckenfalter ❑
Euphydryas intermedia ❑
Euphydryas cynthia Veilchen-Scheckenfalter ❑

Euphydryas iduna ❑
Euphydryas aurinia Goldener Scheckenfalter ❑
Euphydryas desfontainii ❑

Satyrinae Augenfalter

Melanargia galathea Schachbrett ❑
Melanargia lucasi ❑
Melanargia lachesis ❑
Melanargia russiae ❑
Melanargia larissa ❑
Melanargia occitanica ❑
Melanargia pherusa ❑
Melanargia arge ❑
Melanargia ines ❑
Hipparchia (Hipparchia) fagi Großer Waldportier ❑
Hipparchia (Hipparchia) alcyone Kleiner Waldportier ❑
Hipparchia (Hipparchia) syriaca ❑
Hipparchia (Hipparchia) ellena ❑
Hipparchia (Hipparchia) neomiris ❑
Hipparchia (Parahipparchia) volgensis ❑
Hipparchia (Parahipparchia) semele Ockerbindiger Samtfalter ❑
Hipparchia (Parahipparchia) leighebi ❑
Hipparchia (Parahipparchia) cretica ❑
Hipparchia (Parahipparchia) christenseni ❑
Hipparchia (Parahipparchia) aristaeus ❑
Hipparchia (Parahipparchia) senthes ❑
Hipparchia (Parahipparchia) algirica ❑
Hipparchia (Parahipparchia) maderensis ❑
Hipparchia (Parahipparchia) blachieri ❑
Hipparchia (Parahipparchia) sbordonii ❑
Hipparchia (Parahipparchia) neapolitana ❑
Hipparchia (Parahipparchia) azorinus ❑
Hipparchia (Parahipparchia) miguelensis ❑
Hipparchia (Parahipparchia) mersina ❑
Hipparchia (Parahipparchia) pellucida ❑
Hipparchia (Neohipparchia) statilinius Kleine Rostbinde ❑
Hipparchia (Neohipparchia) fatua ❑
Hipparchia (Neohipparchia) hansii ❑
Hipparchia (Pseudotergumia) fidia ❑
Hipparchia (Pseudotergumia) wyssii ❑
Hipparchia (Pseudotergumia) bacchus ❑
Hipparchia (Pseudotergumia) gomera ❑
Hipparchia (Pseudotergumia) tilosi ❑
Hipparchia (Pseudotergumia) tamadabae ❑
Chazara briseis Berghexe ❑
Chazara prieuri ❑

Pseudochazara atlantis ❑
Pseudochazara graeca ❑
Pseudochazara williamsi ❑
Pseudochazara geyeri ❑
Pseudochazara amymone ❑
Pseudochazara orestes ❑
Pseudochazara mniszechii ❑
Pseudochazara cingovskii ❑
Pseudochazara anthelea ❑
Oeneis (Oeneis) norna ❑
Oeneis (Oeneis) bore ❑
Oeneis (Oeneis) glacialis Gletscherfalter ❑
Oeneis (Oeneis) jutta ❑
Satyrus actaea ❑
Satyrus ferula Weißkernauge ❑
Minois dryas Blauäugiger Waldportier ❑
Berberia abdelkader ❑
Berberia lambessanus ❑
Brintesia circe Weißer Waldportier ❑
Arethusana arethusa Rotbindiger Samtfalter ❑
Erebia ligea Weißbindiger Mohrenfalter ❑
Erebia euryale Bergwald-Mohrenfalter ❑
Erebia eriphyle ❑
Erebia manto Gelbgefleckter Mohrenfalter ❑
Erebia claudina ❑
Erebia flavofasciata ❑
Erebia epiphron Knochs Mohrenfalter ❑
Erebia orientalis ❑
Erebia christi ❑
Erebia pharte Unpunktierter Mohrenfalter ❑
Erebia melampus Kleiner Mohrenfalter ❑
Erebia sudetica ❑
Erebia aethiops Graubindiger Mohrenfalter ❑
Erebia triarius ❑
Erebia embla ❑
Erebia disa ❑
Erebia medusa Rundaugen-Mohrenfalter ❑
Erebia polaris ❑
Erebia alberganus ❑
Erebia pluto Eismohrenfalter ❑
Erebia gorge ❑
Erebia aethiopellus ❑
Erebia rhodopensis ❑
Erebia mnestra ❑
Erebia gorgone ❑
Erebia epistygne ❑

Erebia tyndarus Schillernder Mohrenfalter ❑
Erebia cassioides ❑
Erebia hispania ❑
Erebia rondoui ❑
Erebia nivalis ❑
Erebia calcaria ❑
Erebia ottomana ❑
Erebia pronoe ❑
Erebia melas ❑
Erebia lefebvrei ❑
Erebia scipio ❑
Erebia stirius ❑
Erebia styx Freyers Alpenmohrenfalter ❑
Erebia montanus ❑
Erebia zapateri ❑
Erebia neoridas ❑
Erebia oeme Doppelaugen-Mohrenfalter ❑
Erebia meolans Gelbbindiger Mohrenfalter ❑
Erebia palarica ❑
Erebia pandrose Graubrauner Mohrenfalter ❑
Erebia sthennyo ❑
Proterebia afra ❑
Maniola jurtina Großes Ochsenauge ❑
Maniola megala ❑
Maniola chia ❑
Maniola nurag ❑
Maniola telmessia ❑
Maniola halicarnassus ❑
Hyponephele maroccana ❑
Hyponephele lycaon Kleines Ochsenauge ❑
Hyponephele lupinus ❑
Aphantopus hyperantus Brauner Waldvogel ❑
Pyronia tithonus Rotbraunes Ochsenauge ❑
Pyronia cecilia ❑
Pyronia bathseba ❑
Pyronia janiroides ❑
Coenonympha tullia Großes Wiesenvögelchen ❑
Coenonympha rhodopensis ❑
Coenonympha pamphilus Kleines Wiesenvögelchen ❑
Coenonympha thyrsis ❑
Coenonympha corinna ❑
Coenonympha dorus ❑
Coenonympha fettigii ❑
Coenonympha vaucheri ❑
Coenonympha arcania Weißbindiges Wiesenvögelchen ❑
Coenonympha gardetta Alpenwiesenvögelchen ❑

- *Coenonympha arcanioides* ❑
- *Coenonympha leander* ❑
- *Coenonympha orientalis* ❑
- *Coenonympha glycerion* Rotbraunes Wiesenvögelchen ❑
- *Coenonympha hero* Waldwiesenvögelchen ❑
- *Coenonympha oedippus* Moorwiesenvögelchen ❑
- *Pararge aegeria* Waldbrettspiel ❑
- *Pararge xiphioides* ❑
- *Pararge xiphia* ❑
- *Lasiommata megera* Mauerfuchs ❑
- *Lasiommata paramegaera* ❑
- *Lasiommata maera* Braunauge ❑
- *Lasiommata meadewaldoi* ❑
- *Lasiommata petropolitana* Braunscheckauge ❑
- *Lopinga achine* Gelbringfalter ❑
- *Ypthima asterope* ❑
- *Kirinia roxelana* ❑
- *Kirinia climene* ❑

HESPERIIDAE Dickkopffalter

Pyrginae

- *Pyrgus malvae* Kleiner Würfeldickkopf ❑
- *Pyrgus malvoides* ❑
- *Pyrgus alveus* Sonnenröschen-Würfeldickkopf ❑
- *Pyrgus armoricanus* Mehrbrütiger Würfeldickkopf ❑
- *Pyrgus bellieri* ❑
- *Pyrgus warrenensis* ❑
- *Pyrgus serratulae* Schwarzbrauner Würfeldickkopf ❑
- *Pyrgus carlinae* ❑
- *Pyrgus cirsii* Spätsommer-Würfeldickkopf ❑
- *Pyrgus onopordi* ❑
- *Pyrgus cinarae* ❑
- *Pyrgus sidae* ❑
- *Pyrgus carthami* Steppenheiden-Würfeldickkopf ❑
- *Pyrgus andromedae* Silberwurz-Würfeldickkopf ❑
- *Pyrgus cacaliae* ❑
- *Pyrgus centaureae* ❑
- *Spialia sertorius* Wiesenknopf-Würfeldickkopf ❑
- *Spialia therapne* ❑
- *Spialia orbifer* ❑
- *Spialia phlomidis* ❑
- *Spialia doris* ❑
- *Muschampia tessellum* ❑
- *Muschampia cribrellum* ❑
- *Muschampia proto* ❑

Muschampia mohammed ❑
Muschampia leuzeae ❑
Carcharodus alceae Malven-Dickkopf ❑
Carcharodus tripolina ❑
Carcharodus lavatherae Ziest-Dickkopf ❑
Carcharodus baeticus ❑
Carcharodus stauderi ❑
Carcharodus floccifera Heilziest-Dickkopf ❑
Carcharodus orientalis ❑
Erynnis tages Leguminosen-Dickkopf ❑
Erynnis marloyi ❑

Heteropterinae
Heteropterus morpheus Spiegelfleck-Dickkopffalter ❑
Carterocephalus palaemon Gelbwürfeliger Dickkopffalter ❑
Carterocephalus silvicola Golddickkopffalter ❑

Hesperiinae
Thymelicus acteon Mattscheckiger Braundickkopf ❑
Thymelicus christi ❑
Thymelicus hamza ❑
Thymelicus lineola Schwarzkolbiger Braundickkopf ❑
Thymelicus sylvestris Braunkolbiger Braundickkopf ❑
Thymelicus hyrax ❑
Hesperia comma Kommafalter ❑
Ochlodes sylvanus Rostfarbiger Dickkopffalter ❑
Gegenes nostrodamus ❑
Gegenes pumilio ❑
Borbo borbonica ❑
Pelopidas thrax ❑

Glossar

Abdomen Der hinter dem Brustteil befindliche Körperteil; Hinterleib.

Aberration Eine durch Erbfehler oder andere erbliche Veränderung entstandene Merkmalsabweichung, die außerhalb der normalen Variationsbreite liegt.

Ader Lange Röhre der Flügel, die zur Versteifung (bei der Überwindung des Luftwiderstands im Flug) dient.

allopatrisch Nah verwandte Taxa mit unterschiedlichen Verbreitungsgebieten.

Analwinkel Der Bereich der Flügel, an dem Innen- und Außenrand zusammentreffen.

Apex Flügelspitze; der Flügelbereich, in dem Vorderrand (= Kostalrand) und Außenrand aufeinandertreffen.

Apiaceae Doldenblütengewächse; enthalten ätherische Öle; die Blüten sind für viele Tagfalter eine bedeutende Nektarquelle.

apikal In Bezug zur Flügelspitze (Apex).

Art Gemeinschaft von Individuen, die sich miteinander kreuzen und fruchtbare Nachkommen hervorbringen können.

Artengruppe Eine Gruppe nahe miteinander verwandter Arten.

Asteraceae Korbblütengewächse; dazu zählen u. a. die Disteln (z. B. *Carduus*), deren Blüten für viele Tagfalter eine bedeutende Nektarquelle sind.

Augenfleck In der Flügelzeichnung auftretender runder Fleck, die innen meist hell gefärbt ist und dadurch an ein Auge erinnert. Typisches Merkmal der Augenfalter (Satyrinae).

Außenrand Der dem Brustteil gegenüberliegende Flügelrand; an ihm befinden sich längliche Schuppen, die sogenannten »Fransen«.

Brassicaceae Kreuzblütengewächse; enthalten Senfölglykoside, die von einigen Tagfalterraupen (z. B. *Pieris*-Arten) zur chemischen Abwehr angereichert und umgewandelt werden.

Capparaceae Kapernstrauchgewächse; enthalten Senfölglykoside, die von einigen Tagfalterraupen (z. B. *Capparis*-Arten) zur chemischen Abwehr angereichert und umgewandelt werden.

Chenopodiaceae Gänsefußgewächse.

Chitin Grundstoff des Außenskeletts der Insekten; ein stickstoffhaltiges, langkettiges Kohlenhydrat.

Chromosomen Hauptbestandteile des Zellkerns; enthalten die Erbinformation (in der DNA).

Cistaceae Zistrosengewächse.

Diapause Ruheperiode innerhalb der Entwicklung. In Europa wird sie durch Kurztagsbedingungen (im Herbst) ausgelöst und verhindert, dass die Insekten von einem Kälteeinbruch überrascht oder an wärmeren Wintertagen aktiv werden und dabei ihre Reservestoffe verbrauchen.

Dimorphismus Zweigestaltigkeit von Individuen einer Art (vgl. Sexual- und Saisondimorphismus).

diskal In der Mitte des Flügels liegend.

Diskalregion Bereich in der Flügelmitte.

diskoidal In der Mitte des Flügels, am Zellende liegend; meist im Zusammenhang mit dem dort befindlichen Diskoidalfleck gebraucht.

distal Von der Körpermitte am entferntesten liegend.

DNA Desoxyribonukleinsäure; Träger der genetischen Information.

dorsal Auf dem Rücken befindlich.

Duftschuppen Schuppen, die meist besonders gestaltet sind und den Duftstoff der an ihrer Basis liegenden Drüsen verteilen.

Duftschuppenfleck Eine mit Duftschuppen bedeckte, mit bloßem Auge erkennbare, wie aufgeraut wirkende Stelle der Flügel; im Vergleich zu den umliegenden Schuppen oft auch anders gefärbt.

endemisch Nur in einem begrenzten Gebiet vorkommend.

Ericaceae Heidekrautgewächse; meist immergrün, wachsen bevorzugt auf sauren Böden.

Euphorbiaceae Wolfsmilchgewächse; enthalten giftigen »Milchsaft«.

Exuvie Die verlassene Raupen- oder Puppenhaut.

Fabaceae Schmetterlingsblütengewächse.

fakultativ Die Möglichkeit oder Wahl lassend. Hier für eine bestimmte (mögliche), für das

Überleben aber nicht notwendige Lebensweise.

Familie Eine Hauptkategorie der Systematik; sie fasst Gattungen (und Unterfamilien) gemeinsamen stammesgeschichtlichen Ursprungs zusammen; der Familienname endet auf -idae.

Form Individuelle und jahreszeitliche Ausprägung von Individuen einer Population (Abkürzung f.).

Fühlerkolben Das verdickte Fühlerende bei Tagfaltern.

Gattung Eine Kategorie der Systematik mit einer oder mehreren Arten, die stammesgeschichtlich gemeinsamen Ursprungs sind.

Generation Alle zu einer bestimmten Zeit auftretenden, gleichaltrigen Individuen einer Art. Bei mehrmaliger Fortpflanzung im Jahr treten 2, 3 und mehr Generationen auf.

Generationsverlauf Der Ablauf der Entwicklung innerhalb einer Population.

Genitalapparat Der äußere, sklerotisierte Teil der Genitalorgane. Er dient auch als Klammerapparat, der während der Paarung das gemeinsame Wegfliegen von Männchen und Weibchen ermöglicht. Seine Struktur lässt die Unterscheidung äußerlich ähnlicher Arten zu.

Gynandromorphismus Auftreten männlicher und weiblicher Geschlechtsmerkmale bei einem Individuum.

Hilltopping Das Verhalten von Faltern, wenn sie, manchmal stundenlang den höchsten Punkt eines Berges umfliegen.

Homonym Einer von 2 oder mehr identischen Namen für dasselbe Taxon oder für verschiedene Taxa.

hyalin Durchscheinend, glasartig.

Hybride Produkt der Kreuzung von Vertretern zweier Rassen, Unterarten, Arten.

ICZN Internationale Kommission für Zoologische Nomenklatur.

Imago Erwachsenes oder »fertiges« Insekt.

Innenrand Der Hinterrand der Flügel.

Julliensches Organ Stäbchenartig umgebildete Duftschuppen am Ende des 8. Hinterleibssegments der männlichen Augenfalter (Satyrinae).

Karbonatgestein Aus Kalkablagerungen, späteren Verfestigungen und Einlagerungen hervorgegangenes Gestein. Der Begriff fasst Kalk (mit hohem Kalziumanteil) und Dolomit (mit hohem Magnesiumanteil) zusammen. Die meist sehr helle Färbung dieses Gesteins führt infolge von Anpassung oft zur Ausbildung heller gefärbter Individuen.

klinale Variation Eine bei weit verbreiteten Arten auftretende Form der geografischen Variation, bei der sich ein Merkmal in seiner Ausprägung über eine größere Entfernung allmählich verändert; wird auch als »Kline« oder »Klin« (engl. »cline«) bezeichnet.

konspezifisch Zur selben Art gehörend.

Kopulation Paarung.

Kosta Im Vorder- und Hinterflügel die am weitesten vorn liegende Ader; sie bildet meist den Vorderrand der Flügel.

Kostalfalte Ein Umschlag des Vorderrands der Vorderflügel, unter dem meist Duftschuppen verborgen sind.

Lythraceae Weiderichgewächse.

Malvaceae Malvengewächse.

marginal Den an den Außenrand des Flügels anschließenden Bereich betreffend.

Marginalregion Der Bereich des Flügels, der sich basalwärts an den Außenrand anschließt.

mediobasal In der Mitte der basalen Region des Flügels befindlich.

mediodiskal In der Mitte der Diskalregion des Flügels befindlich.

Morphologie Die Lehre von der äußeren Körpergestalt.

Myrmekophilie Anpassung an eine Lebensgemeinschaft mit Ameisen. Diese kann symbiotisch (zum gegenseitigen Vorteil) oder parasitär sein. Ein Beispiel hierfür sind Bläulingsraupen und Ameisen. Die Ameisen nehmen einen süßen Saft aus einer dorsalen Drüse der Raupen als Nahrung auf und schützen dafür die Raupen vor Feinden (Parasiten, Räuber). Oder sie adoptieren die Raupen und bringen sie in ihr Nest, wo diese dann parasitisch leben. Einige Bläulingsraupen verpuppen sich in einem Ameisennest.

nominotypische Form Wird im Allgemeinen für »Stammform« verwendet – Bezeichnung für ein untergeordnetes Taxon, das den Typus eines unterteilten Taxons einschließt und denselben Namen trägt.

obligat Unerlässlich; Lebensweise, die für das Überleben eines Individuums zwingend nötig ist.

Oxalidaceae Sauerkleegewächse.

Paläarktis Die zoogeografische Region, die Europa, NW-Afrika und die gemäßigten Klimabereiche Asiens bis Japan einschließt.

Palpen Paarige, gegliederte, vorn am Kopf befindliche Fortsätze; meist durch längliche Schuppen bedeckt.

Pheromone Von Drüsen gebildete, nach außen abgegebene Signalstoffe, die der chemischen Kommunikation zwischen den Organismen einer Art dienen.

Plumbaginaceae Bleiwurzgewächse; zu ihnen zählen u. a. Grasnelke *(Armeria)* und Strandflieder *(Limonium)*.

Poaceae Süßgräser.

Polygonaceae Knöterichgewächse; sie produzieren keinen Nektar, da der Pollen vom Wind übertragen wird – Raupennahrungspflanzen.

Polymorphismus Auftreten von 2 oder mehr Formen einer Art innerhalb derselben Population.

Population Gesamtheit der in einem bestimmten Gebiet lebenden Individuen einer Art, die sich untereinander kreuzen.

postdiskal Zwischen Flügelmitte und Randzone liegend.

Postdiskalregion Flügelbereich, der zwischen Flügelmitte und Randzone liegt.

Puppe Umwandlungsstadium, in dem eine tiefgreifende Veränderung der Raupenorgane zu den Organen des Falters erfolgt; geht mit der Veränderung der Gestalt einher.

Rassen Zu anderen Gruppen morphologisch sehr ähnliche Gruppen von Individuen einer Art, die sich durch bestimmte vererbte Merkmale voneinander unterscheiden und bei gemeinsamem Vorkommen nur wenig miteinander kreuzen.

Raupe Jugendstadium (Larve) der Schmetterlinge; charakteristisch sind 3 Paar Brustbeine und 4 Paar Bauchbeine.

Resedaceae Resedengewächse.

Rosaceae Rosengewächse; neben den Rosen *(Rosa)* gehören viele Obstgehöze, z. B. Apfel *(Malus)*, Kirsche, Pfirsich, Pflaume *(Prunus)* und Brombeere *(Rubus)* zu dieser Familie.

Rutaceae Rautengewächse; ihre Blätter sind mit Öldrüsen versehen und daher punktiert.

Saisondimorphismus Unterschiedliche Merkmalsausprägungen bei verschiedenen in einem Jahr auftretenden Generationen.

Sexualdimorphismus Voneinander abweichende Merkmalsausprägungen zwischen Männchen und Weibchen einer Art.

Sklerotisierung Härtung des Chitins durch mineralische Einlagerungen.

Sommerruhe Ruhephase während der Entwicklung, durch Hitze, geringe Luftfeuchte oder Nahrungsmangel (z. B. wegen Vertrocknen der Nahrungspflanzen) ausgelöst.

Subapikalregion Der Bereich unmittelbar unter der Flügelspitze.

submarginal Den an die Marginalregion zur Flügelbasis hin anschließenden Bereich betreffend.

Submarginalregion Der Bereich des Flügels, der sich basalwärts an die Marginalregion anschließt.

Sphragis Eine sklerotisierte Begattungstasche, die befruchtete Weibchen bauchseitig an den hinteren Segmenten des Hinterleibs als Schutz vor einer weiteren Kopulation ausbilden.

Symbiose Lebensgemeinschaft von Organismen verschiedener Arten zum gegenseitigen Vorteil (vgl. z. B. Myrmekophilie).

sympatrisch Nah verwandte Taxa mit gleichem Verbreitungsgebiet oder sich überlappenden Verbreitungsgebieten.

Synonym Jeder von 2 oder mehreren Namen für dasselbe Taxon (älteres, jüngeres Synonym). Im Allgemeinen werden nur die jüngeren Namen als Synonym bezeichnet (so auch in diesem Buch).

Systematik Die Wissenschaft, die die Vielgestaltigkeit der Organismen beschreibt und ordnet.

Taxon Systemeinheit mit bestimmter Rangstufe (Art, Gattung, Familie). Eine taxonomische Gruppe muss hinlänglich verschieden von anderen Gruppen sein, um einen Namen zu erhalten.

Taxonomie Zweig der biologischen Wissenschaft, der die Lebewesen benennt und nach ihrer Verwandtschaft zu einem natürlichen System reiht.

Thorax Brustabschnitt; liegt zwischen Kopf und Hinterleib. An ihm befinden sich die 2 Flügel- und die 3 Beinpaare.

Tropaeolaceae Kapuzinerkressengewächse.

Tundra Baumlose Pflanzenformation nördlich der polaren Waldgrenze in Eurasien und Nordamerika.

Typenfundort Der Fundort, an dem man ein Typusexemplar gefunden (bzw. gefangen) hat.

Typus Die Bezugsgrundlage für die Anwendung eines Namens; der Typus für den Namen der Art ist ein und nur ein Individuum. Liegen dem Beschreiber eines Namens mehrere Individuen vor (auch von verschiedenen Fundorten), spricht man von einer Typenserie. Aus dieser ist ein Exemplar als Typus auszuwählen.

Variation Individuelle Abweichung von Merkmalen innerhalb einer Population (Abkürzung var.).

ventral Bauchseitig.

Verbreitung Das geografische Vorkommen (der Vertreter einer Art, Unterart usw.).

Wanderfalter Falter, die aus eigener Kraft große Entfernungen zurücklegen können und so in Gebiete einfliegen, in denen sie nicht bodenständig sind. Während der Vegetationsperiode entwickeln sich dort manchmal eine oder mehrere Generationen.

Zelle Ein von Adern eingeschlossener Flügelbereich. Die Zelle der Tagfalter wird nach vorn durch den Radiusstamm, nach hinten durch den Kubitusstamm und distal durch die Diskoidalquerader begrenzt.

zirkumpolar Um die Arktis herum.

Literaturverzeichnis

Abadjiev, S. (1992): Butterflies of Bulgaria. Part 1. Papilionidae and Pieridae. Veren Publishers, Sofia.

Abadjiev, S. (1993): Butterflies of Bulgaria. Part 2. Nymphalidae: Libytheinae and Satyrinae. Selbstverlag S. Abadjiev, Sofia.

Abadjiev, S. (1995): Butterflies of Bulgaria. Part 3. Nymphalidae: Apaturinae and Nymphalinae. Selbstverlag S. Abadjiev, Sofia.

Ackery, P. R., C. R. Smith & R. I. Vane-Wright (1995): Carcasson's African Butterflies. CSIRO Australia Publications, Victoria.

Agosti, D. & C. A. Collingwood (1987): A provisional list of the Balkan ants (Hym., Formicidae) and a key to the worker caste. 1. Synonymic list. Mitt. schweiz. ent. Ges. 60: 51–62.

Aistleitner, E. & U. Aistleitner (1994): Polyommatus abdon sp. nov., eine für die Wissenschaft neue Bläulingsart aus Südostspanien (Lepidoptera, Lycaenidae). Atalanta 25 (1/2): 215–223.

Aubert, J., B. Barascud, H. Descimon & F. Michel (1997): Ecology and genetics of interspecific hybridization in the swallowtails, Papilio hospiton Guénée und P. machaon L., in Corsica (Lepidoptera: Papilionidae). Biol. J. Linn. Soc. 60 (4): 467–491.

Baldock, D. W. & R. F. Bretherton (1981): Butterflies in Corfu (Kerkyra) in late August, 1980, with a provisional list of all species known from it (Part 1 & 2). Proc. Trans. Br. ent. nat. Hist. Soc. 14: 8–10, 101–107.

Benyamini, D. (1984): The butterflies of the Sinai Peninsula (Lep.: Rhopalocera). Nota lepid. 7 (4): 309–321.

Benyamini, D. (1990): [Bestimmungsbuch der Tagfalter Israels, einschließlich des Berges Hermon und des Sinai-Gebirges]. Keter Publishing House Ltd., Jerusalem [Hebräisch].

Blab, J. & O. Kudrna (1982): Hilfsprogramm für Schmetterlinge. In: Naturschutz aktuell Nr. 6, Kilda-Verlag, Greven: 1–135.

Bridges, C. A. (1988): Catalogue of family-group and genus-group names (Lepidoptera: Rhopalocera). Selbstverlag Charles A. Bridges, Urbana, Illinois, USA.

Cerf, F. le (1972): Atlas des Lépidoptères de France. 1. Rhopalocères. Paris.

Chneour, A. (1954): Macrolépidoptères de Tunisie. I, II – Rhopalocera, Grypocera. Bull. Soc. sci. nat. Tunis 7: 207–239.

Chneour, A. (1963): Vingt-six ans de travail d'un lépidopteriste en Tunisie. Alexanor 3: 104–110.

Coutsis, J. G. (1969): List of Grecian butterflies. Entomologist 102: 264–268.

Coutsis, J. G. (1978): List of Grecian butterflies, additions and corrections. Entomologist's Rec. J. Var. 90: 300–301.

Coutsis, J. G. (1984): Description of the female genitalia of Hipparchia fagi Scopoli, Hipparchia semele Linnaeus (Satyridae) and their related taxa. J. Res. Lepid. 22 (1983) (3): 161–203.

Dacie, J. V., M. K. V. Dacie, P. Grammaticos & J. G. Coutsis (1982): Butterflies in northern Greece: Juli–August 1980. Entomologist's Rec. J. Var. 94: 18–20.

Ebert, G. & E. Rennwald (1991): Die Schmetterlinge Baden-Württembergs. Bd. 1 und 2. Eugen Ulmer, Stuttgart.

Fiedler, K. (1991): European and North West African Lycaenidae (Lepidoptera) and their associations with ants. J. Res. Lepid. 28 (1989) (4): 239–257.

Fiedler, K. (1991): Systematic, evolutionary, and ecological implications of myrmecophily within the Lycaenidae (Insecta: Lepidoptera: Papilionoidea). Bonn. zool. Monogr. Nr. 31: 1–211.

Fiedler, K. & C. Saam (1994): Does ant-attendance influence development in 5 European Lycaenidae butterfly species? Nota lepid. 17 (1/2): 5–23.

Forster, W. & T. A. Wohlfart (1977): Die Schmetterlinge Europas. Bd. 2 Tagfalter. 2. Aufl., Franckh'sche Verlagsbuchhandlung, Stuttgart.

Friedrich, E. (1975): Handbuch der Schmetterlingszucht. Europäische Arten. Franckh-Kosmos, Stuttgart.

Geiger, W. (Hg.) (1987): Les papillons de jour et leurs biotopes. Ligue Suisse pour la Protection de la Nature, Basel.

Gomez-Bustillo, M. R. & F. Fernandez-Rubio (1974): Mariposas de la Península Ibérica: Rhopalóceros. Bd. 1 und 2. Ministerio de Agricultura, Pesca y Alimentación, Madrid.

Gonseth, Y. (1987): Atlas de distribution des papillons diurnes de Suisse (Lep.; Rhopalocera). Doc. faun. Helv. 5: 1–242.

Gozmany, L. (1968): Nappili lepkek – Diurna. Fauna Hungariae 91: 1–204.

Greuter, W., H. M. Burdet & G. Long (Hg.) (1984, 1986, 1989): Med-Checklist. Bde. 1, 3, 4. Med-Checklist Trust of Optima, Genf.

Gross, F. J. (1978): Beitrag zur Systematik von Pseudochazara-Arten. Atalanta 9: 41–103.

Hackray, J. & L. G. Sarlet (1969): Catalogue des Macrolépidoptères de Belgique. Lambillionea, Supplement 67.

Hartig, F. & H. G. Amsel (1952): Lepidoptera Sardinica. Fragm. ent. 1 (1951): 1–159.

Häuser, C. L. (1993): Die inneren weiblichen Genitalorgane der Tagfalter (Rhopalocera): Vergleichende Morphologie und phylogenetische Interpretation (Insecta, Lepidoptera). Zool. Jb. Syst. 120: 389–439.

Heath, J. (Hg.) (1976): The moths and butterflies of Great Britain and Ireland. Bd. 1. Blackwell Scientific Publications and Curwen, Oxford–London.

Heath, J. (1981): Threatened Rhopalocera (butterflies) in Europe. Nature Environ. Ser. 23: 1–157.

Henriksen, H. J. & Kreutzer, I. (1982): The butterflies of Scandinavia in nature. Skandinavisk Bogforlag, Odense.

Hesselbarth, G., H. van Oorschot & S. Wagener (1995): Die Tagfalter der Türkei unter Berücksichtigung der angrenzenden Länder. Bde. 1–3. Selbstverlag S. Wagener, Bocholt.

Higgins, L. G. (1975): The classification of European butterflies. Collins, London.

Hoegh-Guldberg, O. & F. V. L. Jarvis (1969): Central and north european Ariciae (Lep.) Relationships, heredity, evolution. Natura jutl. 15: 1–106.

Hruby, K. (1964): Prodromus Lepidopter Slovenska. Vydavatel'stvo Slovenskej Akadémie Vied, Bratislava.

International Trust for Zoological Nomenclature (1985): International Code of Zoological Nomenclature. 3. Aufl., University of California Press, Berkeley–Los Angeles.

Ivinskis, P. (1993): Checklist of Lithuanian Lepidoptera. Institute of Ecology, Vilnius.

Jahn, R. & P. Schönfelder (1995): Exkursionsflora für Kreta. Eugen Ulmer, Stuttgart.

Jong, R. de (1972): Systematics and geographic history of the genus Pyrgus in the Palaearctic region. Tijdschr. Ent. 115: 1–121.

Jong, R. de (1974): Notes on the genus Carcharodus (Lepidoptera, Hesperiidae). Zool. Mededelingen 48 (1): 1–9.

Jong, R. de (1978): Monograph of the genus Spialia Swinhoe. Tijdschr. Ent. 11: 23–146.

Kaisla, J. (1962): Immigration und Expansion der Lepidopteren in Finnland in den Jahren 1869–1960. Acta ent. fenn. 18: 1–452.

Koch, M. (1984): Wir bestimmen Schmetterlinge. Neumann Verlag, Leipzig–Radebeul.

Kremsky, J. (1925): Przyczynek do fauny motyli Podlasia [Die Makrolepidopteren Polens]. Polskie Pismo ent. 4: 35–62 [Polnisch].

Krzywicki, M. (1981): Anmerkungen zur Tagfalterfauna Bulgariens. Nota lepid. 4 (1/2): 29–46.

Kudrna, O. (1977): A revision of the genus Hipparchia Fabricius. E. W. Classey Ltd., Farington.

Kudrna, O. (1985): Concise bibliography of European butterflies. In: Kudrna, O. (Hg.): Butterflies of Europe 1. Aula Verlag, Wiesbaden.

Kudrna, O. (1986): Aspects of the conservation of butterflies in Europe. In: Kudrna, O. (Hg.): Butterflies of Europe 8. Aula Verlag, Wiesbaden.

Kudrna, O. (1990): Introduction to Lepidopterology. In: Kudrna, O. (Hg.): Butterflies of Europe 2. Aula Verlag, Wiesbaden.

Lempke, B. J. (1937–57): Catalogus der nederlandse Macrolepidoptera. Tijdschr. Ent. 79 (1937): 238–315; 96 (1953): 239–305; 97 (1954): 301–345; 98 (1955): 283–355; 100 (1957): 155–216.

Lesse, H. de (1970): Variations géographiques des nombres chromosomiques chez les Lycaenidae. C. r. somm. Séanc. Soc. Biogéogr. 48: 32–38.

Lukhtanov, V. & A. Lukhtanov (1994): Die Tagfalter Nordostasiens. Selbstverlag U. Eitschberger, Marktleuthen.

Manley, W. B. L. & H. G. Allcard (1970): A field guide to the butterflies and burnets of Spain. E. W. Classey Ltd., Hampton.

Mariani, M. (1939): Fauna Lepidopterorum Siciliae. Mem. Soc. ent. ital. 17 (1938): 129–187.

Meyer, M. (1993): Die Lepidoptera der marokkanischen Region III. Die Tagfalter des nördlichen Makaronesiens (Madeira, Azoren) aus biogeographischer Sicht (Papilionidea). Atalanta 24 (1/2): 121–162.

Meyer, M. (1995): The Lepidoptera of the Macaronesian Region. VI. Biogeographical aspects of Macrolepidoptera in northern Macaronesia (Madeira, Azores). Bol. Mus. Mun. Funchal, Suppl. 4: 441–453.

Nässig, W. (1995): Die Tagfalter der Bundesrepublik Deutschland: Vorschlag für ein modernes, phylogenetisch orientiertes Artenverzeichnis (kommentierte Checkliste) (Lepidoptera, Rhopalocera). Ent. Nachr. Ber. 39 (1/2): 1–28.

Niculescu, E. V. (1961): Lepidoptera: Fam. Papilionidae (Fluturi). Fauna Repub. pop. rom. 11 (5): 1–103 [Rumänisch].

Niculescu, E. V. (1963): Lepidoptera. Fam. Pieridae (Fluturi). Fauna Repub. pop. rom. 11 (6): 1–102 [Rumänisch].

Niculescu, E. V. (1965): Lepidoptera. Fam. Nymphalidae (Fluturi). Fauna Repub. pop. rom. [Rumänisch].

Nordstrom, F. (1955): De Fennoskandiska dagfjärilarnas utbredning. Acta Univ. Lund (N.F.) 66 (1): 1–176.

Nordstrom, F. & E. Wahlgreen (1935–41): Svenska fjärilar. Nordisk Famijeboks Förlags, Stockholm.

Oehmig, S. (1983): Hipparchia azorina (Strecker, 1899) (Satyridae). Biology, ecology and distribution on the Azores. J. Res. Lepid. 20 (1981) (3): 136–160.

Olivier, A. (1993): Butterflies of the Greek island of Rhodos. Vlaamse Vereniging voor Entomologie, Antwerpen.

Popescu-Gorj, A. (1964): Catalogue de la collection de Lépidoptères »Prof. A. Ostrogovich« du Muséum d'Histoire Naturelle »Grigore Antipa«. Bukarest.

Prins, W. de & F. Iversen (1996): Hesperioidea and Papilionoidea. In: Karsholt, O. & J. Razowski: The Lepidoptera of Europe. A distributional checklist. Apollo Books, Stenstrup: 201–217.

Rebel, H. (1903): Studien über die Lepidopterenfauna der Balkanländer. 1. Bulgarien und Ostrumelien. Ann. Naturh. Mus. Wien 18: 123–347.

Rebel, H. (1904): Studien über die Lepidopterenfauna der Balkanländer. 2. Bosnien und Herzegowina. Ann. Naturh. Mus. Wien 19: 97–377.

Rebel, H. (1913): Studien über die Lepidopterenfauna der Balkanländer. 3. Sammelergebnisse aus Montenegro, Albanien, Mazedonien und Thrazien. Ann. Naturh. Mus. Wien 27: 281–334.

Rebel, H. (1926): Lepidopteren von den Balearen. Dt. ent. Z. Iris 40: 135–146.

Rebel, H. (1934): Lepidopteren von den Balearen und Pityusen. Dt. ent. Z. Iris 48: 122–138.

Rebel, H. & H. Zerny (1931): Die Lepidopterenfauna Albaniens. Denkschr. Akad. Wiss. Wien 103: 37–161.

Romaniszyn, J. & F. Schille (1930): Fauna motyli Polski. 1. Pr. monogr. Kom. fizjogr., 6 (1929): 1–155 [Polnisch].

Rothmaler, W., M. Bäßler, E. J. Jäger & K. Werner (1996): Exkursionsflora von Deutschland, Band 2. 16., stark bearb. Aufl., G. Fischer Verlag, Jena–Stuttgart.

Rungs, C. E. E. (1988): Liste-Inventaire Systématique et Synonymique des Lépidoptères de Corse. Alexanor 15 [Supplement]: 1–25.

Schaider, P. & P. Jaksie (1988): Die Tagfalter von Jugoslawisch Mazedonien. Selbstverlag Schaider, München.

Schönfelder, P. & I. Schönfelder (1997): Die Kosmos-Kanarenflora. Franckh-Kosmos, Stuttgart.

Scoble, M. J. (1992): The Lepidoptera. Form, function, and diversity. Oxford University Press, New York.

Scott, J. A. (1986): The butterflies of North America. Stanford University Press, Stanford, California.

Sichel, G. (1963): Elenco dei Ropaloceri della Sicillia nord-orientale nella collezione dell'I.N.E. Fragm. ent. 4: 49–61.

Tax, M. (1990): Atlas van de Nederlandse dagvlinders.

Tennent, J. (1996): The butterflies of Morocco, Algeria and Tunesia. Gem Publishing Company, Wallingford, Oxfordshire.

Thomson, E. (1967): Die Großschmetterlinge Estlands. Rauschenbusch Verlag, Stollham.

Thurner, J. (1964): Die Lepidopterenfauna Jugoslawisch Mazedoniens. 1. Rhopalocera, Gryocera und Noctuidae. Posebno Izd. prirod. Muz. Skopje 1: 1–158.

Times Books (1994): The Times Atlas of the World – Comprehensive edition. Harper Collins, London.

Tutin, T. G. et al. (Hg.) (1989–1993): Flora Europaea. Bde. 1–6. 2. Aufl., Cambridge University Press, Cambridge.

Valletta, A. (1972): The butterflies of the Maltese Islands. Valletta, Malta.

Varga, Z. (1975): Geographische Isolation und Subspeziation bei den Hochgebirgs-Lepidopteren der Balkanhalbinsel. Acta ent. jugosl. 11: 5–39.

Verity, R. (1940–1953): Le Farfalle Diurne d'Italia. Bde. 1–5. Florenz.

Viidalepp, J. (1966): [Baltische Tagfalter und ihre Verbreitung. Rhopalocera und Gyrocera.)] Ucen. Zap. Tartu gos. Univ. 180: 3–39 [Russisch].

Viidalepp, J. (1979): [Nachträge zur Tagfalterfauna von Tuva]. Ucen. Zap. Tartu gos. Univ. 483: 15–16 [Russisch].

Vikhodtsevskii, N. (1958): [Neue und seltene Tagfalter der Fauna Bulgariens]. Izv. zool. Inst. Sofia 7: 358–365 [Bulgarisch].

Vives-Moreno, A. (1994): Catálogo sistemático y sinonímico de los lepidópteros de la Península Ibérica y Baleares (Insecta: Lepidoptera) (segunda parte). Ministerio de Agricultura, Pesca y Alimentación, Madrid.

Warren, B. C. S. (1926): Monograph of the tribe Hesperiidi (European species) with revised classification of the subfamily Hesperiinae (Palaearctic species) based on the genital armature of the males. Trans. R. Ent. Soc. Lond. 74: 1–170.

Warren, B. C. S. (1936): Monograph of the genus Erebia. British Museum (Natural History), London.

Weidemann, H. J. (1995): Tagfalter – beobachten, bestimmen. Naturbuch Verlag, Augsburg.

Wiemers, M. (1995): The butterflies of the Canary Islands. A survey on their distribution, biology and ecology (Lepidoptera: Papilionoidea and Hesperioidea). Linn. belg. 15 (2): 63–84 und 15 (3): 87–118.

Willemse, L. (1975): Distribution records of Rhopalocera in the Greek mainland and Crete. Ent. Ber. Amst. 35: 141–149.

Willemse, L. (1980): Some interesting faunistical data of Rhopalocera in Greece. Ent. Ber. Amst. 40: 156–158.

Willemse, L. (1981): More about the distribution of Rhopalocera in Greece. Ent. Ber. Amst. 41: 41–47.

Willien, P. (1990): Contribution lépidoptèrique française à la Cartographie des Invertébrés Européens (C.I.E.). Le genre Erebia (Lépidoptères: Nymphalidae: Satyrinae). Alexanor 16 (5): 259–290.

Zander, R., F. Encke, G. Buchheim & S. Seybold (1994): Handwörterbuch der Pflanzennamen. 15. Aufl, korr. Nachdr. der 14. Aufl., Eugen Ulmer, Stuttgart.

Zerkowitz, A. (1946): The lepidoptera of Portugal. J. New York ent. Soc. 54: 51–87, 115–165, 211–261.

Ausgewählte Online-Ressourcen:

Fauna Europaea (2010): Fauna Europaea Version 2.4. Web Service verfügbar unter http://www.faunaeur.org

Lepiforum (seit 2002): Bestimmung von Schmetterlingen (Lepidoptera) und ihren Präimaginalstadien, http://www.lepiforum.eu

Mazzei, Paolo, Daniel Morel, Raniero Panfili, Ilaria Pimpinelli, Diego Reggianti (seit 1999): Moths and Butterflies of Europe and North Africa, http://www.leps.it

Wagner, W. (seit 2005): Schmetterlinge und ihre Ökologie, http://www.pyrgus.de

Pflanzengattungen – botanische und deutsche Namen

Verzeichnis der deutschen Namen

Verzeichnis der wissenschaftlichen Namen